食品接触材料危害物检测与风险评估

王志伟 等 著

科学出版社

北京

内 容 简 介

本书以食品供应链和新型食品接触材料为主线，全面阐述食品接触材料安全涉及的关键科学和技术问题，建立覆盖食品供应链的食品接触材料中危害物高通量侦测和快速筛查、危害物及其迁移的精准定量检测、迁移规律揭示、迁移微观模拟预测、膳食暴露评估等完整的技术体系，为科学有效保障食品接触材料安全和食品安全提供理论和技术支撑。

本书涉及大量常用和新型的食品接触材料和食品包装，内容覆盖食品供应链的复杂工况和环境。本书可为食品包装、食品接触材料和食品加工等领域的研究、应用和标准制定提供参考，可供包装、食品和材料等领域的科研人员和高校师生参阅。

图书在版编目(CIP)数据

食品接触材料危害物检测与风险评估 / 王志伟等著. —北京：科学出版社，2023.11

ISBN 978-7-03-077020-2

Ⅰ. ①食… Ⅱ. ①王… Ⅲ. ①食品包装－包装材料－有害物质－检测 ②食品包装－包装材料－有害物质－风险评价 Ⅳ. ①TS206.4

中国国家版本馆 CIP 数据核字（2023）第 220591 号

责任编辑：郭勇斌 邓新平 彭婧煜 / 责任校对：杜子昂
责任印制：徐晓晨 / 封面设计：刘云天

科学出版社 出版
北京东黄城根北街 16 号
邮政编码：100717
http://www.sciencep.com

北京建宏印刷有限公司印刷
科学出版社发行 各地新华书店经销
*
2023 年 11 月第 一 版 开本：787×1092 1/16
2023 年 11 月第一次印刷 印张：25 1/4 插页：4
字数：584 000
定价：238.00 元
（如有印装质量问题，我社负责调换）

前　言

随着全球范围创新发展和绿色发展的双轮驱动,食品接触材料及制品向着功能化、绿色化和智能化等方向发展,新的材料不断涌现,如植物纤维基材料、高阻隔材料、纳米材料、新型涂层、回收再生材料、生物降解材料和智能标签材料等。新型食品接触材料的出现为食品安全提供更好保障的同时,也引发了新的食品接触材料安全问题。食品接触材料及制品安全是食品质量安全的重要组成部分,已引起行业、社会和学术界的广泛关注。

食品接触材料及制品安全研究涉及化学、物理、生物等基础学科和材料、检测、传质、毒理学、风险评估等众多领域。本书针对食品接触材料安全重大问题和需求,全面阐述食品接触材料检测与风险评估关键科学和技术问题,包括食品接触材料中危害物高通量侦测和快速筛查、危害物及其迁移的精准定量检测、迁移规律揭示、迁移微观模拟预测、膳食暴露评估等。内容主要涉及:食品接触材料中危害物筛查与定量检测方法;离子交换树脂与食品加工机械中危害物检测与迁移;薄壁金属容器与新型厨具中危害物检测与迁移;食品包装材料经辐照后危害物的检测与迁移;复杂供应链下食品接触材料危害物暴露规律;食品接触材料中危害物迁移机制与分子动力学模拟预测;膳食暴露评估基础参数数据库和食品接触材料风险评估。

本书是作者主持完成的国家重点研发计划项目"进口新型食品接触材料检测与风险评估技术研究"(2018YFC1603200)部分研究成果的总结。暨南大学、国家食品安全风险评估中心、中山大学、江南大学、中国食品发酵工业研究院有限公司、中国农业科学院农业质量标准与检测技术研究所、南宁海关技术中心、海口海关技术中心、大连海关技术中心、深圳计量质量检测研究院、吉林省疾病预防控制中心、常州龙俊天纯环保科技有限公司等十二家单位参与了项目的研究工作,项目组全体成员和研究生为项目的顺利完成和成果的取得付出了艰辛的劳动。在此表示深深的感谢!

感谢国家重点研发计划项目"进口新型食品接触材料检测与风险评估技术研究"(2018YFC1603200)对本书出版的资助!

本书共八章,由王志伟组织、统稿和审定。王志伟负责第 1 章和第 7 章的撰写;胡玉玲负责第 2 章的撰写,郑彦婕参与了撰写;卢立新负责第 3 章的撰写,夏海峰、徐莉、张光生和卢莉璟参与了撰写;吴刚负责第 4 章的撰写,仇凯、徐静和东思源参与了撰写;夏伊宁负责第 5 章的撰写;胡长鹰负责第 6 章的撰写,王志伟参与了撰写;朱蕾负责第 8 章的撰写,张泓和李倩云参与了撰写。

由于本书涉及知识面广,限于作者的学识和经验,书中难免有疏漏之处,敬请读者指正。

王志伟

2022 年 12 月于暨南大学

目　录

第1章　绪　论

食品供应链（food supply chain）是由农业、食品加工、物流配送和零售等相关企业构成的食品生产和供应网络。食品供应链从农田到餐桌，经历食品原材料生产、食品加工、食品包装、食品运输、食品销售和食品消费等主要环节。食品供应链为消费者提供丰富食品的同时，在供应的各环节都可能存在着被不安全因素污染的风险，最终给消费者带来不同程度的安全隐患。

在食品供应链各环节的所有活动中，从农产品种植、采收，到食品加工、包装、储存、装卸、运输、销售和消费，农产品或食品都会与材料或制品接触，食品接触材料成分不可避免地会迁移到食品中，其安全性直接关系到食品安全。

国内外均发生过由食品接触材料及制品引发的食品安全事件，如酒中添加增塑剂、纸包装盒中矿物油和油墨光引发剂污染食品、"特氟龙"不粘锅、奶瓶双酚 A 事件等。国内外市场食品接触材料及制品中重金属、初级芳香胺（primary aromatic amine，PAA，又称芳香族伯胺）、邻苯类、甲醛、丙烯腈、矿物油等超标现象时有出现。食品接触材料及制品安全是食品质量安全的重要组成部分，已引起行业、社会和学术界的广泛关注。

1.1　食品接触材料与关注危害物

食品接触材料及制品简称食品接触材料（food contact materials，FCM），是指在正常使用条件下，各种已经或预期可能与食品或食品添加剂接触，或其成分可能转移到食品中的材料和制品，包括食品生产、加工、包装、运输、储存、销售和使用过程中用于食品的包装材料、容器、工具和设备，以及可能直接或间接接触食品的油墨、黏合剂、润滑油等[1]。

食品接触材料中危害物可分为有意添加物（intentionally added substances，IAS）和非有意添加物（non-intentionally added substances，NIAS）。IAS 是在食品接触材料制造过程中特意添加，并在制造过程或制成品中存在的物质，以提高食品接触材料的各种预期性能，包括单体、起始物、溶剂、添加剂和加工助剂等。NIAS 为非有意添加，但在食品接触材料制造过程或制成品中存在的物质，包括杂质、反应产物、分解产物、加工过程污染物和环境污染物等。

为了保障食品接触材料安全，国内外逐步形成了食品接触材料安全法规和标准体系。大部分国家通过通用限量指标和原则性要求管控食品接触材料，美国、中国和欧盟等少数国家和经济体以肯定列表方式管控。美国食品药品监督管理局（Food and Drug Administration，FDA）在联邦法规第 21 章（Code of Federal Regulations Title 21，21CFR）与食品接触通报（food contact notification，FCN）中列出了允许用于食品接触材料的物质及其限量，欧盟发布了塑料、陶瓷、再生纤维素等材料法规，通过法规（EU）No.10/2011 以肯定列表方式对食品接触塑料中允许使用的物质进行管控。按照《中华人民共和国食品安全法》的要求，我国通过食品安全国家标准管控食品接触材料的安全风险。我国食品接触材料安全标准体系主要由通用标准、产品标准、检验方法标准和生产规范标准四部分组成，包含从原料到终产品的食品接触材料生产链全过程，同时辅以生产过程规范要求和统一迁移试验原则，全面管控食品接触材料及制品的安全风险。

对于食品接触材料及制品，我国《食品安全国家标准 食品接触材料及制品通用安全要求》（GB 4806.1—2016）规定了如下基本要求[1]：①食品接触材料及制品在推荐的使用条件下与食品接触时，迁移到食品中的物质水平不应危害人体健康；②食品接触材料及制品在推荐的使用条件下与食品接触时，迁移到食品中的物质不应造成食品成分、结构或色香味等性质的改变，不应对食品产生技术功能（有特殊规定的除外）；③食品接触材料及制品中使用的物质在可达到预期效果的前提下应尽可能降低在食品接触材料及制品中的用量；④食品接触材料及制品中使用的物质应符合相应的质量规格要求；⑤食品接触材料及制品生产企业应对产品中的非有意添加物质进行控制，使其迁移到食品中的量符合①和②的要求；⑥对于不和食品直接接触且与食品之间有有效阻隔层阻隔的、未列入相应食品安全国家标准的物质，食品接触材料及制品生产企业应对其进行安全性评估和控制，使其迁移到食品中的量不超过 0.01 mg/kg，致癌、致畸、致突变物质及纳米物质不适用于以上原则，应按照相关法律法规规定执行；⑦食品接触材料及制品的生产应符合《食品安全国家标准 食品接触材料及制品生产通用卫生规范》（GB 31603—2015）的要求。除基本要求外，GB 4806.1—2016 同时规定了食品接触材料及制品的限量要求、符合性原则、检验方法、可追溯性和产品信息。对于食品接触材料及制品用添加剂，《食品安全国家标准 食品接触材料及制品用添加剂使用标准》（GB 9685—2016）以肯定列表形式列出了 1294 种允许用于食品接触材料的添加剂及其限量[2]。对于食品接触材料新品种，我国实行行政许可管理，由国家食品安全风险评估中心（China National Center for Food Safety Risk Assessment，CFSA）负责开展技术评审。

在创新发展和绿色发展的时代背景下，新型食品接触材料及制品不断涌现。它们在保障食品质量与安全的同时，也引发了新的食品接触材料安全问题。

1. 植物纤维材料及制品的安全风险

以竹木、秸秆、甘蔗渣等天然植物纤维材料和合成树脂制得的塑料-植物纤维复合材料已广泛应用于食品接触材料。与传统塑料不同，植物纤维的使用可能引入多种潜在安全风险因素，如植物毒素、致敏蛋白、微生物、重金属、农药残留、微颗粒、水解和降解产物、添加剂等，应予以关注。此外，植物纤维与合成树脂之间的相容性对总迁移量也会产生较大影响。对于植物纤维材料及制品，在迁移试验条件、食品模拟物选用、危害物迁移机制及规律、系统的风险评估方法、安全性要求和管理等方面缺少系统性研究。

2. 多层复合膜中芳香族伯胺的安全风险

多层复合膜应用场景多样、原料复杂多变，涉及塑料、黏合剂、纸、金属等多种材质。塑料、黏合剂等材料和加工环节均会引入芳香族伯胺的污染和迁移风险。PAA 可来源于聚氨酯黏合剂的芳香族二异氰酸酯、芳香族偶氮染料等的次级反应产物。在多层复合膜包装产品杀菌等热处理过程中，也会产生形成异氰酸酯单体，遇水后反应生成 PAA。这些来源于反应产物的 PAA，属于非有意添加物，需要关注。

3. 涂层产品中双酚类物质及其环氧衍生物的安全风险

对于覆膜铁/铝、涂料铁/铝等薄壁金属容器内壁覆膜/涂层，双酚类物质、聚对苯二甲酸乙二醇酯（polyethylene terephthalate，PET）低聚物、聚对苯二甲酸丁二醇酯（polybutylene terephthalate，PBT）低聚物、乙醛、双酚 A 二缩水甘油醚及其衍生物等均有一定程度的迁移检出。薄壁金属容器覆膜中主要为 PET 低聚物或 PBT 低聚物的迁移，而环氧酚醛涂层及环氧改性丙烯酸树脂涂层中的双酚 A、双酚类物质衍生物的迁移检出率较高，提示有一定程度的安全风险。

4. 橡胶中芳香族伯胺、N-亚硝胺和 N-亚硝胺可生成物、多环芳烃的安全风险

食品接触用橡胶中广泛使用防老剂，部分胺类防老剂在硫化反应中会分解、反应形成芳香族伯胺。橡胶中使用的偶氮类着色剂在一定条件下也可分解产生芳香族伯胺。在迁移试验中，苯胺、4,4'-二氨基二苯甲烷、邻甲苯胺、4,4'-二氨基二苯硫醚等 4 种芳香族伯胺有不同程度的检出。

橡胶制品在硫化过程中可能会产生各种类型的亚硝胺，对食品接触用橡胶制品进行迁移试验发现，有多种 N-亚硝胺及 N-亚硝胺可生成物检出。同时，食品接触用橡胶制品中有多种多环芳烃（polycyclic aromatic hydrocarbons，PAHs）检出，包括少量苯并[a]芘（benzo[a]pyrene，B[a]P）和茚并[1, 2, 3-cd]芘（indeno[1, 2, 3-cd]pyrene，InP）等强致癌性的 PAHs。PAHs 的主要来源为使用含有 PAHs 的橡胶油或加入的炭黑。

1.2 食品接触材料安全评估科学技术问题

食品接触材料安全评估主要涉及材料中危害物的高通量侦测和精准定量检测、迁移规律和预测技术、风险评估和标准制定等关键科学和技术问题。

由于食品接触材料使用的多样性和成分复杂性，一些新发或潜在的危害物，特别是非有意添加物等新发危害物还不能得到有效的侦测和监控。在食品供应链的加工、辐照、蒸煮、高温高压高湿、长途运输等复杂工况和环境下，食品接触材料中会出现反应产物、分解产物和污染物，如芳香族伯胺、亚硝胺、多环芳烃、全氟和多氟化合物等。许多非有意添加物种类复杂、结构未知、无标准谱图和标准品，其识别鉴定和定量检测面临着技术困难[3-4]，迫切需要发展先进、可靠的食品接触材料危害物侦测技术[5-10]。开发危害物的高通量侦测和快速筛查方法、发展高效和选择性样品前处理技术、建立高关注危害物及其迁移的精准定量检测方法是实现食品接触材料安全评估的基础和关键。

在迁移规律和预测技术方面，大量文献集中在实验研究食品供应链单环节或单因素作用下食品接触材料危害物的迁移行为，基于迁移检测结果总结归纳迁移规律[11-13]。对食品供应链多环节、多因子累积和交互作用下食品接触材料中危害物迁移的理论和实验研究几乎是空白。目前常用的迁移预测技术是基于 Piringer-Baner、Limm-Hollifield、Brandsch 和 Helmroth 等扩散系数经验和半经验模型，结合宏观扩散理论预测迁移量[14]。由于经验模型是从塑料材料中添加剂迁移试验总结而来，该预测技术受制于材料类型和危害物种类，难以适合于新型食品接触材料和新发危害物，无法从微观层面刻画迁移机制。随着计算技术和计算机技术的快速发展，分子动力学模拟（molecular dynamics simulation）和过渡态法（transition state approach，TSA）为评估迁移过程和揭示迁移机制提供了新的途径[15-17]。

食品接触材料风险评估涉及危害识别、危害特征、膳食暴露评估、风险特征等，膳食暴露评估是其中的一个关键点和难点。美国、欧盟、日本、中国等建立了多种食品包装材料膳食暴露评估方法，即传统方法、双因子法和接触面积法，为食品接触材料的评估提供了重要技术支持[18-19]。2007 年国际生命科学学会（International Life Sciences Institute，ILSI）发布了关于食品包装材料迁移物暴露评估的指南[20]。食品供应链下食品接触材料风险评估极其复杂和困难，一是需考虑食品供应链多环节、多因子作用下危害物迁移的累积效应，二是由于我国缺乏各类膳食数据尤其是缺乏食品接触材料膳食暴露数据。所以，针对我国居民膳食结构和食品包装现状，建立食品接触材料膳食暴露评估基础参数数据库，并在此基础上构建适合我国的食品接触材料定量风险评估模型，是食品接触材料风险评估急需解决的技术问题。

非有意添加物已成为食品接触材料重要的潜在安全风险源，2015 年 ILSI 发布了关于食品接触材料及制品中非有意添加物风险评估的最佳实践指南[21]。基于毒理学关注阈值（threshold of toxicological concern，TTC）的筛选、评估方法，已成为对暴露量较低、缺乏毒理学数据的非有意添加物进行快速筛选和风险评估的手段[22-24]。

国内外已基本形成食品接触材料安全法规和标准体系，对食品接触材料的管控水平有了明显的提升[25-26]。针对新型食品接触材料和复杂食品供应链，这一标准体系还有待完善。

1.3　本书内容

本书全面阐述食品接触材料检测与风险评估关键科学和技术问题，共八章。第 1 章论述食品接触材料与关注危害物，阐述食品接触材料安全评估的关键科学和技术问题。第 2 章论述食品接触材料中危害物筛查与检测，包括综合高分辨质谱、表面增强拉曼光谱（surface-enhanced Raman spectroscopy，SERS）等现代谱学技术，建立食品接触材料中危害物的高通量侦测与快速筛查技术，发展新型样品前处理技术，结合色谱-质谱联用技术，建立高关注危害物的精准定量检测技术，开发新发危害物数据库，实现高风险危害物的快速识别。第 3 章论述离子交换树脂与食品加工机械中危害物检测与迁移，包括离子交换树脂、食品接触用橡胶密封垫圈、食品级润滑油、食品接触涂层、食品接触不锈钢中主要危害物及其检测方法和迁移规律。第 4 章论述薄壁金属容器及新型厨具中危害物检测与迁移，包括薄壁金属容器和新型厨具中有意和非有意添加物，低聚物、双酚类、壬基酚、邻苯二甲酸酯、矿物油、六价铬、全氟化合物、聚硅氧烷等的检测方法和迁移规律。第 5 章论述食品包装材料经辐照后危害物的检测与迁移，包括基于高分辨质谱的食品包装材料相关危害物的筛查方法及质谱数据库，多层复合包装材料经辐照后危害物的迁移行为和规律。第 6 章以多层复合、橡胶、硅橡胶、生物基/可降解材料、活性纳米材料等食品接触材料中典型危害物迁移为研究对象，针对食品供应链下危害物迁移环节复杂、影响因素众多等问题，通过迁移研究，阐明食品供应链下食品接触材料危害物迁移、暴露的四方面（危害物、食品接触材料、食品、复杂供应链环境因子）作用机制，揭示食品供应链下危害物暴露规律以及影响暴露的关键环节和关键影响因子。第 7 章论述食品接触材料中危害物迁移机制与分子动力学模拟预测，包括迁移的扩散模型、自由体积模型和分子动力学模拟技术，并通过分子动力学模拟生物基/可降解材料和食品接触用橡胶中危害物的迁移过程，分析迁移影响机制和规律。第 8 章论述膳食暴露评估基础参数数据库和食品接触材料风险评估，包括食品接触材料膳食暴露评估方法、基础参数数据库构建、风险评估模型、TTC 评估方法和食品接触材料安全信息查询系统，给出了水果罐头和饮料中低聚物、多层复合材料中芳香族伯胺、金属罐内壁涂层中双酚 A 及其环氧衍生物等的风险评估实例。

本书涵盖了常用和新型食品接触材料，包括：离子交换树脂、食品加工机械、润滑油、薄壁金属材料及容器、新型厨具、复合包装、纸包装、活性包装、橡胶、硅橡胶、生物基/可降解材料等。危害物迁移和暴露规律研究覆盖了食品供应链的加工、高温、高压、微波、杀菌、辐照、蒸煮、储存、高湿、盐雾、运输、低气压等复杂工况和环境。

本书是国家重点研发计划项目"进口新型食品接触材料检测与风险评估技术研究"（2018YFC1603200）部分研究成果的理论总结[27]。

参 考 文 献

[1] 中华人民共和国国家卫生和计划生育委员会. 食品安全国家标准 食品接触材料及制品通用安全要求：GB 4806.1—2016[S]. 北京：中国标准出版社，2017.

[2] 中华人民共和国国家卫生和计划生育委员会. 食品安全国家标准 食品接触材料及制品用添加剂使用标准：GB 9685—2016[S]. 北京：中国标准出版社，2017.

[3] Nerín C，Alfaro P，Aznar M，et al. The challenge of identifying nonintentionally added substances from food packaging materials：A review[J]. Analytica Chimica Acta，2013，775：14-24.

[4] Martínez-Bueno M J，Gómez Ramos M J，Bauer A，et al. An overview of non-targeted screening strategies based on high resolution accurate mass spectrometry for the identification of migrants coming from plastic food packaging materials[J]. TrAC Trends in Analytical Chemistry，2019，110：191-203.

[5] Suman M. Food Contact Materials Analysis：Mass Spectrometry Techniques[M]. Cambridge：The Royal Society of Chemistry，2019.

[6] Ouyang X Y，Lu Z C，Hu Y L，et al. Research progress on sample pretreatment methods for migrating substances from food contact materials[J]. Journal of Separation Science，2021，44（4）：879-894.

[7] Ge K，Hu Y L，Zheng Y J，et al. Aptamer/derivatization-based surface-enhanced Raman scattering membrane assembly for selective analysis of melamine and formaldehyde in migration of melamine kitchenware[J]. Talanta，2021，235：122743.

[8] Chen Y L，Lu Z C，Huang S M，et al. Simultaneous enrichment of bisphenols and polyfluoroalkyl substances by

cyclodextrin-fluorinated covalent organic frameworks membrane in food packaging samples[J]. Journal of Chromatography A，2022，1666：462864.

[9] Zhang J Y, Dang X P, Dai J H, et al. Simultaneous detection of eight phenols in food contact materials after electrochemical assistance solid-phase microextraction based on amino functionalized carbon nanotube/polypyrrole composite[J]. Analytica Chimica Acta，2021，1183：338981.

[10] Xu T T, Qiu K, Gao H B, et al. Simultaneous determination of cyclic PET and PBT oligomers migrated from laminated steel cans for food[J]. Food Control，2021，130：108396.

[11] Liu Y Q, Wrona M, Su Q Z, et al. Influence of cooking conditions on the migration of silicone oligomers from silicone rubber baking molds to food simulant[J]. Food Chemistry，2021，347：128964.

[12] Liu Y Q, Yu W W, Jiang H, et al. Variation of baking oils and baking methods on altering the contents of cyclosiloxane in food simulants and cakes migrated from silicone rubber baking moulds[J]. Food Packaging and Shelf Life，2020，24：100505.

[13] Wang Y N, Wu J J, Liu B J, et al. Migration of polymer additives and radiolysis products from irradiated PET/PE films into a food simulant[J]. Food Control，2021，124：107886.

[14] Piringer O G, Baner A L. Plastic Packaging: Interactions with Food and Pharmaceuticals[M]. New York: John Wiley & Sons, 2008.

[15] Wang Z W, Wang P L, Hu C Y. Investigation in influence of types of polypropylene material on diffusion by using molecular dynamics simulation [J]. Packaging Technology and Science，2012，25（6）：329-339.

[16] Wang Z W, Wang P L, Hu C Y. Molecular dynamics simulation on diffusion of 13 kinds of small molecules in polyethylene terephthalate[J]. Packaging Technology and Science，2010，23（8）：457-469.

[17] Wang Z W, Li B, Lin Q B, et al. Two-phase molecular dynamics model to simulate the migration of additives from polypropylene material to food[J]. International Journal of Heat and Mass Transfer，2018，122：694-706.

[18] ILSI Europe Packaging Materials Task Force. Workshop report—Food packaging-food consumption factors[J]. Packaging Technology and Science，1997，10（5）：281-289.

[19] Zhu L, Zhang H, Chen Y F, et al. Risk assessment of MOAH and MOSH in infants and young children[J]. Bimedical and Environmental Sciences，2019，32（2）：130-133.

[20] ILSI Europe Expert Group. Guidance for Exposure Assessment of Substances Migrating from Food Packaging Materials[M]. Brussels: ILSI Europe，2007.

[21] Koster S, Bani-Estivals M H, Bonuomo M, et al. Guidance on Best Practices on the Risk Assessment of Non-intentionally Added Substances（NIAS）in Food Contact Materials and Articles[M]. Brussels：ILSI Europe，2015.

[22] Kroes R, Renwick A G, Cheeseman M, et al. Structure-based thresholds of toxicological concern（TTC）：Guidance for application to substances present at low levels in the diet[J]. Food and Chemical Toxicology，2004，42（1）：65-83.

[23] Koster S, Boobis A R, Cubberley R, et al. Application of the TTC concept to unknown substances found in analysis of foods[J]. Food and Chemical Toxicology，2011，49（8）：1643-1660.

[24] Yang Y P, Hu C Y, Zhong H N, et al. Effects of ultraviolet（UV）on degradation of irgafos 168 and migration of its degradation products from polypropylene films[J]. Journal of Agricultural and Food Chemistry，2016，64（41）：7866-7873.

[25] 朱蕾. 我国食品接触材料标准新体系构建[J]. 中国食品卫生杂志，2017，29（4）：385-392.

[26] 商贵芹，隋海霞，胡长鹰. 食品接触材料新品种评估申报指南[M]. 北京：化学工业出版社，2021.

[27] 王志伟，胡玉玲，卢立新，等. 进口新型食品接触材料检测与风险评估技术研究[R]. 国家重点研发计划项目科技报告，广州：暨南大学，2019.

第 2 章 食品接触材料中危害物筛查与检测

2.1 食品接触材料中的危害物

一种食品在从农场到餐桌的过程中,食品接触材料(FCM)是贯穿食品加工、包装、运输、销售和储存等环节直接或间接接触食品的必不可少的材料。在此过程中,FCM 中的成分或组分不可避免地迁移到食品中,直接关系到食品安全,因此 FCM 的安全性一直以来都是食品行业关注的焦点[1]。目前,制成 FCM 的基础材料主要包括塑料、金属、玻璃、纸和纸板、陶瓷、搪瓷、橡胶等。受材料理化性质以及食品特性的影响,FCM 在使用过程中其化学成分可能会迁移到食品中,导致人体暴露进而产生健康风险[2]。近年来,随着人们对于食品质量与生态环境安全越来越重视,FCM 的安全性已成为重点关注的领域之一。

FCM 中的有害物质可分为 IAS 和 NIAS[3]。其中,许多 IAS 有相应的国家标准进行规定。例如,国家标准 GB 9685—2016 涵盖塑料、橡胶和纸质品等七大类材质,共涉及危害物 1294 种。2016 年,国家卫生计生委和国家食品药品监管总局发布了 GB 4806.1—2016 等 53 项食品安全国家标准。这些标准已全部正式实施,包括 FCM 用添加剂、搪瓷、陶瓷、玻璃、塑料(树脂)、纸和纸板、金属、涂料及涂层、橡胶等材料制品九大产品标准,以及 39 种特定物质的测试方法标准,连同《食品安全国家标准 食品添加剂使用标准》(GB 2760—2014)、《食品安全国家标准 食品接触材料及制品生产通用卫生规范》(GB 31603—2015)、《食品安全国家标准 食品接触材料及制品迁移试验通则》(GB 31604.1—2015)以及《食品安全国家标准 食品中污染物限量》(GB 2762—2022)等,我国关于 FCM 的新国标体系已基本形成。

然而,对于还没有收录在 GB 9685—2016 内的一些危害物尤其是 NIAS,现国际上尚未形成一个统一和明确的定义和共识。在欧盟法规(EU)No.10/2011 中,NIAS 是指所用物质残留的杂质,或制造过程中形成的反应中间体,或是分解产物和副反应产物。我国 GB 4806.1—2016 中 NIAS 的定义是:食品接触材料及制品中含有的非人为添加的物质,包括原辅料带入的杂质,在生产、经营和使用等过程中的分解产物、污染物以及残留的反应中间产物。但由于 NIAS 来源复杂,其不可控因素较多而无法进行有效的控制。在 FCM 中聚合物和添加剂的降解、长途运输、辐照过程中都可能产生新的化合物以及污染物,如芳香族伯胺、矿物油、亚硝胺、全氟和多氟化合物等,并且有很多 NIAS 结构未知,具有种类复杂、无标准谱图和标准品等特点,使其识别鉴定、定量检测与安全评估面临着众多技术挑战[4]。

由于 FCM 中的危害物具有种类多、来源广、成分复杂、未知性强等特点,对于危害物特别是新发危害物的研究还存在较多空白,尤其是 NIAS,由于其不可控因素较多而无法对其进行有效的控制。因此必须加强对 FCM 中不可控因素以及有害物质的检测及控制。在此基础上，发展快速、灵敏、准确以及多组分同时检测的筛查和分析检测方法就成为 FCM 安全评估的关键[5-6]。

　　本章主要论述食品接触材料中危害物筛查与检测，包括：①针对 FCM 中危害物种类复杂、来源未知的难题，利用高分辨质谱的精准结构剖析性实现 FCM 危害物高通量侦测与快速筛查。②为满足现场快速筛查的需要，利用 SERS 快速、灵敏且具有分子指纹等优势为 FCM 危害物筛查提供重要补充技术。③因为 FCM 中危害物迁移浓度较低且存在基体干扰，发展了高效的样品前处理技术提高检测灵敏度和准确性。④将制备的样品前处理介质与色谱及色谱/质谱技术联用，发展了 FCM 中高关注危害物或新发危害物的精准定量检测技术，为 FCM 风险评估和安全监控提供必要的技术支撑。⑤建立食品接触材料中危害物的数据库及信息交互平台，具有广泛的实际应用价值，为保障我国食品接触材料安全提供重要的技术支持。

2.2　食品接触材料样品前处理技术

　　对 FCM 中危害物进行检测前，为了有效提取目标分子，尽可能去除基体干扰，为 FCM 的准确测定提供保障，绝大多数的 FCM 需要经过样品前处理步骤。目前在 FCM 危害物检测中，样品前处理存在的主要问题是富集倍数低、过程繁杂、去除干扰能力差，因此，发展高效、快速、高选择性的样品前处理技术是保证分析结果可靠性的重要步骤。近年来，研究者们也已经发展了一些样品预处理方法，并针对 FCM 中的一些危害物进行了检测[7-8]，包括顶空分析、顶空固相微萃取、吹扫捕集技术、固-液萃取、液-液萃取、固相微萃取法、溶剂萃取法、超声辅助萃取法、超临界流体萃取法和微波辅助萃取法等，将这些方法与高效液相色谱法（high performance liquid chromatography，HPLC）、气相色谱-质谱法（gas chromatography-mass spectrometry，GC-MS）、液相色谱法（liquid chromatography，LC）或液相色谱-质谱法（LC-MS）等技术相联用，可以实现对 FCM 中危害物的筛查和定量检测。以下主要介绍围绕食品接触材料危害物检测开展的样品前处理介质、高通量样品前处理技术及联用技术等研究。

2.2.1　样品前处理介质

　　样品前处理介质可将待测物高效富集，去除基体干扰，因此，针对复杂基质中的痕量危害物开发高效率和高选择性的吸附材料是样品前处理富集的关键。

　　微孔有机聚合物（microporous organic polymer，MOP）、有序介孔二氧化硅（ordered mesoporous silica，OMS）材料、金属有机骨架（metal-organic framework，MOF）聚合物、分子印迹聚合物（molecularly imprinted polymer，MIP）等新材料具有比表面积大、孔尺寸可调控、表面可修饰、化学和物理性质稳定等优点，在样品前处理领域展现出巨大的应用潜力。例如，MOF 中含有的 O 和 N 等多齿有机配体与过渡金属离子自组装成的金属有机配位聚合物具有高的孔隙率和好的化学稳定性，通过设计或选择一定的配体与金属离子组装后可得到结构新颖、孔道可调的 MOF，实现对危害物的富集和定量检测[9]。另外，随着合成化学与合成技术的进步，纳米材料在近几十年来得到了飞速发展，不同结构类型的新型材料不断被合成[10]。纳米材料具有比表面积大、化学活性高、吸附能力强以及表面易修饰等优点，近几年引起了研究者们的广泛关注，如富勒烯、碳纳米管（carbon nanotube，CNT）、石墨烯等碳基纳米材料。

基于此，本节介绍以下几种为实现 FCM 中危害物的筛查及定量检测所制备的样品前处理介质。

1. 柱[5]芳烃多孔聚合物微球样品前处理介质

共价有机聚合物由于具有稳定性强、比表面积大、孔隙率高等优点被广泛应用于分离富集介质中。其中，柱芳烃分子是一种大环超分子主体分子，具有刚性的柱状结构和大小规则的富电子空腔结构，能识别客体小分子特异性。通过共价键的形式，可以全羟基衍生化柱[5]芳烃分子为骨架网络构建聚合物微球[11]。该聚合物微球具有稳定性高、比表面积大、聚合物网络可调控等优势，既可以实现超分子识别又有开放多孔的结构，为客体分子提供更多的作用空间，因此在吸附介质方面具有较大的应用潜力，如图 2-1 所示。柱[5]芳烃多孔聚合物微球是通过共价键进行构建的，在保留柱[5]芳烃空腔结构的同时具有较强的稳定性。将制备的柱[5]芳烃多孔聚合物微球装填不锈钢小柱，用于食品接触材料中抗氧化剂的在线富集。制备得到的聚合物展现出对抗氧化剂较强的富集作用，富集倍数在 21～82 倍之间，吸附容量在浓度为 5 mg/L 时仍具有上升的趋势，表明柱[5]芳烃多孔聚合物微球对抗氧化剂分子具有较强的吸附能力。经 80 次在线萃取后，柱[5]芳烃多孔聚合物微球在线固相萃取柱仍然保持较好的萃取效率，重现性良好。

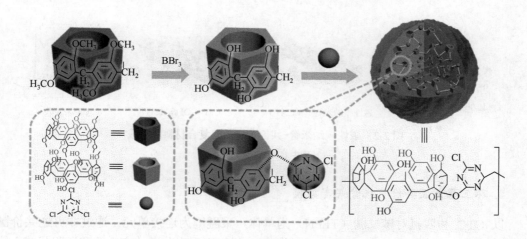

图 2-1　柱[5]芳烃多孔聚合物微球

2. 核−壳型磁性磺化杯[6]芳烃多孔有机聚合物

杯[n]芳烃具有识别性能良好、易于功能化、稳定性高、自带疏水空腔等优势，可通过非共价相互作用识别多种目标化合物。因此通过简单的亲核取代反应，可以将功能化的磺化杯[6]芳烃与刚性小分子构建超交联多孔网状聚合物。同时为应对复杂基质的干扰和大体积的实际样品，将磁性纳米颗粒作为载体引入到超交联聚合物中，从而制备具有良好超顺磁性、丰富结合位点、合适的腔尺寸、大比表面积和高吸附容量的核-壳型磁性磺化杯[6]芳烃多孔有机聚合物。由于其优异的性能，该样品前处理介质可对痕量环氧衍生物进行有效的富集与分离，表现出较高的吸附容量、良好的回收率和重现性。在连续经过 15 次吸附-解吸循环后，对目标化合物的吸附性能基本没有下降，相对标准偏差（relative standard deviation，RSD）小于 9.1%。在 1 mg/L 的环氧衍生物混合浓度下，材料仍未达到吸附饱和，表明该介质对环氧衍生物吸附容量大，在食品接触材料中环氧衍生物迁移量的分析检测上具有潜在的应用前景。

3. 磁性碳纳米管-共价有机骨架复合样品前处理介质

利用碳纳米管吸附性能高、疏水性的优势及共价有机骨架（covalent organic framework，COF）材料有序骨架结构的特点，制备了磁性碳纳米管-共价有机骨架复合样品前处理介质[12]。该介质利用环三藜芦烃（cyclotricatechylene，CTC）作为 COF 材料的构筑单体，通过硼酸键与小分子单体结合。为了进一步提高材料的稳定性并增加复合材料的比表面积，将磁性碳纳米管引入到复合材料中，诱导 CTC-COF 在其表面合成。利用 CNT 较大的比表面积对 COF 进行分散生长，得到比表面积大、稳定性强的样品前处理介质。磁性碳纳米管的引入还可作为磁性固相萃取的吸附剂，加速样品溶液与材料的快速有效分离。该介质对分子尺寸匹配和带富电子基团的目标分析物具有特定的吸附作用，可以对其进行有效富集和浓缩，实现痕量分析物的准确检测（图 2-2）。

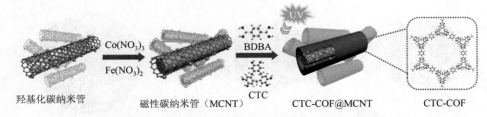

羟基化碳纳米管　　　　磁性碳纳米管（MCNT）　　　CTC-COF@MCNT　　　CTC-COF

图 2-2　磁性碳纳米管-共价有机骨架复合材料的合成

图中 UV 代表紫外光

4. 环三藜芦烃共价有机骨架富集膜

以 CTC 和四氟对苯二腈（TFPN）为单体，聚醚键为连接单元，通过非可逆共价键构建了新型 COF 材料 CTC-TFPN-COF，此 COF 材料表现出分散的空心棒和海胆状空心棒组装体两种复合结构，具有较大的比表面积和超强的化学稳定性，在强酸强碱条件下仍然保持稳定的化学结构。由于 FCM 迁移液体积量大且目标物含量又低，将 CTC-TFPN-COF 固载于滤膜上制备成膜式固相萃取介质，用于目标分析物的分离和富集，可以实现对体积量大且目标物含量低溶液的分析，如图 2-3 所示。将制备得到的 CTC-TFPN-COF 富集膜材料应用于紫外光稳定剂和三聚氰胺及其衍生物的有效萃取富集[13]。经 10 次重复萃取后，CTC-TFPN-COF 富集膜保持较好的萃取效率，其相对标准偏差为 1.6%～4.9%。批次内和批次间的精密度分别为 3.3%～9.8% 和 1.4%～8.7%，结果表现出较好的吸附和回收效率。膜式固相萃取技术可以通过加压或抽真空的方式实现对样品的快速处理，在 FCM 迁移液等大体积样品的高效、快速分析方面展现出较好的应用潜力。

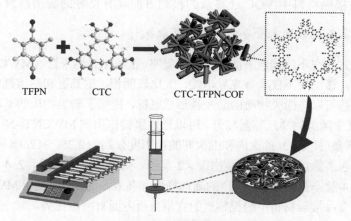

图 2-3　CTC-TFPN-COF 富集膜的制备和多通道萃取

5. 聚噻吩-金属有机骨架固相微萃取探针

采用电化学合成方法在不锈钢丝表面制备聚噻吩-金属有机骨架（PEDOT-UiO-66）复合涂层[14]。该萃取涂层呈现出典型的 UiO-66 多面体特征，且表面疏松、具有丰富的孔隙结构，可以提高挥发性有机物（volatile organic compound，VOC）的萃取效率（图 2-4）。

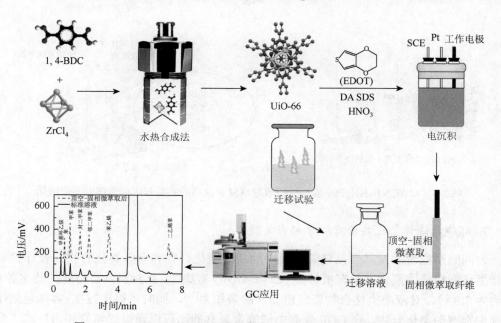

图 2-4　PEDOT-UiO-66 固相微萃取复合涂层的制备和分离分析应用

针对 FCM 中 VOC 的迁移量低的问题，PEDOT-UiO-66 可以通过 π-π 相互作用对 VOC 进行吸附萃取，达到分离和富集的效果。热重分析表明 PEDOT-UiO-66 在 250℃ 下不会分解，批次内和批次间的精密度分别为 7.1%～12.0% 和 3.4%～12.3%，可用于食品工业用离子交换树脂中 7 种 VOC 的有效富集，结果表现出较好的吸附和回收效率，说明 PEDOT-UiO-66 复合涂层在食品接触材料中 VOC 迁移量的检测方面具有良好的应用前景。

6. 聚吡咯-氨基化碳纳米管导电固相微萃取探针

利用电化学方法在不锈钢丝表面制备了聚吡咯-氨基化碳纳米管（MWCNTs-NH$_2$/PPy）导电复合涂层[15]。该涂层不仅具有高导电性、大比表面积、耐高温和耐溶剂等特性，其表面丰富的官能团氨基可以与酚类物质的酚羟基形成氢键，提高了酚类物质的萃取选择性和萃取效率。由于 FCM 中酚类物质迁移量较低，可以通过氢键作用被 MWCNTs-NH$_2$/PPy 选择性萃取，实现分离和富集（图 2-5）。批次内和批次间的精密度分别为 2.2%～12.9% 和 1.9%～10.5%，实现了罐装食品包装涂层中 8 种酚类物质（2-氯酚、邻甲酚、间甲酚、2,4-二氯苯酚、4-叔丁基酚、4-氯酚、4-叔辛基酚和 α-萘酚）的高选择性和高效率的萃取，表明 MWCNTs-NH$_2$/PPy 导电复合涂层在食品接触材料中酚类物质的富集分析方面有突出优势。

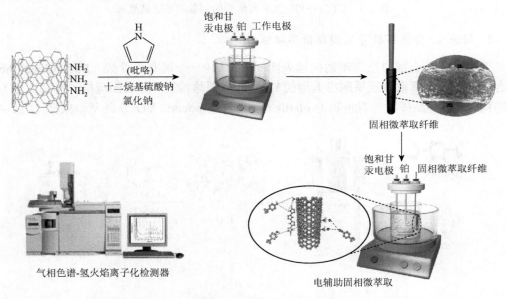

图 2-5　MWCNTs-NH$_2$/PPy 固相微萃取导电复合涂层的制备和电化学辅助萃取应用

7. 环糊精修饰氟化共价有机骨架富集膜

为同时萃取食品及其食品包装材料中的双酚类化合物和全氟类化合物，设计并制备了新型环糊精修饰氟化共价有机骨架（CD-F-COF）富集膜。此材料具有特殊的疏水腔（孔径约为 7.8Å），对双酚类化合物表现出良好的亲和力[16]，同时可以通过主-客体包结作用选择识别双酚类化合物。在 COF 骨架中修饰含氟官能团可以通过"氟亲和力"或"亲氟性"实现对全氟类化合物特异性识别和吸附，如图 2-6 所示。CD-F-COF 复合材料显示出高的比表面积（1417 m²/g），在 380℃下不会发生分解，批次内的精密度为 2.4%～9.8%，有利于样品前处理中目标物的富集与检测。在实验基础上，利用分子模拟技术对吸附过程中的机理进行深入的研究。同时，膜萃取与高效液相色谱-质谱技术的结合将为 FCM 及其食品中的有害物的分析检测提供新的实用工具。

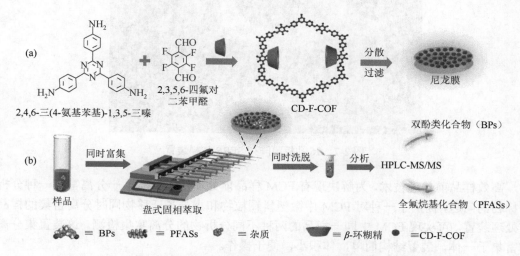

图 2-6　β-环糊精修饰氟化共价有机骨架富集膜和多通道萃取（后附彩图）

2.2.2　高效样品前处理技术及其联用分析技术

为提高分析速度，减少人工操作成本，实现大批量 FCM 样品的快速检测，发展高通量样品前处理技术也非常重要[17-18]。通过膜萃取与注射器针头连接，用多通道注射泵进行同时加样、净化和洗脱，可以实现对多个样品的同时处理。该方法简单、快速、便于推广。此外，为满足 FCM 中危害物快速、现场筛查的需要，发展了高通量表面增强拉曼光谱（SERS）筛查装置。SERS 快速分析的高通量检测装置以圆周形排列的均匀光盘形微孔板作为拉曼检测池，通过旋转滑台，方便快速切换检测样品池，微孔板结合精密旋转滑台，无须多次重复调焦，即可实现快速加样和各样品数据的快速采集。同时将表面增强拉曼光谱基底膜固载于 24 孔或 96 孔板，可实现高通量样品快速筛查和检测（图 2-7）。

固相微萃取（solid phase micro-extraction，SPME）与 GC 或 GC-MS 法可以测定 FCM 中的 VOC，固相微萃取探针富集目标物后可直接在气相色谱进样口解吸测定[19-20]。

通过流路的设计和搭建在线萃取分析系统，发展在线固相萃取-高效液相色谱联用分析技术，可以实现对目标物的在线富集、洗脱、分离和分析。在线固相萃取-高效液相色谱联用分析系统主要由大体积定量环、不锈钢萃取小柱、六通选择阀、六通进样阀和液相色谱分析系统组成，通过选择阀的往返切换可以分步实现萃取、净化、洗脱和分析过程。在线固相萃取-高效液相色谱联用分析技术在缩短样品前处理时间的同时简化了样品富集的过程，避免目标物在样品前处理过程中的损耗，进而提高萃取分析的效率及测定结果的准确性和精密度。

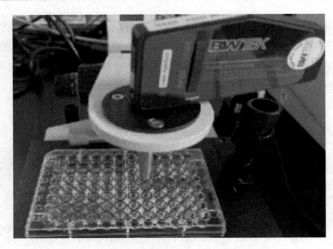

图 2-7　96 孔板膜阵列 SERS 加样装置

　　高效样品前处理技术，为解决现有 FCM 样品前处理技术只能单一分离富集一种分析目标物的问题，提供了一种对 FCM 中微塑料颗粒物和小分子迁移物同时分离富集的样品前处理装置，可实现 FCM 中同一样品的两种不同分析物的分离富集检测。该装置集分离与富集于一体，装置结构简单，体积小，便于操作。

2.2.3　食品接触材料表面积的高光谱成像测定

　　FCM 作为食品的"贴身衣物"，在加工、运输和包装食品的过程中，其组分不可避免地会溶出迁移到食品中，如果迁移量达到一定的程度就会影响食品安全，进而威胁消费者健康。目前，通常是根据计算包装材料表面积来评估材料中各种物质的迁移情况[21]。当单位表面积 FCM 可迁移出的化学物质固定时，如果包装单位质量食品所需要的 FCM 面积越大，那么单位质量食品中化学物质的含量就越高。这也就是说 FCM 表面积与食品体积或质量的比（即盛装 1 L 或 1 kg 食品所需 FCM 的面积）越大，FCM 中化学物质可能迁移到食品中的量越大。

　　因此，材料的表面积是衡量化学物质迁移量和评估材料安全性的关键参数。然而，由于现实中的材料形态各异，获得其准确的表面积是一个非常大的挑战。目前表面积主要是通过人工测量，因此存在很多问题，如测量速度慢，效率低，对于异形物体只能进行大致估算，导致测量精度较差。为解决这些问题，提出一种基于三维测量技术的物体表面积精确、快速测量系统。系统通过计算机立体视觉的方法，快速得到物体表面精确的表面积，一键生成检测报告存入档案。这种技术的主要优势和亮点体现在通过计算机立体视觉的方法实现了对复杂曲面不规则物体的快速准确测量。由于面积测量的结果直接影响 FCM 中组分迁移量的多少，所以面积测量仪是相关领域的必备设备，产品市场前景广阔。

　　1. 基本原理

　　结构光系统是一组由结构光源和摄像头组成的系统结构。用结构光源将光投射到物体表面及背景后，再由摄像头采集。根据物体造成的光信号的变化来计算物体的位置和深度等信息，进而复原整个三维空间。基本原理是利用以单线或多线激光为光源的结构光系统，采集材料的三维图像数据，通过三维数据重建技术实现在计算机内对样品的三维模型重建。重建的三维模型在特定的算法下转化为三角面片数据，依据三角面片计算样品待测量区域的表面积。这里提出来两种测量方法。

第一种方法仪器示意图如图 2-8 所示，结构光系统由结构光源（①）和摄像头（③）组成。结构光源通常由多线激光或单线激光构成，常用的激光光源有蓝色激光或红色激光。该方法的结构光系统位置固定，通过旋转平台将材料旋转至不同角度，获取样品的面积数据。

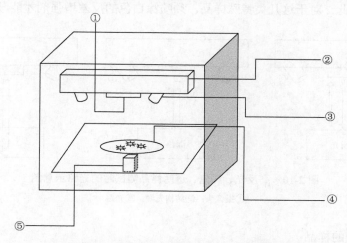

图 2-8　旋转平台式面积测量仪主机仪器结构示意图
①结构光源；②固定支架；③摄像头；④旋转平台；⑤控制电机

第二种方法仪器示意图如图 2-9，结构光系统由结构光源（②）和摄像头（③）组成。该方法的样品位置固定，样品通过标识点（①）进行定位。测试过程中需移动结构光系统至不同位置，获取样品的面积数据。

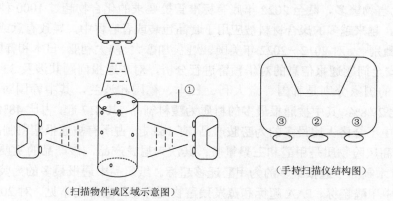

（扫描物件或区域示意图）　　　（手持扫描仪结构图）

图 2-9　手持式面积测量仪主机仪器结构示意图
①标识点；②结构光源；③摄像头

2. 特殊样品处理

（1）需喷涂反差增强剂的样品

对于表面颜色为深色、透明和反光的样品，需要对样品表面喷涂反差增强剂，反差增强剂应尽可能均匀喷涂在样品表面，再测量。而对于高反光、透明和深色的样品进行测试时，其光路所经过的途径也不同。如图 2-10 所示，对于高反光的样品，光照射后基本被原路反射，摄像头只能获取一个亮度很高的光斑；当照射深色的样品时，发射的光基本被吸收，无法到达摄像头；对于透明反光的样品，光直接穿透样品，致使摄像头无法获取样品的表面信息。因此，对于这几类特殊样品，须喷涂白色的反差增强剂才能顺利进行测定。

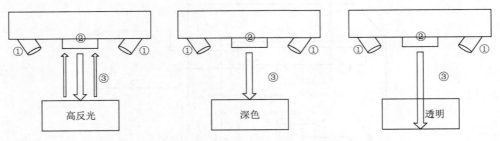

图 2-10　高反光、深色、透明样品测试时的光路示意图
①摄像头；②结构光源；③光路

（2）需拆分的样品

对于尺寸较大、组合类和管道件样品，需要对样品进行拆分，再测量。对内部形状扭曲、壁厚不均匀的样品，如玻璃制品、陶瓷制品，需要对样品进行切割或分裂，再测量。

2.3　食品接触材料危害物高通量侦测与快速筛查技术

FCM 危害物繁多，截至 2022 年底有标准管控要求的化合物超过 1000 种。随着材料科学的发展，越来越多的聚合材料被应用于食品包装或者容器中，导致有意或无意添加的化合物难以甄别[22]。对 2012～2022 年美国、欧盟、加拿大、澳大利亚、日本和韩国共 1478 条涉及 FCM 安全问题通报信息的对华预警进行分析，对华通报问题共涉及 33 个国家，其中排名前五的国家分别是韩国、意大利、日本、德国和波兰，其中韩国对华通报数为441 起，占比 29.8%，其中被通报最多的材质为塑料制品，共 417 起，占比 48%（417/874）。在塑料制品中不合格占比最多的为密胺产品，有 163 起，占所有被通报塑料制品的 39.1%，密胺产品的高风险物质是甲醛和三聚氰胺；其次为尼龙产品，该产品的主要高风险物质为 PAA。竹木制品中通报最多的为甲醛迁移超标。纸质品中通报最多的为荧光增白剂迁移超标，其中甲醛超标、PAA 超标和蒸发残留物超标等问题最为常见。对 2012～2022 年报道的进口 FCM 的质量情况进行分析，其中 2012～2016 年全国进口食品接触产品质量状况白皮书显示，不合格率由不到 4% 上升到近 10%，不合格批次原产国或地区前 10 位依次是日本、韩国、中国大陆（出口复进口）、法国、中国台湾、德国、意大利、泰国、土耳其、美国；实验室检测不合格比例由高至低依次是塑料制品、金属制品、纸制品、玻璃制品、日用陶瓷。由此可见，进口与出口 FCM 发现的问题不尽相同，这主要是由于我国 FCM 的标准体系建设起步较晚，相比欧美对进口 FCM 的监管不够严格，无论是产品标准还是危害物的检测方法标准仍存在很多空白。GB 9685—2016 中允许使用的添加剂达上千种，但配套的检测标准却仅有 50 多种。检测技术与现有的标准体系严重不匹配，使当前食品相关产品的监管陷入困境。大量进口的产品仅需对其通用卫生指标进行检测，未能及时发现问题，导致产品的进口和出口检测标准严重不对等。下面主要介绍围绕食品接触材料新发危害物侦测，综合高分辨质谱、表面增强拉曼光谱等技术开展的食品接触材料危害物高通量侦测和快速筛查研究。

2.3.1　食品接触材料中危害物高分辨质谱侦测技术

1. 食品包装用纸中危害物的超高效液相色谱-四极杆飞行时间质谱筛查

食品包装用纸，是指包装、盛放食品或者食品添加剂的纸制品和复合纸制品，以及食品或者食品添加剂生产经营过程中直接接触食品或者食品添加剂的纸制容器、用具和餐具等制品[23-24]。可分为食品用纸包装类和食品用纸容器类两大类。一类为食品用纸包装类，既可作为食品用纸容器类的加工原材料使用，也可用于直接包装食品。在生活中常见的有蒸笼纸、烘焙纸张、茶叶滤纸、涂蜡纸及淋膜纸等。另一类为食品用纸容器类，经过一定工艺由纸张适当加工而成的纸容器、用具及餐具等制品，这类产品种类繁多，包括容器、工具、餐具类，比如纸杯、纸碗、面粉纸袋、蛋糕盒、装薯片用的复合罐、纸吸管及纸餐盒等。此类产品一般是由食品级的包装纸加工而成，即存在二次或多次加工过程，但是这也使得原有的包装纸结构被破坏，导致各类化学物质更易迁移至食品中。

通过使用超高效液相色谱-四极杆飞行时间质谱（ultra-high performance liquid chromatography-quadrupole time of flight mass spectrometry，UPLC-QTOF/MS）法对食品包装用纸中可能存在对人体健康具有危害的荧光增白剂、染料、光引发剂、增塑剂、稳定剂、黏合剂、表面活性剂、防霉剂和杀菌剂等共 104 种化合物进行快速筛查定性。利用仪器自带的定性软件 PeakView、MasterView，以及数据库软件 LibraryView，构建 104 种化合物的一级质谱数据库和二级碎片质谱库，通过化合物的精确质量数、保留时间、同位素丰度比、二级碎片谱图等信息对检测结果进行自动检索，实现对食品包装用纸中相关危害物的快速准确定性分析。利用自建标准谱库检索实现快速筛查，具有快速、灵敏、高效等优点，适用于食品包装用纸中添加剂残留的快速筛查和识别。

（1）数据处理

采用自建数据库，数据的采集和处理由 Analyst、PeakView、MasterView 软件完成。采集的样品数据在 PeakView、MasterView 软件中，应用数据库对 UPLC-QTOF/MS 采集数据进行检索匹配分析，与数据库的保留时间、母离子精确质量数、同位素丰度比和二级碎片谱图等相关参数进行匹配，总体匹配得分大于 70 分定为可疑阳性化合物。筛查流程见图 2-11。

　　参考欧盟分析方法指南（SANTE/12682/2019）进行定性分析方法的验证，主要目的是确定样品中有害目标物质的存在与否，并未考察含量水平、回收率，以及精密度等定量方法参数，即在给定添加水平下，目标物在基质样品中的可检出情况。

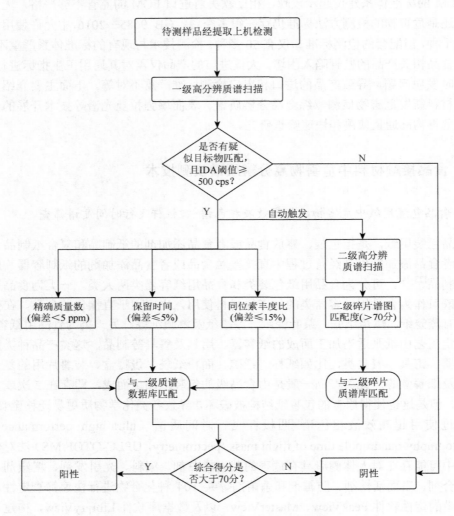

图 2-11　FCM 中危害物筛查流程示意图

cps 表示 counts per second，译为"每秒计数"

（2）化合物匹配分数

　　化合物匹配分数是判断检测结果与数据库中目标物匹配程度的重要参数，其值由各单项参数匹配情况加权平均得出，测定目标物与数据库中对应化合物的匹配分数主要考虑以下四个参数：

　　精确质量数偏差：仪器测得的精确质量数（或质荷比 m/z）与建议分子式的理论预测值之间的匹配程度；

同位素丰度比偏差：测量所得的同位素簇的丰度模式与建议分子式的理论预测值之间的匹配程度；

保留时间偏差：测定的化合物保留时间与数据库中预期保留时间的匹配程度；

二级碎片谱图匹配度：仪器测得二级碎片离子和数据库中二级碎片谱图匹配度。

综合上述因素的加权匹配分数计算公式：

$$加权匹配分数 = \frac{W_{ma} \times P_{ma} + W_{RT} \times P_{RT} + W_{IS} \times P_{IS} + W_{li} \times P_{li}}{W_{ma} + W_{RT} + W_{IS} + W_{li}} \times 100 \qquad (2\text{-}1)$$

式中，P_{ma}、P_{RT}、P_{IS} 和 P_{li} 分别为精确质量数、保留时间、同位素丰度比和二级碎片离子与数据库中对应值匹配概率，取值范围 0～100%；W_{ma}、W_{RT}、W_{IS} 和 W_{li} 分别为精确质量数、保留时间、同位素丰度比和二级碎片离子在计算整体匹配分数时的权因子，各因子取值均为 25%。

利用仪器自带软件 MasterView，选择采集过数据的样品，同时导入 LibraryView 中的数据库进行匹配，根据欧盟 SANTE/12682/2019 标准要求，设置精确质量数偏差（mass error）＜5 ppm*；保留时间偏差设为±5%，同位素丰度比偏差小于等于 15%；二级碎片谱图匹配度得分大于 70 分，四者所占权重都为 25%。当待测样品中发现有与数据库中收录的化合物相匹配的结果时，应用公式（2-1），计算出分值为 0～100 之间的加权匹配分数，通过参考文献和仪器工程师给出的建议及对大量数据的分析，加权匹配分数大于 70 分的结果确定为疑似阳性结果。

（3）筛查限的确定

对于定性筛查方法的验证，主要集中在待测分析物的可检测方面，对于筛查限的分析，单纯参考常规定量方法检出限（即定义信噪比为 3∶1 时的浓度）并不全面。根据欧盟 SANTE/12682/2019 规定验证定性筛查方法时需要考虑的标准和参数，样品中可筛查出和确证识别的最低浓度即被定义为该化合物在该方法中的筛查限。通过逐级稀释标准溶液并上机检测，得到最低可筛查并确证识别的浓度作为筛查限。

（4）定性筛查方法验证

通过建立的方法对给定项目的阳性样品进行分析筛查验证，样品经过前处理后上机检测，测试结果显示待测样品中三种目标化合物（荧光增白剂 135、荧光增白剂 393 和荧光增白剂 184）均能检测出来，且精确质量数偏差绝对值均小于 5 ppm，保留时间偏差小于 5%，说明所建立的方法可有效筛查食品接触材料中的相关危害物。

为进一步考察本筛查方法定性结果的准确性，从食品包装用纸实际样品中随机选取两个样品，对比本筛查方法（UPLC-QTOF/MS 法）与 LC-MS/MS 定量方法测试结果，结果均一致，证明了 UPLC-QTOF/MS 法的准确性。

（5）市售样品检测分析

应用该方法从市面上随机购买了 47 份纸质食品包装材料样品进行筛查，包含一次性纸质杯、纸盘、烘焙纸盘、纸吸管和蛋糕杯等。经统计，共在 47 份样品中检出 40 种不同化合物，检出化合物主要为塑化剂（如邻苯二甲酸二正辛酯、邻苯二甲酸二乙酯、二

---

* 非法定计量单位，1ppm = 10^{-6}。

苯砜等）、荧光增白剂（如荧光增白剂367和荧光增白剂393）和杀菌杀螨剂（如1, 2-苯并异噻唑-3(2H)-酮和乙硫甲威）等。

检出化合物不考虑残留含量情况，检出频次最高的物质是二苯砜，该物质在工业上主要用于有机合成，常作增塑剂、杀菌杀螨剂。其次为邻苯二甲酸二正辛酯。检出频次较高的有邻苯二甲酸二乙酯、己内酰胺和荧光增白剂367等，如图2-12所示。个别样品检出有毒致癌物质和高毒性物质，如邻甲基苯胺、邻甲氧基苯胺、2, 4-二甲基苯胺和苯胺等。

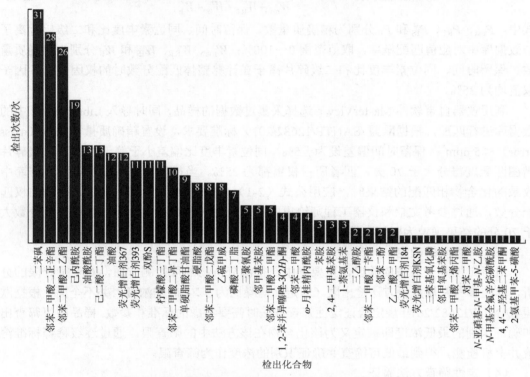

图 2-12　47 份食品包装用纸样品中检出化合物项目和次数

对于吸管类样品中检出频次较高的化合物依次为可充当杀菌杀螨剂的乙硫甲威和二苯砜；纸餐具类样品中检出较高的依次为可充当增塑剂的邻苯二甲酸二正辛酯和邻苯二甲酸二乙酯；食品用纸包装类样品中检出较高的依次为可充当增塑剂、杀菌杀螨剂的二苯砜和可作为增塑剂的邻苯二甲酸二正辛酯。3 类样品中邻苯二甲酸二正辛酯和二苯砜检出频次均较高。

（6）新发危害物分析

在对 47 份样品中检出的 40 种化合物分析时，发现 GB 9685—2016 中未有相关规定的化合物 27 种。检出的这 27 种新发危害物根据可能用途和来源可以归为增塑剂、着色剂、荧光增白剂、杀虫剂、表面活性剂、防老剂、润滑剂和紫外吸收剂等。其中增塑剂以邻苯二甲酸酯类化合物为主，除此之外检出较多的还有二苯砜；PAA 主要以邻甲基苯胺为主，可能来源于偶氮染料或者黏合剂的分解释放；荧光增白剂主要有荧光增白剂 367 和 393。

检出的 27 种新发危害物中，增塑剂占比最多（37%），其次为 PAA（13%）和非有意添加物（13%），详见图 2-13。而 FCM 中引入的增塑剂很可能是因为其可以增加纸质食品包装材料的柔韧性,来源包括造纸过程、回收纸、胶黏剂、印刷油墨等,同时为了让产品外观更加靓丽,可能会使用偶氮染料和黏合剂等,在特定条件下可能造成致癌性芳香胺迁移进入食品中。

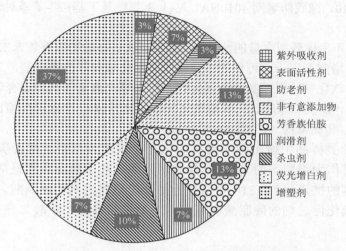

图 2-13　食品包装用纸中检出新发危害物类型分布图

2. 食品接触用橡胶及制品中危害物的超高效液相色谱-四极杆飞行时间质谱筛查

橡胶制品因其具有表面不黏、形态灵活、质量轻以及毒性低等优点,多用于直接接触食品的材料中,如密封圈、橡胶塞、烘焙模具以及婴儿奶嘴等。然而,它在生产过程中产生的 IAS(如增塑剂、着色剂、防老剂和硫化促进剂等,用以提高硅橡胶的耐热性和力学性能)和 NIAS(如反应产物:N-亚硝胺、降解产物等)可能最终会残留在产品中,给人带来健康危害[25]。例如,当橡胶模具与脂肪或油性食品接触时,橡胶模具中某些物质可能具有很高的迁移率;硅橡胶制品在高温、高压和微波等工况下使用时,硅橡胶制品中的某些潜在危害物更容易向食品发生迁移,进而对人体造成潜在的健康隐患[26]。针对这一问题,可以通过使用 UPLC-QTOF/MS 法对食品接触用橡胶及制品中对人体健康具有危害的增塑剂、着色剂、防老剂和硫化促进剂等共 56 种危害物进行快速筛查定性。

(1)定性筛查方法验证

在筛查限确定后,通过建立的方法对给定项目的实际阳性样品进行分析筛查验证,样品经过前处理后上机测试,检测结果显示待测样品中三种目标化合物(N-苯基-2-苯胺、1-萘胺基苯和橡胶防老剂 4010NA)均能检测出来,且精确质量数偏差绝对值均小于 5 ppm,保留时间偏差小于 5%,说明所建立的方法可有效筛查食品接触用橡胶及制品中的相关危害物。

为进一步考察本筛查方法定性结果的准确性,从食品接触用橡胶及制品的实际样品中随机选取两个样品,对比本筛查方法与 LC-MS/MS 定量方法测试结果,结果均一致,证明了 UPLC-QTOF/MS 法的准确性。

(2)市售样品检测分析

从市面上随机购买了 28 份橡胶制品应用该方法进行筛查,包括橡胶圈、橡胶手套、橡胶塞托等。经统计，在 28 份橡胶样品中共检出 25 种化合物，检出化合物主要为橡胶硫化促进剂（如三苯基氧化膦、六氟双酚 A、硬脂酸、邻甲基苯胺等）、增塑剂（邻苯二甲酸二异丁酯、己二酸二丁酯、邻苯二甲酸二正辛酯、邻苯二甲酸丁苄酯等）和防老剂（如抗氧化剂 1310、橡胶防老剂 4010NA、*N*-(1, 3-二甲基丁基)-*N*′-苯基对苯二胺、抗氧化剂 2246 等）等。

检出化合物不考虑残留含量的情况下，检出频次最高的物质有邻苯二甲酸二异丁酯，该化合物为常用增塑剂之一，可作为丁腈橡胶和氯化橡胶等的增塑剂，还可作为天然橡胶和合成橡胶的软化剂，提高制品的回弹性。检出频次最高的物质还有可作为橡胶硫化促进剂的硬脂酸，以及二苯砜、三苯基氧化膦等（图 2-14）。个别样品检出有毒致癌物质（如邻甲基苯胺）和高毒物（二苯胺和苯胺）。

对于橡胶圈类样品中检出频次最高的化合物依次为可充当橡胶硫化促进剂的三苯基氧化膦和可作为增塑剂的二苯砜；橡胶厨具类样品中检出频次最高的化合物依次为可充当防老剂的抗氧化剂 1310 和可作为橡胶硫化促进剂的硬脂酸。两类样品中均有检出可作为硫化促进剂的硬脂酸和可作为增塑剂的邻苯二甲酸二异丁酯，且检出频率较高。

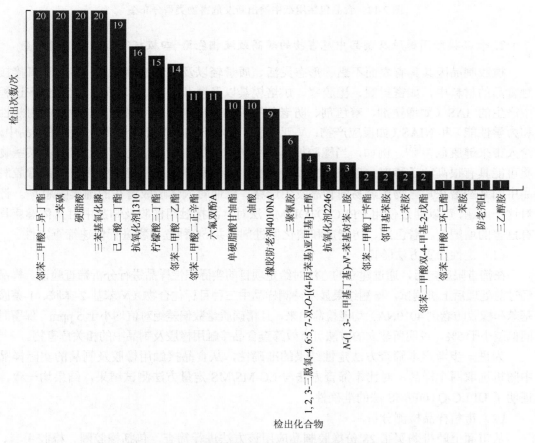

图 2-14　28 份橡胶制品中检出化合物项目和次数

（3）新发危害物分析

从 28 份样品中检出了 25 种化合物，其中 GB 9685—2016 中未有相关规定的化合物 21 种。检出的新发危害物根据可能用途和来源可以归为增塑剂、橡胶硫化促进剂、防老剂、着色剂和润滑剂等。其中增塑剂以邻苯二甲酸酯类为主；橡胶硫化促进剂中检出的主要有三苯基氧化膦、六氟双酚 A 和硬脂酸等；防老剂主要有抗氧化剂 1310、橡胶防老剂 4010NA、防老剂 H 等。

检出的 21 种新发危害物中，增塑剂占比最多，为 36%，其次为橡胶硫化促进剂，占比 25%，详见图 2-15。增塑剂的引入，可以使得橡胶分子间的作用力降低从而降低橡胶的玻璃化温度，增加橡胶的可塑性和流动性，便于后续的成型操作，增塑剂还可以改善硫化胶的机械性能，提高胶料的弹性、润滑性和柔韧性等。橡胶硫化促进剂能促使硫化剂活化，从而加速硫化剂与橡胶分子间的交联反应，达到缩短硫化时间、降低硫化温度、增加产量以及降低生产成本的效果。

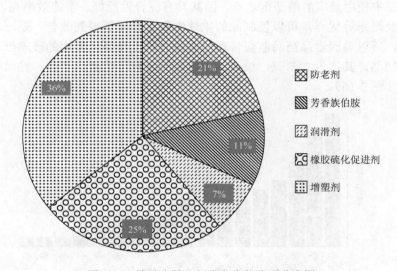

图 2-15　橡胶中检出新发危害物类型分布图

防老剂
芳香族伯胺
润滑剂
橡胶硫化促进剂
增塑剂

3. 可降解食品接触材料中危害物的超高效液相色谱-四极杆飞行时间质谱筛查

在生产可降解材料的过程中，为了稳定聚合物或改善其性能（如提升其机械强度、强化阻隔性能等），可能会添加一些防老剂、杀菌杀螨剂、润滑剂、染色剂、增塑剂和纳米粒子等有意添加物；聚合物中可能还会含有低分子量的聚合物和残余单体，甚至还会有一些非有意添加物。目前国内关于可降解材料的安全性研究还较少，随着生物降解材料在食品包装中的使用越来越广泛，对其安全性的研究就变得很有必要[27]。因此，使用 UPLC-QTOF/MS 法对可降解 FCM 中对人体健康具有危害的染色剂、增塑剂、胶黏剂、防老剂和杀菌杀螨剂中的化合物进行快速筛查定性具有非常重要的意义。

（1）定性筛查方法验证

按照前述方法确定筛查限后，通过建立的方法对给定项目的实际阳性样品进行分析筛查验证，测试结果显示待测样品中 3 种目标化合物（邻苯二甲酸二乙酯、邻苯二甲酸二戊酯和邻苯二甲酸二正辛酯）均能检测出来，且精确质量数偏差绝对值均小于 5 ppm，保留时间偏差小于 5%，说明所建立的方法可有效筛查可降解 FCM 中的相关危害物。

为进一步考察本筛查方法定性结果的准确性，从可降解 FCM 的实际样品中随机选取两个样品，对比本筛查方法与 LC-MS/MS 定量方法测试结果，结果均一致，证明了 UPLC-QTOF/MS 法的准确性。

（2）市售样品检测分析

应用该方法对从市面上随机购买的 35 份可降解 FCM 进行筛查，包括 PLA 吸管、聚丙烯（polypropylene，PP）小麦秸秆饭盒/水杯、保鲜膜和零食袋等。经统计，共在 35 份样品中检出 18 种残留物质。检出化合物主要为增塑剂（如邻苯二甲酸二异丁酯、邻苯二甲酸二戊酯等）和杀菌杀螨剂（如 1, 2-苯并异噻唑-3(2H)-酮、乙硫甲威、油酸等）。

检出化合物不考虑残留含量情况，检出频次最高的物质是邻苯二甲酸二乙酯，该物质是塑料加工中使用最广的增塑剂之一。因其具有综合性能好、增速效率高、挥发性小、耐紫外光以及耐寒等优点，可以使制品的柔软性和电性能都得到改善，是一种比较理想的主增塑剂，所以美国食品药品监督管理局准许它用于食品包装用的玻璃纸、涂料、黏合剂和橡胶制品。其次为二苯砜，检出频次较高的还有己二酸二丁酯、柠檬酸三丁酯、乙硫甲威等（图 2-16）。

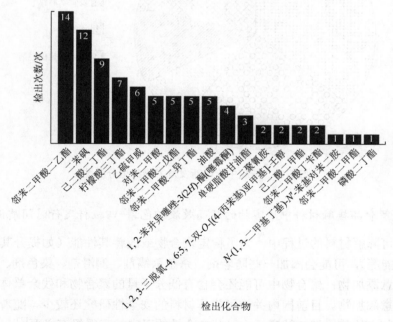

图 2-16　35 份可降解 FCM 样品中检出化合物项目和次数

对于可降解餐具类样品中检出频次最高的化合物为可充当增塑剂的邻苯二甲酸二乙酯；可降解吸管类样品中检出频次最高的化合物依次为可充当杀菌杀螨剂的乙硫甲威和二苯砜；可降解包装材料类样品中检出频次最高的化合物为可充当增塑剂的二苯砜。

（3）新发危害物分析

35 份样品中检出的 18 种化合物中，在 GB 9685—2016 里未有相关规定的化合物有 13 种。检出的新发危害物根据可能用途可以分为增塑剂、杀菌杀螨剂、润滑剂和防老剂等。其中增塑剂占比最多为 60%，以邻苯二甲酸酯类化合物为主，除此之外检出较多可能用作增塑剂使用的还有二苯砜；杀菌杀螨剂占比 13%，以二苯砜和乙硫甲威为主；润滑剂占比 13%，包括柠檬酸三丁酯和单硬脂酸甘油酯，详见图 2-17。

这是由于生产可降解材料时为了稳定聚合物或改善其性能，可能会添加一些增塑剂、杀菌杀螨剂和防老剂等。因为可降解材料多以淀粉、纤维素或者蛋白质等为原材料，面临对水分耐受性不足、机械强度不足和易滋生细菌等缺点，合适的增塑剂和杀菌杀螨剂可以提高材料强度、阻水性和安全环保性。

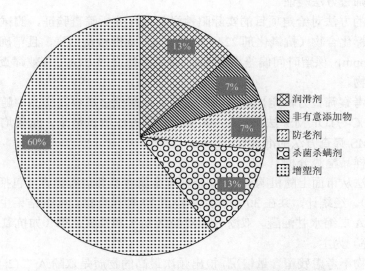

图 2-17　可降解 FCM 样品中检出新发危害物类型分布图

（4）重点高关注物质

35 份样品中共检出 3 种重点化合物（邻苯二甲酸二戊酯、邻苯二甲酸二异丁酯和邻苯二甲酸丁苄酯），它们属于美国加利福尼亚州《安全饮用水及禁用有毒物质法案》（一般称为《第 65 号提案》）或欧盟 REACH 法规下的高关注物质（substances of very high concern，SVHC）清单管控物质，需要重点关注。其中可降解餐具类样品涉及邻苯二甲酸二戊酯和邻苯二甲酸二异丁酯这 2 种，可降解吸管类检测到邻苯二甲酸二异丁酯，可降解包装材料检出以上 3 种。

4. 薄壁金属容器食品接触材料中危害物的超高效液相色谱-四极杆飞行时间质谱筛查

薄壁金属容器作为"安全环保产品"被广泛应用于食品包装中，如饮料、奶粉、罐头等。薄壁金属容器不仅具有良好的气密性、避光性等优点，能长时间储存食品并保持原有风味，还具有一定的抗压能力，能避免食品在运输过程中造成损坏。金属罐主要分两片罐和三片罐两种类型，两片罐由罐身和罐盖组成，三片罐由罐身、罐底和罐盖组成。为了避免饮料等内容物直接接触金属引起的金属罐腐蚀、金属离子析出等问题，食品金属罐内壁通常涂布有机涂层，有机涂层中的化学物质也可能迁移入食品中带来质量安全问题。据研究，食品金属罐的内壁涂层材料主要有 3 类，分别为环氧树脂涂料、聚酯涂料和聚氯乙烯有机溶胶涂料，在涂布过程中可加入酚醛树脂、三聚氰胺甲醛树脂等作为固化剂配合使用。因此，食品金属罐内壁涂层中可能含有双酚 A、双酚 A 二缩水甘油醚及其水解和氯化衍生物、环氧氯丙烷、苯酚、甲醛、三聚氰胺等残留反应起始物、扩链剂和反应中间产物，这些物质都具有一定毒性，会对人体健康和生态环境带来危害[28]。

为解决此问题，使用 UPLC-QTOF/MS 法对食品接触用薄壁金属容器中可能存在对人体健康具有危害的稳定剂、抗氧化剂、润滑剂化合物进行快速筛查定性。

（1）定性筛查方法验证

通过建立的方法对给定项目的实际阳性样品进行分析筛查验证，测试结果显示待测样品中 2 种目标化合物（抗氧化剂 2246 和双酚 A）均能检测出来，且精确质量数偏差绝对值均小于 5 ppm，保留时间偏差小于 5%，说明所建立的方法可有效筛查薄壁金属容器中的相关危害物。

为进一步考察筛查方法定性结果的准确性，从薄壁金属容器样品中随机选取两个样品，对比 UPLC-QTOF/MS 法与 LC-MS/MS 定量方法测试结果，结果均一致，证明了 UPLC-QTOF/MS 筛查方法的准确性。

（2）市售样品检测分析

应用该方法从市面上随机购买了 30 个薄壁金属容器并进行筛查（包括啤酒罐、饮料罐、饼干罐等）。经统计，共在 30 个样品中检出 17 种化合物。筛查结果主要以双酚类稳定剂（如双酚 A 二缩水甘油醚、双酚 F 和双酚 A 等）和抗氧化剂（如抗氧化剂 1310、抗氧化剂 2246 等）为主。

检出化合物不考虑残留含量情况，检出频次最高的物质是双酚 A 二(2, 3-二羟基丙基)醚和抗氧化剂 2246，该物质作为涂料涂布在金属罐内壁的有机涂层，可防止内容物与金属直接接触，避免电化学腐蚀，提高罐头食品货架期。但不可避免会在罐头的加工和储藏过程中向食品内迁移。检出频次较高的物质有双酚 A 二缩水甘油醚、己二酸和抗氧化剂 1310，如图 2-18 所示。

对于饮品罐类样品中检出频次最高的化合物依次为可充当稳定剂和抗氧化剂的双酚 A 二(2, 3-二羟基丙基)醚和抗氧化剂 2246；对于干制食品罐类样品中检出频次最高的化合物依次为可充当稳定剂的双酚 A 二(2, 3-二羟基丙基)醚和双酚 A 二缩水甘油醚。两类样品中双酚 A 二(2, 3-二羟基丙基)醚检出频次均最高。

（3）新发危害物分析

从 30 个样品中检出 15 种化合物，其中 GB 9685—2016 中未有相关规定的化合物有 9 种。检出的新发危害物根据可能用途可以分为稳定剂、润滑剂、腐蚀抑制剂、抗氧化剂和紫外吸收剂等。其中稳定剂以双酚化合物为主；润滑剂以己二酸和棕榈酸为主；腐蚀抑制剂以三苯基氧化膦为主；抗氧化剂以抗氧化剂 1310 为主。

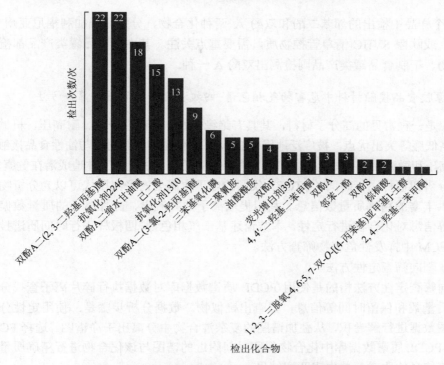

图 2-18　30 个薄壁金属容器样品中检出化合物项目和次数

检出的 9 种新发危害物中，稳定剂占比最多为 34%，润滑剂占比 11%，如图 2-19 所示。双酚类稳定剂通常作为涂层用于金属罐内壁，可防止内容物与金属直接接触，避免电化学腐蚀，提高罐头食品货架期。润滑剂的引入则可能来源于金属罐的生产工艺流程中。

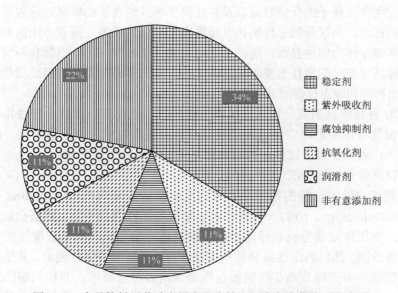

图 2-19　食品接触用薄壁金属容器中检出新发危害物类型分布图

30 个样品中检出的邻苯二酚和双酚 A 两种化合物，分别属于加利福尼亚州《第 65 号提案》或欧盟 SVHC 清单管控物质，需要重点关注。其中，饮品罐类产品都检测出两种化合物、干制食品罐类产品则检测出双酚 A 一种。

5. 橡胶食品接触材料中危害物气相色谱-四极杆飞行时间质谱筛查方法

橡胶是一种常见的高分子材料，其具有绝缘性好、耐高温冷冻、耐高压、机械性能良好、价格低廉等突出优点，被广泛地用作 FCM[29]。但是当橡胶材料与油性食品接触，经受高温、高压和微波后，某些危害物可能向食品发生迁移，进而对人体造成潜在健康危害。

高分辨四极杆飞行时间（QTOF）仪器的电子电离全谱采集模式可以为分析物的碎片离子提供丰富的精确质量数信息。利用提取离子的共流出、碎片离子的质量数偏差和保留时间等信息对化合物进行定性。本节论述基于气相色谱-四极杆飞行时间质谱技术建立的橡胶 FCM 中挥发性危害物筛查方法。

（1）靶向筛查定性方法

靶向筛查定性方法指的是使用 PCDL 质谱数据库对数据执行碎片离子查找分析，比对精确质量数和保留时间等信息，筛查出疑似物。数据分析步骤是：使用定性分析软件对质谱图数据进行解卷积，从叠加谱图的复杂混合物中分离出干净谱图。选择 FCM 危害物 SMQ-PCDL 质谱数据库中化合物保留时间附近的谱图与该化合物进行精确质量数和保留时间等信息的比对，并生成匹配结果。

建立气相色谱串联四极杆飞行时间质谱系统筛查准则，确保被测试目标物的准确定性，是实现方法的高度选择性的重要前提条件。根据欧盟 SANTE/12682/2019 中关于未知物定性的指导标准，当使用 QTOF 高分辨质谱采集全扫描质谱数据时，要求 2 个碎片离子的 $m/z \geq 200$ 时，精确质量数偏差 ≤ 5 ppm（当 $m/z < 200$ 时，精确质量数偏差 < 1 mDa），同时，信噪比 ≥ 3，提取离子流色谱图中碎片离子的分析峰必须完全重叠。在使用的软件中，共流出得分使用参比离子的保留时间以及参比离子和其他离子的峰宽对称因子，表示碎片离子共流出的程度。为区分同分异构体以及提高不同仪器状态下筛查方法的普适性，选择锁定保留时间偏差作为定性参数，使特定化合物的保留时间在不同仪器和不同色谱柱之间保持不变，提高保留时间定性的准确性。基于此，可选择碎片离子的精确质量数偏差、信噪比、共流出得分和锁定保留时间偏差作为定性参数。

选择 100 种标准品的高分辨质谱数据进行分析，优化共流出得分定性指标参数。共流出得分的设置将直接影响定性分析结果，若得分设置过低，假阳性率高，同时筛查结果数据量增大；若得分设置过高，则假阴性率增加，可能造成漏检。

（2）非靶向筛查定性方法

非靶向筛查定性方法指的是使用美国国家标准与技术研究院（National Institute of Standards and Technology，NIST）数据库对数据执行谱图查找分析，筛查出疑似物。数据分析步骤是：使用未知物分析软件对质谱图数据进行解卷积，从叠加谱图的复杂混合物中分离出干净谱图，然后将这些组分的谱图在 NIST 数据库中进行搜索，并生成匹配结果列表。检查匹配结果的碎片离子精确质量数偏差是否符合要求，并按照谱图匹配得分确定筛查结果。这种非靶向筛查定性方法可实现样品的初步筛查，疑似物之后还需采用更准确的定性方法进一步确认。

（3）方法学考察

在橡胶圈/丁腈橡胶（GM018）中加入 4-叔丁基苯酚、邻苯二甲酸二甲酯标准物质溶液进行前处理，使用 GC-QTOF 仪器采集待测液数据，分别采用自建危害物 PCDL 数据库和 NIST 数据库进行数据分析，危害物筛查结果均与加标情况一致。使用 GC-MS/MS 仪器采集待测液和标准品数据，检出了所有加标物质及基体中存在的邻苯二甲酰亚胺、二苯胺、萘 3 个危害物。将所建立的高分辨质谱筛查方法用于食品接触用橡胶及制品的分析，筛查结果通过标准品分析得到确认，说明该方法适用于食品接触用橡胶及制品中危害物的快速筛查分析。

（4）实际样品筛查情况

从市面上随机购买了 23 份橡胶 FCM 进行筛查，包括橡胶圈和橡胶新型厨具，应用已建立的筛查方法进行检测。样品中共检出 150 种化合物，其中 GB 9685—2016 中未有相关规定的化合物 126 种。检出次数较多的危害物种类是增塑剂和抗氧化剂，其中检出次数较多的化合物是脱氢枞酸甲酯和二苯甲酮。橡胶圈类样品中检出次数较多的危害物种类是多环芳烃和苯二甲酸酯类增塑剂，其中较多的化合物是脱氢枞酸甲酯和 N, N-二乙基-3-甲基苯甲酰胺。橡胶新型厨具类样品中检出次数较多的危害物种类是硅氧烷类偶联剂和酚类抗氧化剂，检出次数较多的化合物是二苯甲酮和 2, 2′-亚甲基双-(4-甲基-6-叔丁基苯酚)。检出次数较多的危害物见图 2-20。

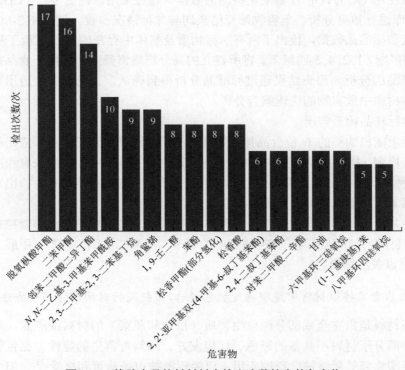

图 2-20　橡胶食品接触材料中检出次数较多的危害物

样品中共检出 9 种化合物属于欧盟 SVHC 清单管控物质,需要重点关注。包括邻苯二甲酸二异丁酯、邻苯二甲酸二丁酯、甲基丙烯酸甲酯、二苯胺、防老剂 ODA、甲基丙烯酸 2-羟基丙酯、邻苯二甲酰亚胺、双(4-(2,4,4-三甲基-2-戊基)苯基)胺、邻苯二甲酸二甲酯。其中橡胶圈类产品涉及 8 种、橡胶新型厨具类产品涉及 2 种。

6. 离子交换树脂食品接触材料中危害物气相色谱-四极杆飞行时间质谱筛查方法

离子交换树脂处理能力强,脱色范围广,脱色容量高,能除去各种不同的离子,可以反复再生使用,工作寿命长。在食品工业中,离子交换树脂应用非常广泛,可用于净水、制糖,以及味精、酒精制品、生物制品等[30]。离子交换树脂在生产或保存过程中产生的有机残留物可能在接触食品、药品、保健品后影响目标产品的安全性。文献报道离子交换树脂生产或保存时涉及的有机溶剂一般为苯系物、二氯乙烷、二甲苯、甲基丙烯酸酯、氯苯等[31]。

QTOF 仪器的电子电离全谱采集模式可以为分析物的碎片离子提供丰富的精确质量数信息。利用提取离子的共流出、碎片离子的精确质量数偏差和保留时间等信息对化合物进行定性。本节介绍了基于气相色谱-四极杆飞行时间质谱技术建立的离子交换树脂 FCM 中危害物的筛查方法。

（1）方法学考察

在离子交换树脂/FPA 53（GL-007）中加入 2,4-二叔丁基苯酚标准物质溶液,经过样品前处理后使用 GC-QTOF 仪器采集待测液数据,通过采用自建危害物 PCDL 数据库和 NIST 数据库进行数据分析,危害物筛查结果均与加标情况一致。使用 GC-MS/MS 仪器采集待测液和标准品数据,检出了所有加标物质及基体中存在的 2,6-二叔丁基-4-甲基苯酚、棕榈酸甲酯、1,2,4,5-四氯苯。将所建立的高分辨质谱筛查方法用于食品接触用离子交换树脂样品的分析,筛查结果通过标准品分析得到确认,说明该方法适用于食品接触用离子交换树脂中危害物的快速筛查分析。

（2）实际样品筛查情况

对市面上随机购买的 6 份食品接触用离子交换树脂产品进行筛查,应用已建立的筛查方法进行检测。样品中共检出 76 种化合物,其中 GB 9685—2016 中未有相关规定的化合物有 60 种。其中检出次数最多的危害物种类是苯二甲酸酯类增塑剂,检出次数最多的危害物是邻苯二甲酸二丁酯,见图 2-21。

样品中共检出属于加利福尼亚州《第 65 号提案》或欧盟 SVHC 清单管控物质的化合物 12 种,其中食品接触用离子交换树脂中的邻苯二甲酸二丁酯、邻苯二甲酸二异丁酯和双酚 A 为重点关注物质。

7. 生物基食品接触材料中危害物气相色谱-四极杆飞行时间质谱筛查方法

生物基材料是指完全或部分源自生物质（植物和蔬菜）的材料或产品,具有传统石油基塑料等高分子材料不具备的绿色、环境友好、原料可再生的特性,在包装材料、一次性餐具及购物袋等领域被广泛地应用,已经逐渐被市场认可和接受[32]。但由于机械加工性能还不能达到要求,生物基 FCM 在加工过程中常与其他高分子材料共混来提高材料

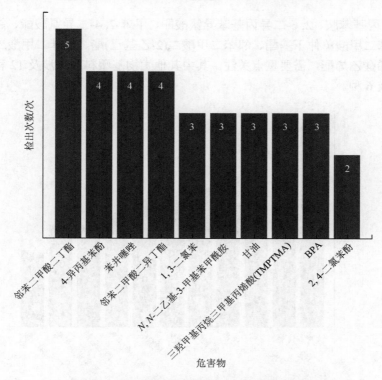

图 2-21　离子交换树脂中检出次数较多的危害物

的使用性能。主要包括增塑剂、增容剂和偶联剂等添加剂。因此在与食品接触过程中，这些有意和非有意添加物的迁移会给食品安全性带来一定的风险[33]。

QTOF 仪器的电子电离全谱采集模式可以为分析物的碎片离子提供丰富的精确质量数信息。利用提取离子的共流出、碎片离子的精确质量数偏差和保留时间等信息对化合物进行定性。基于此，本节论述了基于气相色谱-四极杆飞行时间质谱技术建立的生物基 FCM 中危害物筛查方法。

（1）方法学考察

以 PLA 吸管（GP-005）为例，使用 GC-MS/MS 仪器采集待测液和标准品数据，检出了所有加标物质及基体中存在的二苯砜和 1,4-丁二醇两个危害物。将所建立的高分辨质谱筛查方法用于生物基 FCM 样品的分析，筛查结果通过标准品分析得到确认，说明该方法适用于生物基 FCM 中危害物的快速筛查分析。

（2）实际样品筛查情况

从市面上随机购买了 18 份生物基 FCM 进行筛查，应用已建立的筛查方法进行检测。样品中共检出 137 种化合物，其中 GB 9685—2016 中还未有相关规定的化合物 109 种。检出次数最多的危害物种类是增塑剂，检出次数最多的危害物是邻苯二甲酸二异丁酯，如图 2-22 所示。

样品中共检出属于欧盟 SVHC 清单管控物质的化合物 15 种，包括邻苯二甲酸二异丁酯、邻苯二甲酸二丁酯、1,3-丙二胺、甲苯-2,4-二异氰酸酯、3-甲基苯胺、邻甲苯异氰酸酯、2, 6-二异丙基苯胺、2, 6-二异丙基苯异氰酸酯、甲苯-2, 4-二异氰酸酯、邻苯二甲酸单壬基酯、邻苯二甲酸单仲丁基酯、邻苯二甲酸二(2-乙基己)酯、邻苯二甲酸二乙酯、N-甲基辛胺和丙烯酸乙烯酯，需要重点关注。其中其他生物基塑料产品涉及 12 种，生物基餐盒类产品涉及 6 种。

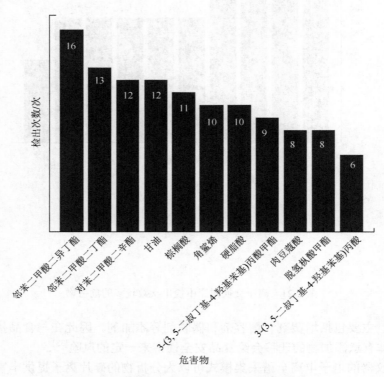

图 2-22　生物基 FCM 中检出次数较多的危害物

8. 润滑油食品接触材料中危害物的气相色谱-四极杆飞行时间质谱筛查方法

随着食品工业机械化程度的提高，机械润滑油的用量也日益增多。食品级润滑油在食品加工和包装机械上可以起到润滑、防腐蚀或传递载荷的作用。美国国家卫生基金会（NSF）《专有物质和非食品化合物注册指南》规定，食品级润滑油不能含有致癌物、突变剂、致畸剂、有气味的有机物等物质。

在食品级润滑油生产过程中，不可避免地会产生一些多环芳烃、苯、甲苯、对二甲苯等苯系 VOC 残留。其中多环芳烃脂溶性高、不易降解、易在生物体内积累，具有致癌、致畸、致突变性，且致癌性随着苯环数的增加而加大，对生态环境和人类食品安全具有巨大的潜在危害[34]。因此，食品级润滑油中 PAHs、苯系 VOC 等危害物筛查分析十分必要。

QTOF 仪器的电子电离全谱采集模式可以为分析物的碎片离子提供丰富的精确质量数信息。本节论述了基于气相色谱-四极杆飞行时间质谱技术建立的润滑油 FCM 中危害物筛查方法。

（1）方法学考察

在润滑油（GR-001）中加入一系列标准物质溶液，使用 GC-QTOF 仪器采集待测液数据，分别采用自建危害物 PCDL 数据库和 NIST 数据库进行数据分析，危害物筛查结果均与加标情况一致。使用 GC-MS/MS 仪器采集待测液和标准品数据，检出了所有加标物质及润滑油基体中存在的苯酚和 1,3-二氯苯两个危害物。将所建立的高分辨质谱筛查方法用于润滑油样品的分析，筛查结果通过标准品分析得到确认，说明该方法适用于润滑油中危害物的快速筛查分析。

（2）实际样品筛查情况

从市面上随机购买了 22 份食品级润滑油进行筛查，应用已建立的筛查方法进行检测。样品中共检出 114 种化合物，其中 GB 9685—2016 中未有相关规定的化合物 101 种。检出次数最多的危害物种类是增塑剂和 PAHs，检出次数最多的危害物是苯乙烯和十六烷基环八硅氧烷，如图 2-23 所示。

样品中共检出属于欧盟 SVHC 清单管控物质的化合物 7 种，包括苯乙烯、邻苯二甲酸二丁酯、联苯、二苯胺、邻苯二甲酸单仲丁基酯、邻苯二甲酸二异丁酯、苯胺，需要重点关注。

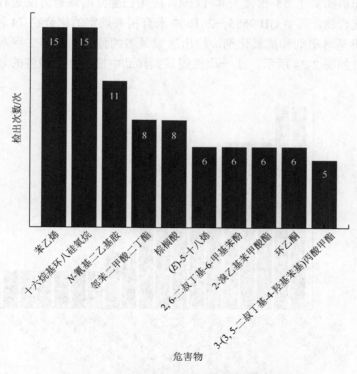

图 2-23　润滑油中检出次数较多的危害物

9. 复合膜食品接触材料中危害物的气相色谱-四极杆飞行时间质谱筛查方法

大多数食品包装膜是由不同的基材和黏合剂制造的多层材料。黏合剂配方中除聚合物外，还可能包含单体、增塑剂、增黏剂、增稠剂、填充剂、表面活性剂、蜡和抗氧化剂等[35]。黏合剂配方繁多，每个配方中涉及的化合物种类更是多样，由于制造公司并未就包装膜中的化合物种类及含量提供相关信息，因此对于复合膜FCM中危害物的筛查方法开发仍是一个不小的挑战。

QTOF仪器的电子电离全谱采集模式可以为分析物的碎片离子提供精确的质量数信息。利用提取离子的共流出、碎片离子的精确质量数偏差和保留时间等信息对化合物进行定性。本节介绍了基于气相色谱-四极杆飞行时间质谱技术建立的复合膜FCM中多种危害物的筛查方法。

（1）方法学考察

在复合膜中加入标准物质溶液，使用GC-QTOF仪器采集待测液数据，分别采用自建危害物PCDL数据库和NIST数据库进行数据分析，危害物筛查结果均与加标情况一致。使用GC-MS/MS仪器采集待测液和标准品数据，检出了所有加标物质及基体中存在的2,6-二叔丁基-4-甲基苯酚。将所建立的高分辨质谱筛查方法用于复合膜样品的分析，筛查结果通过标准品分析得到确认，说明该方法适用于复合膜中危害物的快速筛查分析。

（2）实际样品筛查情况

从市面上随机购买了15份复合膜FCM，应用已建立的筛查方法进行检测。样品中共检出102种化合物，其中GB 9685—2016中未有相关规定的化合物74种。检出次数最多的危害物种类是增塑剂和抗氧化剂，检出次数最多的危害物是十二甲基环六硅氧烷、脱氢枞酸甲酯，如图2-24所示。在一次性餐具类样品中检出次数最多的危害物种类是硅

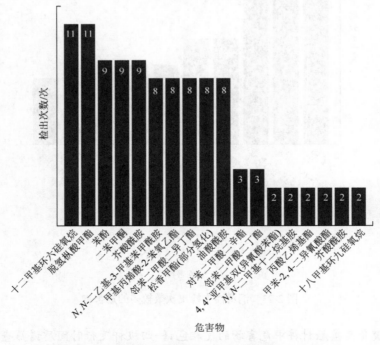

图2-24　复合膜食品接触材料中检出次数较多的危害物

氧烷类偶联剂、苯二甲酸酯类增塑剂，检出次数最多的化合物是十二甲基环六硅氧烷、脱氢枞酸甲酯。包装用纸类样品中检出次数最多的危害物种类是硅氧烷类偶联剂、苯二甲酸酯类增塑剂，检出次数最多的化合物是对苯二甲酸二辛酯、邻苯二甲酸二丁酯。检出次数较高的危害物是苯二甲酸酯类增塑剂和硅氧烷。

样品中共检出属于欧盟 SVHC 清单管控物质的化合物 8 种，包括邻苯二甲酸二异丁酯、3,5-二甲氧基二苯乙烯、邻苯二甲酸二丁酯、3,5-二氯苯胺、邻苯二甲酸二甲酯、双酚 A、4,4′-亚甲基双（异氰酸苯酯）、甲苯-2,4-二异氰酸酯，需要重点关注。其中一次性餐具类产品涉及 6 种、包装用纸类产品涉及 5 种。

2.3.2　食品接触材料中危害物表面增强拉曼光谱快速筛查方法

1. 食品接触材料中芳香族伯胺的表面增强拉曼光谱快速筛查

PAA 是 FCM 中的一类重要污染物，由于其生物累积性和致癌性而被广泛关注[36]。由于表面增强拉曼光谱法具有分子指纹特性，在 PAA 快速筛查中具有优势。但结构类似的化合物往往存在拉曼谱峰重叠的问题，所以目前利用 SERS 快速筛查 PAA 的方法仍有欠缺。基于此开发了 FCM 迁移液中 PAA 高灵敏 SERS 快速筛查方法。针对 FCM 中 2 种Ⅰ类致癌物（联苯胺和 4-氨基联苯）拉曼谱峰重叠的问题首先采用薄层色谱法（thin layer chromatography，TLC）进行分离，然后原位滴加 SERS 基底，从而实现 FCM 中联苯胺和 4-氨基联苯的快速定性定量分析[37]。

（1）复合膜中 6 种 PAA 的快速筛查

利用氯化钠导致纳米金聚沉从而形成致密的 SERS"热点"的效应建立了 PAA 的高灵敏 SERS 筛查方法。根据 3 倍信噪比的响应值计算 6 种 PAA 的筛查方法检出限，其中 2,2′-二氨基二苯甲烷、2,4′-二氨基二苯甲烷、4,4′-二氨基二苯甲烷、2,6′-二氨基甲苯、2,4′-二氨基甲苯的检出限为 1.0 μg/L、3,3′-二氯联苯胺的检出限为 10.0 μg/L。

对 10 种复合膜中的 PAA 进行初步筛查，具体结果如图 2-25 所示。从图中可以看出，8 种复合膜有疑似 PAA 检出。

（2）TLC-SERS 筛查和检测联苯胺和 4-氨基联苯

针对 PAA 结构类似而导致的拉曼谱峰重叠问题，首先对 2 种Ⅰ类致癌物（联苯胺和 4-氨基联苯）通过 TLC 进行分离，然后结合 SERS 进行原位检测，提高了 FCM 中联苯胺和 4-氨基联苯的筛查准确度。进一步研究了定量分析方法性能参数，联苯胺浓度在 2.0～20.0 μg/L 范围内与拉曼位移呈良好的线性关系，线性方程 $y = 69.39x + 255.96$，相关系数 R^2 为 0.9906。4-氨基联苯的线性范围为 1.0～15.0 μg/L，线性方程 $y = 58.45x + 423.26$，相关系数 R^2 为 0.9944。根据 $3\sigma/k$ 规则，得到联苯胺和 4-氨基联苯的检出限（limit of detection，LOD）分别为 0.21 μg/L 和 0.23 μg/L。

筛查并检测了一次性纸杯、聚丙烯餐盒以及聚对苯二甲酸乙二醇酯水杯中的联苯胺和 4-氨基联苯。其中，一次性纸杯在乙醇（体积分数为 50% 和 95%）2 种迁移条件下 4-氨基联苯有检出；聚丙烯餐盒在乙醇（体积分数为 20%、50%、95%）3 种迁移条件下联

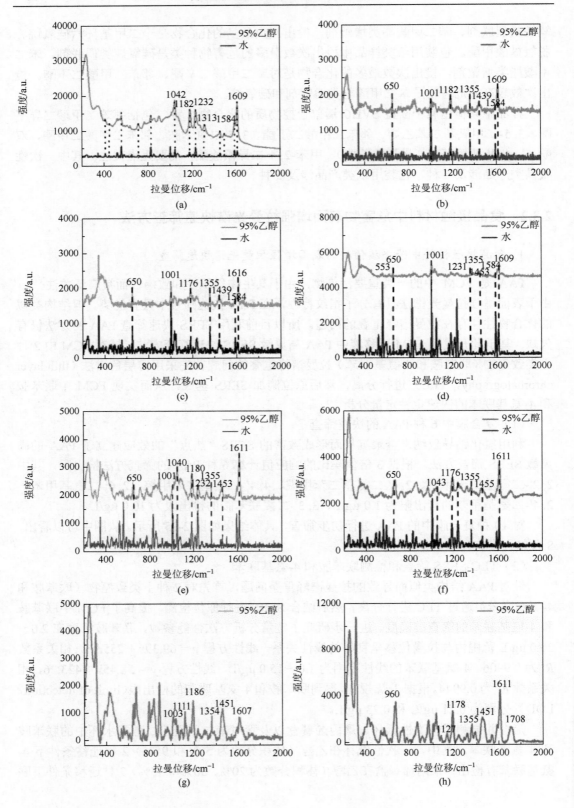

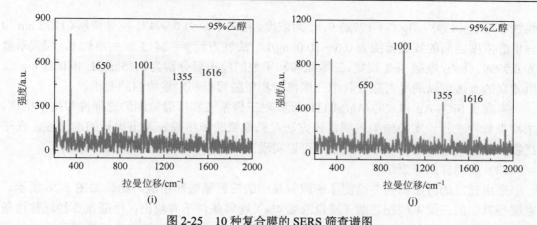

图 2-25　10 种复合膜的 SERS 筛查谱图

（a）～（f）分别是 1 号～6 号复合膜以水和 95%乙醇迁移得到 SERS 筛查谱图；（g）～（j）为 7 号～10 号复合膜以 95%乙醇迁移得到的 SERS 筛查谱图

苯胺和 4-氨基联苯均有检出；聚对苯二甲酸乙二醇酯水杯在乙醇（体积分数为 20%、50% 和 95%）3 种迁移条件下 4-氨基联苯均有检出，在乙醇（体积分数为 20%）迁移条件下 联苯胺有检出。联苯胺和 4-氨基联苯加标回收率分别在 80.6%～116% 和 80.7%～118%， 相对标准偏差分别在 1.1%～9.1% 和 3.8%～9.9%。结果表明建立的 TLC-SERS 可以用于 FCM 中联苯胺和 4-氨基联苯的筛查和定量分析。

2. 密胺餐具中三聚氰胺和甲醛的表面增强拉曼光谱筛查

由三聚氰胺和甲醛单体通过聚合反应制成的密胺餐具，具有价廉、坚固、易于清洁 和制造等优点，因此在餐饮行业广泛应用。然而，在高温和酸性条件下，餐具中三聚氰 胺和甲醛单体可能向食品中迁移，对人体造成危害。甲醛因其对眼睛的刺激性以及一定 的致癌性被认为是一种危害性较大的污染物，摄入三聚氰胺超过安全限值时，也会导致 肾功能衰竭以及肾结石的发生[38]。考虑到三聚氰胺和甲醛的危害性以及密胺餐具的广泛 使用，发展密胺餐具中三聚氰胺、甲醛筛查和迁移量检测的方法非常重要。SERS 具有灵 敏度高、快速和光稳定性等优点，但抗干扰能力较差。为解决这一问题，提出了一种采 用适配体/衍生化 SERS 膜阵列同时、选择性地筛查和测定密胺餐具中三聚氰胺和甲醛的 新方法，为密胺餐具的安全性监测提供有力保障。

（1）方法原理

基于对三聚氰胺适配体和甲醛衍生化试剂的特异性识别能力，本节设计了基于适配 体-衍生物的膜组装法选择性测定密胺厨具中迁移的三聚氰胺和甲醛的新思路[39]。将"星 状" SiO_2-Ag 和 rGO-Ag 复合材料过滤在滤纸上进行膜组装，分别采用选择性试剂三聚氰 胺适配体以及甲醛衍生化试剂进行改性，固定在 24 孔板中。由于适配体-衍生物的膜组 装的高 SERS 活性和抗干扰能力，可以实现对目标物的高选择性检测。

（2）分析方法性能

在最优条件下，建立了三聚氰胺和甲醛与各自拉曼特征谱峰强度之间的关系的标准 曲线。三聚氰胺浓度在 0.4～5.0 mg/L 范围内与拉曼位移（686 cm^{-1}）呈良好的线性关系，

线性方程 $y = 43937.7\lg C + 17727.9$，$C$ 为浓度，相关系数为 0.9947。拉曼位移（1275 cm^{-1}）与甲醛浓度之间的线性范围为 0.6～10.0 mg/L，线性方程 $y = 2413.5x + 7352.1$，相关系数为 0.9959。此外，根据 $3\sigma/k$ 规则，三聚氰胺和甲醛的检出限分别为 0.15 mg/L 和 0.21 mg/L。所建立的方法可以满足密胺餐具中三聚氰胺和甲醛筛查和定量检测的要求。

考察了 SiO$_2$-Ag 和 rGO-Ag/MBTH 纸膜对三聚氰胺和甲醛检测的选择性和抗干扰性。结构类似物选择性实验结果表明，该方法对三聚氰胺和甲醛表现出优异的选择性，在干扰物质存在的情况下信号影响较小，可以实现三聚氰胺和甲醛选择性同时检测。

（3）实际样品筛查结果

采用建立的方法筛查并检测了密胺餐具中的三聚氰胺和甲醛，结果如图 2-26 所示。密胺餐具中的三聚氰胺在乙酸（质量浓度 4%）迁移条件下有检出；甲醛在 3 种迁移液条件下均有检出。另外，为了验证建立方法的可靠性，采用国标的方法对相同迁移条件下密胺餐具中三聚氰胺和甲醛进行检测，并与建立的 SERS 方法进行比较，结果发现，所建立的膜阵列检测结果与国标方法检测结果具有高度一致性，表明建立的膜阵列 SERS 检测方法可以用于密胺餐具中的三聚氰胺和甲醛同时、选择性的筛查和检测。

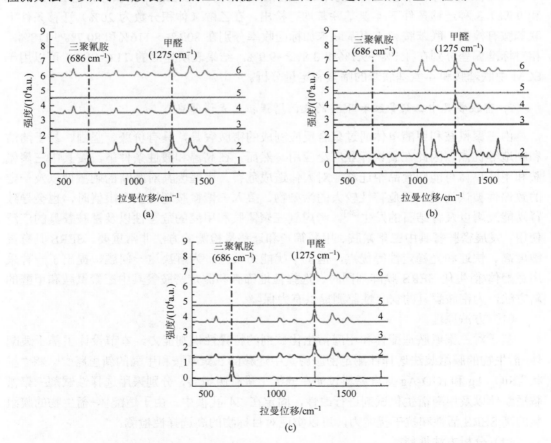

图 2-26　密胺餐具迁移液中三聚氰胺和甲醛检测 SERS 谱图

（a）盘子，（b）勺子，（c）碗。三聚氰胺（1、3、5）和甲醛（2、4、6）在不同液体模拟物［1、2：乙酸（质量浓度 4%）；3、4：乙醇（体积分数 20%）；5、6：水］中的 SERS 光谱

3. 主成分分析结合表面增强拉曼光谱快速筛查 PAHs

PAHs 是一类重要的污染物，由于其生物累积性和致癌性等特征亟须发展快速筛查方法[40-41]。基于此，SERS 因其检测快速、灵敏且具有分子指纹等特点，非常适用于 FCM 中污染物的快速筛查。但是，结构类似化合物的 SERS 指纹图谱信息往往存在谱峰重叠的问题。针对此问题，采用主成分分析（PCA）实现了 FCM 中 4 种 PAHs 的快速区分。

（1）FCM 中 PAHs 初筛结果

利用无机盐碘化钾可以导致 AgNPs 团聚产生致密的 SERS "热点"，实现对 FCM 中 PAH 的初步筛查，发现 3 种 FCM 在 95%乙醇迁移液中均有多种疑似 PAHs 检出，说明本方法可以实现 FCM 中 PAHs 的初步筛查。

（2）PCA-SERS 筛查芘、荧蒽、苯并[b]荧蒽、苯并[k]荧蒽

将单个或混合的 PAHs 的拉曼谱峰进行归属和标记，并利用 SPSS 软件对获取的 4 种 PAHs 混合拉曼谱峰进行主成分分析。将聚对苯二甲酸乙二醇酯（PET）和聚丙烯材质的餐盒进行迁移试验，然后采用上述方法对迁移液中的 PAHs 进行筛查，如图 2-27 所示。通过与多种 PAHs 标准谱峰对照后，发现 PET 和 PP 餐盒迁移液可能分别存在 Pyr、Fla

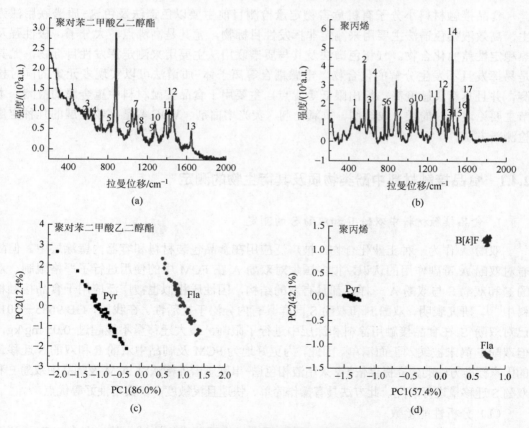

图 2-27　主成分分析结合表面增强拉曼法筛查 4 种 PAHs

（a，c）PET 迁移液；（b，d）PP 迁移液

和 Pyr、Fla、B[k]F。进一步对拉曼谱峰进行 PCA 分析,PET 和 PP 餐盒迁移液中 PAHs 经 PCA 处理分析后得到了较好的区分,可以判定 PET 中存在芘和荧蒽,PP 中存在芘、荧蒽和苯并[k]荧蒽。

4. 滤膜表面增强拉曼光谱快速筛查食品接触材料中危害物

传统的 SERS 基底大多采用贵金属溶胶,存在稳定性和重现性欠佳、储存期短的缺点。纸质基底,包括以纤维素纸、普通滤纸和微孔滤膜等载体制备的基底是近几年来发展起来的一种新型 SERS 基底,具有成本低、可携带、简单灵活等优势[42]。采用简单的过滤法将制备的金纳米增强粒子负载至有机尼龙 66 微孔滤膜,并进行疏水性修饰,制备微孔滤膜新型 SERS 基底。在此基础上建立了 FCM 中邻苯二甲酸酯、抗氧化剂和染料等疏水性危害物的 SERS 筛查方法。该方法集富集与检测于一体,简单快速,可实现现场筛查,为 FCM 中危害物快速筛查提供了一种新的技术。

2.4　食品接触材料危害物定量检测方法

食品接触材料小分子有机危害物定量检测目前主要以色谱法及色谱-质谱联用法为主,高效液相色谱法主要用来测定非挥发性目标物,尤其是高沸点、大分子、极性强及热稳定性差的化合物。气相色谱法及其与质谱联用法主要用来测定挥发性目标物,尤其是易挥发且不发生分解的化合物。电感耦合等离子体-质谱法可以实现多元素的同时检测,并且具有灵敏度高、检出限低等优点,主要用于食品接触材料中重金属的检测。本节主要论述针对酚类、成核剂、抗氧化剂、荧光增白剂、VOC 等危害物发展的几种定量检测新方法。

2.4.1　食品接触材料中酚类物质及其衍生物的测定

1. 食品接触材料中双酚 F 和双酚 S 的测定

双酚 A 作为一种工业化合物,被广泛应用在食品包装材料和容器内壁涂层中。但随着对双酚 A 毒副作用的认识,很多国家对双酚 A 在 FCM 中的使用进行了严格限制。双酚 F 和双酚 S 与双酚 A 一样,都具有双酚结构,因性质相似也被广泛应用于食品接触材料中[43]。研究表明,双酚 F 和双酚 S 同样具有内分泌干扰活性。在我国,GB 9685—2016 已对双酚 S 在食品接触用涂料和涂层中进行了限制,最大迁移量不能超过 0.05 mg/kg,但双酚 F 尚未被纳入正面清单。因此,为更好地为 FCM 及制品中双酚 F 和双酚 S 迁移量的国家标准方法的建立提供依据,采用液相色谱-串联质谱外标法对 FCM 及制品中双酚 F 和双酚 S 迁移量进行研究,此方法具有操作简单、快速且灵敏度高、实用性好等优点[44]。

(1)分析性能参数

按仪器工作条件,对双酚 F 和双酚 S 标准工作溶液进行测试,其中在水、4%乙酸溶液、10%乙醇溶液、20%乙醇溶液、50%乙醇溶液和 95%乙醇溶液食品模拟物中,双酚 F

和双酚 S 分别在 10.0～200 μg/L 和 0.500～10.0 μg/L 浓度范围内有好的线性，相关系数均大于 0.9995，检出限分别为 0.002 mg/kg 和 0.0001 mg/kg，定量限分别为 0.01 mg/kg 和 0.0005 mg/kg，在食品模拟物橄榄油中双酚 F 和双酚 S 分别在 50.0～750 μg/kg 和 2.50～37.5 μg/kg 浓度范围内线性很好，相关系数均为 0.9999。

选取食品接触用塑料制品、纸制品、涂层制品和橡胶制品制备空白基质样品，对不同空白基质样品（水性非酸性、水性酸性、酒精类和油脂类食品模拟物）进行加标试验。对于水性非酸性、水性酸性、酒精类食品模拟物：当双酚 F 和双酚 S 的迁移量分别为 0.002 mg/kg 和 0.0001 mg/kg 时，峰面积响应均大于 3 倍信噪比；在 0.01 mg/kg 和 0.0005 mg/kg 时，峰面积响应均大于 10 倍信噪比。对于油脂类食品模拟物：当双酚 F 和双酚 S 的迁移量分别为 0.01 mg/kg 和 0.0005 mg/kg 时，峰面积响应大于 3 倍信噪比；在 0.05 mg/kg 和 0.0025 mg/kg 时，峰面积响应大于 10 倍信噪比。

（2）加标回收率与精密度

按试验方法对 PP 材质样品分别按水性非酸性、水性酸性、酒精类、油脂类食品模拟物进行前处理，并测定其中双酚 F 和双酚 S 的迁移量，均未检出。对该实际样品进行双酚 F、双酚 S 的加标回收试验，计算平均加标回收率和测定值的相对标准偏差。试验结果表明：双酚 F 的加标回收率在 90.4%～108%，相对标准偏差在 0～5.27%，双酚 S 加标回收率在 84.4%～107%，相对标准偏差在 0～4.60%。

（3）实际样品检测

选择具有代表性的实际样品 17 种（包括食品接触用塑料制品、食品接触用纸制品、食品接触用涂层制品和食品接触用橡胶制品 4 大类），阳性样品采用聚丙烯材料为基体，分别加入不同浓度的双酚 S、双酚 F，通过注塑机制成片材。依据不同材质样品实际接触的食品不同，选择不同的食品模拟物、迁移条件和迁移次数，采用建立的液相色谱-串联质谱检测方法测定。结果显示，实际样品的双酚 F 迁移量和双酚 S 迁移量均低于方法的定量限，阳性样品中双酚 F 在两种不同模拟物中的迁移量相当，但双酚 S 在 10%乙醇中的迁移量较 4%乙酸中的迁移量大，这可能与双酚 S 易溶于醇和醚的特性有关。

2. 薄壁金属容器中酚类物质的 SPME-GC 分析

罐头食品包装材料主要使用环氧树脂和有机溶胶树脂作为内壁涂层，这种涂层材料不仅可以保护罐体不受内容物的腐蚀，还可以防止罐体中的重金属迁移至食品中[45]。其中，环氧-酚醛树脂和乙烯基有机溶胶树脂因优良的柔韧性、抗氧化性和附着力，被广泛用于金属食品罐的内壁涂层。罐装涂层主要由化学反应合成，如果涂层生产过程中的化学反应不完全，原料交联不充分，就可能导致酚类物质的残留，进而对人类的健康造成不利影响。

基于此，通过将大比表面积的 MWCNTs-NH$_2$/PPy 在刻蚀的不锈钢丝表面直接电化学沉积制备水热稳定的聚吡咯-氨基化碳纳米管复合涂层材料，并利用电辅助固相微萃取技术与气相色谱联用建立了罐头食品包装材料中 2-氯酚、邻-甲酚、间-甲酚、2,4-二氯苯酚、4-叔丁基酚、4-氯酚、4-叔辛基酚、α-萘酚 8 种酚类物质的同时检测方法[15]。

（1）分析方法性能

将 MWCNTs-NH$_2$/PPy 涂层与 MWCNTs/PPy 和 PPy 涂层对目标物的萃取效果进行了比较。MWCNTs-NH$_2$/PPy 涂层的萃取效率约为 MWCNTs/PPy 的 5 倍，是 PPy 涂层的 20 倍以上。

评估了基质效应（ME）以确定分析结果的可靠性。ME 可以评价如下：ME(%) = k_a/k_b，其中 k_a 和 k_b 分别为样品基质中校准曲线的斜率和纯溶剂中校准曲线的斜率。结果表明 ME 在 80%～120% 的范围内，说明 ME 没有干扰酚类物质的定性和定量分析。

对 MWCNTs-NH$_2$/PPy 涂层与 EA-SPME-GC 联用测定水样中 8 种酚类的方法进行了评价。该复合涂层对 8 种酚类检测的线性范围为 0.005～50 μg/L（R^2 均大于 0.99），检出限为 0.001～0.1 μg/L（3 倍信噪比）。使用该涂层纤维萃取浓度为 50 μg/L 的酚类溶液，同一涂层连续萃取 5 次的相对标准偏差为 2.2%～12.4%；而平行制备的 5 个涂层各萃取 1 次得到的相对标准偏差为 1.9%～10.5%，表明该涂层具有可接受的制备重现性。此外，该涂层纤维可以重复使用至少 100 次，并且萃取效率没有明显降低，这证明其良好的使用寿命。本实验建立的萃取方法与其他方法的比较，具有检出限低、线性范围宽、重现性好等优点。

（2）实际样品分析

将基于 MWCNTs-NH$_2$/PPy 涂层所建立的 EA-SPME-GC-FID 方法用于 5 种罐头饮料内壁涂层酚类物质的迁移检测，范围为 0.02～31.07 μg/L。通过研究低浓度、中浓度和高浓度酚类标准溶液的罐装茶饮料迁移溶液的加标回收率，估算了方法的准确性。得到加标回收率在 87.3%～118.9%，相对标准偏差在 1.9%～12.3%（$n = 5$）。结果表明，该方法具有良好的选择性和可靠性，可用于 FCM 中酚类物质的定量分析。

3. 薄壁金属容器及食品中环氧衍生物的 UPLC-MS/MS 分析

环氧类树脂是 FCM 中广泛使用的树脂原料，为防止金属氧化和罐子内食品的腐败，主要用于薄壁金属容器内壁的涂层和食品生产中的黏合剂。同时，环氧衍生物包括双酚 A 二缩水甘油醚（bisphenol A diglycidyl ether，BADGE）、双酚 F 二缩水甘油醚（bisphenol F diglycidyl ether，BFDGE）、酚醛甘油醚酯及其衍生物是环氧类树脂制备过程中不可或缺的中间体或原料，因此这些涂料中的有害物质可能在食品生产、加工、运输、存储等中间环节中释放或迁移到食品基质中，从而严重危害人类健康[46]。基于此问题，以核壳结构的磁性磺化杯[6]芳烃共价交联聚合物为萃取剂，将磁固相萃取与超高效液相色谱-串联质谱（ultra-high performance liquid chromatigraphy-tandem mass spectrometry，UPLC-MS/MS）法相结合用于检测不同基质的罐头食品和模拟液中的 13 种环氧衍生物。

（1）分析方法性能

建立了磁性固相微萃取（MSPE）与 UPLC-MS/MS 法相结合的方法检测 13 种环氧衍生物，在优化的萃取条件下，评估了 MSPE-UPLC-MS/MS 法对目标化合物的分析参数。结果显示，目标物的线性范围为 0.05～100 ng/g，且具有良好的线性相关性，其相关系数均大于 0.99；检出限和定量限（limit of quantitation，LOQ）分别为 0.0072～0.023 ng/g 和 0.024～0.078 ng/g；日内与日间的精密度分别为 0.8%～6.5% 和 1.9%～9.4%；批内与批间的精密度分别为 1.8%～5.7%和 3.1%～9.0%。结果表明，所建立的方法对 13 种环氧衍生物具有较宽的线性范围，较低的定量限，以及良好的准确度和精密度，可满足实际应用的需要。

（2）实际样品测定

为了评估所建立方法的实用性和在各种罐装食品基质中的抗干扰能力，将 MSPE-UPLC-MS/MS 用于检测不同罐装食品中 13 种环氧衍生物的含量。在 4 种罐头（饮料罐头、鱼罐头、肉罐头和奶粉罐头）中所检测 13 种环氧衍生物的浓度在 0.054～4.7 ng/g。为了进一步验证方法的准确性，通过在不同基质的食品罐头样品中进行加标回收试验来测定 13 种环氧衍生物的加标回收率。结果发现 4 种罐头中 13 种环氧衍生物的加标回收率为 75.7%～117%，相对标准偏差为 0.19%～9.8%。结果表明，针对不同的食品罐头和不同的食品基质，所建立的方法都具有较好的准确度和加标回收率，可适用于各种基质的食品样品。

2.4.2　食品接触材料中成核剂迁移量的测定

1. 食品接触材料中山梨醇类成核剂迁移量的测定

成核剂指能通过促进树脂结晶、改善结晶行为以增加塑料产品透明度与光泽度的加工助剂，在塑料制品的加工或生产过程中使用广泛。成核剂种类繁多，山梨醇类成核剂主要针对聚丙烯塑料材质的改性，由于优势突出，现已在世界范围内广泛应用[47]。山梨醇类成核剂经过几十年的发展，已推出四代。1, 2, 3-三脱氧-4, 6:5, 7-双-O-[(4-丙苯基)亚甲基]-壬醇属于第四代山梨醇类成核剂，属低毒性产品，但是若过度迁移到食品中时，对人体健康仍构成潜在安全风险。目前，国内外关于成核剂检测方法的研究鲜有报道，方法主要包括高效液相色谱法、液相色谱-质谱法、气相色谱-质谱法和电感耦合等离子体-质谱法等，这些检测手段为食品安全提供坚实保障，本节介绍采用 HPLC 测定 1, 2, 3-三脱氧-4, 6:5, 7-双-O-[(4-丙苯基)亚甲基]-壬醇的分析方法[48]。

（1）分析性能参数

用甲醇稀释 1, 2, 3-三脱氧-4, 6:5, 7-双-O-[(4-丙苯基)亚甲基]-壬醇的标准使用液得到一系列浓度的标准溶液，通过高效液相色谱仪分析，结果可发现在 0.20～5.00 mg/L 的范围内线性关系良好，相关系数为 0.9987，回归方程为 $y = 4671.7054x - 377.1674$，检出限为 0.2 mg/kg。

同时，精密度是保证准确度的先决条件，也是衡量仪器稳定性的一项重要指标。配制浓度一定的 1, 2, 3-三脱氧-4, 6:5, 7-双-O-[(4-丙苯基)亚甲基]-壬醇标准溶液，采用已优化的最佳色谱分析条件，平行测定 6 次，得到的相对标准偏差分别为 0.15%和 0.27%。结果表明本方法重现性好。

（2）实际样品检测

对市售的 130 份 FCM 的新型有机成核剂进行了检测。本次研究的 130 份产品中，1, 2, 3-三脱氧-4, 6:5, 7-双-O-[(4-丙苯基)亚甲基]-壬醇均符合限量值要求，满足 GB 9685—2016 的限值要求。

2. 食品接触材料中(1R, 2R, 3S, 4S)-rel-二环[2.2.1]庚-2,3-二羧酸二钠盐的测定

(1R, 2R, 3S, 4S)-rel-二环[2.2.1]庚-2,3-二羧酸二钠盐是一种新型的成核剂,其主要使用在聚丙烯的生产过程中[49]。(1R, 2R, 3S, 4S)-rel-二环[2.2.1]庚-2,3-二羧酸二钠盐在较低的添加浓度下可明显提高聚丙烯的拉伸强度和弯曲模量,从而可显著降低高性能聚丙烯材料加工的成本。基于这种成核剂的优异性能,常常将其添加在各种聚丙烯材质的FCM中。GB 9685—2016 中规定塑料聚丙烯、聚乙烯中(1R, 2R, 3S, 4S)-rel-二环[2.2.1]庚-2,3-二羧酸二钠盐最大限量值为 5.0 mg/kg。在使用的过程中若过度迁移到食物中,可能会危害人体健康。本节介绍了一种用液相色谱-串联质谱(LC-MS/MS)技术测定(1R, 2R, 3S, 4S)-rel-二环[2.2.1]庚-2,3-二羧酸二钠盐的方法,此方法快速可靠、准确简便,适用于 FCM 及制品中(1R, 2R, 3S, 4S)-rel-二环[2.2.1]庚-2,3-二羧酸二钠盐的检测。

(1)分析性能参数

依据 GB 31604.1—2015 制备水性非酸性、水性酸性、酒精类与油脂类食品模拟物并进行样品前处理,对 4 种食品模拟物标准工作溶液进行测定。以各物质的质量浓度为横坐标,响应峰面积(Y)为纵坐标绘制标准曲线,确定本方法的定量限(10 倍信噪比)。4 种食品模拟物中(1R, 2R, 3S, 4S)-rel-二环[2.2.1]庚-2,3-二羧酸二钠盐在 5.00~100 μg/L 浓度范围内线性关系良好,相关系数在 0.9992~1.000,定量限均为 5.0 μg/L。

(2)精密度与准确度

制备加入高、中、低三种浓度的标准物质的食品模拟物 9 份进行加标回收试验。4 种食品模拟物的重复性验证相对标准偏差为 0.73%~1.5%,加标回收率在 80.5%~103%,精密度和准确度均达标。

(3)实际样品的测试

采用此方法对市售的非复合膜袋、橡胶制品、塑料奶瓶、一次性发泡餐具、密胺餐具、塑料壶、塑料水杯、塑料碗等食品用塑料容器、吸管、塑料砧板等食品用工具以及一次性塑料杯、碗、碟等餐具进行了测定。结果表明,实际样品中(1R, 2R, 3S, 4S)-rel-二环[2.2.1]庚-2,3-二羧酸二钠盐均未检出。采用 4%乙酸、异辛烷二种浸泡液,对市售的 130批次 FCM 的新型有机成核剂进行了检测。发现 130 批次产品中,(1R, 2R, 3S, 4S)-rel-二环[2.2.1]庚-2,3-二羧酸二钠盐均符合限量值要求,满足 GB 9685—2016 的限值要求。

2.4.3　在线固相萃取-高效液相色谱法测定食品接触材料中的抗氧化剂

聚合物包装材料在制造过程中可能添加抗氧化剂等来提高其性能,添加剂可能会迁移到包装食品中,危害人体健康。据报道,长期摄入抗氧化剂会对人体的生殖和发育系统有害[50]。此外,一些抗氧化剂,如 2,6-二叔丁基-4-甲基苯酚(BHT)和丁基羟基茴香醚(butylated hydroxyanisole,BHA)甚至被报道具有致癌风险。因此,建立快速准确的抗氧化剂迁移量测定方法至关重要。此外,由于抗氧化剂从 FCM 中迁移的浓度较低,迫切需要发展有效的富集方法和吸附剂提高分析灵敏度。因此,开发具有高吸附能力、稳定性好、性能优异的前处理介质具有重要意义。

　　基于此，介绍以柱[5]芳烃多孔聚合物微球填充固相萃取小柱，结合在线固相萃取–高效液相色谱联用技术测定 FCM 中抗氧化剂迁移量的分析方法。该方法将目标物的萃取、净化、浓缩和在线分析过程实现一体化，可以很大程度上简化样品前处理烦琐的过程，降低了溶剂和实验耗材的消耗，提高了分析的准确度和精密度[11]。

1. 分析方法性能

　　为了验证柱[5]芳烃多孔聚合物微球的萃取性能，评估了方法的线性范围、检出限、定量限和相对标准偏差。AO-246 和 AO-2246 的线性范围为 0.1～500 μg/L，BHA、BHT、AO-245、AO-3114、AO-330 和 AO-1010 的线性范围为 0.5～500 μg/L，R^2 均大于 0.9926，检出限为 0.03～0.20 μg/L，定量限为 0.10～0.67 μg/L，与目前测定 FCM 中抗氧化剂的相关行业标准方法比较具有更高的灵敏度。同时本方法建立的抗氧化剂检测对象主要包括危害性较强的 BHA 和 BHT 以及目前食品包装材料生产常用的抗氧化剂 AO-2246 和 AO-1010，其中除了 BHA、BHT 和 AO-1010 有相关的标准支持以外，其他抗氧化剂的检测目前没有出台相关标准，因此本方法的建立对该类抗氧化剂的检测和监控具有较强的参考意义。

2. 实际样品测定

　　为了验证该分析方法的普适性和实用性，采用在线固相萃取–高效液相色谱法分析了 FCM 迁移液中抗氧化剂的含量，测定对象分别为 PP 材质的可微波加热保鲜盒和玉米汁瓶。图 2-28 显示了未经萃取富集直接进样和经过在线萃取柱萃取富集的迁移液的色谱图，对比发现萃取柱对于目标分析物具有良好的萃取富集性能，大大提高了方法的灵敏度。考察两种迁移液的检测结果及其加标回收率，实验结果发现可微波加热保鲜盒迁移液中测得抗氧化剂 BHA、AO-245 和 AO-2246 的迁移；玉米汁瓶迁移液中测得抗氧化剂

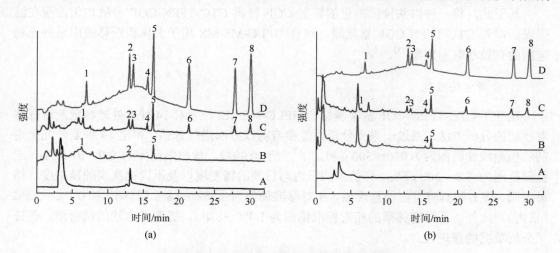

图 2-28　FCM 中抗氧化剂实际样品色谱图

（a）保鲜盒；（b）玉米汁瓶

A. 实际样品迁移液直接进样色谱图；B. 实际样品迁移液萃取进样在线分析色谱图；C. 实际样品加标 30 μg/L 浓度的色谱图；D. 100 μg/L 的 8 种抗氧化剂混合标准溶液萃取进样在线分析色谱图；其中 1 为 BHA，2 为 AO-245，3 为 BHT，4 为 AO-246，5 为 AO-2246，6 为 AO-3314，7 为 AO-1010，8 为 AO-330

AO-2246 和 AO-246 迁移。实际样品检测结果表明，同一材质的样品由于生产加工工艺及迁移条件不同得到了有差别的迁移结果。同时本研究通过在空白迁移模拟液中加入低浓度、中等浓度和高浓度的抗氧化剂来研究方法的加标回收率。加标回收率在 70.2%～119%，表明该方法对于分析 FCM 中抗氧化剂迁移量的检测可靠。

进一步探究了 10 种食品饮料样品及其包装材料迁移液中的抗氧化剂含量。结果表明，抗氧化剂 AO-245、AO-246 和 AO-2246 在食品内容物和包装材料迁移液中较常检出，而危害性较强的 BHA 和 BHT 较少检出。除此之外，不同食品基质对相同包装材料材质中抗氧化剂的迁移具有一定的影响，有机相（酒糟样品）含量较多的食品基质中检测到的抗氧化剂含量相对其他食品基质更多。高密度聚乙烯材质的塑料瓶主要用于装载酸奶样品，对其检测发现能在较短时间内有较高含量抗氧化剂的迁移。而 PP 材质用于装载酒糟样品时，其抗氧化剂迁移量随着时间的延长有增加的倾向。通过比较多种包装材料材质，初步研究了抗氧化剂在 FCM 不同材质以及不同食品基质中的迁移。

2.4.4 食品接触材料中紫外光稳定剂迁移量的 UPLC-MS/MS 分析

在 FCM 的制造过程中，通常会添加紫外光稳定剂和增塑剂等添加剂，以提高和保持其较高的机械坚固性、稳定性和耐热性能。在塑料中存在的多种聚合物添加剂中，紫外光稳定剂在 FCM 中被广泛应用，因为它可以吸收大部分的紫外光来抑制光老化和光氧化还原过程，并防止光诱导的降解和黄变。然而，从 FCM 中迁移出来的过量的紫外光稳定剂对人体健康有害[51]。它会破坏内分泌系统，并对生物体的繁殖力、繁殖和发育产生不利影响。此外，紫外光稳定剂的迁移量往往浓度较低。因此，开发高效、高富集能力的样品预处理方法，建立快速准确的紫外光稳定剂迁移量测定的方法是极为必要的。

基于此，将一种以共价键构建的新型 COF 材料 CTC-TFPN-COF 分散均匀涂覆在滤膜表面得到 CTC-TFPN-COF 富集膜，结合 UPLC-MS/MS 用于大体积迁移液中紫外光稳定剂的有效萃取和富集[13]。

1. 分析方法性能

建立了 CTC-TFPN-COF 富集膜结合 UPLC-MS/MS 技术对 14 种紫外光稳定剂进行萃取检测的分析方法。通过一系列分析性能参数对该方法进行评估，得出 14 种紫外光稳定剂的检测线性范围为 0.010～500 µg/L，R^2 大于 0.9942。检出限范围为 0.9～91 ng/L，定量限范围为 3.0～300 ng/L。评估膜的日内与日间的精密度以及不同批次膜的精密度。结果表明，该方法具有良好的重现性，相对标准偏差为 3.3%～9.8%（日间）和 0.7%～9.5%（日内）。此外，不同富集膜的相对标准偏差为 1.4%～8.4%，提高了方法的精密度，保证了分析数据的重现性。

2. 实际样品测定

将所建立的方法应用于 PET 碳酸饮料瓶、橡胶奶嘴、橡胶烘焙模具和食品复合包装膜的迁移萃取液中紫外光稳定剂的分析。PET 碳酸饮料瓶中 UV-24 在迁移和提取液中的浓度分别为 348 ng/L 和 428 ng/L。此外，在橡胶烘焙模具提取液中检测到 UV-9、UV-P 和 UV-120 的浓度分别为 14 ng/L、1150 ng/L 和 23 ng/L。在食品复合包装膜的迁移液分析中测得 UV-P 的浓度为 75 ng/L，提取液中 UV-9 和 DHBP 的浓度分别为 23 ng/L 和 210 ng/L。为了验证该方法的准确性，通过分析不同浓度的加标样品来确定 14 种紫外光稳定剂的加标回收率，加标回收率为 85.2%～114%，相对标准偏差在 2.5%～9.5%，表明所建立的方法对于 FCM 中痕量紫外光稳定剂迁移量的测定具有可靠性。

2.4.5　三聚氰胺及其衍生物迁移量的 UPLC-MS/MS 测定方法

三聚氰胺主要用于三聚氰胺甲醛树脂如塑料、厨具、餐具和聚合剂（如层压材料、胶水、黏合剂、涂料、阻燃剂）的合成和生产。三聚氰胺在生产中由于副反应或者在储存时由于光降解反应会产生一系列衍生物，对其分析检测研究相对较少。由于 FCM 迁移液体积大，且三聚氰胺及衍生物在 FCM 迁移液中的含量相对较小，需要通过样品前处理对其进行浓缩富集以提高分析方法灵敏度。目前三聚氰胺及衍生物常用样品前处理技术为固相萃取、电膜微萃取等。这类样品前处理技术对于大体积液体样品的分离富集存在耗时较长、能耗较大的缺点。膜式固相萃取技术可以在低压的条件下实现大体积样品的快速富集，从而缩短样品前处理的时间。膜式固相萃取的富集介质可进一步浓缩目标化合物从而提高分析方法的准确性和灵敏度[52]。

采用不可逆的化学反应及酰胺化的"后修饰"策略合成了化学稳定性高的环三藜芦烃共价有机骨架（CTC-COF-CONH$_2$）。通过分子模拟计算 CTC-COF 和 CTC-COF-CONH$_2$ 与三聚氰胺类化合物的结合能和氢键作用，说明经过酰胺化"后修饰"的 CTC-COF-CONH$_2$ 对三聚氰胺类化合物具有更强的吸附作用。CTC-COF-CONH$_2$ 富集膜的多通道注射泵膜式固相萃取实现对食品接触材料迁移液的高通量样品前处理。CTC-COF-CONH$_2$ 富集膜的固相萃取技术结合 UPLC-MS/MS，建立三聚氰胺及其衍生物的分析方法，该方法线性范围为 0.01～200 μg/L、R^2≥0.9924 以及检出限为 1～200 ng/L。建立的方法成功用于寿司竹卷帘和儿童竹汤匙的 95%乙醇溶液和 4%乙酸溶液中三聚氰胺及衍生物的检测，检测量为 0.01～30.9 μg/L，加标回收率为 79.3%～117%，说明建立的分析方法具有一定的普适性和实用性。

2.4.6　食品中双酚类化合物和全氟烷基化合物同时富集 UPLC-MS/MS 测定

双酚是一类雌激素干扰物，广泛应用于食品塑料容器、塑料饮料瓶、食品加工容器中。在食品包装过程中为了防止食品的腐蚀和污染，一些具有防水、防油功能的物质被添加到食品中，如在食品包装材料中添加全氟类物质作为添加剂。然而，研究发现全氟辛酸和全氟辛烷磺酸是与人类肾病综合征相关的潜在雌激素干扰物[53]。基于此，本节介绍了一种新型的 CD-F-COF 介质，用于同时萃取食品及其食品包装材料中的双酚类化合物和全氟烷基化合物（perfluorinated alkyl substances，PFASs）[16]。

1. 分析方法性能

利用膜式固相萃取技术结合 LC-MS/MS 建立了同时萃取和检测双酚类化合物（双酚 A、双酚 B、双酚 S、双酚 F、双酚 Z、双酚 AF 和双酚 AP）和 PFASs（PFOA、PFOS 和 PFOSA）的方法。以各外标物的色谱峰面积为纵坐标，相对应的浓度为横坐标进行回归分析，得到线性方程和相关系数。其中，双酚 A、双酚 B、双酚 Z 和双酚 AP 的线性范围为 0.2～200 ng/g，双酚 F、双酚 S 和双酚 AF 的线性范围为 0.04～40 ng/g。PFOS 的线性范围为 0.05～25 ng/g，PFOA 和 PFOSA 的线性范围为 0.01～5 ng/g。所有待分析目标物的线性范围的相关系数良好，均大于 0.9960。双酚类化合物的检出限范围为 0.0052～0.043 ng/g，PFASs 类化合物的检出限范围为 0.0010～0.0040 ng/g。双酚类和 PFASs 的相对标准偏差均小于 9.8%。表明该方法有较低的检出限，可以满足相关法规和检测限量标准。

2. 实际样品测定

利用膜式固相萃取技术结合 LC-MS/MS，同时检测了 FCM（包括防油纸、塑料盒和塑料饮料瓶）和饮料样品中的双酚类化合物（图 2-29）和 PFASs（图 2-30）。分别对随机采集的防油纸、塑料盒、塑料饮料瓶、饮料样品进行分析和加标回收试验。在防油纸、塑料盒和塑料饮料瓶中均检测出双酚 A（图 2-29），其含量分别为 0.22 ng/g、0.32 ng/g 和 0.37 ng/g。此外，在防油纸样品中检测出双酚 S 和双酚 AF，其含量分别为 0.68 ng/g 和 0.14 ng/g，加标回收率在 78%～97%，相对标准偏差为 1.0%～9.7%。从图 2-30 可知，在防油纸样品中同时检测出 PFOA 和 PFOS，其含量为 0.078 ng/g 和 0.06 ng/g；在塑料饮料瓶中检测出 PFOS，含量为 0.063 ng/g；在饮料样品中检测出 PFOSA，其含量为 0.012 ng/g；加标回收率在 83%～99%，相对标准偏差为 1.2%～5.4%。

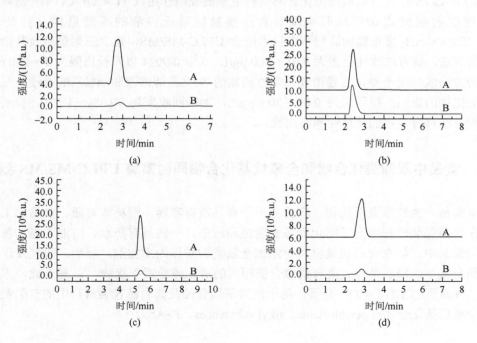

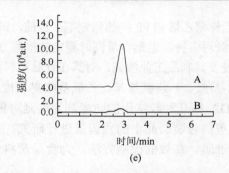

图 2-29　FCM 及饮料样品中检测到双酚类化合物（B）和
添加量为 1.0 ng/g 的饮料样品（A）的 MRM 色谱图

（a）防油纸中的双酚 A；（b）防油纸中双酚 S；（c）防油纸中的双酚 AF；（d）塑料盒中双酚 A；
（e）塑料饮料瓶中双酚 A

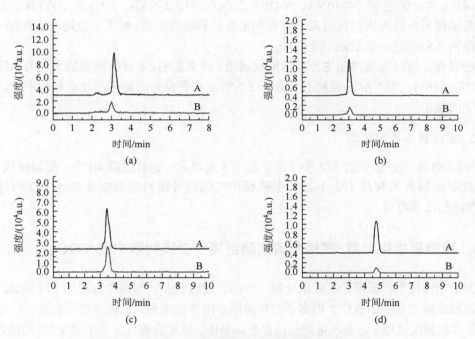

图 2-30　FCM 及饮料样品中检测到的 PFASs（B）和
添加量为 0.1 ng/g 的饮料样品（A）的 MRM 色谱图

（a）防油纸中的 PFOA；（b）防油纸中的 PFOS；（c）塑料饮料瓶中的 PFOS；（d）饮料样品中的 PFOSA

2.4.7　食品塑料包装制品中防老剂的 HPLC-MS/MS 测定方法

　　塑料制品是食品包装材料中应用较为广泛的一类。在食品塑料包装制品加工和生产过程中，为了改善其综合性能，往往会将一些化学剂或助剂添加到塑料制品原材料中。其中，防老剂是一类能够延缓高分子材料老化的物质，通常分为胺类或酚类防老剂，其作用是抑制高分子材料的氧化，抑制热、光、臭氧等环境因素对高分子材料的影响[54]。

在塑料工业中，防老剂可当作聚乙烯和 PP 的热稳定剂。目前，国内外检测方法大多数是对 2～3 种防老剂进行测定，针对多种防老剂含量同时测定的检测方法较少，且主要集中在对天然橡胶、合成橡胶等橡胶及其制品工业领域，对其在食品塑料包装制品中的研究较少。

因此，选取 N-苯基-2-萘胺、1-萘氨基苯、乙氧基喹啉、橡胶防老剂 DTPD、橡胶防老剂 4010NA、防老剂 ODA 等几种较常用的防老剂为检测对象，用高效液相色谱-串联质谱法，对防老剂在食品塑料包装制品中的残留量进行研究。建立了食品塑料包装材料中防老剂残留量的快速、准确、高效的检测方法，为食品塑料包装制品中防老剂的安全监督管理提供依据[55]。

1. 分析性能参数

将一系列标准工作溶液分别进行测定，绘制标准曲线。结果显示，在 10.0～200.0 μg/L 的范围内，8 种防老剂（4010NA、N-DEA、YKL、H、2-NAB、1-NAB、DTPD 和 ODA）的质量浓度与各待测物的定量离子峰面积呈良好的线性关系。相关系数均在 0.9990 以上，检出限为 2.5 μg/kg，定量限为 5 μg/kg。

选取食品塑料包装样品进行加标回收试验。结果表明，8 种待测物的平均加标回收率为 81%～116%，相对标准偏差小于等于 3.77%，具有良好的加标回收率和精密度，满足方法学的要求。

2. 实际样品检测情况

抽取 88 家生产企业的 172 份产品。包括 3 类产品：保鲜膜袋 40 个、塑料砧板 1 块、打包盒等塑料容器制品 131 个。其中砧板和打包盒等塑料容器制品共计 132 份样品，2 份产品超过参考值。

2.4.8　顶空固相微萃取-气相色谱法测定离子交换树脂中的 VOC

离子交换树脂广泛用于工业水处理、食品、发酵工业、制药和石油化工等领域，尤其在食品和发酵工业应用较广。但离子交换树脂多由苯乙烯和二乙烯苯等聚合而成，在其加工、储存和使用过程中，会不可避免地存在如单体、低聚物和反应溶剂等 VOC 的残留，从而引发食品安全问题[56]。采用电化学合成方法在不锈钢丝表面电沉积 PEDOT-UiO-66 复合涂层，将其用于顶空固相微萃取，并与气相色谱联用建立了离子交换树脂中甲基环己烷、苯、甲苯、对二甲苯、邻二甲苯、苯乙烯和二乙烯苯 7 种 VOC 的同时检测方法[14]。

1. 分析方法性能

将 PEDOT-UiO-66 复合涂层与单一 PEDOT 涂层和商用化 SPME 涂层对目标物的萃取效果进行了比较。PEDOT-UiO-66 复合涂层的萃取效果明显更好，大约为单一 PEDOT 涂层的 100 倍左右，也高于商用化 SPME 涂层。这说明 UiO-66 的掺杂能够有效改善复合涂层的表面结构，提供更多的吸附位点，最终极大地提升复合涂层的萃取性能。

通过 PEDOT-UiO-66 涂层与 HS-SPME-GC 联用来测定离子交换树脂残留物中的 7 种

VOC，并进行了评价，相关结果如表 2-1 所示。使用该涂层纤维萃取 VOC 溶液时，同一涂层连续萃取 5 次间的相对标准偏差为 2.6%～12.0%。而平行制备的 5 根涂层进行萃取时的相对标准偏差为 3.4%～12.3%，重现性良好。此外，该涂层纤维具有良好的使用寿命，重复使用 100 次以上后萃取效率无明显降低（＞90%）。将建立的萃取方法与其他方法比较，此方法具有检出限低、线性范围宽、重现性好等优点。

表 2-1　HS-SPME-GC 法测定离子交换树脂中 VOC 的相关分析参数

分析物	检出限/(μg/L)	线性范围/(μg/L)	线性方程*	R^2	相对标准偏差/%（$n=5$）**	
					同一涂层	不同涂层
甲基环己烷	0.06	0.18～100	$y = 9674.2x + 747.57$	0.9999	7.9	6.3
苯	0.06	0.18～100	$y = 7710.5x + 3767.7$	0.9989	12.0	3.4
甲苯	0.06	0.18～100	$y = 16008x - 2738.6$	0.9994	7.1	7.0
对二甲苯	0.03	0.09～100	$y = 26995x - 8653.5$	0.9988	2.6	11.6
邻二甲苯	0.03	0.09～100	$y = 33905x - 8613.5$	0.9991	7.1	12.3
苯乙烯	0.03	0.09～100	$y = 34278x - 6338$	0.9998	5.6	8.9
二乙烯苯	0.06	0.18～100	$y = 25728x - 3609$	0.9976	6.9	6.4

*：y 表示色谱峰面积；x 表示目标物在萃取液中的浓度（单位：μg/L）；

**：VOC 浓度均为 50 μg/L。

2. 实际样品分析

将建立的 HS-SPME-GC 联用的方法应用于实际食品工业用离子交换树脂中 7 种 VOC 残留的迁移检测，相关色谱图及迁移结果如图 2-31 所示。7 种 VOC 残留迁移检测的加标回收率为 85.5%～117.2%。

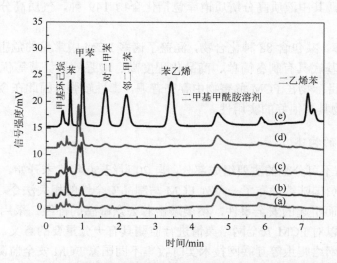

图 2-31　PEDOT-UiO-66 涂层萃取四种离子交换树脂中 VOC 迁移的气相色谱图

（a）IPA-900；（b）FPA-53；（c）XAD-761；（d）XAD-7HP；（e）7 种 2.5 μg/L VOC 的标准溶液

由上述结果可知，4 种类型离子交换树脂的迁移液中均未检测到苯和二乙烯苯，而其他 5 种 VOC 的迁移量大致为 10.5～90 μg/kg，该值远低于各国对 FCM 中相关 VOC 迁移的限量规定标准，可安全用于食品工业中。通过在 IPA-900 树脂的迁移液样品中分别加入低浓度、中浓度和高浓度的 7 种 VOC 的标准溶液来考察所建立方法的可靠性，其加标回收率为 84.5%～117.2%，表明所建立的方法适用于实际树脂样品中 VOC 的迁移检测。

2.5　数据库和食品接触材料安全数据查询平台的构建

本书作者研发了食品接触材料安全数据查询平台。该平台使用方便，为食品接触材料进出口安全信息、国内外相关法规要求、危害物及对应的检测方法提供全方位的查询。通过网络爬虫等互联网技术实时收集不同国家 FCM 安全监测数据、进出口安全预警信息，全面整合进出口食品安全信息、欧洲食品安全局（European Food Safety Authority，EFSA）、美国 FDA 的信息，同时整合国内、国外接触材料法规信息及自建质谱库，及时发送安全预警。为用户提供高效搜索、查看 FCM 行业公开信息、法律法规、添加剂质谱库等信息，满足生产企业、消费者、监管机构等不同用户的需求。

1. 数据库的构建

通过质谱库模块可查看危害物质谱信息和测试条件，帮助快速完成检测方法的建立。将数据库中化合物基本信息如化合物名称、CAS 号、分子式、加合形式、保留时间、母离子精确质量数、特征子离子质谱图和质谱图测试条件导入平台中，实现实时在线查询化合物信息及测试条件，为用户快速建立相应检测方法，以及后续对数据库的不断扩充及共享提供了数据基础。目前构建了基于气质高分辨质谱和液质高分辨质谱在 FCM 中相关危害物数据库。其中液质高分辨质谱库包括化合物 149 种，气质高分辨质谱库包括化合物 160 种。

SERS 数据库，共包含 88 种化合物，涵盖了诸多 FCM 中常见的危害物。数据库使用的表面增强拉曼基底具有制备简单、商品化程度高、增强效果显著等优点，具备优异的普适性。筛选的目标物在 FCM 危害物中存在普遍，毒性较强，因此在今后利用 SERS 筛查 FCM 中危害物具有很好的实用性。

2. 信息平台的构建

FCM 是食品不可分割的重要组成部分，自 20 世纪 50 年代末开始，美国 FDA、欧盟委员会及欧盟成员国陆续颁布了一系列 FCM 与制品安全性的相关法令。近几年，因 FCM 中含有有害物质而引起的安全事件，屡屡敲击着公众敏感的神经，采用爬虫技术收集网络中的有关信息以对 FCM 安全网络舆情进行监测具有十分重要的意义。

本平台通过网络爬虫等互联网技术实时收集不同国家 FCM 安全监测数据、进出口安全预警信息，全面聚合进出口食品安全信息平台、欧盟 EFSA、FDA 的信息及搜索，同时整合国内、国外接触材料法规信息及自建质谱库。为用户提供高效搜索、查看 FCM 行业公开信息、法律法规、添加剂质谱库等信息,满足生产企业、消费者、监管机构等不同用户的需求。

（1）平台基本介绍

为了方便用户使用,本平台以"微信小程序"为载体,用户只需在微信中输入"SMQ食品接触材料"进行小程序搜索,即可随时随地查询 FCM 最新安全通报以及相关法律法规等（图 2-32）。

本平台根据功能需求及用户使用的便捷性,支持模糊搜索"名称""CAS 号""材质"等字段并展示对应结果。主要功能界面涵盖六大模块,分别为国内法规查询、国外法规查询、危害物数据库、进出口信息查询、欧盟 EFSA 和 FDA,用户可根据相应的需求进行快速查询。

图 2-32　"SMQ 食品接触材料"小程序主界面展示

（2）进出口信息查询

该程序通过网络爬虫技术收集网络中关于 FCM 安全信息通报,爬取范围主要为"进出口食品安全信息平台""欧盟 EFSA"和"FDA"等权威网络平台,通过查询相关平台最新发布的信息,实现了实时追踪 FCM 安全信息热点、提前预警、降低食品安全事件发生概率等功能。

通过点击进出口信息查询模块,浏览我国最新进出口 FCM 问题产品信息通报。通过欧盟 EFSA 和 FDA 模块,可查询 EFSA 和 FDA 最新公布关于申请通过或者废止的 FCM中危害物信息。同时该模块支持模糊搜索,可通过输入化合物"名称""CAS 号""材质"等字段,展示对应通报结果。

（3）国内外法规查询

为更加方便地查询国内外 FCM 相关法律法规,本平台收录了国内相关法规（如 GB 9685—2016）,涵盖塑料、橡胶和纸质品等七大类材质,共涉及危害物 1294 个,有助于企业及时调整生产策略，保障进出口 FCM 质量安全。国外标准如欧盟委员会、法国、德国、美国等国际组织和国家的 FCM 相关标准，涵盖塑料、木制品、陶瓷等常见材质，共涉及危害物 379 个。

参 考 文 献

[1] Muncke J，Backhaus T，Geueke B，et al. Scientific challenges in the risk assessment of food contact materials[J]. Environmental Health Perspectives，2017，125（9）：095001.

[2] Muncke J. Hazards of food contact material：Food packaging contaminants[J]. Encyclopedia of Food Safety，2014，2：430-437.

[3] Tsochatzis E D. Food contact materials：Migration and analysis. Challenges and limitations on identification and quantification[J]. Molecules，2021，26（11）：3232.

[4] Nerín C，Alfaro P，Aznar M，et al. The challenge of identifying nonintentionally added substances from food packaging materials：A review[J]. Analytica Chimica Acta，2013，775：14-24.

[5] Bauer A，Jesus F，Ramos M J G，et al. Identification of unexpected chemical contaminants in baby food coming from plastic packaging migration by high resolution accurate mass spectrometry[J]. Food Chemistry，2019，295：274-288.

[6] Martínez-Bueno M J，Gómez Ramos M J，Bauer A，et al. An overview of non-targeted screening strategies based on high resolution accurate mass spectrometry for the identification of migrants coming from plastic food packaging materials[J]. TrAC Trends in Analytical Chemistry，2019，110：191-203.

[7] 葛琨，胡玉玲，李攻科. 食品接触材料样品前处理和检测方法研究进展[J]. 食品安全质量检测学报，2019，14：4451-4460.

[8] Ouyang X Y，Lu Z C，Hu Y L，et al. Research progress on sample pretreatment methods for migrating substances from food contact materials[J]. Journal of Separation Science，2021，44（4）：879-894.

[9] Kitagawa S，Kitaura R，Noro S. Functional porous coordination polymers[J]. Angewandte Chemie International Edition，2004，43（18）：2334-2375.

[10] Puoci F，Iemma F，Muzzalupo R，et al. Spherical molecularly imprinted polymers（SMIPs）via a novel precipitation polymerization in the controlled delivery of sulfasalazine[J]. Macromolecular Bioscience，2004，4（1）：22-26.

[11] Liang R Y，Hu Y L，Li G K. Monodisperse pillar [5] arene-based polymeric sub-microsphere for on-line extraction coupling with high-performance liquid chromatography to determine antioxidants in the migration of food contact materials[J]. Journal of Chromatography A，2020，1625：461276.

[12] Liang R Y，Hu Y L，Li G K. Photochemical synthesis of magnetic covalent organic framework/carbon nanotube composite and its enrichment of heterocyclic aromatic amines in food samples[J]. Journal of Chromatography A，2020，1618：460867.

[13] Ouyang X Y，Liang R Y，Hu Y L，et al. Hollow tube covalent organic framework for syringe filter-based extraction of ultraviolet stabilizer in food contact materials[J]. Journal of Chromatography A，2021，1656：462538.

[14] Zhang J Y，Zhang B R，Dang X P，et al. A polythiophene/UiO-66 composite coating for extraction of volatile organic compounds migrated from ion-exchange resins prior to their determination by gas chromatography[J]. Journal of Chromatography A，2020，1633：461627.

[15] Zhang J Y，Dang X P，Dai J H，et al. Simultaneous detection of eight phenols in food contact materials after electrochemical assistance solid-phase microextraction based on amino functionalized carbon nanotube/polypyrrole composite[J]. Analytica Chimica Acta，2021，1183：338981.

[16] Chen Y L，Lu Z C，Huang S M，et al. Simultaneous enrichment of bisphenols and polyfluoroalkyl substances by cyclodextrin-fluorinated covalent organic frameworks membrane in food packaging samples[J]. Journal of Chromatography A，2022，1666：462864.

[17] Roberts M L，Beaupré S R，Burton J R. A high-throughput，low-cost method for analysis of carbonate samples for [14]C[J]. Radiocarbon，2013，55（2）：585-592.

[18] Li Z Q，Yang K H，Lv Y G，et al. A rapid pretreatment of PVC products for high-throughput and visual detection of trace heavy metals[J]. Monatshefte Für Chemie-Chemical Monthly，2019，150（11）：1903-1910.

[19] Khan W A，Arain M B，Soylak M. Nanomaterials-based solid phase extraction and solid phase microextraction for heavy metals food toxicity[J]. Food and Chemical Toxicology，2020，145：111704.

[20] Pelit L，Pelit F，Ertaş H，et al. Electrochemically fabricated solid phase microextraction fibers and their applications in food，environmental and clinical analysis[J]. Current Analytical Chemistry，2019，15（7）：706-730.

[21] Grob K，Pfenninger S，Pohl W，et al. European legal limits for migration from food packaging materials：1. Food should prevail over simulants；2. More realistic conversion from concentrations to limits per surface area. PVC cling films in contact with cheese as an example[J]. Food Control，2007，18（3）：201-210.

[22] Osorio J，Aznar M，Nerín C. Identification of key odorant compounds in starch-based polymers intended for food contact materials[J]. Food Chemistry，2019，285：39-45.

[23] Glenn G，Shogren R，Jin X，et al. Per-and polyfluoroalkyl substances and their alternatives in paper food packaging[J]. Comprehensive Reviews in Food Science and Food Safety，2021，20（3）：2596-2625.

[24] Muratore F，Barbosa S E，Martini R E. Development of bioactive paper packaging for grain-based food products[J]. Food Packaging and Shelf Life，2019，20：100317.

[25] Lu L J，Cheng C，Xu L，et al. Migration of antioxidants from food-contact rubber materials to food simulants[J]. Journal of Food Engineering，2022，318：110904.

[26] Feng D，Zhang X R，Wang W J，et al. Development，validation and comparison of three detection methods for 9 volatile methylsiloxanes in food-contact silicone rubber products[J]. Polymer Testing，2019，73：94-103.

[27] Lu X C，Xiao Q，Deng F M. Advance on ediblefilm with polysaccharide[J]. Food & Machinery，2014，30（4）：261-265.

[28] Domingo J L，Nadal M. Per- and polyfluoroalkyl substances（PFASs）in food and human dietary intake：A review of the recent scientific literature[J]. Journal of Agricultural and Food Chemistry，2017，65（3）：533-543.

[29] Kalkornsurapranee E，Koedthip D，Songtipya P，et al. Influence of modified natural rubbers as compatibilizers on the properties of flexible food contact materials based on NR/PBAT blends[J]. Materials & Design，2020，196：109134.

[30] Ghoussoub Y E，Fares H M，Delgado J D，et al. Antifouling ion-exchange resins[J]. ACS Applied Materials & Interfaces，2018，10（48）：41747-41756.

[31] Cao R Y，Zhou J J，Chen W W，Insights into membrane fouling implicated by physical adsorption of soluble microbial products onto D3520 resin[J]. Chinese Journal of Chemical Engineering，2020，28（2）：429-439.

[32] Peltzer M，Delgado J F，Salvay A G，et al. β-Glucan，a promising polysaccharide for bio-based films developments for food contact materials and medical applications[J]. Current Organic Chemistry，2018，22（12）：1249-1254.

[33] Kubicova M，Krümmling F，Simat T J. Bio-based and compostable polyesters in food contact：Analysis of monomers and （in）organic fillers[J]. Food Additives & Contaminants：Part A，2021，38（10）：1788-1804.

[34] Zhang J Y，Ma X W，Dang X P，et al. Adsorption mechanism of polycyclic aromatic hydrocarbons on polythiophene-graphene covalent complex and its analytical application in food contact materials[J]. Microchemical Journal，2021，171：106767.

[35] Sang J，Aisawa S，Miura K，et al. Adhesion of carbon steel and natural rubber by functionalized silane coupling agents[J]. International Journal of Adhesion and Adhesives，2017，72：70-74.

[36] Bittner N，Boon A，Delbanco E H，et al. Assessment of aromatic amides in printed food contact materials：Analysis of potential cleavage to primary aromatic amines during simulated passage through the gastrointestinal tract[J]. Archives of Toxicology，2022，96（5）：1423-1435.

[37] Cai G H，Ge K，Ouyang X Y，et al. Thin-layer chromatography combined with surface-enhanced Raman scattering for rapid detection of benzidine and 4-aminobiphenyl in migration from food contact materials based on gold nanoparticle doped metal-organic framework[J]. Journal of Separation Science，2020，43（14）：2834-2841.

[38] Gu J P，Li X Q，Zhou G F，et al. A novel self-calibrating strategy for real time monitoring of formaldehyde both in solution and solid phase[J]. Journal of Hazardous Materials，2020，386：121883.

[39] Ge K，Hu Y L，Zheng Y J，et al. Aptamer/derivatization-based surface-enhanced Raman scattering membrane assembly for selective analysis of melamine and formaldehyde in migration of melamine kitchenware[J]. Talanta，2021，235：122743.

[40] Diggs D L，Huderson A C，Harris K L，et al. Polycyclic aromatic hydrocarbons and digestive tract cancers：A perspective[J]. Journal of Environmental Science and Health，Part C，2011，29（4）：324-357.

[41] Zhang J Y，Ma X W，Dang X P，et al. Adsorption mechanism of polycyclic aromatic hydrocarbons on polythiophene-graphene covalent complex and its analytical application in food contact materials[J]. Microchemical Journal，2021，171：106767.

[42] Saarinen J J，Valtakari D，Sandén S，et al. Roll-to-roll manufacturing of disposable surface-enhanced Raman scattering（SERS）sensors on paper based substrates[J]. Nordic Pulp & Paper Research Journal，2017，32（2）：222-228.

[43] Vilarinho F，Sendón R，van der Kellen A，et al. Bisphenol A in food as a result of its migration from food packaging[J]. Trends in Food Science & Technology，2019，91：33-65.

[44] 谢景千，杨俊，黎永乐. 液相色谱-串联质谱法测定食品接触材料中双酚 F 和双酚 S 的迁移量[J]. 食品安全质量检测学报，2020，11（24）：9100-9107.

[45] Parkar J，Rakesh M. Leaching of elements from packaging material into canned foods marketed in India[J]. Food Control，2014，40：177-184.

[46] Cerkvenik-Flajs V，Volmajer Valh J，Gombač M，et al. Analysis and testing of bisphenol A，bisphenol A diglycidyl ether and their derivatives in canned dog foods[J]. European Food Research and Technology，2018，244（1）：43-56.

[47] Nguon O J，Charlton Z，Kumar M，et al. Interactions between sorbitol-type nucleator and additives for polypropylene[J]. Polymer Engineering and Science，2020，60（12）：3046-3055.

[48] 李碧芳，张其美，蔡潼玲，等. UPLC-MS/MS 法测定食品接触材料中的成核剂[J]. 食品工业，2020，41（3）：296-299.

[49] Phulkerd P，Nakabayashi T，Iwasaki S，et al. Enhancement of drawdown force in polypropylene containing nucleating agent[J]. Journal of Applied Polymer Science，2019，136（7）：47295.

[50] Chen L W，Wu C S，Wang Y，et al. Determination of ultraviolet absorbers and antioxidants in plastic food packing materials by ultra high performance liquid chromatography[J]. Journal of Instrumental Analysis，2016，35（2）：206-212.

[51] Choi S S，Jang J H. Analysis of UV absorbers and stabilizers in polypropylene by liquid chromatography/atmospheric pressure chemical ionization-mass spectrometry[J]. Polymer Testing，2011，30：673-677.

[52] Hsu Y F，Chen K T，Liu Y W，et al. Determination of melamine and related triazine by-products ammeline，ammelide，and cyanuric acid by micellar electrokinetic chromatography[J]. Analytica Chimica Acta，2010，673（2）：206-211.

[53] Yang C X，Lee H K，Zhang Y H，et al. *In situ* detection and imaging of PFOS in mouse kidney by matrix-assisted laser desorption/ionization imaging mass spectrometry[J]. Analytical Chemistry，2019，91：8783-8788.

[54] 罗开强. 防老剂及其改性对橡胶复合材料的热氧老化防护：实验与分子模拟研究[D]. 北京：北京化工大学，2020.

[55] 郑燕燕，蒋明峰，张悦，等. HPLC-MS/MS 法测定食品塑料包装制品中 8 种防老剂[J]. 包装工程，2021，42（17）：1-9.

[56] Galezowska E G，Chraniuk E M，Wolska L. *In vitro* assays as a tool for determination of VOCs toxic effect on respiratory system：A critical review[J]. TrAC Trends in Analytical Chemistry，2016，77：14-22.

第3章 离子交换树脂与食品加工机械中
危害物检测与迁移

3.1 离子交换树脂中的危害物

离子交换层析（ion exchange chromatography，IEC）是依据分离物所带电荷的正负以及带电量的不同而进行分离的纯化技术。离子交换层析介质的配基为可电离的集团，因此在带有相反电荷的物质进入层析柱时，在静电作用下就会与配基结合，又因为不同的物质所带电荷量以及分布范围存在差异，所以可以将差异性较小的物质分开，使离子交换层析具有较高的分辨率[1]。离子交换层析是生物大分子纯化领域中应用最为广泛的一种层析技术。其原理是利用层析介质的带电集团与带相反电荷的目标物因静电作用而结合，由于不同分子的电荷量不同以及电荷位点的差异导致结合强度不同，因此可以将不同分子按照结合力由弱到强的顺序逐个洗脱下来。随着近年来人们对食品的安全、卫生要求越来越高，对离子交换树脂的检测及迁移的研究也越来越重要。

离子交换层析作为发展最早的层析技术之一，其介质种类复杂多样，根据不同分类原理具有多种分类方法。根据离子交换层析介质基质成分的不同，可将其分为多糖类离子交换层析介质、高聚物类离子交换层析介质以及无机物类离子交换层析介质。高聚物类离子交换层析介质与无机物类离子交换层析介质主要用于水处理与小分子物质的纯化，而多糖类离子交换层析介质主要用于生物活性大分子的纯化。根据离子交换层析介质上功能基团的不同，可分为阳离子交换层析介质与阴离子交换层析介质；根据功能基团酸性强度的不同进一步将阳离子交换层析介质划分为强阳离子交换层析介质与弱阳离子交换层析介质，阴离子交换层析介质也可进一步分为强阴离子交换层析介质与弱阴离子交换层析介质。

离子交换树脂广泛应用于低聚糖、发酵果酒、果汁等食品的脱色、脱苦、去金属离子，以及氨基酸、有机酸等食品的提取，而离子交换树脂在生产过程中产生的有机碳、砷化合物，处理过程中带入的重金属，以及使用和保存过程中产生的内毒素和黄曲霉素等污染物，可能在接触食品后对目标食品产生相应的影响，因此对危害物的检测和排查必不可少。

制备离子交换树脂时，在单体中加入一些惰性溶剂让其产生共聚反应从而形成球状结构，共聚反应结束后再去除惰性溶剂。单体构成树脂的基本骨架，惰性溶剂又称为致孔剂，工业常用的致孔剂通常有甲苯、脂肪酸、聚丙烯酸酯等物质；明胶多被用作分散剂。常用来制备离子交换树脂的单体有琼脂糖、苯乙烯、交联丙烯酸、酚醛、甲基丙烯酸酯等，它们互相交联聚合形成了离子交换树脂的基本结构。在大多数树脂的工业生产中原料不会完全反应聚合，在树脂孔隙之间会有一部分原料残留，且有的树脂易破碎，原料本身不纯引入的杂质及树脂在后处理还有保存过程中带入的有机物都有可能导致树脂上有机物的残留。

由于 VOC 组分较多，在样品中的含量非常低，故应采用高灵敏度、高精密度、高准确性的色谱技术来检测 VOC。目前，有机残留溶剂的测定方法有气相色谱法、顶空气相色谱法（headspace gas chromatography，HSGC）、顶空气相色谱–质谱法及 HPLC 等。其中 HSGC 是分析食品和药品中离子交换树脂有机残留溶剂的最主要的手段。HSGC 技术包括全蒸发顶空（FE）技术、顶空相反应转换（PRC）技术、多次顶空抽提（MHE）技术等。其中 FE 技术是早期的顶空气相技术之一，它利用顶空进样器作为蒸发器而不是封闭的静态气液阀空间来实现对样品中挥发性物质的定量分析。PRC 技术不同于传统 HSGC 的气液平衡（vapor-liquid equilibrium，VLE）基本概念，它包括完全转换，未知的非挥发性分析物在液体或固体状态通过化学反应到气体状态，然后通过测量气体产物对分析物进行分析，在顶空中保持恒定或完全的转换效率，可通过校准来实现对样品中非挥发性分析物的定量分析。由于顶空气相色谱具有独特的等温环境和顶空气相色谱分离的采样过程，HSGC 在许多实验室和工业领域都有很大的应用潜力。

3.2　离子交换树脂中危害物的检测

3.2.1　离子交换树脂中有机残留物的检测

离子交换树脂主要由基本骨架、分散剂、交联剂、致孔剂等组成。其中骨架主要有苯乙烯、异丙烯等；致孔剂有甲苯、二甲苯、石蜡、溶剂汽油、聚乙烯醇等；交联剂为二乙烯苯。它们互相交联聚合形成大孔吸附树脂的多孔骨架结构。在树脂生产过程中，这些合成原料难以完全反应聚合，会有原料残留在树脂孔隙之间，且有的树脂易破碎形成小颗粒。因此，若使用前处理不当则易产生有机残留物。从目前的研究结果看，主要的有机残留物有苯、甲苯、苯乙烯、正己烷、对二甲苯、邻二甲苯等[2]。

1. 材料与试剂

正己烷、苯、甲苯、对二甲苯、邻二甲苯、甲基异丙基甲酮、丁酸甲酯、二氯乙烷、二乙基苯、间二氯苯、3-戊酮、甲基丙烯酸甲酯和苯乙烯对照品；二甲亚砜、无水乙醇购自国药集团化学试剂有限公司；离子交换树脂（Amberlite FPA53、Amberlite IRA-900、Amberlite XAD7HP、Amberlite XAD761）购自美国某公司；树脂（Seplite LX-T5 和 Seplite LX-69B）购自西安某材料公司。

2. 主要仪器设备

日本岛津（Shimadzu）GC-2030 气相色谱仪，HS-10 顶空自动进样器、氢火焰离子化检测器（flame ionization detector，FID）、安捷伦 DB-23（30 m）色谱柱。

3. 试验方法

色谱条件：采用顶空进样-毛细管气相色谱法，色谱柱为 DB-23 毛细管柱；氢火焰离子化检测器；柱温（程序升温）：60℃维持 16 min，再以 20℃/min 的升温速率升至 200℃，维持 2 min；进样口温度 240℃；检测温度 300℃；二甲亚砜为溶解介质，以及氮气为载气进行检测。

树脂处理与有机残留物的检测：将购买的酚醛类离子交换树脂（Amberlite XAD761）经研磨破碎，称取 5g 树脂样品以 100 ml 二甲亚砜浸泡超声振荡 10 h，取次处理液放入顶空瓶检测树脂中有机残留物的情况。

线性关系考察：精密称取正己烷、苯、甲苯、对二甲苯、邻二甲苯、苯乙烯对照品适量，加二甲亚砜制成各组分浓度为 20 μg/ml 的溶液，作为对照品储备液。分别精密加入二甲亚砜溶液，稀释成 5 种不同浓度的系列溶液作为对照品溶液。分别精密吸取上述溶液各 2 ml，置于 20 ml 顶空瓶中进样分析，记录各色谱峰面积，以各成分的进样浓度（单位：μg/ml）为横坐标（x），峰面积为纵坐标（y），进行回归分析。

精密度试验：精密配制各组分浓度为 20 μg/ml 的溶液 50 ml 作为对照品，取对照品 4 ml 置于顶空瓶中，加盖密封，振荡摇匀，按照上述色谱条件，连续进样 5 次，记录各组分的峰面积，计算其峰面积的相对标准偏差。计算正己烷、苯、甲苯、对二甲苯、邻二甲苯、苯乙烯的相对标准偏差分别为 2.63%、4.67%、2.84%、3.88%、3.52%、4.52%。

加标回收试验：采用所建立的样品前处理方法，对 5 个吸附树脂样品进行 2 个水平 6 次加标回收试验，添加水平分别为 10.00 μg/ml、50.00 μg/ml。用所建立的气相检测方法进行检测，得到各自的加标回收率。

4. 结果与讨论

（1）有机残留物的定性检测

对于树脂里可能出现的有机物苯、甲苯、苯乙烯、对二甲苯、邻二甲苯、正己烷 6 种目标有机残留物的定性检测尤为重要，是后续工作定量、线性关系考察、排除杂质干扰、准确判断的基础。分别精密配制一定浓度的各有机残留物标样，检测出的出峰时间结果见表 3-1。

表 3-1　7 种有机残留物出峰时间　　　　　（单位：min）

	苯	甲苯	邻二甲苯	对二甲苯	苯乙烯	正己烷	二甲亚砜
单一进样	9.219	11.206	15.287	15.816	18.767	5.827	21.453
混合进样	8.708	10.896	14.028	13.053	15.039	5.876	21.454

（2）线性关系考察

利用混合分析方法，对有机残留物进行线性考察，气相色谱图见图 3-1，进一步拟合获得线性方程（表 3-2）。从拟合曲线看出，在混合进样情况下各有机残留物进样量与出峰面积具有很好的线性关系，说明该分析方法可用于有机残留物含量的分析。

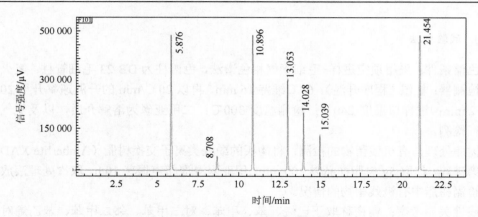

图 3-1　六种混合有机残留物气相色谱图

表 3-2　各成分的线性方程等数据

有机残留物	线性范围/(μg/ml)	线性方程	相关系数	相对标准偏差/%
正己烷	2~1000	$y=36938x-24390$	0.998	2.63
苯	2~200	$y=2859.6x-8110.3$	0.998	4.67
甲苯	2~1000	$y=5905.7x-8976$	0.997	2.84
邻二甲苯	2~1000	$y=3331.1x-4367$	0.998	3.52
对二甲苯	2~1000	$y=1118.4x-14645$	0.998	3.88
苯乙烯	2~1000	$y=3331.1.7x-4367.2$	0.998	4.52

　　通过逐级稀释配制不同浓度的混合体系，以期在信噪比为 3 时确定各组分的检出限，得出正己烷、苯、对二甲苯、邻二甲苯、苯乙烯、甲苯的检出限分别为 2 ng/ml、3 ng/ml、3 ng/ml、2 ng/ml、2 ng/ml、0.8 ng/ml，相对标准偏差均小于 5%，结果说明试验建立的顶空气相色谱法精密度高、准确可靠、重现性良好。

　　（3）对树脂样品的检测

　　对已有五种树脂（表 3-3）用固相微萃取气质联用仪检测，得出 6 种树脂里面有 8 种主要的有机残留物，分别为甲基丙烯酸甲酯、1, 2-二氯乙烷、1, 3-二乙基苯、1, 4-二乙基苯、丁酸甲酯、甲基异丙基甲酮、3-戊酮、间二氯苯等（图 3-2），混合标准品气相色谱图如图 3-3 所示。

表 3-3　树脂类型汇总

树脂类型	基质	功能基团	用途
Amberlite FPA53	交联丙烯酸	叔胺	用于去除食品的灰分，常用于柠檬酸、乳酸、抗生素的脱色
Amberlite IRA-900	苯乙烯-二乙烯苯	季胺	用于除去溶解性大颗粒有机质分子
Amberlite XAD7HP	甲基丙烯酸酯	无	常用于提取多肽、植物色素、多酚类物质和抗生素等的纯化

续表

树脂类型	基质	功能基团	用途
Amberlite XAD761	酚-甲醛	羟甲基	多用于淀粉、糖液的脱色，除味等精制过程
Seplite LX-T5	苯乙烯	未知	常用于甜菊糖的脱色
Seplite LX-69B	苯乙烯	季胺	用于甜菊糖的精制

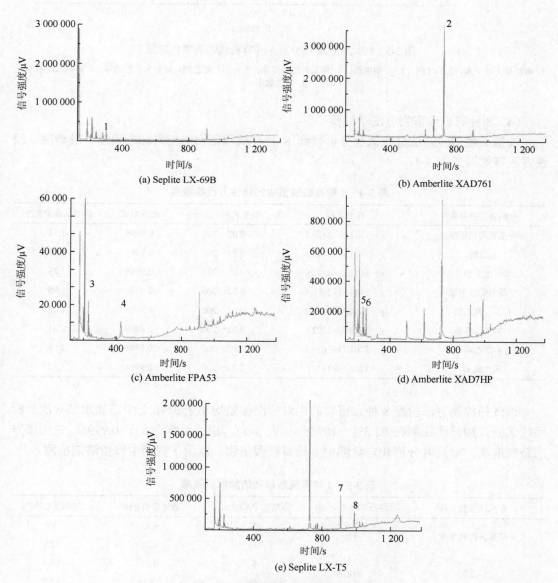

图 3-2　五种树脂 GC-MS 色谱图

1. 1,2-二氯乙烷；2. 间二氯苯；3. 甲基丙烯酸甲酯；4. 甲基异丙基甲酮；5. 丁酸甲酯；6. 3-戊酮；7. 1,3-二乙基苯；
8. 1,4-二乙基苯

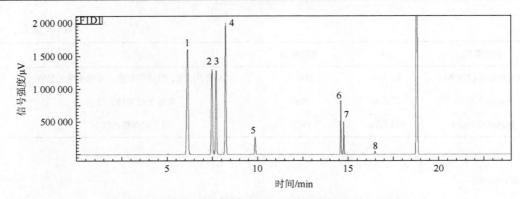

图 3-3　DB-23 色谱柱分离 8 种有机物的典型色谱图

1. 甲基异丙基甲酮；2. 3-戊酮；3. 丁酸甲酯；4. 甲基丙烯酸甲酯；5. 1,2-二氯乙烷；6. 1,3-二乙基苯；7. 1,4-二乙基苯；
8. 间二氯苯

（4）8 种有机残留物方法学试验

依据上述试验方法进行试验分析得到 8 种有机残留物的相对标准偏差、准确度、线性方程等数据见表 3-4。

表 3-4　8 种有机残留物的线性方程等数据

有机残留物名称	线性方程	线性范围/(μg/ml)	相关系数	相对标准偏差/%
甲基异丙基甲酮	$y = 1867.3x-2439.2$	0.02～200	0.9998	1.19
3-戊酮	$y = 7063.9x-540.09$	0.02～200	0.9997	1.08
丁酸甲酯	$y = 5833.8x-489.29$	0.02～200	0.9996	1.23
甲基丙烯酸甲酯	$y = 5480.6x-3080.4$	0.02～200	0.9999	1.06
1,2-二氯乙烷	$y = 1867.3x-2439.2$	0.02～200	0.9996	1.12
1,3-二乙基苯	$y = 4620.4x-2202.5$	0.02～200	0.9999	2.61
1,4-二乙基苯	$y = 3701.7x-1634.4$	0.02～200	0.9998	2.96
间二氯苯	$y = 1216.8x-1172.6$	0.02～200	0.9998	1.57

该气相检测方法检测 8 种残留物的相对标准偏差均小于 3%，2 个添加水平 6 次加标回收试验，加标回收率在 82.3%～109.2%（表 3-5），相关系数均大于 0.9996，说明该方法精密度高，能同时分离和定量测定 8 种有机残留物，适用于树脂中残留溶剂检测。

表 3-5　8 种有机残留物的加标回收率

有机残留物名称	样品实测/(μg/ml)	添加水平/(μg/ml)	测定值/(μg/ml)	加标回收率/%
甲基异丙基甲酮	1.8	5	6.15	87
		20	22.8	105
3-戊酮	未检出	5	4.21	84.2
		20	19.16	95.8
丁酸甲酯	1.84	5	6.92	101.6
		20	21.35	97.6

续表

有机残留物名称	样品实测/(μg/ml)	添加水平/(μg/ml)	测定值/(μg/ml)	加标回收率/%
甲基丙烯酸甲酯	0.62	5	4.93	93.4
		20	21.25	103.2
1,2-二氯乙烷	2.24	5	6.36	82.4
		20	19.48	86.2
1,3-二乙基苯	未检出	5	4.37	87.4
		20	20.11	100.1
1,4-二乙基苯	2.67	5	8.13	109.2
		20	23.89	106.1
间二氯苯	2.26	5	6.93	93.4
		20	18.72	82.3

3.2.2　离子交换树脂中重金属的检测

离子交换树脂在生产、运输、保存过程中会带入重金属离子等有害物，在与食品接触时会造成产品污染，引起安全问题。结合相关研究报道及初步分析，确定镉、汞、铅、锰、镍、铜 6 种重金属元素及砷元素在树脂样品中比其他重金属元素含量多，且能够有代表性地反映树脂品质好坏，因此确定这 7 种元素作为检测研究对象。

1. 材料与试剂

硝酸（优级纯）购自国药集团化学试剂有限公司；Pb、Cd、Ni、Hg、Cu、Mn、As、In、Ge、Bi 单元素标准溶液（1000 μg/ml）购自国家标准物质中心；Amberlite FPA53、Amberlite XAD7HP、Amberlite XAD761 购自上海阿拉丁生化科技股份有限公司；Seplite LX-016、Seplite LX-762、Seplite LX-28、Seplite LX-1600、Seplite LX-T5、Seplite LX-69B、Seplite LSL-010、Seplite LX-T81 购自西安某材料公司。

2. 主要仪器设备

MARS 6 240/50 微波消解仪；Milli-Q Direct 8 超纯水系统；NexION 350D 电感耦合等离子体质谱仪（制造商：美国 PerkinElmer 公司）。

3. 试验方法

（1）微波消解条件

取树脂样品约 20 g，用 20 mmol/L PB 缓冲液（pH = 7.5）浸泡 20 min 后用 70 目砂芯漏斗抽干，装入洁净封口袋作为试样，密封，贴上相应标签，置于−18℃冰柜中保存。

准确称取 0.15 g 离子交换树脂样品置于酸洗净的高压消解罐中，加入 5 ml 浓硝酸，加内盖后在通风橱中预消解 8～12 h，然后加入 3 ml 超纯水，加盖置于夹持装置中，然后放入微波炉中进行微波消解。消解结束后，待温度降至低于 60℃时，取出消解罐。

将消解液准确转移至 50 ml 塑料容量瓶中，用少量超纯水洗涤消解罐和内盖 2～3 次，将洗液合并至容量瓶中，用超纯水定容至刻度。同时做空白实验，微波消解仪工作条件见表 3-6。

表 3-6　微波消解仪工作条件

消解步骤	功率/W	温度/℃	升温时间/min	保温时间/min
1	1600	130	10	5
2	1600	160	10	5
3	1600	200	10	20

（2）电感耦合等离子体质谱仪进样分析

建立分析程序，电感耦合等离子体质谱仪按照优化后的程序自动调谐，内标溶液与样品溶液同时进样，分析样品溶液中重金属含量，具体仪器参数设置见表 3-7。

表 3-7　电感耦合等离子体质谱仪工作条件

仪器参数	设定值	仪器参数	设定值
射频功率	1600 W	雾化器	同心雾化器
雾化器气体流量	1.5 L/min	采样锥/截取锥	镍锥
等离子体气体流量	20 L/min	采样深度	8～10 mm
辅助气流量	2 L/min	检测方式	自动
检测模式	碰撞气模式	重复次数	3 次

（3）线性关系考察

将待测元素的单元素标准溶液 1∶1 混合，使用 1%硝酸溶液逐级稀释，得到 As、Cd、Pd、Mn、Cu、Ni 的 0、0.05 ng/ml、0.1 ng/ml、0.5 ng/ml、1.0 ng/ml、5.0 ng/ml 标准系列溶液，Hg 的 0、0.2 ng/ml、0.5 ng/ml、1.0 ng/ml、2.0 ng/ml、5.0 ng/ml 标准系列溶液。将 In、Ge、Bi 三种元素的单元素标准溶液 1∶1 混合，使用 1%硝酸溶液逐级稀释至 20 ng/ml。在仪器最佳工作条件下，将配制好的混合标准系列溶液与混合内标溶液同时进样，测定待测元素和内标元素的信号响应值。以待测元素的浓度为横坐标，待测元素与所选内标元素信号响应值的比值为纵坐标，绘制标准曲线。

（4）精密度试验

在优化的试验条件下，将配制好的标准系列溶液依次进样，进行多元素分析测定，得到各元素线性方程和相关系数，对空白溶液连续测定 11 次，根据国际纯粹与应用化学联合会（International Union of Pure and Applied Chemistry，IUPAC）的方法计算检出限。选取 1 种离子交换树脂样品作为分析对象，向树脂样品 Amberlite XAD761 中添加低、中、高 3 个水平的混合标准溶液，每个加标水平进行 6 次平行样前处理，计算平均值和相对标准偏差。

4. 结果与讨论

（1）对 6 种重金属元素及砷元素的方法学试验

经测定，方法的相关系数均在 0.999 以上，检出限为 0.002～0.005 mg/kg（表 3-8），加标回收率为 82%～109%，相对标准偏差为 0.12%～4.52%（$n=6$）（表 3-9），结果表明，该方法加标回收率和相对标准偏差均符合《合格评定　化学分析方法确认和验证指南》（GB/T 27417—2017）附录中的要求，适用于离子交换树脂中重金属元素的检测。

表 3-8　6 种重金属元素及砷元素的线性方程、相关系数和检出限

元素	线性方程	相关系数	检出限/(mg/kg)
As	$y=0.0727x+0.002$	0.9999	0.003
Cd	$y=0.0219x+0.0008$	0.9999	0.002
Hg	$y=0.0109x+0.0155$	0.9995	0.005
Mn	$y=0.3958x+0.0825$	0.9999	0.003
Ni	$y=0.351x+0.0644$	0.9999	0.002
Pb	$y=0.1213x+0.0196$	0.9999	0.003
Cu	$y=0.93x+0.1512$	0.9999	0.003

表 3-9　6 种重金属元素及砷元素在离子交换树脂中的加标回收率（$n=6$）

元素	本底值/(mg/kg)	加标值/(mg/kg)	检测值/(mg/kg)	加标回收率/%	相对标准偏差/%
As	0	0	0	—	1.19
		0.5	0.41	82	2.49
		1.0	0.83	83	2.03
Cd	0.28	0	0.28	—	1.42
		0.5	0.70	84	1.64
		1.0	1.14	86	1.53
Ni	0.05	0	0.05	—	1.26
		0.5	0.58	107	2.80
		1.0	1.13	108	3.19
Mn	0.19	0	0.19	—	1.50
		0.5	0.73	108	1.97
		1.0	1.28	109	4.52
Pb	0.12	0	0.12	—	1.21
		0.5	0.65	106	1.46
		1.0	1.15	103	3.28
Hg	0.12	0	0.12	—	1.51
		0.5	0.64	104	2.36
		1.0	1.21	109	1.64
Cu	0.03	0	0.03	—	0.76
		0.5	0.52	98	0.12
		1.0	1.04	101	2.31

（2）对树脂样品的检测

采用建立方法将基体分别为交联丙烯酸、甲基丙烯酸酯、酚醛、苯乙烯 4 类共 11 种树脂样品进行重金属元素分析。由于离子交换树脂没有标准物质，为了有效避免因仪器不稳定产生的检测偏差，选用 Amberlite XAD761 作为参考样品与待测树脂样品共同进样分析，检测结果见表 3-10。不同种类离子交换树脂样品中重金属元素种类存在一定差异，含量也有所不同，少数样品中重金属元素含量较高。《食品工业用吸附树脂》（GB/T 24395—2009）中要求食品工业用吸附树脂的重金属（以 Pb 计，干基）质量分数小于等于 0.0015%，依据于此，可判断所检测的 11 种树脂样品均符合生产使用要求。

表 3-10　4 类离子交换树脂中重金属元素种类及含量

树脂类型	树脂型号	元素	元素含量（湿基）/(mg/kg)	元素含量（干基）/(mg/kg)
交联丙烯酸	Amberlite FPA53	Mn	0.23	0.52
		Cu	0.05	0.11
	Seplite LX-016	Ni	0.01	0.02
		Mn	0.15	0.21
		Cu	0.72	1.01
甲基丙烯酸酯	Seplite LX-762	As	0.01	0.02
		Ni	0.08	0.18
		Mn	0.12	0.27
		Cu	0.13	0.29
	Amberlite XAD7HP	As	0.01	0.02
		Mn	0.14	0.28
	Amberlite XAD761	Cd	0.28	0.75
		Mn	0.19	0.51
		Ni	0.05	0.13
		Pb	0.12	0.32
		Cu	0.03	0.08
		Hg	0.12	0.32
酚醛	Seplite LX-28	As	0.01	0.02
		Mn	0.24	0.56
	Seplite LX-1600	As	0.01	0.03
		Mn	0.84	2.41
		Cu	1.68	4.81
苯乙烯	Seplite LX-T5	Ni	0.05	0.06
		Mn	3.60	4.06
		Pb	0.19	0.21
		Cu	0.11	0.12
	Seplite LX-69B	As	0.01	0.01
		Ni	0.02	0.02
		Mn	4.32	4.37
		Pb	0.07	0.07
		Cu	0.64	0.65
	Seplite LSL-010	Cu	0.03	0.05
		Pb	0.22	0.40
		Mn	0.26	0.47
		Ni	0.04	0.07
	Seplite LX-T81	As	0.01	0.03
		Mn	0.35	0.99

3.3　离子交换树脂中危害物的迁移

3.3.1　离子交换树脂中有机碳化合物的迁移研究

1. 材料与试剂

Seplite LX-T5 型树脂和 Seplite LX-69B 型树脂购自西安某材料公司；微孔滤膜（混纤-水系，孔径 0.45 μm）购自国药集团化学试剂有限公司；二甲亚砜、甲基异丙基甲酮、1,2-二氯乙烷、1,3-二乙基苯、1,4-二乙基苯、间二氯苯标准品均为色谱纯，购自国药集团化学试剂有限公司；磷酸氢二钠、磷酸二氢钠、NaOH 和乙醇均为分析纯，购自国药集团化学试剂有限公司；甜叶菊购自国内某公司。

2. 主要仪器设备

HS-10 顶空自动进样器、GC-2010 气相色谱仪（日本岛津公司）、恒流泵、电子天平、循环水式多用真空泵、离子交换层析柱。

3. 实验方法

（1）检测条件

色谱柱：DB-23（30 m×0.32 mm×0.25 μm）毛细管柱；氢火焰离子化检测器温度：300℃；进样口温度为 240℃；柱温为程序升温：60℃维持 16 min，再以 20℃/min 的升温速率升至 200℃保持 2 min；载气为氦气，流速为 3 ml/min，分流比为 3∶1。

顶空进样条件：平衡温度为 80℃；平衡时间为 30 min；进样量为 750 μl。

（2）溶液的配制

混合标准储备液配制：分别称取 0.2 g 的甲基异丙基甲酮、1,3-二乙基苯、1,4-二乙基苯、1,2-二氯乙烷和间二氯苯，混合，用二甲亚砜定容至 100 ml，配制成 2 mg/ml 的标准储备液。混合标准工作液配制：用二甲亚砜将标准储备液稀释为 0.002 μg/ml、0.02 μg/ml、0.2 μg/ml、2 μg/ml、20 μg/ml、200 μg/ml 的标准溶液。磷酸缓冲液的配制：称取 0.72 g 磷酸氢二钠和 0.84 g 磷酸二氢钠置于 500 ml 的烧杯中，加入 300 ml 的蒸馏水，调节溶液的 pH 为 7。甜菊糖苷提取液：称取 6 g 的甜叶菊溶于 600 ml 蒸馏水，超声 20～30 min，抽滤 2 次，0.45 μm 的滤膜过滤。

（3）静态溶出实验

向装有 300 ml 磷酸缓冲液的烧杯中投加 10 g 树脂，将烧杯放置到温度为 25℃、45℃和 60℃，振速为 120 r/min 的振荡器中，在 0、0.5 h、1 h、2 h、3 h、4 h、7 h、10 h 时刻取样。

（4）动态溶出实验

首先让蒸馏水流经层析柱，将柱内的气泡全部赶出，然后将 Seplite LX-T5 型树脂装入层析柱（1.6 cm×15 cm）中，记录装入样品的高度。以 2 ml/min 的速度进磷酸缓冲液 20 min，再让甜菊糖苷提取液以 0.5 ml/min 的速度通过离子交换柱，在 0、0.5 h、

1 h、2 h、3 h、4 h、7 h、10 h、14 h、18 h 时刻取样。最后再以 2 ml/min 流速进磷酸缓冲液 10 min，摇匀取样。用 0.5 mol/ml 的 NaOH 以 2 ml/min 的速度洗脱 Seplite LX-T5 型树脂 30 min，收集洗脱液并摇匀取样。

再将 Seplite LX-69B 型树脂装入层析柱（1.6 cm×15 cm）中，记录装入样品的高度。以 2 ml/min 的速度进磷酸缓冲液 20 min，再让脱色后的甜菊糖苷提取液以 0.5 ml/min 的速度通过交换柱，在 0、0.5 h、1 h、2 h、3 h、4 h、7 h、10 h 时刻取样。Seplite LX-69B 型树脂的洗脱则是以 1 ml/min 流速进 70%乙醇溶液 30 min，收集洗脱液样品并摇匀取样。

图 3-4 为树脂动态溶出装置。该装置用恒流泵使水样连续通过树脂，使树脂的有机碳化合物在动态条件下溶出。

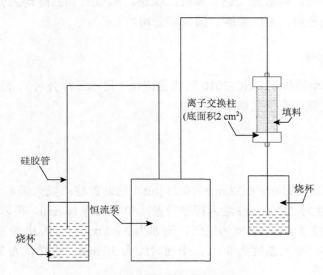

图 3-4　树脂动态溶出装置

4. 结果与讨论

（1）不同有机碳化合物在树脂上的静态溶出行为

顶空进样是气相色谱的一种进样方式，顶空进样具有分离效果好、不受样品中不易挥发物质的干扰等优点。顶空气相色谱法可检测到普通气相无法达到的最低检出限，适用于分析液体和固体中易挥发的物质。图 3-5 为 Seplite LX-T5 型树脂在 0、30 min、1 h、2 h、3 h、4 h、7 h、10 h 时刻溶出液的顶空气相色谱图。根据色谱图中的峰面积可计算出有机物的溶出浓度。

由图 3-6 可知 Seplite LX-T5 型树脂在静态 25℃条件下可测定的有机残留物有 1,3-二乙基苯、1,4-二乙基苯和间二氯苯。由图 3-6（a）可发现，随着时间的变化，1,3-二乙基苯的溶出浓度变化不大，在 2 h 时浓度为 0.55 μg/g，此时就已经基本达到了溶出平衡；1,4-二乙基苯在 0~4 h 内溶出表现较为平稳，2 h 时其浓度达到最大为 0.88 μg/g，在 4~10 h 溶出浓度有略微下降，说明此时杂质 1,4-二乙基苯溶出平衡，平衡浓度为 0.81 μg/g；在 0～1 h 期间二氯苯的浓度波动范围较小，2 h 时后，浓度基本达到平衡，为 1.14 μg/g。

由图 3-7（a）发现，Seplite LX-69B 型树脂在静态 25℃条件下可测定的有机残留物主要是 1,3-二乙基苯、1,4-二乙基苯和间二氯苯，且 Seplite LX-69B 型树脂中的 1,3-二乙基苯和 1,4-二乙基苯的溶出行为与 Seplite LX-T5 型树脂基本相似，都是随着时间的推移，有机残留物的溶出浓度变化较小。0.5 h 时 1,3-二乙基苯浓度达到平衡，平衡浓度为 0.55 μg/g；1,4-二乙基苯浓度在 0～7 h 期间波动较大，在 7 h 后溶出浓度平衡为 0.82 μg/g，说明树脂内部的 1,4-二乙基苯基本释放出来；间二氯苯的溶出趋势则是先随着时间的延长，其浓度不断增加，到 2 h 时浓度最大，为 1.14 μg/g，在 3 h 时达到溶出平衡。

图 3-6（b）和图 3-7（b）显示，树脂溶出的 1,3-二乙基苯、1,4-二乙基苯和间二氯苯两两之间存在巨大的差异（$p < 0.0001$）。这很可能与树脂的合成工艺、有机物的稳定性有关。

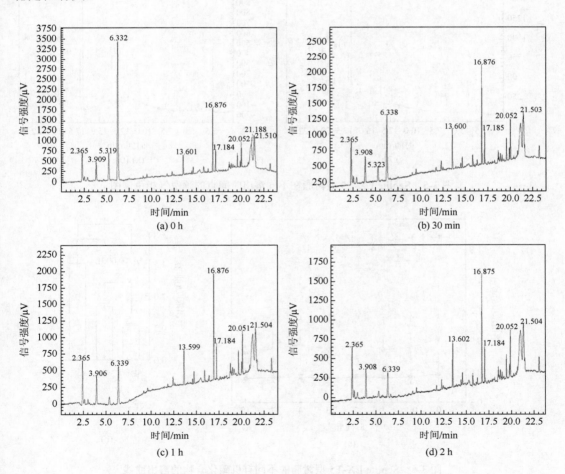

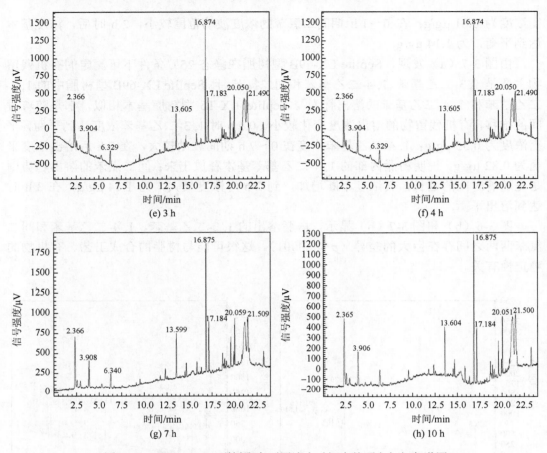

图 3-5 Seplite LX-T5 型树脂在不同溶出时间点的顶空气相色谱图

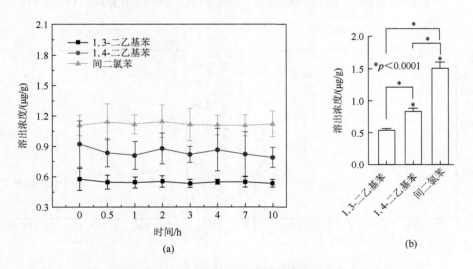

图 3-6 Seplite LX-T5 型树脂的不同有机碳化合物的溶出曲线

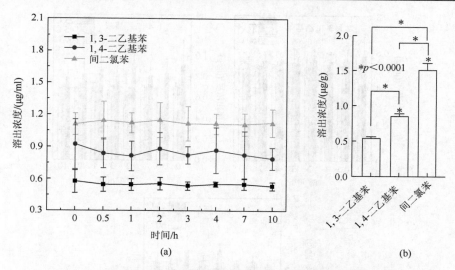

图 3-7　Seplite LX-69B 型树脂的不同有机碳化合物的溶出曲线

（2）温度对树脂有机碳化合物溶出的影响

在 120 r/min 的振荡条件下，分析 25℃、45℃和 60℃三个温度下的 2 种型号树脂溶出物溶出行为，结果如图 3-8 所示，25℃时树脂溶出的 1,3-二乙基苯、1,4-二乙基

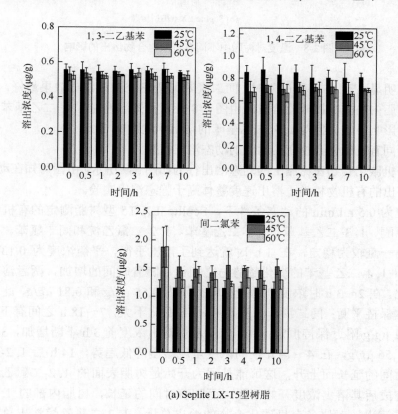

(a) Seplite LX-T5型树脂

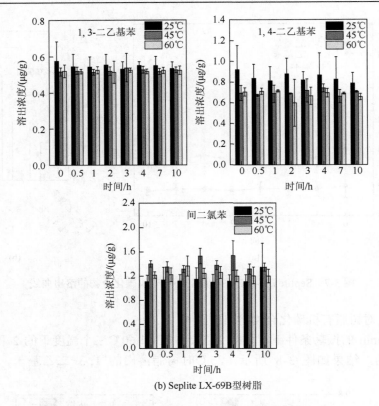

(b) Seplite LX-69B型树脂

图 3-8　温度对树脂中不同有机碳化合物溶出的影响

苯溶出浓度明显高于 45℃ 和 60℃ 时；间二氯苯则是在 45℃ 时溶出效果最好，说明温度升高有利于树脂内的间二氯苯的溶出。由图 3-8 还可得知温度对 1,4-二乙基苯和间二氯苯的溶出浓度影响显著，但对 1,3-二乙基苯的溶出浓度影响较小。

（3）不同有机碳化合物在树脂上的动态溶出行为

各种有机碳化合物在树脂上的动态溶出行为如图 3-9 所示，由图可知在动态条件下 2 种树脂的溶出的有机物种类，溶出速度整体高于静态溶出实验。

在流速为 0.5 ml/min 的动态条件下，Seplite LX-T5 型树脂测定的有机物主要有甲基异丙基甲酮、1,3-二乙基苯、1,4-二乙基苯、1,2-二氯乙烷和间二氯苯。甲基异丙基甲酮的溶出一直较为稳定，在 1 h 时就达到了溶出平衡，平衡浓度为 0.13 μg/g；1,3-二乙基苯和 1,4-二乙基苯的变化趋势与之相似，随着时间的增加，两者溶出浓度基本无明显变化，在 2~3 h 时浓度到达最高峰分别为 0.55 μg/g 和 0.81 μg/g，此后浓度虽有下降但基本保持平衡；间二氯苯浓度在 0~7 h 变化不大，7~18 h 之间有下降趋势，最后浓度 1.21 μg/g 附近保持恒定；1,2-二氯乙烷溶出浓度前 3 h 不断增加，3 h 时溶出浓度最高为 1.56 μg/g，在 4~14 h 期间浓度呈现缓慢降低趋势，14 h 后 1,2-二氯乙烷溶出浓度随时间的延长而上升，这可能是因为开始是树脂表面的 1,2-二氯乙烷溶出，表面的溶出完成后其溶出浓度开始下降，而随着时间的延长，树脂内部的 1,2-二氯乙烷则开始向外溶出。对比各有机碳化合物的溶出总量，1,2-二氯乙烷溶出总量最多，而甲基异丙基甲酮的溶出总量最少，这与它们的溶出行为相符。

　　Seplite LX-69B 型树脂在动态溶出实验中检出的有机物种类与 Seplite LX-T5 型树脂一样。但实验结果表明，某些有机碳化合物溶出行为有很大差异。甲基异丙基甲酮、1,3-二乙基苯和间二氯苯溶出浓度在 1 h 时就保持平衡；0.5～1 h 期间，1,4-二乙基苯和 1,2-二氯乙烷的浓度呈现下降趋势，可能由于其浓度较低，释放时间短，溶液与树脂没有充分接触。1,4-二乙基苯浓度在 2 h 时上升到 0.78 μg/g 溶出保持平衡；1,2-二氯乙烷在 1～4 h 之间溶出浓度持续增加，4 h 时溶出浓度最大为 1.72 μg/g，而在 4～10 h 之间呈下降趋势，说明 Seplite LX-69B 型树脂表面的 1,2-二氯乙烷溶出完成。对 Seplite LX-69B 型树脂有机碳化合物溶出总量进行测定发现：1,2-二氯乙烷溶出总量最多，而甲基异丙基甲酮的溶出总量最少，测定结果与 Seplite LX-T5 型树脂相似。

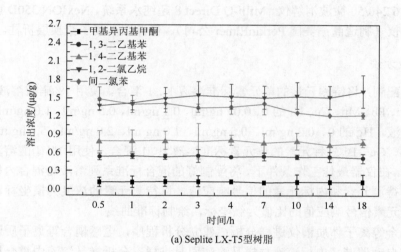

(a) Seplite LX-T5型树脂

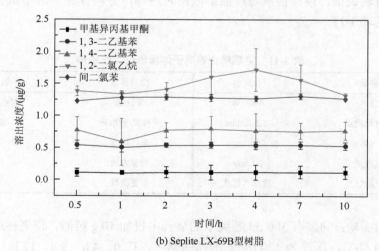

(b) Seplite LX-69B型树脂

图 3-9　有机碳化合物动态溶出曲线

3.3.2　离子交换树脂中重金属的迁移研究

1. 材料与试剂

硝酸（优级纯）购自国药集团化学试剂有限公司；Pb、Cd、Ni、Hg、Cu、Mn、As、In、Ge、Bi 单元素标准溶液（1000 μg/ml）购自国家标准物质中心；CM 阳离子交换树脂购自国内某公司；微孔滤膜（混纤-水系，孔径 0.45 μm）购自国药集团化学试剂有限公司。

2. 主要仪器设备

MARS 6 240/50 微波消解仪、Milli-Q Direct 8 超纯水系统、NexION 350D 电感耦合等离子体质谱仪（制造商：美国 PerkinElmer 公司）、恒流泵、离子交换层析柱。

3. 实验方法

溶液的配制：将待测元素的单元素标准溶液 1 : 1 混合，使用 1% 硝酸溶液逐级稀释，得到 As、Cd、Pb、Mn、Cu、Ni 的 0、0.05 ng/ml、0.1 ng/ml、0.5 ng/ml、1.0 ng/ml、5.0 ng/ml 标准系列溶液，Hg 的 0、0.2 ng/ml、0.5 ng/ml、1.0 ng/ml、2.0 ng/ml、5.0 ng/ml 标准系列溶液。将 In、Ge、Bi 三种元素的单元素标准溶液 1 : 1 混合，使用 1% 硝酸溶液逐级稀释至 20 ng/ml。在仪器最佳工作条件下，将配制好的混合标准系列溶液与混合内标溶液同时进样，测定待测元素和内标元素的信号响应值。以待测元素的浓度为横坐标，待测元素与所选内标元素信号响应值的比值为纵坐标，绘制标准曲线。

电感耦合等离子体质谱仪进样分析：建立分析程序，电感耦合等离子质谱仪按照优化后的程序自动调谐，内标溶液与样品溶液同时进样，分析样品溶液中重金属含量，具体仪器参数见表 3-11。

表 3-11　电感耦合等离子体质谱仪工作条件

仪器参数	设定值	仪器参数	设定值
射频功率	1600 W	雾化器	同心雾化器
雾化器气体流量	1.5 L/min	采样锥/截取锥	镍锥
等离子体气体流量	20 L/min	采样深度	8～10 mm
辅助气流量	2 L/min	检测方式	自动
检测模式	碰撞气模式	重复次数	3 次

静态溶出实验：向装有 300 ml 超纯水的烧杯中投加 10 g 树脂，将烧杯放置到温度为 25℃、45℃和 60℃，振速为 120 r/min 的振荡器中，在 0、4 h、8 h、12 h、16 h、20 h、24 h、28 h 时刻取样。

动态溶出实验：采用树脂动态溶出装置的恒流泵使水样连续通过树脂，使树脂的重金属在动态条件下溶出。先让超纯水流经层析柱，将柱内的气泡全部赶出，然后将 CM 树脂装入层析柱中（1.6 cm×15 cm），记录装入样品的高度。分别以 0.5 ml/min、1 ml/min、2 ml/min 的流速进超纯水，在 0、0.5 h、1 h、2 h、3 h、4 h、7 h、10 h、14 h、18 h、22 h 时刻取样。

4. 结果与讨论

（1）温度对树脂重金属元素溶出的影响

通过检测树脂本底值可知树脂中本身重金属含量不高，为了降低液体中的金属含量对试验产生干扰，迁移试验选择超纯水作为流动相来探究重金属元素溶出情况。

在 120 r/min 的振荡条件下，探究了 25℃、45℃和 60℃三个温度下的 CM 树脂重金属元素溶出行为，结果如图 3-10 所示。在静态情况下，CM 树脂重金属溶出元素为 As 和 Pb，溶出元素种类不受温度的影响。在 45℃和 60℃时，树脂的重金属最终溶出量高于 25℃，说明温度升高有利于重金属元素的溶出。25℃下，在 24 h 左右重金属元素达到溶出平衡，As 最终溶出浓度为 0.0014 μg/g，Pb 最终溶出浓度为 0.001 μg/g。45℃下，As 在 24 h 左右达到溶出平衡，溶出浓度为 0.0043 μg/g，Pb 在 16 h 达到溶出平衡，溶出浓度为 0.0015 μg/g。60℃下，重金属元素溶出曲线波动较大，可能是由于温度升高加快

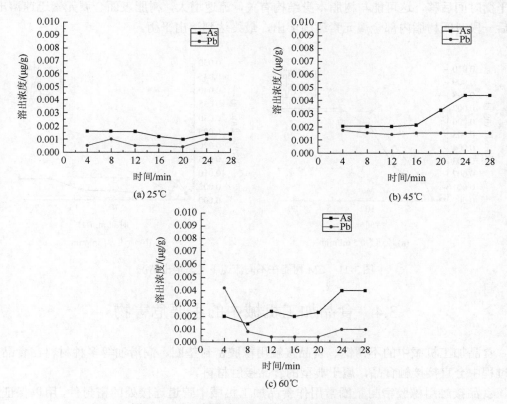

图 3-10　CM 树脂在不同温度下的静态溶出情况

了分子运动,最终在 24 h 左右达到溶出平衡,As 最终溶出浓度为 0.004 µg/g,Pb 最终溶出浓度为 0.001 µg/g。由上所述,温度与溶出平衡时间无必然联系,25℃下两种重金属离子溶出趋势平稳,最终达到平衡;45℃下 Pb 溶出较稳定,As 在 16 h 处开始明显上升,至 24 h 达到溶出平衡;60℃时两种重金属离子呈现先下降后上升或先上升后下降再上升的无规律趋势,可能是刚开始迅速溶出后部分重金属元素重新吸附在表面然后缓慢溶出造成的。比较 3 个静态溶出温度,45℃左右为适宜静态溶出温度。

（2）不同流速下树脂中重金属元素的动态溶出行为

在流速为 0.5 ml/min、1 ml/min 情况下探究流速对 CM 树脂中重金属元素动态溶出的影响,结果如图 3-11 所示,表明溶出重金属元素种类受到流速的影响,不同流速下溶出元素种类不同。与静态溶出不同,动态溶出曲线均呈现上升趋势,当流速为 0.5 ml/min 时,溶出元素为 Mn、As、Cu,均在 14 h 左右达到溶出平衡,最终溶出浓度分别为 0.007 µg/g、0.0068 µg/g、0.0025 µg/g;当流速为 1 ml/min 时,溶出元素为 Mn、As、Pb、Cu。Mn 在 18 h 左右达到溶出平衡,溶出浓度为 0.0079 µg/g;As 在 5 h 达到溶出平衡,溶出浓度为 0.009 µg/g;Pb 在 18 h 达到溶出平衡,溶出浓度为 0.0015 µg/g;Cu 的溶出表现受流速的影响较为明显,0～18 h 内呈持续大幅上升趋势且在 18 h 达到最高点,最大溶出浓度为 0.028 µg/g。由此可知,适当增加流速,会使得溶出重金属元素种类增多,浓度增大,溶出平衡时间后移,这可能与树脂本身结构有关,流速增大,树脂表面金属元素迅速溶出,之后一段时间树脂内部金属元素逐渐溶出,最终达到溶出平衡。

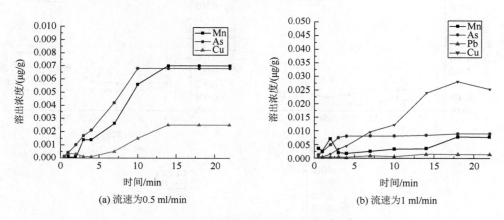

(a) 流速为0.5 ml/min　　　　　(b) 流速为1 ml/min

图 3-11　CM 树脂在不同流速下动态溶出情况

3.4　食品加工机械中的主要危害物

食品加工机械中的不锈钢、食品接触用橡胶密封垫圈、润滑油等多种材料在食品加工过程中会直接接触食品,属于典型的食品接触材料。

食品接触用橡胶密封垫圈常用作食品加工机械中管道连接处的密封件,用以保证食品加工机械系统的密封性。橡胶助剂是在橡胶加工时,加入橡胶原料中提高制品质量、改善橡胶加工性能并降低加工成本的各种化学品的总称。抗氧化剂是主要橡胶助剂之一，能够延缓橡胶老化，延长橡胶寿命；橡胶中的抗氧化剂易溶于含有油、脂肪、乙醇等的食物中，因此其在与食品的接触过程中可能迁移到油性、脂类或者酒精类食品中，对所包装的食品造成污染。荧光增白剂（fluorescent whitening agent，FWA）是一类脂溶性物质，能吸收紫外光，激发出可见的蓝紫色或蓝色荧光，从而提高橡胶制品的艳度和白度，在食品接触材料中被广泛应用；由于 FWA 普遍含有苯乙烯基结构和芳香胺基结构，具有潜在的致癌性，因此，世界各国对食品接触材料中荧光增白剂的含量均有明确限制[3-5]，如我国国家标准 GB 9685—2016 规定 FWA 184 和 FWA 393 的特定迁移限量分别为 0.6 mg/kg 和 0.05 mg/kg，欧盟指令 2002/72/EC 规定 FWA 184 的特定迁移限量为 0.6 mg/kg，美国联邦法规则规定 FWA 184 加入量不得超过 0.015%。脂肪族醛类化合物是橡胶生产过程中产生的一类危害物，醛类化合物能刺激人的眼睛和呼吸道，长期接触高浓度醛类化合物会对神经系统、免疫系统、肝脏器官等产生毒害；《食品安全国家标准　食品接触用橡胶材料及制品》（GB 4806.11—2016）中有规定基于聚丙烯和交联三元乙丙橡胶的热塑性硫化橡胶的基础聚合物的限量（以甲醛计）不得超过 15 mg/kg。在食品接触用橡胶密封垫圈与食品接触过程中，抗氧化剂、荧光增白剂等橡胶助剂，以及橡胶生产过程中产生的脂肪族醛类化合物等危害物有迁移到食品中的风险，不仅会对食品的品质产生影响，还可能危害人体健康。研究食品接触用橡胶密封垫圈中抗氧化剂、荧光增白剂、脂肪族醛类化合物的检测方法，分析其迁移行为和迁移影响因素，能完善食品接触用橡胶密封垫圈中抗氧化剂、荧光增白剂、脂肪族醛类化合物的检测分析技术，有利于对食品接触用橡胶密封垫圈中的这些危害物进行监管，保障橡胶制品产品质量和食品安全，为食品加工生产过程中的安全控制提供理论基础和方法依据。

食品加工机械中润滑油主要用于各零件配合部位的润滑，可能直接或间接与食品发生接触，属于偶然食品接触材料。食品接触用润滑油须使用食品级润滑油，要求其本身对人体健康无害，不会因为其产生食品安全问题。目前我国每年食品级润滑油进口量增加，但仍无法满足国内需求，因此市场上可能存在以普通工业用润滑油或者动植物油、凡士林等代替食品级润滑油的情况，而这些润滑油中也可能含有较高量的苯系物、多环芳烃、抗氧化剂等有毒有害物质，一旦发生泄漏，则会污染所生产的食品，从而引发食品安全事件。国外也发生多起因润滑油污染而导致的食品安全事故。根据美国国家卫生基金会《专有物质和非食品化合物注册指南》的要求，食品接触用润滑油不能含有有气味的挥发性物质[6-7]，而在生产食品级润滑油的过程中可能会产生苯、甲苯、乙苯等苯系物，如果这些物质超标，在食品级润滑油与所生产的食品饮料等发生偶尔接触时，将会导致食品污染从而产生严重后果。抗氧化剂是能阻止或延缓润滑油产品氧化变质、提高产品稳定性、延长储存期、避免产品变质甚至产生有害物质的添加剂。合成抗氧化剂[如常用的丁基羟基茴香醚（BHA）、2,6-二叔丁基-4-甲基苯酚（BHT）、特丁基对苯二酚（TBHQ）等]具有更好的抗氧化性能，但其有潜在的毒性甚至致癌作用，存在较高的食品安全风险。美国 FDA 颁布的 21CFR178.3570 的条款明确规定食品级润滑油中 2,6-二叔丁基-4-甲基苯酚（BHT）的限量为 10.0 mg/kg。我国国家认证认可监督管理委员会公布的《出口食品生产企业安全卫生要求》中规定出口食品生产企业应确保厂区、车间和实验室使用的润滑剂等有毒有害物品得到有效控制，避免对食品、食品接触表面和食品包装物料造成污染。由于食品加工及包装在整个产业链中占据极其重要的地位，食品级润滑剂的安全使用成为潜在影响食品安全的一个重要环节，因此，参照发达国家的做法，加强对我国食品级润滑剂的生产和使用的检验监管具有重要的现实意义。

食品加工机械金属管道内壁或食品包装容器内部一般采用内壁喷涂涂料的方式来防锈、防腐蚀，以隔绝管道或容器内壁与内容物发生电化学腐蚀及重金属迁移，起到保护食品安全、提高货架寿命的作用。然而在金属管道或容器与食品接触的过程中，内壁涂层中产生的苯系物等有害物质可能迁移到食品中，从而影响到人的身体健康。因此，需要明确涂层中的苯系物并且进行有效的较全面监测。20 世纪 90 年代前，我国包括苯系物在内的挥发性有机物检测分析技术基础比较薄弱，加上有机分析的复杂性，与发达国家分析技术相比，我国的分析技术和批量的检测能力还有很大差距，所建立的分析方法、检测组分都较少，缺乏相应的质量监控，没有形成系统、完善、科学的标准方法[8-9]。90 年代后期，随着经济高速增长和经济实力的增强，我国越来越重视包括苯系物在内的挥发性有机物检测分析技术，并从国外引进先进的检测分析设备，极大地提高了我国挥发性有机物检测分析水平。

不锈钢作为食品运输、储存、加工等设备的主要组成材料，在食品加工、包装领域中使用广泛，尤其在食品加工机械中。不锈钢材料中含有铬、镍、锰等合金元素及铅、镉、砷等杂质元素，在使用过程中会迁移到食品中造成食品重金属污染，当迁移量达到一定量时，就会对人体健康产生不利的影响。国家标准《食品机械安全要求》（GB 16798—2023）中对不锈钢材料性能要求"应易于加工、无毒性，无吸收性，耐腐蚀性强，不溶于食品溶液，不产生有损于产品风味的金属离子，对液体有良好的抗渗透性，表面能抛光处理，外表明亮、美观又易于清洗"。但当不锈钢产品暴露于腐蚀性食品或消毒液体环境中，施加不同加工工况条件如高温，会造成金属降解加速，导致有害金属离子大量迁移到食品中，造成食品安全隐患。食品中含有过量重金属元素有可能引起过敏反应和中毒反应，因此对不锈钢金属的质量控制与实际工况下的迁移行为探究具有必要性。

3.5　食品加工机械中危害物的检测

3.5.1　食品接触用橡胶密封垫圈中抗氧化剂的检测

目前，已建立的抗氧化剂检测方法主要有红外光谱法、紫外光谱法、高效液相色谱法、气相色谱-质谱法、气相色谱-串联质谱法、液相色谱-串联质谱法等，研究目标主要为食品和塑料包装材料，针对橡胶材料中抗氧化剂的检测方法较少。本节涉及的目标抗氧化剂有 9 种，光谱法不适合建立高通量的检测方法；同时由于抗氧化剂 565、抗氧化剂 259、抗氧化剂 1035、抗氧化剂 1098 和抗氧化剂 1520 的分子量大，沸点偏高，不适合采用气相色谱法进行检测。因此，本研究采用三重四极杆液质联用仪建立食品接触用橡胶密封垫圈中抗氧化剂的高通量检测方法，此法具有灵敏度高、检测速度快、检测效率高、定性定量分析准确等特点。

1. 材料与试剂

橡胶材料：橡胶阳性样品由无锡某橡胶制备公司加工。按照给定的抗氧化剂添加方案（9 种抗氧化剂，每种抗氧化剂添加量为 0.1%）制作；阴性样品购置于国内某密封技术开发有限公司。使用的主要试剂见表 3-12。

表 3-12　食品接触用橡胶密封垫圈中抗氧化剂检测主要试剂信息

试剂	CAS 号	分子量	来源	纯度
抗氧化剂 ZKF	4066-02-8	392.57	安耐吉化学	97%
抗氧化剂 259	35074-77-2	638.92	上海毕得	97%
抗氧化剂 1035	41484-35-9	642.38	安耐吉化学	96%
抗氧化剂 425	88-24-4	368.55	安耐吉化学	98%
抗氧化剂 2246	119-47-1	340.11	阿拉丁	99%
抗氧化剂 1520	110553-27-0	424.75	麦克林	97%
抗氧化剂 1098	23128-74-7	636.44	北京偶合	98%
抗氧化剂 300	96-69-5	358.09	阿拉丁	98%
抗氧化剂 565	991-84-4	588.95	阿拉丁	95%
甲醇	67-56-1	32.04	国药	≥99.8%
乙腈	75-05-8	41.06	江苏博美达	色谱纯
丙酮	67-64-1	58.08	国药	色谱纯

2. 主要仪器设备

使用的主要仪器设备信息见表 3-13。

表 3-13　食品接触用橡胶密封垫圈中抗氧化剂检测主要仪器设备信息

名称	型号	厂家
三重四极杆液质联用仪	TSQ quantum Ultra EMR	美国赛默飞世尔科技公司
超纯水仪	优柯浦 AFX-1002-U	渝钦实业（上海）有限公司
台式高速离心机	TG16-WS	上海卢湘仪离心机仪器有限公司
微波萃取仪	BILON-W-1000	上海比朗仪器制造有限公司
全自动冷冻研磨机	Cryomill	德国莱驰公司

3. 试验方法

色谱条件。色谱柱：Waters ACQUITY UPLC BEH C18 色谱柱（1.7 μm×100 mm×

2.1 mm）、Agilent C18 Eclipse plus（3.5 μm×100 mm×3.0 mm）色谱柱、SunFire C8（5 μm×250 mm×4.6 mm）色谱柱；柱温 45℃；流动相，A 相为乙腈，B 相为 5 mmol/L 的乙酸铵水溶液；流速 0.3 ml/min；检测波长 276 nm；进样量 5 μl；流动相的梯度洗脱条件见表 3-14。

表 3-14   流动相梯度洗脱条件

时间/min	流速/(ml/min)	A/%	B/%
0.000	0.3	20	80
2.000	0.3	20	80
4.000	0.3	90	10
4.500	0.3	99	1
11.500	0.3	99	1
12.000	0.3	20	80
15.000	0.3	20	80

质谱条件。离子源为电喷雾离子源；离子模式为正离子模式和负离子模式；选择反应扫描模式；毛细管温度为 350℃；辅助气加热温度为 50℃；9 种抗氧化剂的母离子 m/z、子离子 m/z、碰撞能量、离子模式和保留时间见表 3-15。

表 3-15   9 种抗氧化剂的母离子 m/z、子离子 m/z、碰撞能量、离子模式和保留时间

抗氧化剂	母离子 m/z	子离子 m/z	碰撞能量/V	离子模式	保留时间/min
抗氧化剂 ZKF	391.188	187.100，189.129	51，34	负离子模式	6.90
抗氧化剂 259	637.379	377.305，419.380	37，37	负离子模式	7.32
抗氧化剂 1035	641.337	381.273，423.277	26，25	负离子模式	6.91
抗氧化剂 425	367.176	162.121，177.149	44，31	负离子模式	6.65
抗氧化剂 2246	339.111	147.200，163.129	43，29	负离子模式	6.39
抗氧化剂 1520	423.206	33.616，145.140	52，24	负离子模式	8.60
抗氧化剂 1098	637.438	321.262，525.574	30，17	正离子模式	6.04
抗氧化剂 300	357.094	179.047，194.090	46，33	负离子模式	5.92
抗氧化剂 565	589.383	233.055，250.068 289.124，306.166	42，36 36，32	正离子模式	11.47

萃取液制备方法。使用去离子水冲洗橡胶样品 2～3 次，自然晾干。用剪刀将橡胶样品剪成长度不超过 15 mm 的小片。然后取适量样品于 50 ml 冷冻研磨罐中，放入研磨球，采用预先设定好的冷冻研磨程序对橡胶样品进行冷冻研磨。冷冻研磨程序中预冷时间为 2.5 min，研磨时间为 5 min。准确称取橡胶粉末 0.5 g（精确至 0.001 g）置于

玻璃瓶中，加入 10 ml 甲醇溶液，密封后在 50℃条件下微波萃取 15 min，收集萃取液于 25 ml 容量瓶中，用 5 ml 甲醇溶液两次淋洗橡胶粉末，将淋洗液合并至容量瓶中，最后用甲醇溶液定容，获得萃取液，于 4℃冰箱保存。取萃取液进行适当稀释，而后取适量萃取液于 2 ml 离心管中，以 16 000 r/min 高速离心 5 min，重复离心一次后，获取上清液上机检测。

4. 结果与讨论

（1）色谱柱的选择

分别考察了 Waters ACQUITY UPLC BEH C18（1.7 μm×100 mm×2.1 mm）、Agilent C18 Eclipse plus（3.5 μm×100 mm×3.0 mm）和 SunFire C8（5 μm×250 mm×4.6 mm）三种色谱柱对 9 种抗氧化剂的分离效果。结果表明，使用 SunFire C8 色谱柱时，抗氧化剂 259 和抗氧化剂 ZKF 保留时间较短且无法完全分离，这可能是由于 C8 色谱柱碳链短，对弱极性或非极性物质的保留特性较差；Agilent C18 Eclipse plus 和 Waters ACQUITY UPLC BEH C18 色谱柱的碳链更长，对弱极性或非极性物质的保留特性更好，实验发现采用前者进行分离时，部分抗氧化剂的色谱峰存在拖尾，而将色谱柱更换为 Waters ACQUITY UPLC BEH C18 后，采用不同通道分离得到的 9 种抗氧化剂的峰形对称美观，原因可能是 Waters ACQUITY UPLC BEH C18 色谱柱的粒径更小，柱效较高。因此选择 Waters ACQUITY UPLC BEH C18 色谱柱进行试验。9 种抗氧化剂的选择离子流图见图 3-12。

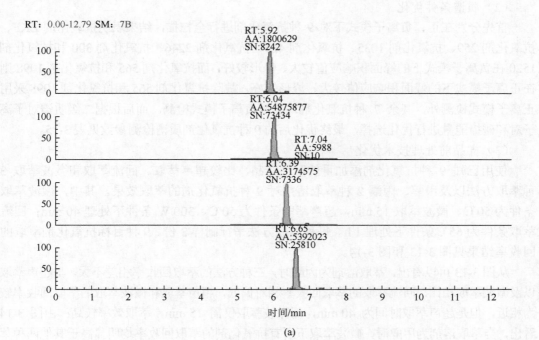

(a)

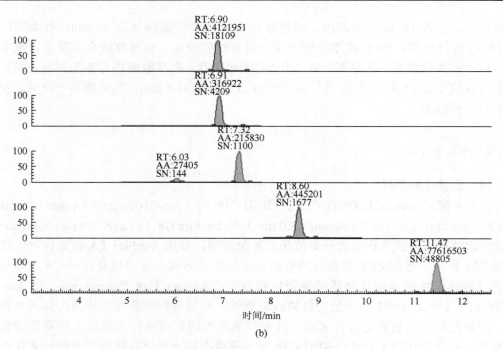

图 3-12　9 种抗氧化剂的选择离子流图

（a）出峰顺序从左至右：抗氧化剂 300、抗氧化剂 1098、抗氧化剂 2246、抗氧化剂 425；（b）出峰顺序从左至右：抗氧化剂 ZKF、抗氧化剂 1035、抗氧化剂 259、抗氧化剂 1520、抗氧化剂 565

（2）质谱条件优化

首先分别在正、负离子模式下对 9 种抗氧化剂进行全扫描，结果表明抗氧化剂 ZKF、抗氧化剂 259、抗氧化剂 1035、抗氧化剂 425、抗氧化剂 2246、抗氧化剂 300 和抗氧化剂 1520 在负离子模式下的峰面积响应值较大、峰形较好，而抗氧化剂 565 和抗氧化剂 1098 则在正离子模式下的峰面积响应值较大、峰形较好，故除抗氧化剂 565 和抗氧化剂 1098 采用正离子模式检测外，其余 7 种抗氧化剂均采用负离子模式检测。而后根据二级质谱对子离子对和碰撞能量进行优化选择，最终优化后的 9 种抗氧化剂质谱检测参数见表 3-15。

（3）样品前处理技术优化

使用已知 9 种抗氧化剂添加量的阳性样品，比较超声萃取、回流萃取和微波萃取 3 种萃取方法以及甲醇、丙酮 2 种萃取溶剂对 9 种抗氧化剂的萃取效果。其中，微波萃取条件为 50℃、微波萃取 15 min，超声萃取条件为 50℃、300 W 条件下处理 40 min；回流萃取条件为 65℃条件下处理 1 h。每种萃取方法平行制样 3 份。9 种目标抗氧化剂萃取的回收率结果见图 3-13 和图 3-14。

从图 3-13 可以看出，萃取溶剂为丙酮时，三种方法的萃取回收率相差不大。与超声萃取以及微波萃取相比，回流萃取的萃取回收率相对偏低，超声萃取和微波萃取的萃取回收率较为相近，但是超声萃取时间为 40 min，而微波萃取仅需 15 min，萃取效率较高；由图 3-14 看出，当萃取溶剂为甲醇时，微波萃取下所有抗氧化剂的萃取回收率均明显高于其他两种萃取方式。因此，综合考虑萃取回收率和萃取效率，本节选择微波萃取对样品进行前处理。

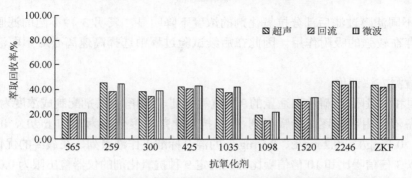

图 3-13　不同萃取方法下 9 种抗氧化剂的萃取回收率（溶剂为丙酮）

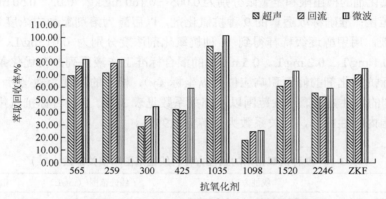

图 3-14　不同萃取方法下 9 种抗氧化剂的萃取回收率（溶剂为甲醇）

（4）萃取液前处理方法优化

研究表明微滤膜对部分有机物存在吸附效应，在萃取过滤过程中可能会降低分析物的浓度，从而影响检测方法的准确性[10]。本章采用疏水性尼龙滤膜（0.22 μm）过滤、亲水性 PTFE 滤膜（0.22 μm）过滤、疏水性 PVDF 滤膜（0.22 μm）过滤、高速离心 4 种方式处理浓度为 0.02 mg/L 的混合标准溶液后上机检测以确定合适的萃取液前处理方法。不同方法处理后 9 种抗氧化剂的检测浓度见图 3-15。从图中可以看出，与高速离心相比，

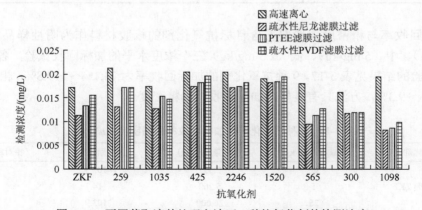

图 3-15　不同萃取液前处理方法下 9 种抗氧化剂的检测浓度

经过 3 种不同滤膜过滤后部分抗氧化剂的浓度下降明显，表明 3 种不同的滤膜均对目标抗氧化剂存在较强的吸附作用。因此在后续试验过程中选择高速离心对萃取液进行上机前处理。

（5）检测方法评价

检出限和定量限。准确称取适量的 9 种抗氧化剂，以甲醇为溶剂配制成浓度为 1000 mg/L 的标准储备液，用甲醇逐级稀释得到 9 种抗氧化剂浓度分别为 0.01 mg/L、0.02 mg/L、0.05 mg/L、0.1 mg/L、0.2 mg/L、0.5 mg/L 的混合标准工作液系列，在最终的优化条件下上机检测，以 3 倍信噪比和 10 倍信噪比分别确定 9 种抗氧化剂的仪器检出限为 0.0006 mg/L、仪器定量限为 0.002 mg/L；空白样品加标采用本试验确定的前处理方法处理后上机检测，确定了 9 种抗氧化剂的检出限和定量限分别为 0.005～0.160 mg/kg、0.02～0.50 mg/kg。

线性及范围。准确称取适量的 9 种抗氧化剂，以甲醇为溶剂配制成浓度为 1000 mg/L 的标准储备液，用甲醇逐级稀释得到 9 种抗氧化剂浓度分别为 0.01 mg/L、0.02 mg/L、0.05 mg/L、0.1 mg/L、0.2 mg/L、0.5 mg/L 的混合标准工作液系列，在优化条件下上机检测，以各目标抗氧化剂的峰面积响应值为纵坐标（y），相应的浓度为横坐标（x）作曲线，9 种抗氧化剂的线性方程、线性范围以及相关系数见表 3-16。9 种目标抗氧化剂在 0.01～0.5 mg/L 范围内线性良好，相关系数大于等于 0.9991。

表 3-16　9 种抗氧化剂的线性方程、线性范围和相关系数（R^2）

抗氧化剂	线性方程	线性范围/（mg/L）	相关系数（R^2）
抗氧化剂 ZKF	$y = 8.09529E6x + 31253.52897$	0.01～0.5	0.9999
抗氧化剂 259	$y = 577209.1222x + 1239.9954$	0.01～0.5	0.9998
抗氧化剂 1035	$y = 321109.93432x + 3474.84893$	0.01～0.5	0.9995
抗氧化剂 425	$y = 9.87632E6x + 9507.83345$	0.01～0.5	0.9998
抗氧化剂 2246	$y = 4.52425E6x - 55358.11424$	0.01～0.5	0.9991
抗氧化剂 1520	$y = 825448.44007x - 3545.58785$	0.01～0.5	0.9999
抗氧化剂 1098	$y = 6.6343E7x + 582277.40206$	0.01～0.5	0.9998
抗氧化剂 300	$y = 1.32013E6x - 12040.54093$	0.01～0.5	0.9992
抗氧化剂 565	$y = 1.41874E8x - 410836.40629$	0.01～0.5	0.9999

加标回收率与精密度。选取不含目标抗氧化剂的橡胶材料作为阴性样品，进行高（25 mg/kg）、中（5 mg/kg）、低（2.5 mg/kg）三个浓度水平的加标回收试验，各浓度下 6 次平行试验的结果见表 3-17。9 种抗氧化剂的加标回收率为 73.1%～119.8%，相对标准偏差为 0.7%～9.3%，方法具有良好的加标回收率和精密度。

表 3-17　9 种抗氧化剂的加标回收率和精密度（$n = 6$）

抗氧化剂	添加量/(mg/kg)	检出量/(mg/kg)	加标回收率/%	相对标准偏差/%
抗氧化剂 ZKF	2.5	2.557	102.3	4.4
	5	5.260	114.3	2.6
	25	26.000	103.9	3.6

抗氧化剂	添加量/(mg/kg)	检出量/(mg/kg)	加标回收率/%	相对标准偏差/%
抗氧化剂 259	2.5	2.340	93.7	9.3
	5	4.785	87.9	3.1
	25	21.750	87.0	5.6
抗氧化剂 1035	2.5	2.340	93.6	7.1
	5	5.855	103.8	4.7
	25	22.475	89.9	3.1
抗氧化剂 425	2.5	2.253	90.1	8.9
	5	5.455	79.1	5.6
	25	19.85	79.4	6.3
抗氧化剂 2246	2.5	2.205	88.2	3.2
	5	5.165	103.3	0.7
	25	29.95	119.8	2.0
抗氧化剂 1520	2.5	2.090	83.6	3.9
	5	5.115	77.6	2.5
	25	21.475	85.9	5.6
抗氧化剂 1098	2.5	2.158	86.3	7.3
	5	5.235	94.0	1.6
	25	23.875	95.5	4.0
抗氧化剂 300	2.5	2.240	89.6	5.4
	5	4.535	76.4	3.4
	25	25.525	102.1	2.7
抗氧化剂 565	2.5	1.828	73.1	9.1
	5	5.745	102.6	1.4
	25	20.575	82.3	5.6

（6）市售食品接触用橡胶密封垫圈中抗氧化剂的检测

采用本书确定的试验方法检测 8 种市售食品接触用橡胶密封垫圈样品,结果见表 3-18。市售样品中检测出了抗氧化剂 259、抗氧化剂 425、抗氧化剂 1520、抗氧化剂 300 及抗氧化剂 2246,其余抗氧化剂均未检出。其中,有 5 种样品中检出了抗氧化剂 1520,检出量为 1.000～631.0 mg/kg；8 种样品中检出了抗氧化剂 2246,检出量为 141.0～295.0 mg/kg；1 种样品中检出了抗氧化剂 259、抗氧化剂 300 和抗氧化剂 425,检出量分别为 0.7000 mg/kg、4.250 mg/kg 和 1.550 mg/kg。各种样品中抗氧化剂的残留量均符合 GB 9685—2016 附表 A.3 中对目标物的安全使用要求。

表 3-18　8 种市售食品接触用橡胶密封垫圈样品中抗氧化剂检测结果 （单位：mg/kg）

抗氧化剂	样品中抗氧化剂检出量							
	1 号	2 号	3 号	4 号	5 号	6 号	7 号	8 号
抗氧化剂 ZKF	ND	ND	ND	ND	ND	ND	ND	ND
抗氧化剂 259	0.7000	ND	ND	ND	ND	ND	ND	ND
抗氧化剂 1035	ND	ND	ND	ND	ND	ND	ND	ND

抗氧化剂	样品中抗氧化剂检出量							
	1 号	2 号	3 号	4 号	5 号	6 号	7 号	8 号
抗氧化剂 425	1.550	ND	ND	ND	ND	ND	ND	ND
抗氧化剂 2246	295.0	173.5	157.0	158.5	141.0	183.5	148.0	182.5
抗氧化剂 1520	ND	ND	ND	492.5	1.4	1.0	168.0	631.0
抗氧化剂 300	ND	ND	ND	ND	ND	4.250	ND	ND
抗氧化剂 1098	ND	ND	ND	ND	ND	ND	ND	ND
抗氧化剂 565	ND	ND	ND	ND	ND	ND	ND	ND

注：ND 代表未检出。

3.5.2　食品接触用橡胶密封垫圈中脂肪族醛类化合物的检测

目前，国内外醛类化合物的检测方法有吹扫捕集-气相色谱法[11]、吹扫捕集气质联用法[12]、顶空气相色谱法[13]、超高效液相色谱法[14]、分光光度法[15]，其中吹扫捕集-气相色谱法和吹扫捕集气质联用法要求上机液不能含有有机溶剂；因甲醛分子量较小，其在顶空气相色谱法出峰比较早且响应较低；分光光度法灵敏度较低，在大量醛类共存下可能干扰甲醛测定情况。本书采用柱前衍生高效液相色谱法同时测定食品接触用橡胶密封垫圈中 3 种醛类化合物。

1. 材料与试剂

甲醇：色谱纯，美国天地有限公司。水中甲醛标准品：浓度 10 mg/ml，CAS 号 50-00-0，中国计量科学研究院。水中乙醛标准品：浓度 1000 μg/ml，CAS 号 75-07-0，上海安谱科学仪器有限公司。水中丙烯醛标准品：浓度 1000 μg/ml，CAS 号 107-02-8，坛墨质检科技股份有限公司。2,4-二硝基苯肼（DNPH）：分析纯，纯度≥99.0%，国药集团化学试剂有限公司。磷酸：优级纯，纯度≥85.0%，天津市科密欧化学试剂有限公司。丁腈橡胶为 W404 型，三元乙丙橡胶为 W359 型，氟橡胶为 O 型，国内某材料公司。

2. 主要仪器设备

高效液相色谱仪：ACQUITY UPLC H-Class 型，配有 Waters EmpowerTM 3 数据处理系统，制造商为美国 Waters 公司；旋涡混合器：MS3 Digital 型，制造商为德国 IKA 公司；冷冻离心机：320R 型，制造商为德国 Hettich Universal 公司；milli-Q 超纯水机：milli-Q Direct 型，制造商为默克密理博公司。

3. 试验方法

（1）标准溶液配制

标准中间溶液：分别准确移取 50 μl 10 mg/ml 甲醛、500 μl 1000 μg/ml 乙醛、500 μl

1000 μg/ml 丙烯醛于 10 ml 容量瓶中，用水稀释并定容至刻度，得到质量浓度为 50 mg/L 的标准中间溶液，保存期限为 1 个月。

模拟物标准工作溶液：分别准确吸取上述标准中间溶液 0、10 μl、20 μl、40 μl、100 μl、200 μl、400 μl、1000 μl 于 10 ml 比色管中，用含有 10%乙醇和 0.6%磷酸的水溶液定容至 5 ml 刻度，再用 0.6 g/L 的 2,4-二硝基苯肼衍生化试剂定容至 10 ml 刻度，得到质量浓度分别为 0、0.05 mg/L、0.1 mg/L、0.2 mg/L、0.5 mg/L、1.0 mg/L、2.0 mg/L、5.0 mg/L 的标准工作溶液。按照 GB 31604.1—2015 要求，选择 4%乙酸、10%乙醇、20%乙醇、50%乙醇及橄榄油作为食品模拟物。食品模拟物的标准工作溶液同样采用上述方式进行配制，而橄榄油食品模拟物标准工作溶液直接使用 0.6%磷酸水溶液定容至 5 ml 刻度，再用 0.6 g/L 的 2,4-二硝基苯肼衍生化试剂溶液定容至 10 ml 刻度，将比色管放入振荡器于 60℃下衍生化反应 1 h，冷却至室温，经 0.22 μm 滤膜过滤后直接进样测定。

（2）样品前处理

样品提取：称取 1.0 g 食品接触用橡胶密封垫圈样品（精确至 0.001g）于 50 ml 具塞试管中，加入 10 ml 水，40℃振荡萃取 1 h，过滤，收集待测滤液。

衍生化反应：准确移取滤液 1 ml 于 10 ml 比色管中，用 0.6%磷酸水溶液定容至 5 ml 刻度，再用 0.6 g/L 的 2,4-二硝基苯肼衍生化试剂定容至 10 ml 刻度，放入振荡器进行衍生化反应（60℃，1 h），冷却至室温，0.22 μm 滤膜过滤，进样检测。

（3）迁移试验

按照《食品安全国家标准　食品接触材料及制品迁移试验预处理方法通则》（GB 5009.156—2016）执行，获得食品模拟物待测液。

（4）待测食品模拟液前处理

水性食品模拟液（10%乙醇，4%乙醇）和酒精类食品模拟液（20%乙醇、50%乙醇）：移取 1.0 ml 水性和酒精类食品模拟液试样于 10 ml 比色管中，进行衍生化反应。油脂类食品模拟液（橄榄油）：称取 10.0 g 橄榄油模拟物试样（精确至 0.01 g）于 50 ml 离心管中，加入 10 ml 去离子水，涡旋 3 min，4℃冷冻 30 min，冷冻离心（9000 r/min，4℃），上清液经 0.22 μm 滤膜过滤后收集待测滤液。准确移取 1.0 ml 滤液于 10 ml 比色管中，并进行衍生化反应。

（5）色谱条件

色谱柱为 Accucore RP-MS（3.0 mm×150 mm×2.6 μm）；柱温 30℃；流动相 A 为乙腈，流动相 B 为水；等度洗脱条件为流动相 A：流动相 B = 65：35；柱流量：0.5 ml/min；进样量 10 μl。采用三波段同时扫描，甲醛的检测波长 353 nm，乙醛的检测波长 364 nm，丙烯醛的检测波长 372 nm，采用二极管阵列检测器。

4. 结果与讨论

（1）流动相的选择

实验选择乙腈和水为流动相。通过调节乙腈与水的比例，寻找衍生化试剂与甲醛衍生物、乙醛衍生物和丙烯醛衍生物的最佳分离效果。结果表明，当流动相乙腈和水比例为 65∶35 时，三种目标衍生物与 2,4-二硝基苯肼衍生化试剂良好分离且灵敏度高（图 3-16）。因此，实验选择流动相乙腈∶水为 65∶35。

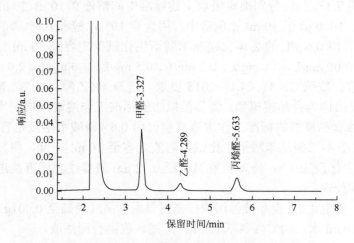

图 3-16　甲醛、乙醛和丙烯醛标样衍生物色谱图

（2）检测波长的选择

采用二极管阵列检测器 PDA 3D 对甲醛、乙醛和丙烯醛的 DNPH 衍生物进行全波长扫描分析，发现甲醛 DNPH 衍生物在 353 nm 和 364 nm 两个波长均有吸收，但强度有差异，其在 353 nm 的紫外吸收强度最大；乙醛 DNPH 衍生物的最大紫外吸收则为 364 nm 波长；丙烯醛 DNPH 衍生物的最大紫外吸收则为 372 nm 波长。为此本实验采集 352 nm、365 nm 和 372 nm 三个波长段同时扫描测定 3 种待测物，均能获得较佳的灵敏度。

（3）衍生化试剂浓度选择

采用不同浓度的衍生化试剂 2,4-二硝基苯肼与 0.6%磷酸水溶液按照 1∶1 的比例进行混合，考察衍生化试剂浓度对衍生效果的影响。结果如图 3-17～图 3-19 所示，当 2,4-二硝基苯肼浓度为 0.6 g/L 时，衍生效果为最佳。因此，选择 0.6 g/L 的 2,4-二硝基苯肼与 0.6%磷酸水溶液按照 1∶1 的比例混合作为实验的衍生液。

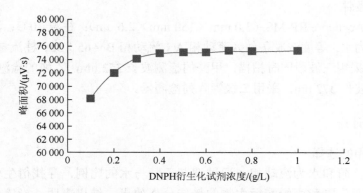

图 3-17　甲醛衍生物峰面积随衍生化试剂浓度的变化曲线

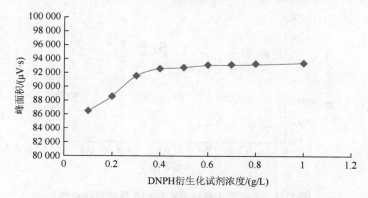

图 3-18 乙醛衍生物峰面积随衍生化试剂浓度的变化曲线

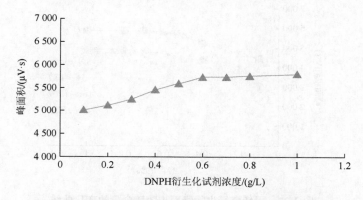

图 3-19 丙烯醛衍生物峰面积随衍生化试剂浓度的变化曲线

（4）酸度调节剂的选择

醛与 2,4-二硝基苯肼在酸性条件下反应生成苯腙，在特定波长里使用高效液相色谱进行定量分析。实验选取甲酸、乙酸、磷酸水溶液作为酸度调节剂试液，3 种无机酸水溶液的含量分别为 0.1%、0.2%、0.3%、0.4%、0.5%、0.6%、0.7%、0.8%、0.9%、1.0%。结果如图 3-20～图 3-22 所示，当 3 种酸的含量达到 0.2%时，甲醛和乙醛的衍生化反应转

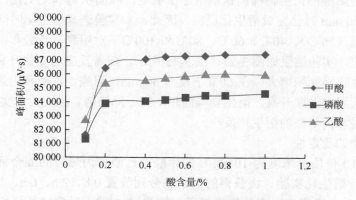

图 3-20 甲醛衍生物峰面积随酸含量的变化曲线

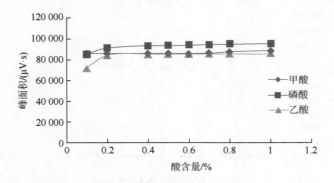

图 3-21　乙醛衍生物峰面积随酸含量的变化曲线

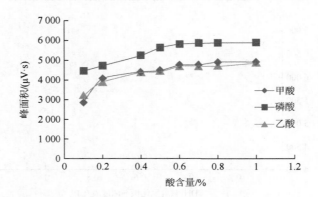

图 3-22　丙烯醛衍生物峰面积随酸含量的变化曲线

化率已达到最高,而丙烯醛只有在磷酸条件下衍生化反应转化率较好,且磷酸含量为 0.6%时,其衍生化反应转化率达到最高。故选择磷酸含量为 0.6%作为酸度调节剂。

（5）确定衍生化时间和温度

将甲醛、乙醛和丙烯醛标准溶液在相同条件下衍生化反应不同时间,实验结果表明,在相同条件下,衍生化反应 50 min 与 60 min 的峰面积标准相对偏差为 10%,60 min 以后,甲醛、乙醛和丙烯醛的衍生物峰面积增量趋于稳定,峰面积基本无变化,说明甲醛、乙醛和丙烯醛在 60 min 时已完成衍生化反应。因此,本实验选择衍生化时间为 60 min。

选择在室温（26℃）、40℃、60℃、80℃和 100℃下对甲醛、乙醛和丙烯醛的衍生物进行衍生化反应,实验结果如图 3-23~图 3-25 所示。随着反应温度的升高,甲醛、乙醛和丙烯醛的衍生物峰面积增大,在 60℃下反应 60 min,甲醛、乙醛和丙烯醛的衍生物峰面积达到最大,温度继续升高,衍生物峰面积略有下降趋势。因此,本实验选择 60℃下进行甲醛、乙醛和丙烯醛的衍生化反应。

（6）衍生物的稳定性

分别移取 10 份质量浓度为 10 mg/L 的甲醛、乙醛和丙烯醛的混合标准溶液,按上述实验方法进行衍生化实验。将获得的衍生物分别放置 0 h、2 h、6 h、12 h、1 d、2 d、3 d、5 d、7 d 后上机测定,实验结果显示,放置 2 d 的三种醛类衍生物响应值无明显

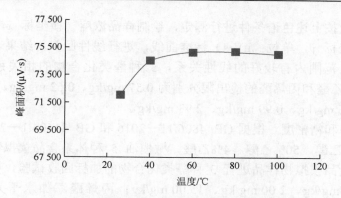

图 3-23　甲醛衍生物峰面积随温度的变化曲线

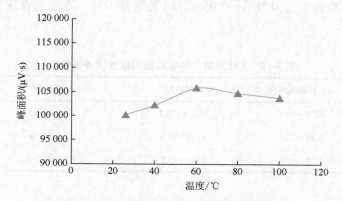

图 3-24　乙醛衍生物峰面积随温度的变化曲线

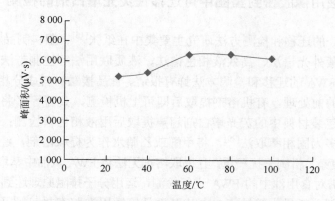

图 3-25　丙烯醛衍生物峰面积随温度的变化曲线

变化，但放置到第 3 天时，响应值迅速下降，尤其是丙烯醛的衍生物仅为最初测定值的 87.2%。因此，衍生物应尽可能在 2 d 内完成上机检测分析。

（7）检测方法评价

线性范围和灵敏度。在优化实验条件下，将浓度为 0.01 mg/L、0.02 mg/L、0.05 mg/L、0.1 mg/L、0.2 mg/L、0.5 mg/L、1.0 mg/L、2.0 mg/L、5.0 mg/L 的甲醛、乙醛和丙烯醛

的混合标准溶液按上述色谱条件进行测定，绘制样品浓度（横坐标 x，单位：mg/L）与峰面积（纵坐标 y，单位：μV·s）标准曲线，进行线性回归。结果表明，该方法在 0.01～5.0 mg/L 范围内有较好的线性关系，3 种醛类化合物的相关系数均大于等于 0.9983，甲醛、乙醛和丙烯醛的检出限分别为 0.57 mg/kg、0.62 mg/kg、1.68 mg/kg，定量限分别为 0.96 mg/kg、0.99 mg/kg、2.93 mg/kg。

加标回收率和精密度。根据 GB 4806.11—2016 和 GB 31604.1—2015 要求，建立 10%乙醇、20%乙醇、50%乙醇、4%乙酸、橄榄油 5 种体系食品模拟物，采用上述的前处理方法对食品模拟物样品进行 3 种醛类化合物的加标回收试验，甲醛和乙醛添加水平均为 1.00 mg/kg、2.00 mg/kg、15.00 mg/kg；丙烯醛添加水平为 3.00 mg/kg、6.00 mg/kg、15.00 mg/kg，按上述色谱条件进行测定。实验结果加标回收率在 81.0%～103.3%，相对标准偏差为 0.78%～7.05%。结果见表 3-19，方法的重现性好、精密度理想、准确性较高。

表 3-19　3 种醛类化合物的相对标准偏差等信息

化合物	相对标准偏差/%	加标回收率/%	线性方程	相关系数
甲醛	0.78～5.51	87.0～103.3	$y = 7.05E5x$	0.9992
乙醛	0.90～7.05	81.0～92.0	$y = 4.70E5x$	0.9983
丙烯醛	1.19～6.54	85.3～95.3	$y = 6.20E4x$	0.9997

3.5.3　食品接触用橡胶密封垫圈中可迁移性荧光增白剂的检测

目前对 FWA 的迁移和检测方法研究主要集中在纸张[16]、塑料制品[17]和化妆品[18]等基质中，主要有紫外光谱法、高效液相色谱法、液质联用法等检测方法，对橡胶制品及其食品模拟物中 FWA 的迁移和检测方法鲜有报道。食品接触材料成分相对单一，基质简单，不需要过多的前处理，有机溶剂提取后即可上机检测，黄蔷等[19]将乙腈水作为提取溶剂，塑料食品包装材料中的荧光增白剂超声提取后用液相色谱检测；化妆品基质检测的前处理方法大多为固相萃取法[20]，将甲醇或乙腈水作为提取溶剂，经固相萃取小柱净化；食用油基质复杂，机制干扰严重，且提取溶剂无法将 FWA 从油中萃取出来，张云等[21]采用凝胶渗透色谱对食用油中的 FWA 进行检测，运用分子排阻原理达到分离效果，但存在操作复杂、溶剂消耗量大等缺点。本节以食品接触用橡胶密封垫圈及国标 GB 31604.1—2015 中规定的 5 种食品模拟物为研究对象，将丙酮作为提取溶剂，C18 分散固相萃取净化，液相色谱-串联三重四极杆质谱作为检测手段，建立食品接触用橡胶密封垫圈和 5 种食品模拟物中 FWA 的检测方法。液相色谱-串联质谱法结合了色谱对复杂样品的高分离能力和质谱具有高选择性、高灵敏度的优点。因此，选取食品加工机械材料食品接触用橡胶密封垫圈为试验基质，以 FWA184、FWA185、FWA367、FWA135、FWA393 为研究对象，建立 5 种荧光增白剂的液相色谱-串联质谱检测方法。

1. 材料与试剂

FWA184 标准品（纯度≥99.9%）、FWA185 标准品（纯度≥99.6%）、FWA393 标准品（纯度≥96.6%）、FWA367 标准品（纯度≥98.3%）、FWA 135 标准品 4（纯度≥98.9）均采购于上海源叶生物科技有限公司；乙腈、丙酮、二氯甲烷（色谱纯，购自美国 TEDIA 公司）；甲酸（色谱纯）、冰乙酸（分析纯）、无水乙醇（优级纯）；橄榄油（化学纯）；超纯水（实验室超纯水机制备）；C18、PLS、Al-N、PSA、PH、GCB 6 种净化剂（购自迪马科技公司）；微孔滤膜（0.22 μm，有机系）。

标准储备液（1 mg/ml）：各称取 5 种荧光增白剂标准品 10 mg（精确至 0.01 mg），分别用丙酮溶解并定容至 10 ml，于 4℃避光保存。

混合标准中间液（1 μg/ml）：分别吸取适量体积上述标准储备液，用丙酮定容至 10 ml，得到混合标准中间液。

2. 主要仪器设备

UPLC 超高效液相色谱仪（制造商：Waters 公司）；API 4000Q 四极杆质谱仪（制造商：美国 ABI 公司），配有电喷雾离子源；Harvard II 针泵（制造商：美国 Varian 公司）；DMV-16 旋涡混匀器（制造商：广东科寅公司）；Centrifuge 5810 R 离心机（制造商：Eppendorf 公司）。

3. 试验方法

（1）色谱条件

色谱柱：资生堂 MGII C18（2.0 mm×150 mm×5 μm）；柱温 40℃。

流动相：A 相为 0.1%甲酸水溶液，B 相为乙腈。梯度洗脱程序为：0~1.0 min，A 相 90.0%，B 相 10.0%；1.0~3.0 min，A 相 60.0%，B 相 40.0%；3.0~11.0 min，A 相 10.0%，B 相 90.0%；11.0~12.0 min，A 相 10.0%，B 相 90.0%。12.0~14.0 min，A 相 90.0%，B 相 10.0%；流速 0.6 ml/min；进样体积 1 μl。

（2）质谱条件

电喷雾电离（electrospray ionization，ESI）；正离子扫描模式；离子源电压 5500 V；离子源温度 550℃；多反应监测（multiple reaction monitoring，MRM）模式；雾化气、气帘气、辅助气和碰撞气均为高纯氮气。5 种荧光增白剂标准品溶液通过针泵直接流动注射进样，一级质谱全扫描确定化合物母离子，对母离子碰撞后进行二级质谱扫描，得到子离子；优化条件后得到最佳的扫描参数，优化后的质谱条件见表 3-20。

表 3-20　MRM 模式下 5 种荧光增白剂的扫描参数

化合物	母离子 m/z	子离子 m/z	去簇电压/V	碰撞能量/V
FWA135	291.1	158.2*	115	39
		107.1		46
FWA185	319.2	226.1*	156	47
		287		43

化合物	母离子 *m/z*	子离子 *m/z*	去簇电压/V	碰撞能量/V
FWA367	363.1	270.2*	156	49
		244		54
FWA393	415.2	207.15*	120	52
		321.1		54
FWA184	431.2	415.2*	125	61
		399.2		53

注：*表示定量离子。

（3）目标物溶液制备

样品制备：取 5 种待测组分各 5 g 加入至 1 kg 三元乙丙橡胶中，经硫化后得到特制阳性样品（食品级）。

食品模拟物的选取：试验依据 GB 31604.1—2015 和 GB 5009.156—2016 要求，选取水、4%乙酸、50%乙醇以及橄榄油 4 种食品模拟物分别代表水性非酸性食品、水性酸性食品、酒精类食品和油脂类食品进行迁移试验。

目标物提取：水性食品模拟物和酒精类食品模拟物经迁移试验处理后可直接上机；油脂类食品模拟物基质复杂，对荧光增白剂附着度高，试验准确称取 1 g 橄榄油于玻璃离心管中，加入 10 ml 丙酮溶解，涡旋 3 min，取 1 ml 样液，加入 50 mg C18 粉末净化，涡旋离心后，取上清液过微孔滤膜，进 LC-MS/MS 检测。

4. 结果与讨论

（1）提取溶剂的选择

由于 FWA 极性小、易溶于油脂之中，与油深度结合，试验过程采用甲醇、甲醇水、乙腈等有机溶剂均无法将待测组分有效萃取出来，小极性溶剂如正己烷、乙酸乙酯与流动相不互溶，不适合作为提取溶剂，尝试采用丙酮、二氯甲烷作为提取溶剂，直接将橄榄油溶解后萃取，考察其提取效果，结果表明，二氯甲烷作为提取溶剂时对 FWA367、FWA393、FWA184 无回收，丙酮作为提取溶剂对 5 种 FWA 均有较好的提取效果。

（2）净化条件的选择

丙酮提取后的样液直接进 LC-MS/MS 检测后发现，FWA185、FWA184、FWA135 有极强的基质增强效应，考虑到丙酮作为提取溶剂不适合上反相吸附的固相萃取小柱净化，本试验采用分散固相萃取法，正相吸附提取溶剂中的基质干扰物，分别考察了 PLS、Al-N、PH、C18、PSA、GCB 六种净化剂的净化效果，结果表明，PLS、PSA 和 Al-N 对 FWA367 有吸附作用，导致加标回收率低于 60%，PH 无法清除 FWA184 的基质增强效应，加标回收率大于 150%，使用 GCB 净化时，FWA184 回收低，其余组分均无回收。C18 作为净化剂时，所有组分的加标回收率均能达到 80%～110%，所以本试验采用 C18 作为净化剂。不同净化方式在添加水平为 0.05 mg/kg 时的回收情况见图 3-26。

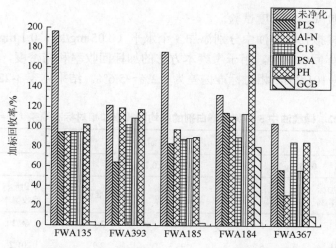

图 3-26　不同净化方式在添加水平为 0.1 mg/kg 时的加标回收率范围

（3）流动相选择

首先选取 3 种水相溶液（甲酸–水、乙酸铵–水、甲酸–乙酸铵–水）考察了流动相的不同水相部分对峰形、响应值等的影响，结果表明，流动相中含乙酸铵时会抑制 FWA393 的仪器响应，而甲酸的加入能够促进化合物离子化，响应值增高，所以本试验选用甲酸–水作为流动相的水相部分；流动相的有机相部分则分别考察了乙腈和甲醇两种有机溶剂，结果表明，有机相为乙腈时，洗脱效果更好，且体系压力更低，能够有效保护仪器和延长色谱柱使用寿命。所以本试验采用乙腈-0.1%甲酸水体系作为流动相。

（4）基质效应、线性关系及定量限

基质效应对检测结果的准确度和精密度存在重要影响[22]。采用相对响应值法（基质中待测组分响应/纯溶剂中待组分响应×100%）[23]考察 5 种 FWA 在橄榄油中的基质效应。对 3 组阴性橄榄油基质进行提取和净化，从而得到样品基质液，用所得样品基质液配制浓度为 50 ng/ml 的 5 种 FWA 混合标准品，分别以 3 组响应值结果的平均值与纯溶剂配制的浓度为 50 ng/ml 的 5 种 FWA 混合标准品进行比较来评价基质效应，结果表明，经过 C18 净化后，5 种 FWA 在橄榄油中的基质效应均在 80%～100%范围内，属于弱基质效应，可直接采用溶剂配制标准曲线进行定量。用混合标准溶液配制浓度为 10 ng/ml、20 ng/ml、50 ng/ml、80 ng/ml、100 ng/ml 的一系列标准溶液，在本方法试验条件下依次进样定量分析。结果表明，5 种 FWA 在 10～100 ng/ml 范围内有良好的线性关系，线性方程及相关系数见表 3-21。根据 10 倍信噪比计算定量限，本方法的定量限范围为 0.004～0.050 mg/kg。

表 3-21　5 种荧光增白剂的线性方程、相关系数和定量限

化合物名称	线性方程	相关系数	定量限/(mg/kg)
FWA367	$y = 1.78E4x$	0.9991	0.033
FWA393	$y = 8.23E3x$	0.9993	0.022
FWA185	$y = 9.29E3x$	0.9991	0.004
FWA184	$y = 5.83E4x$	0.9995	0.050
FWA135	$y = 1.36E4x$	1.0000	0.008

（5）加标回收率与精密度试验

向空白食品模拟物橄榄油中分别添加 3 个水平（0.05 mg/kg、0.1 mg/kg、0.5 mg/kg）的目标物进行加标回收试验，用于考察本方法的加标回收率和精密度，方法的平均加标回收率在 81.8%～101.2%，相对标准偏差为 1.2%～5.6%。结果见表 3-22。

表 3-22　橄榄油中 5 种荧光增白剂的平均回收率和相对标准偏差（ $n = 10$ ）

| 化合物 | 添加水平 | | | | | |
| | 0.05 mg/kg | | 0.1 mg/kg | | 0.5 mg/kg | |
	平均加标回收率/%	相对标准偏差/%	平均加标回收率/%	相对标准偏差/%	平均加标回收率/%	相对标准偏差/%
FWA367	85.1	5.6	84.1	2.1	88.2	4.1
FWA393	90.9	5.2	93.3	2.9	101.2	4.6
FWA185	91.3	2.8	92.1	3.7	85.1	3.6
FWA184	84.4	3.8	82.0	1.2	84.1	4.0
FWA135	83.4	5.1	81.8	1.6	83.5	3.0

（6）实际样品检测

应用本方法对市售 4 种材质（丁腈橡胶、硅橡胶、三元乙丙橡胶、氟橡胶）食品接触用橡胶密封垫圈样品进行分析测定，所选样品均标注食品级。采用橄榄油为浸泡液，70℃条件下，浸泡 24 h，所得食品模拟物按照 3.5.3 中试验方法部分的目标物提取过程处理，然后采用高效液相色谱-串联质谱法分析，结果为丁腈橡胶材质样品的橄榄油检出含有 FWA184，迁移量为 26.6 μg/L，换算为特定迁移限量为 0.19 mg/kg，未超过 GB 9685—2016 规定的 FWA184 特定迁移限量为 0.6 mg/kg 的要求，其余三种材质样品的橄榄油中均未检出这 5 种荧光增白剂。

3.5.4　食品级润滑油中苯系物的检测

目前应用于水质、环境空气、固体废物、涂料、食品、工艺品等领域中苯系物检测的方法有二硫化碳萃取-气相色谱法、固体吸附/热脱-气相色谱法、固相萃取/在线热解吸-气相色谱法、吹扫捕集-气相色谱质谱联用、顶空-固相微萃取-气相色谱法、顶空-固相微萃取-气相色谱-质谱联用法等，但这些方法存在样品前处理方法操作复杂、杂质干扰、检测精度欠佳、检测周期较长等缺点。有研究提供了一种气相色谱法与有机溶剂共液化捕集气体样品中的 VOC 的方法[24]，但是同样未避免须进行样品前处理的问题。气相色谱法通常用于检测气态污染物，但诸多气态污染物是多组分的，难以通过气相色谱法的检测[25]。目前适用于食品级润滑油中苯系物的高通量、痕量检测的研究较为匮乏。有研究采用顶空自动进样-气相色谱质谱联用的方法测定了食品级润滑油中苯、甲苯、氯苯、对二甲苯、邻二甲苯、α-甲基苯乙烯 6 种苯系物[26-27]，但由于食品级润滑油中苯系物含量一般较低，现有研究存在检出限较高、定量检测精确度不够，且未测定乙苯、间二甲苯、苯乙烯、1, 3, 5-三甲苯和 1, 2, 4-三甲苯等问题。因此，建立一种更加精确、快速测定食品级润滑油中多种苯系物含量的高通量检测方法，对于食品级润滑油质量监控具有重要意义。

1. 材料与试剂

苯、甲苯、乙苯、对二甲苯、间二甲苯、邻二甲苯、氯苯、1，3，5-三甲苯、1，2，4-三甲苯、苯乙烯的甲醇溶液（标准溶液，浓度为 1000 mg/L，购自坛墨质检科技股份有限公司和国家标准物质中心）；α-甲基苯乙烯（纯品，购自坛墨质检科技股份有限公司和国家标准物质中心）；甲醇（色谱纯，购自国药集团化学试剂有限公司）。

2. 主要仪器与设备

GCMS-QP2010 Ultra 气相色谱-质谱联用仪、HS-1 顶空自动进样器（制造商：日本岛津公司）。毛细管柱：VOCAL 柱（60 m×320 μm×1.8 μm）（美国 Supeko 公司）；DB-WAX-UI 柱（30 m×250 μm×0.5 μm）（美国 Agilent 公司）。

3. 试验方法

顶空条件。恒温时间 10 min、20 min、30 min、40 min、50 min；恒温炉温度 80℃、90℃、100℃、110℃；样品流路温度 110℃；传输线温度 120℃。

色谱条件。进样口温度 180℃；载气为氮气，1.0 ml/min 恒流；进样量 1 ml；进样模式为分流进样；分流比为 20∶1；线速度为 40.0 cm/s；隔垫吹扫流量 3.0 ml/min；

质谱条件。电子轰击（electron impact，EI）离子源，能量为 70 eV；溶剂延迟 3 min；离子源温度 230℃；接口温度 240℃；扫描方式为选择离子扫描。

4. 结果与讨论

1）检测条件优化

（1）气相色谱柱的选择

分别选择 VOCAL 柱（60 m×320 μm×1.8 μm）和 DB-WAX-UI 柱（30 m×250 μm×0.5 μm）进行实验。11 种苯类化合物分离结果显示，两个型号的色谱柱均能将 11 种苯类化合物明显分离，但采用 VOCAL 柱和 DB-WAX-UI 柱分离 11 种苯类化合物的平均分离度分别为 2.16 和 2.51，因此 DB-WAX-UI 柱分离效果更佳；此外，采用 VOCAL 柱时，分析时间为 23 min，GC 循环时间为 35～45 min；采用 DB-WAX-UI 柱时分析时间为 14 min，GC 循环时间为 20～30 min，因此 DB-WAX-UI 柱更高效。综合考虑分离效果和检测效率，选择 DB-WAX-UI 色谱柱进行实验。采用 DB-WAX-UI 色谱柱分离 11 种苯类化合物的选择离子流色谱图见图 3-27。

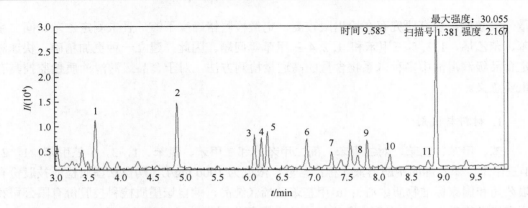

图 3-27　DB-WAX-UI 色谱柱分离 11 种苯系物的典型色谱图

1. 苯；2. 甲苯；3. 乙苯；4. 对二甲苯；5. 间二甲苯；6. 邻二甲苯；7. 苯乙烯；8. 氯苯；9. 1, 3, 5-三甲基苯；
10. 1, 2, 4 三甲基苯；11. α-甲基苯乙烯

（2）气相色谱升温程序的选择

综合考虑 11 种苯类化合物的沸点、化合物色谱峰分离效果以及样品溶剂影响等因素，选择 4 种不同的升温程序条件，按照实验方法对混合标准溶液进行测试。

不同升温程序条件下目标化合物的保留时间和分离度见表 3-23。可以看出，在条件 4 的升温程序下目标化合物的保留时间分布范围较广、分离度较高，表明各目标化合物分离效果较好。因此，选定条件 4 作为检测升温程序。

表 3-23　不同升温程序条件下的检测情况对比

升温程序	保留时间/min	分离度
1	3.506～8.514	2.12
2	3.592～8.693	2.38
3	3.528～8.591	2.26
4	3.624～8.769	2.51

（3）顶空平衡温度的选择

以 30 min 作为顶空平衡时间，分别选择 80℃、90℃、100℃、110℃作为顶空平衡温度，按照实验方法对混合标准溶液进行检测，以溶液顶空平衡温度作为横坐标，选择离子流色谱图中的峰面积作为纵坐标绘制曲线，11 种苯系化合物的峰面积见图 3-28。随着平衡温度增大，除苯以外的其余 10 种目标苯系物的峰面积均呈现先增大后减小的趋势，11 种苯系物的峰面积响应值均在平衡温度为 100℃时达到最大。因此，选定 100℃作为顶空前处理平衡温度。

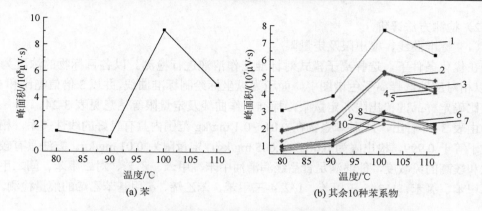

图 3-28　顶空平衡温度对 11 种苯系化合物峰面积影响（后附彩图）

1. 甲苯；2. 乙苯；3. 对二甲苯；4. 邻二甲苯；5. 间二甲苯；6. 苯乙烯；7. 氯苯；8. 1,3,5-三甲基苯；9. 1,2,4 三甲基苯；10. α-甲基苯乙烯

（4）顶空平衡时间的选择

顶空平衡时间取决于被测组分分子从样品基质扩散到气相的速度。如果时间太短，则平衡不充分，准确度和精密度差；如果时间太长，则气密性变差，导致样品损失。因此，以 100℃作为顶空平衡温度，分别选择 10 min、20 min、30 min、40 min、50 min 作为顶空平衡时间，按照实验方法对混合标准溶液进行检测，11 种苯系化合物的峰面积见图 3-29。可以看出，在不同顶空平衡时间的条件下，目标化合物中苯的峰面积响应值均较其余 10 种苯系物的大，11 种苯系物均在平衡时间为 30 min 时的峰面积响应值最大。顶空平衡时间从 10 min 增长到 30 min 时，11 种苯系物的峰面积响应值有不同程度的增大，从 30 min 之后，11 种苯系物的峰面积响应值有不同程度的减小。因此，选定 30 min 作为顶空前处理平衡时间。

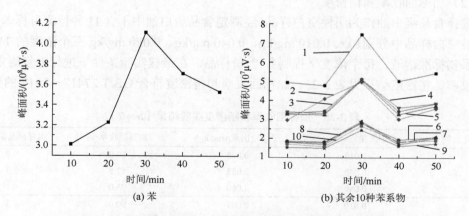

图 3-29　顶空平衡时间对 11 种苯系物峰面积影响（后附彩图）

1. 甲苯；2. 乙苯；3. 对二甲苯；4. 邻二甲苯；5. 间二甲苯；6. 苯乙烯；7. 氯苯；8. 1,3,5-三甲基苯；9. 1,2,4 三甲基苯；10. α-甲基苯乙烯

2）检测方法评价

（1）标准曲线、检出限及定量限

在优化条件下，选择离子模式对标准工作溶液进行检测。以各目标物的浓度为横坐标，以相对应地选择离子色谱图中峰面积为纵坐标绘制标准曲线，并以 3 倍信噪比和 10 倍信噪比确定样品的检出限和定量限，标准工作曲线及定量限等信息见表 3-24。

由表 3-24 看出，11 种苯系物在 0.01～0.1 mg/kg 范围内具有良好的线性关系，相关系数大于等于 0.999，检出限为 0.002～0.005 mg/kg，定量限为 0.01 mg/kg。方法具有较好的线性和较高的灵敏度，能够满足食品级润滑油中苯、甲苯、乙苯、对二甲苯、间二甲苯、邻二甲苯、氯苯、1, 3, 5-三甲苯、1, 2, 4-三甲苯、苯乙烯、α-甲基苯乙烯的痕量检测。

表 3-24　11 种苯系物的线性方程、线性范围、相关系数、检出限与定量限

化合物	线性方程	线性范围/(mg/kg)	相关系数	定量限/(mg/kg)	检出限/(mg/kg)
苯	$y = 1796404x + 1585.672$	0.01～0.1	0.9997	0.01	0.005
甲苯	$y = 1056885x + 6612.97$	0.01～0.1	0.9990	0.01	0.005
乙苯	$y = 607401.0x + 2140.63$	0.01～0.1	0.9997	0.01	0.004
对二甲苯	$y = 366205.1x + 1103.305$	0.01～0.1	0.9993	0.01	0.003
间二甲苯	$y = 406078.1x + 2635.578$	0.01～0.1	0.9995	0.01	0.002
邻二甲苯	$y = 445265.0x + 1886.978$	0.01～0.1	0.9992	0.01	0.005
苯乙烯	$y = 339626.6x + 1673.392$	0.01～0.1	0.9995	0.01	0.005
1, 3, 5-三甲苯	$y = 241722.5x + 620.897$	0.01～0.1	0.9990	0.01	0.004
1, 2, 4-三甲苯	$y = 229007.2x + 546.8661$	0.01～0.1	0.9999	0.01	0.004
α-甲基苯乙烯	$y = 130353.0x + 78.4674$	0.01～0.1	0.9997	0.01	0.005
氯苯	$y = 359287.6x + 333.9736$	0.01～0.1	0.9995	0.01	0.005

（2）加标回收率和精密度

选择食品级白油作为阴性空白样品，经测定食品级白油中不含 11 种待测目标苯系物。在阴性空白样品中分别加入 0.010 mg/kg、0.040 mg/kg、0.080 mg/kg 三个浓度的 11 种目标苯系物标准溶液，每个浓度平行制备 7 份样品，在最佳实验条件下进行重复测定。加标回收率、精密度结果见表 3-25。加标回收率和精密度符合 GB/T 27417—2017 的要求。

表 3-25　加标回收率和精密度实验结果（$n = 7$）

化合物	加入量/(mg/kg)	平均检出量/(mg/kg)	加标回收率/%	相对标准偏差/%
苯	0.010	0.008	80.0	9.9
	0.040	0.035	87.5	5.3
	0.080	0.060	75.0	4.1
甲苯	0.010	0.009	90.0	9.3
	0.040	0.034	85.0	4.6
	0.080	0.059	73.8	3.6
乙苯	0.010	0.008	80.0	7.6
	0.040	0.037	92.5	5.5
	0.080	0.065	81.3	5.3

续表

化合物	加入量/(mg/kg)	平均检出量/(mg/kg)	加标回收率/%	相对标准偏差/%
对二甲苯	0.010	0.009	90.0	6.2
	0.040	0.036	90.0	5.7
	0.080	0.069	86.3	5.6
间二甲苯	0.010	0.009	90.0	3.3
	0.040	0.035	87.5	7.3
	0.080	0.072	90.0	5.6
邻二甲苯	0.010	0.009	90.0	9.7
	0.040	0.035	87.5	3.9
	0.080	0.060	75.0	6.5
苯乙烯	0.010	0.008	80.0	8.7
	0.040	0.034	85.0	5.7
	0.080	0.059	73.8	3.8
1, 3, 5-三甲苯	0.010	0.008	80.0	7.6
	0.040	0.034	85.0	3.6
	0.080	0.062	77.5	4.9
1, 2, 4-三甲苯	0.010	0.009	90.0	6.5
	0.040	0.034	85.0	5.8
	0.080	0.061	76.3	7.5
α-甲基苯乙烯	0.010	0.010	100.0	9.8
	0.040	0.036	90.0	7.8
	0.080	0.063	78.8	4.4
氯苯	0.010	0.008	80.0	9.5
	0.040	0.036	90.0	5.1
	0.080	0.062	77.5	5.3

3）市售食品级润滑油中苯系物的检测

（1）定性分析

目标化合物的定性离子、定量离子以及保留时间见表 3-26。以样品中目标物的保留时间与标准样品比较来定性，样品中目标化合物的保留时间与标准系列溶液中的保留时间的差值应在±2.5%以内，相对离子丰度偏差不超过欧盟 2002/657/EC 中的规定，则可判断样品中存在相应的待测物。

表 3-26 11 种苯系物 CAS 号、选择离子和保留时间

序号	化合物	CAS 号	选择离子	保留时间/min
1	苯	71-43-2	78*, 77, 57	3.624
2	甲苯	108-88-3	91*, 92, 57	4.890
3	乙苯	100-41-4	91*, 106, 69	6.088
4	对二甲苯	106-42-3	91*, 106, 55	6.194
5	间二甲苯	108-38-3	91*, 106, 57	6.286

续表

序号	化合物	CAS 号	选择离子	保留时间/min
6	邻二甲苯	95-47-6	91*，55	6.892
7	氯苯	108-90-7	112*，77，73	7.280
8	1,3,5-三甲基苯	108-67-8	105*，120，45	7.679
9	苯乙烯	100-42-5	104*，78，103	7.828
10	1,2,4 三甲基苯	95-63-6	105*，57，55	8.181
11	α-甲基苯乙烯	98-83-9	118*，117，71	8.769

注：*为定量离子，其余为定性离子。

（2）定量分析

8 种市售食品级润滑油中苯系物含量检测结果见表 3-27。由表 3-27 可知，8 种被测的食品级润滑油中均未检出苯、氯苯、1,3,5-三甲苯和 α-甲基苯乙烯，其余 7 种苯系物均有不同程度的检出，其浓度范围为 0.010～2.240 mg/kg。甲苯、乙苯、对二甲苯、间二甲苯、邻二甲苯、苯乙烯、1,2,4-三甲苯的最高检出值分别为 2.240 mg/kg、0.036 mg/kg、0.017 mg/kg、0.048 mg/kg、0.026 mg/kg、0.018 mg/kg 和 0.042 mg/kg，说明食品级润滑油中普遍存在苯系物残留。

表 3-27　食品级润滑油中苯系物检测结果　　　　　　（单位：mg/kg）

化合物	样品中苯系物检出量							
	1	2	3	4	5	6	7	8
苯	ND	ND	ND	ND	ND	ND	ND	ND
甲苯	0.047	2.240	2.040	0.179	0.028	0.030	0.018	0.011
乙苯	0.019	0.011	ND	0.019	0.015	0.036	0.010	ND
对二甲苯	ND	0.014	0.017	0.016	ND	ND	0.013	ND
间二甲苯	0.028	0.035	0.026	0.048	0.014	0.035	0.033	0.015
邻二甲苯	0.026	0.016	ND	0.020	ND	0.020	0.018	ND
苯乙烯	ND	ND	ND	ND	ND	ND	ND	0.018
1,3,5-三甲苯	ND	ND	ND	ND	ND	ND	ND	ND
1,2,4-三甲苯	ND	0.042	0.037	ND	ND	ND	ND	ND
α-甲基苯乙烯	ND	ND	ND	ND	ND	ND	ND	ND
氯苯	ND	ND	ND	ND	ND	ND	ND	ND

注：ND 为未检出。

3.5.5　食品级润滑油中抗氧化剂的检测

目前抗氧化剂的检测方法主要有薄层色谱法、比色法、气相色谱法、气相质谱法、液相色谱法、液相质谱法等。其中薄层色谱法和比色法适用于简单的定性实验，其定量限难以满足日常监督工作。有研究采用凝胶渗透方式前处理，操作复杂，需消耗大量有机试剂[28]；也有选用甲醇提取后冷冻除脂等方法避免了层析烦琐的操作程序[29]。

1. 实验部分

顶空-固相微萃取条件。平衡时间 20 min；平衡/萃取温度 90℃；平衡时振荡器转速：250 r/min；萃取时间 40 min；解吸附时间 3 min；老化时间 10 min；老化温度 270℃。

气相色谱质谱条件。色谱柱为含 5%联苯基、95%的二甲基聚硅氧烷的毛细管柱（柱长 60 m，内径 0.25 mm，膜厚 0.25 μm）或相当者；柱温度程序：60℃保持 1 min，以 20℃/min升温至 200℃保持 3 min，再以 5℃/min 升温至 220℃保持 2 min；进样口温度 270℃；质谱接口温度 280℃；进样模式为分流模式，分流比为 100∶1；载气为氦气，流速 1 ml/min；电离方式为电子电离；电离能量 70 eV；扫描方式为选择离子扫描，特征选择离子参数见表 3-28。

表 3-28　4 种目标化合物特征选择离子参数

待测物名称	CAS 号	分子量	定性离子	定量离子
2,6-二叔丁基苯酚	128-39-2	206	191，206，57，131	191
对叔丁基苯酚	98-54-4	150	135，107，150，41	135
2,6-二叔丁基-4-甲基苯酚	128-37-0	220	205，220，57，145	205
2,4-二叔丁基苯酚	96-76-4	206	191，57，206，41	191

样品前处理技术。称取润滑油样品 1 g（精确至 0.01 g）用正己烷定容至 10 ml，于 22 ml 顶空瓶中加入 1 ml 超纯水，后添加 100 μl 上述正己烷溶液，用手轻微摇匀后密封。保持顶空瓶直立，上机分析，外标法定量。

2. 结果与讨论

（1）基于顶空-固相微萃取技术的 GC-MS 筛查

实验开始时使用甲苯、正己烷及二氯甲烷三种溶剂对 8 种润滑油进行了提取，并直接进样到气相质谱进行全扫描，但未发现有分析价值的目标物。后使用两种固相微萃取填料（聚芳酯和 PDMS/DVB/CAR）对 8 种润滑油分别进行了顶空-固相微萃取（平衡/萃取温度 120℃，平衡时间 30 min，萃取时间 30 min），用含 6%氰苯基、94%的二甲基聚硅氧烷的毛细管柱（柱长 30 m，内径 0.25 mm，膜厚 0.25 μm）分离获得产物，用 GC-MS 全扫描及 NIST 数据库对获得产物进行定性分析，发现部分润滑油含有 2,6-二叔丁基苯酚、对叔丁基苯酚、2,6-二叔丁基-4-甲基苯酚、2,4-二叔丁基苯酚等抗氧化剂（见图 3-30～图 3-33）。鉴于美国 FDA 颁布的 21CFR178.3570 的条款明确规定食品级润滑油中 2,6-二叔丁基-4-甲基苯酚（BHT）的限量为 10.0 mg/kg，故确定将该 4 种抗氧化剂列为检测目标物。

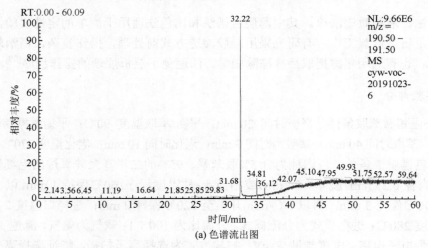

(a) 色谱流出图

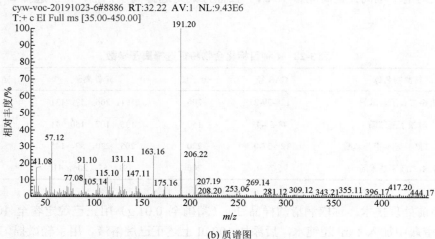

(b) 质谱图

图 3-30　2,6-二叔丁基苯酚（保留时间：32.22 min）

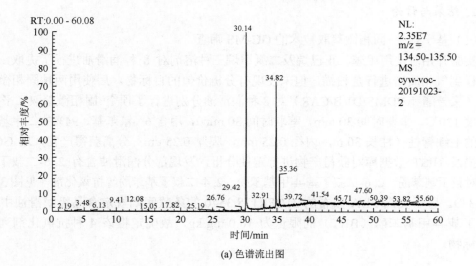

(a) 色谱流出图

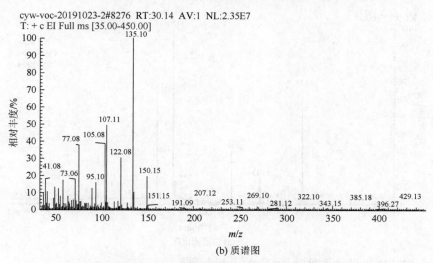

(b) 质谱图

图 3-31　对叔丁基苯酚（保留时间：30.14 min）

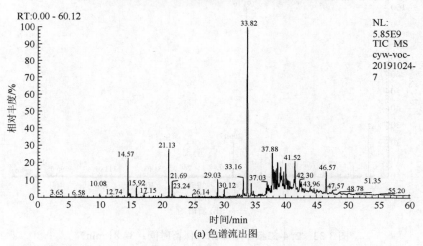

(a) 色谱流出图

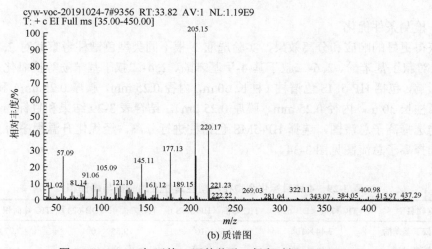

(b) 质谱图

图 3-32　2,6-二叔丁基-4-甲基苯酚（保留时间：33.82 min）

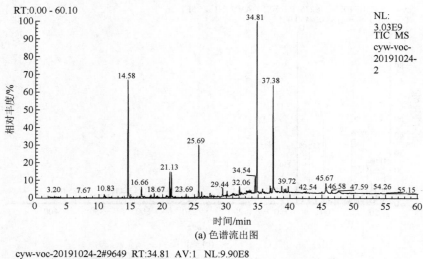

(a) 色谱流出图

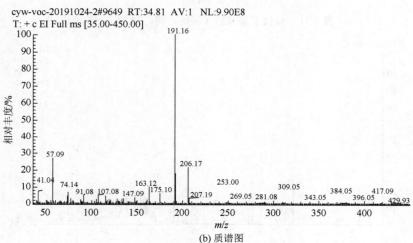

(b) 质谱图

图 3-33　2, 4-二叔丁基苯酚（保留时间：34.81 min）

（2）检测条件优化

为获得更好的响应和分离效果，实验选取 2 根不同类型色谱柱考察其对 2,6-二叔丁基苯酚、对叔丁基苯酚、2,6-二叔丁基-4-甲基苯酚、2,4-二叔丁基苯酚等抗氧化剂的分离及响应影响，包括 HP-5MS 色谱柱（柱长 60 m，内径 0.25 mm，膜厚 0.25 μm）和 DB-624 色谱柱（柱长 30 m，内径 0.25 mm，膜厚 0.25 μm）。结合表 3-29 结果和目标物在不同色谱柱上的选择离子总流图，选择 HP-5MS 色谱柱进行分离，经优化升温程序后 4 种抗氧化剂的选择离子总流图见图 3-34。

表 3-29　4 种目标化合物在不同色谱柱上的峰高与峰面积

待测物名称	TIC 峰高（DB-624）	TIC 峰高（HP-5MS）	TIC 峰面积（DB-624）	TIC 峰面积（HP-5MS）
2,6-二叔丁基苯酚	7.44×10^6	2.59×10^8	9.55×10^6	7.77×10^8
对叔丁基苯酚	4.19×10^6	1.53×10^8	1.38×10^6	4.97×10^8

续表

待测物名称	TIC 峰高（DB-624）	TIC 峰高（HP-5MS）	TIC 峰面积（DB-624）	TIC 峰面积（HP-5MS）
2,6-二叔丁基-4-甲基苯酚	8.96×10^{7}	1.80×10^{8}	1.62×10^{8}	3.65×10^{8}
2,4-二叔丁基苯酚	2.27×10^{6}	6.28×10^{5}	1.01×10^{6}	2.46×10^{5}

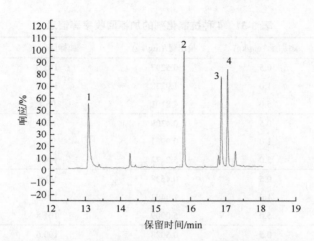

图 3-34　优化升温程序后 4 种抗氧化剂在 HP-5MS 色谱柱上流出的选择离子总流图

1. 对叔丁基苯酚（保留时间：13.210 min）；2. 2,6-二叔丁基苯酚（保留时间：15.973 min）；3. 2,4-二叔丁基苯酚（保留时间：16.911 min）；4. 2,6-二叔丁基-4-甲基苯酚（保留时间：17.223 min）

（3）检测方法评价

线性关系及检出限。实验结果表明，4 种抗氧化剂均存在良好线性关系，线性方程及相关系数见表 3-30。美国 FDA 颁布的 21CFR178.3570 的条款明确规定食品级润滑油中 2,6-二叔丁基-4-甲基苯酚（BHT）的限量为 10.0 mg/kg，由此计算可知，检出限至少应小于 10 μg/g，但后期通过实验可推测，SPME 萃取头对 4 种抗氧化剂的吸附饱和度为 5 μg 左右，故将检出限定为 0.5 mg/kg，方法在 0.5～5.0 mg/kg 的浓度范围内呈线性。

表 3-30　4 种抗氧化剂的线性方程、线性范围和相关系数

抗氧化剂	线性方程	线性范围/(μg/g)	相关系数
对叔丁基苯酚	$y = 889874 + 1.12221 \times 10^{6}x$	0.5～5.0	0.9993
	$y = -1.13871 \times 10^{7} + 1.12221 \times 10^{7}x$	1～10	0.9968
2,6-二叔丁基苯酚	$y = 196259 + 899115x$	0.5～5.0	0.9982
	$y = -1.66629 \times 10^{7} + 2.95415 \times 10^{7}x$	1～10	0.9984
2,6-二叔丁基-4-甲基苯酚	$y = 475903 + 654093x$	0.5～5.0	0.9985
	$y = -2.08125 \times 10^{7} + 3.04728 \times 10^{7}x$	1～10	0.9994
2,4-二叔丁基苯酚	$y = 1.04038 \times 10^{6} + 876161x$	0.5～5.0	0.9989
	$y = -1.21855 \times 10^{7} + 1.84116 \times 10^{7}x$	1～10	0.9985

加标回收率与精密度。试验根据采用润滑油阴性样品标准添加法进行回收率与精密度试验。在 1.0 g（精确至 0.01 g）阴性样品中进行 3 个水平、6 个平行的加标回收试验，测定后得到 4 种抗氧化剂的加标回收率和相对标准偏差，具体数据见表 3-31。在 3 个添加水平下，上述润滑油阴性样品标准添加后 4 种抗氧化剂加标回收率范围在 86.2%～105.9%，相对标准偏差在 2.3%～6.2%，满足 GB/T 27417—2017 的要求。

表 3-31　4 种抗氧化剂的加标回收率等信息

抗氧化剂	添加量/(mg/kg)	检出量/(mg/kg)	加标回收率/%	相对标准偏差/%
2,6-二叔丁基苯酚	0.5	0.5297	105.9	3.0
	1.0	1.0238	102.4	2.4
	5.0	4.8101	96.2	4.4
对叔丁基苯酚	0.5	0.4309	86.2	6.2
	1.0	0.9971	99.7	5.1
	5.0	5.2472	104.9	4.7
2,6-二叔丁基对甲基苯酚	0.5	0.4538	90.8	4.9
	1.0	1.0483	104.8	3.1
	5.0	5.0909	101.8	2.3
2,4-二叔丁基苯酚	0.5	0.5028	100.6	5.7
	1.0	1.0010	100.1	3.7
	5.0	4.8854	97.7	5.1

3.5.6　食品接触涂层中可迁移苯系物的检测

涂层中苯系物检测分析技术主要包括样品的采集、保存、前处理及检测等。样品前处理技术主要包括样品提取和净化技术。检测分析技术主要包括气相色谱法、质谱法、气相色谱-质谱法等。色谱法主要用于有机物的分离、定量。质谱法主要用于分析有机物的结构信息以及有机物的定量定性。

1. 材料与试剂

甲醇（购自 ThermoFisher 公司）；氮气（纯度 99.999%，购自海南某气体有限公司）；苯乙烯、苯、甲苯、乙苯、邻二甲苯、间二甲苯、对二甲苯（浓度均为 1000 μg/ml，购自坛墨质检科技股份有限公司）。

标准储备液：各准确吸取 100 μl 浓度为 1000 μg/ml 的 6 种苯系物（苯、甲苯、乙苯、邻二甲苯、间二甲苯、对二甲苯）和 100 μl 浓度为 1000 μg/ml 的苯乙烯于 10 ml 容量瓶中，加入甲醇定容至刻线，得到浓度为 20.0 μg/ml 的 7 种苯系物储备液；此储备液可保存 1 周。

标准工作曲线：准确吸取 20.0 μg/ml 的 7 种苯系物 20 μl、40 μl、100 μl、200 μl、400 μl 于 2 ml 容量瓶中，加入甲醇定容至 2 ml，得到浓度为 0.2 μg/ml、0.4 μg/ml、1.0 μg/ml、2.0 μg/ml、4.0 μg/ml 的 7 种苯系物标准工作曲线。

2. 主要仪器与设备

气相色谱/质谱仪，配有 Agilent Masshunter 数据处理系统（制造商：美国 Agilent 公司）；移液枪（购自美国 Thermo-Electron 公司）。

3. 试验方法

（1）样品前处理

按照 GB 31604.1—2015 和 GB 5009.156—2016 的要求，采用面积法，用 6 dm² 橡胶密封圈接触 1 kg 模拟液，模拟液密度按 1 kg/L 计。剪裁 2 cm×3 cm 特制试样 10 片置于玻璃管中，加入 100 ml 50%乙醇食品模拟物，使试样完全浸没于食品模拟物中，常温浸泡 48 h，同一样品重复进行三次迁移试验，每次所得迁移液待检测。准确吸取 1 ml 经过迁移试验得到的 50%乙醇食品模拟物于进样瓶中待测。

（2）气相色谱质谱条件

色谱柱。含 6%腈丙苯基、94%二甲基聚硅氧烷的毛细管柱（柱长 60 m，内径 0.25 mm，膜厚 0.25 μm）或相当者；柱温度程序：40℃保持 2 min，以 8℃/min 升温至 90℃保持 4 min，再以 6℃/min 升温至 200℃保持 15 min；进样口温度 250℃；质谱接口温度 230℃；进样模式：分流模式，分流比 2∶1；载气氦气流速 1 ml/min；电离方式为电子电离；电离能量 70 eV；扫描方式选择离子扫描，特征选择离子参数见表 3-32。

表 3-32　7 种目标化合物特征选择离子参数

待测物名称	CAS 号	分子量	定性特征离子	定量离子
苯	71-43-2	78	78*，77，57	78
甲苯	108-88-3	92	91*，92，57	91
乙苯	100-41-4	106	91*，106，69	91
对二甲苯	106-42-3	106	91*，106，55	91
间二甲苯	95-47-6	106	91*，106，57	91
邻二甲苯	108-38-3	106	91*，55	91
苯乙烯	100-42-5	104	104*，78，103	104

注：*表示定量离子。

4. 结果与讨论

1）色谱柱的选择

为获得更好的响应和分离效果，实验选取 2 根不同类型色谱柱考察其对 7 种苯系物的分离及响应影响，包括 HP-5MS 色谱柱（柱长 60 m，内径 0.25 mm，膜厚 0.25 μm）和 DB-624 色谱柱（柱长 60 m，内径 0.25 mm，膜厚 0.25 μm）。分别进样浓度为 20 μg/ml 的 7 种苯系物混合标准溶液，经试验得出，在 DB-624 色谱柱上 7 种目标物响应较高且峰形尖锐，保留较好，间二甲苯和对二甲苯虽无法分离，但在 GB 9685—2016 中，间二甲苯、对二甲苯及邻二甲苯以二甲苯总和的形式判定，因此不影响判定，而苯乙烯和邻二甲苯的定量与定性离子均不一样，因此在质谱图上可以实现完全分离。在 HP-5MS 色谱柱上，苯和甲苯并没有保留，出峰时间靠前，与溶剂延迟时间冲突，为保护仪器，本研究选择 DB-624 色谱柱进行分离，经优化升温程序后 7 种苯系物的选择离子总流图见图 3-35。

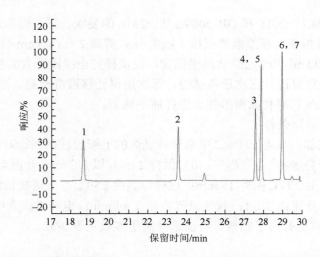

图 3-35　7 种苯系物在 DB-624 色谱柱上流出的选择离子总流图

1. 苯（保留时间：18.651 min）；2. 甲苯（保留时间：23.588 min）；3. 乙苯（保留时间：27.589 min）；4、5，间二甲苯、对二甲苯（保留时间：27.891 min）；6、7，邻二甲苯（保留时间：28.982 min）和苯乙烯（保留时间：28.982 min）

2）特定迁移限量试验设计及结果分析

根据 GB 31604.1—2015 和 GB 5009.156—2016，选择 10%乙醇、4%乙酸、50%乙醇、橄榄油作为食品模拟物分别模拟在水性非酸性、水性酸性、酒精类和油脂类食品中的迁移情况。考虑到苯系物的沸点较低易挥发，且环氧树脂类涂层多用于储存，因此迁移温度设为常温，考察 3 个品牌环氧树脂类涂层中苯系物的特定迁移。

（1）最优模拟液的选择

对于水性和酒精类食品模拟物，取 1 ml 模拟液直接上机；得到迁移结果见表 3-33（水性食品模拟物中均未检出目标物，其结果未在表中显示）。

表 3-33　特定迁移试验迁移结果（50%乙醇）

实验编号	乙苯特定迁移量/(mg/kg)	二甲苯特定迁移量/(mg/kg)
D1-2 h	未检出	0.38
D1-6 h	未检出	0.62
D1-24 h	未检出	1.22
D2-2 h	未检出	0.36

实验编号	乙苯特定迁移量/(mg/kg)	二甲苯特定迁移量/(mg/kg)
D2-6 h	0.42	1.60
D2-24 h	1.62	12.62

由表 3-33 可知，虽涂层经过一定时间的风干，但其中作为溶剂的乙苯和二甲苯仍有残留，且仅当模拟液为 50%乙醇时，这两种苯系物能迁移至模拟液内且浓度随着时间的增加而增大。

对于油脂类食品模拟物，取 5 ml 模拟液直接用顶空法上机；得到迁移结果见表 3-34（其余未显示在表内的结果均为未检出）。可知二甲苯和乙苯这两种苯系物能在常温下迁移至模拟液内，且浓度随着时间的增加而增大。

表 3-34　特定迁移试验迁移结果（橄榄油）

实验编号	乙苯特定迁移量/(mg/kg)	二甲苯特定迁移量/(mg/kg)
E1-24 h	未检出	0.12
E2-2 h	未检出	0.05
E2-6 h	0.08	0.25
E2-24 h	0.67	2.06

对比表 3-33 和表 3-34，可知苯系物 50%乙醇中迁移效率远大于在橄榄油中的迁移效率，因此采用 50%乙醇作为最优食品模拟物继续进行后续研究。

（2）最优迁移温度选择

由图 3-36 可知，当食品模拟物设定为 50%乙醇，迁移时间设置为 24 h 时，乙苯和二甲苯的迁出浓度在 30℃时达到峰值，之后迁出浓度会降低，这是由于乙苯和二甲苯为易

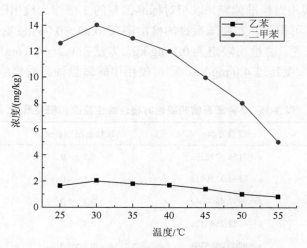

图 3-36　温度对各迁出化合物浓度的影响

挥发的有机物，温度升高会使其从迁移液中挥发至气体中，考虑到便捷因素，将室温设为迁移温度，并于阴凉干燥处进行迁移，能有效避免目标物迁移后大量挥发。

（3）最优迁移时间选择

由图 3-37 可知，当食品模拟物设定为 50%乙醇，迁移温度设置为 30℃时，乙苯和二甲苯的迁出浓度在 48 h 时达到峰值，之后迁出浓度基本无变化，因此将 48 h 设为最优迁移时间。

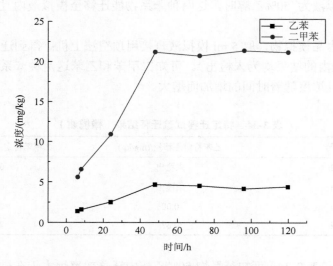

图 3-37　迁移时间对各迁出化合物浓度的影响

（4）线性关系及检出限

实验结果表明，7 种苯系物均存在良好线性关系，线性方程及相关系数见表 3-35。按照 GB/T 27417—2017 对 7 种苯系物的检出限进行验证，取 10 个样品，添加 0.1 mg/kg 的 7 种苯系物，计算其相对标准偏差，以相对标准偏差的 3 倍作为检出限，相对标准偏差的 10 倍作为定量限。可得到，7 种苯系物的检出限在 0.03～0.06 mg/kg，定量限在 0.11～0.21 mg/kg，为表简便，将检出限定为 0.1 mg/kg，方法在 0.2～4.0 mg/kg 的浓度范围内呈线性。若样品实际浓度超过 4.0 mg/kg，则可使用甲醇适量稀释后再检测。

表 3-35　7 种苯系物的线性方程、线性范围和相关系数

苯系物	线性方程	线性范围/(μg/ml)	相关系数
苯	$y = 7156.621259x$	0.2～4.0	0.9990
甲苯	$y = 8284.921901x$	0.2～4.0	0.9984
乙苯	$y = 9992.439084x$	0.2～4.0	0.9982
间二甲苯、对二甲苯	$y = 4022.258032x$	0.4～8.0	0.9991
苯乙烯	$y = 6200.068536x$	0.2～4.0	0.9986
邻二甲苯	$y = 403.009020x$	0.2～4.0	0.9989

（5）加标回收率与精密度试验

根据采用涂层阴性样品标准添加法在模拟液中加入标准溶液来进行加标回收率与精密度试验。在相当于 50.0 g（精确至 0.01 g）的阴性样品中进行 3 个水平、6 个平行的加标回收试验，测定得到 7 种苯系物的加标回收率和相对标准偏差，具体数据见表 3-36。在 3 个添加水平下，上述阴性样品标准添加后 7 种苯系物加标回收率范围在 60.9%～86.0%，相对标准偏差在 2.42%～7.64%，满足 GB/T 27417—2017 的要求。

表 3-36 7 种苯系物的加标回收率和相对标准偏差

苯系物	添加量/(mg/kg)	检出量/(mg/kg)	加标回收率/%	相对标准偏差/%
苯	0.2	0.17	86.0	6.99
	0.4	0.31	77.1	5.63
	2.0	1.53	76.3	2.42
甲苯	0.2	0.16	78.7	7.64
	0.4	0.29	72.0	3.97
	2.0	1.46	73.0	3.22
乙苯	0.2	0.15	75.6	7.37
	0.4	0.28	70.0	3.80
	2.0	1.48	74.1	3.11
间二甲苯、对二甲苯	0.4	0.27	67.0	7.33
	0.8	0.50	62.4	4.04
	4.0	2.79	69.7	3.40
苯乙烯	0.2	0.13	67.0	7.49
	0.4	0.25	62.7	3.65
	2.0	1.38	69.2	3.17
邻二甲苯	0.2	0.13	65.4	7.38
	0.4	0.24	60.9	3.63
	2.0	1.35	67.4	3.06

3.6 食品加工机械中主要危害物的迁移

迁移过程是一个由于食品接触材料和食品相互作用而引发的材料中物质的扩散过程。一般情况下，能够与食品产生直接接触的材料主要有纸、塑料、金属和橡胶。在食品加工机械中，则主要是金属、塑料和橡胶。对于塑料材料，在污染物检测、迁移规律研究和模型建立等方面已有大量的研究，并取得了显著的成果，对于橡胶产品中添加剂成分含量及其迁移性质的研究相对较少。Schurr[30]认为分子扩散只发生在无定形区，且受无定形区内分子所在位置尺寸大小和附近链的硬度影响。食品接触塑料材料由结晶区和非结晶区组成，迁移行为发生在非结晶区，即无定形区，而橡胶材料则属于完全无定形聚合物，两者都属于可渗透性材料，因此可认为橡胶材料中抗氧化剂的迁移行为与食品接触塑料材料中的迁移行为具有一定的相似性。影响迁移过程的因素主要有食品模拟物种类、温度、时间、迁移物特性以及聚合物特性等[31]。

3.6.1　食品接触用橡胶密封垫圈中抗氧化剂的迁移规律

1. 材料与试剂

三元乙丙橡胶阳性样品、丁腈橡胶阳性样品（每种抗氧化剂的添加量均为 0.3%），由无锡某橡胶制备公司加工；食品模拟物（10%乙醇、4%乙酸、20%乙醇、50%乙醇）参照 GB 5009.156—2016 配制；抗氧化剂 ZKF、抗氧化剂 259、抗氧化剂 1035、抗氧化剂 300、抗氧化剂 2246、抗氧化剂 1520 的相关信息见表 3-12；冰乙酸和无水乙醇（色谱级），购自上海阿拉丁生化科技股份有限公司。市售丁腈橡胶密封垫圈 [8 mm（内径）×2.65 mm（线径）] 购自无锡某公司。

2. 主要仪器设备

三重四极杆液质联用仪，设备型号为安捷伦 1290LC-MS/MS（6470GA），制造商为安捷伦科技（中国）有限公司；立式压力蒸汽灭菌器，设备型号为 ZM-100G，制造商为上海申安医疗器械厂；电热恒温鼓风干燥箱，设备型号为 DHG-9038A，制造商为上海精宏实验设备有限公司。

3. 试验方法

（1）食品模拟液中抗氧化剂含量检测方法

液相色谱检测条件。色谱柱：Waters ACQUITY UPLC BEH C18 色谱柱（1.7 μm×100 mm×2.1 mm）；Agilent C18 Eclipse plus（3.5 μm×100 mm×3.0 mm）色谱柱；SunFire C8（5 μm×250 mm×4.6 mm）色谱柱；柱温 45℃；流动相 A 相为乙腈，B相为 5 mmol/L 乙酸铵水溶液；流速 0.3 ml/min；检测波长 276 nm；进样量 5 μl；流动相梯度洗脱条件见表 3-14。

质谱检测条件。离子源为电喷雾离子源；离子模式为负离子模式；扫描模式为多反应监测模式（MRM）；毛细管温度为 350℃；辅助气加热温度为 50℃；6 种抗氧化剂的质谱检测参数见表 3-37。

表 3-37　6 种抗氧化剂的质谱检测参数

目标物	母离子 m/z	子离子 m/z	碰撞能量/eV	保留时间/min
抗氧化剂 ZKF	391.3	189.1	35	6.22
		224.9	35	
抗氧化剂 259	637.4	419.3	40	6.49
		377.2	40	
抗氧化剂 1035	641.4	423.2	35	6.17
		381.3	35	

续表

目标物	母离子 m/z	子离子 m/z	碰撞能量/eV	保留时间/min
抗氧化剂 2246	339.2	163.1	25	5.81
抗氧化剂 300	357.2	194.4	36	5.45
		179.1	56	
抗氧化剂 1520	423.3	145.1	24	7.54
		33.1	65	

（2）迁移试验方法

根据 GB 5009.156—2016 要求，清洗三元乙丙橡胶和丁腈橡胶阳性样品，将样品切割成 12 cm×5 cm 的矩形备用。本章迁移试验采用全浸泡的形式，由于抗氧化剂在高温和氧气环境下可能产生消耗，因此只对食品模拟物进行预热。

恒温迁移试验：向玻璃蓝盖瓶中加入配制好的 4 种食品模拟物（10%乙醇、4%乙酸、20%乙醇和50%乙醇）各 200 ml，做好编号标记，分别置于温度为 20℃、40℃、70℃、100℃的条件下进行预热。待食品模拟物达到设置的温度后，向迁移器皿中加入橡胶样品，一起置于对应温度条件下，开始记录迁移时间，当食品模拟物中迁移物检测的质量浓度增加量小于 1%时即视为达到了迁移平衡。试验设置 3 个平行样，结果分析采用 3 个平行样的平均值。20℃、40℃、70℃和100℃的迁移时间分别设为 10 d、10 d、96 h 和 36 h（温度误差控制在±0.5℃）。按照预试验确定的迁移试验取样点，每隔一段时间吸取 2 ml 食品模拟物迁移液，放入 2 ml 离心管中，而后向迁移单元中补加相同体积的对应空白食品模拟物。

特殊工况迁移试验：向玻璃蓝盖瓶和 PTFE 试剂瓶中分别加入配制好的 4 种食品模拟物（10%乙醇、4%乙酸、20%乙醇和50%乙醇）各 200 ml，做好编号标记。向玻璃蓝盖瓶中加入橡胶样品，而后进行 700 W、2 min 的微波处理；向玻璃蓝盖瓶中加入橡胶样品，而后进行 100℃、2 h 的沸水蒸煮处理，其间在 0.5 h、1 h 及 1.5 h 时，均吸取 2 ml 迁移液，并向迁移单元中补加相同体积的空白食品模拟物；向 PTFE 瓶中加入橡胶样品，而后进行 121℃、0.1 MPa、30 min 的高压灭菌处理，其间在 5 min、15 min 时，均吸取 2 ml 迁移液，而后向迁移单元中补加相同体积的对应空白食品模拟物。三种特殊工况前处理完成时，均吸取 2 ml 迁移液，而后将所有迁移单元置于 40℃条件下，开始记录迁移时间，进行 40℃、10 d 的后续迁移试验。后续迁移试验中，仍每隔一段时间吸取 2 ml 食品模拟物迁移液，并向迁移单元中补加相同体积的对应空白食品模拟物。

食品模拟物迁移液上机前处理：使用高速离心法对迁移液进行前处理，离心速度为12 000 r/min，离心时间为 5 min，离心次数为 2 次，处理完成后吸取离心管中上清液上机检测。

（3）迁移模型

迁移物的迁移过程受到化学反应和物理作用的共同支配。通过迁移试验获得迁移数据的方法过于耗时且成本高，相比之下使用迁移模型对迁移行为进行预测显得更为合理且便利。橡胶态聚合物中迁移物的扩散有三种：菲克扩散、非菲克扩散（或无规则扩散）

和无名扩散[32]。迁移物从聚合物向食品（模拟物）的迁移分为三个阶段：第一阶段是迁移物在聚合物中随机行走或进行布朗运动，这一阶段中的分子运动遵循菲克定律；第二阶段是迁移物通过溶剂化作用进入食品（模拟物）的过程，这一阶段的速率取决于迁移物与食品（模拟物）相溶性；第三阶段是迁移物由界面处向食品（模拟物）的分散，这一阶段除了是由熵驱动的，还受到迁移物溶解度和扩散系数的共同影响[33]。

大量研究表明，聚合物中迁移物的迁移符合菲克定律，扩散随温度的变化符合阿伦尼乌斯（Arrhenius）方程。应用菲克第一定律和菲克第二定律分别来描述稳态扩散和非稳态扩散：

$$J = -D \cdot \frac{dC}{dx} \tag{3-1}$$

$$\frac{\partial C_p}{\partial t} = D \cdot \frac{\partial^2 C_p}{\partial x^2} \tag{3-2}$$

式中，J 为扩散通量；D 为迁移物在聚合物中的扩散系数；C 为迁移物的浓度；x 为空间坐标垂直于聚合物-食品界面的方向；C_p 为 t 时刻迁移物在 x 处的浓度；t 为接触时间。

Crank 在菲克第二定律的基础上，通过模型假设、条件设定等，建立了扩散物质的通用表达式：

$$\frac{M_t}{M_\infty} = 1 - \sum_{n=1}^{\infty} \frac{2\alpha(1+\alpha)}{1+\alpha+\alpha^2 q_n^2} \exp(-D q_n^2 t / l^2) \tag{3-3}$$

式中，M_t 为 t 时刻迁移物扩散量；M_∞ 为扩散平衡时迁移物扩散量；l 为聚合物厚度；α 为达到平衡时食品中迁移物的量与聚合物中迁移物的量之比，表达式为

$$\alpha = \frac{1}{K} \frac{V_f}{V_p} \tag{3-4}$$

式中，V_f 为食品体积；V_p 为聚合物体积；K 为分配系数，定义为常数，表达式为

$$K = \frac{C_{p,\infty}}{C_{f,\infty}} \tag{3-5}$$

式中，$C_{p,\infty}$ 为平衡时聚合物中迁移物浓度；$C_{f,\infty}$ 为平衡时食品中迁移物浓度。

q_n 是三角恒等式 $\tan q_n = -\alpha q_n$ 的正根。解的情况分为以下四种：①当 $\alpha = 0$ 时，$q_n = n\pi$；②当 $\alpha = \infty$ 时，$q_n = (n-1/2)\pi$；③当 $\alpha \ll 1$ 时，$q_n \approx n\pi/(1+\alpha)$；④当 α 为其他值时，$q_n \approx [n-\alpha/2(1+\alpha)]\pi$。

结合式（3-1）、式（3-2）、式（3-3）及 q_n，得出了包装有限-食品无限体系中迁移物的迁移模型为

$$\frac{M_t}{M_\infty} = 1 - \sum_{n=0}^{\infty} \frac{8}{(2n+1)^2 \pi^2} \exp[-D(2n+1)^2 \pi^2 t / (4l^2)] \tag{3-6}$$

对式（3-3）求得基于误差函数形式的解，得到了可用于未平衡情况下迁移物迁移的预测模型：

$$\frac{M_{f,t}}{M_{f,\infty}} = \frac{2}{l} \left(\frac{Dt}{\pi} \right)^{0.5} \tag{3-7}$$

阿伦尼乌斯方程在描述很多过程中的扩散系数和速率常数时均具有可靠性，例如微孔材料中的扩散[34]、基本化学反应[35]等。扩散系数对温度的依赖性由阿伦尼乌斯方程描述：

$$D(T) = D_0 e^{(-E_a/RT)} \qquad (3-8)$$

对式（3-8）两边同时取指数对数，则抗氧化剂在橡胶中的扩散系数与温度的关系可描述为

$$\ln D_p = \frac{-E_a}{RT} + \ln D_0 \qquad (3-9)$$

式中，D_p 为抗氧化剂在橡胶中扩散系数（cm^2/s）；E_a 为抗氧化剂活化能（kJ/mol）；R 为 8.314 J/(mol·K)；T 为温度（K）；D_0 为指前因子（cm^2/s）。

4. 结果与讨论

1）温度和接触时间对抗氧化剂迁移行为的影响

温度是影响迁移物迁移的主要因素。图 3-38（a）～（f）为抗氧化剂 2246、抗氧化剂 1035、抗氧化剂 ZKF、抗氧化剂 259、抗氧化剂 1520 和抗氧化剂 300 在不同温度迁移试验下的迁移量曲线。从图中可以看出，50%乙醇中，抗氧化剂 2246、抗氧化剂 1035、抗氧化剂 ZKF、抗氧化剂 259 和抗氧化剂 1520 在不同温度下，迁移量随着时间延长而增大，迁移前期具有较快的迁移速率，而后迁移速率变慢直至趋向平衡，而抗氧化剂 300 在 20℃、40℃、70℃及 100℃处理条件下，直至迁移周期结束仍未达到迁移平衡。

从图 3-38（a）中看出，20℃、40℃、70℃以及 100℃下，抗氧化剂 2246 分别在 96 h、48 h、18 h 和 14 h 基本达到平衡，温度升高显著提升抗氧化剂 2246 的迁移速率。从迁移量来看，20℃、40℃、70℃及 100℃下，抗氧化剂 2246 的最大迁移量分别为 4.75 mg/kg（10 d）、8.98 mg/kg（4 d）、13.89 mg/kg（2 d）和 27.85 mg/kg（1.5 d），40℃下最大迁移量比 20℃时的最大迁移量增加了 89.05%，100℃下最大迁移量则分别是 20℃、40℃和 70℃下最大迁移量的 5.86 倍、3.10 倍和 2.01 倍，表明较高的温度能促进抗氧化剂的迁移。根据自由体积理论，迁移物一方面需要有足够的能量克服链带来的阻力，另一方面需要足够的空间进行循环和扩散。温度升高既为迁移物克服聚合物链阻力提供了足够的能量，又通过增强链流动性扩大了聚合物中的自由空间，因此，温度越高，迁移物达到迁移平衡的时间越短且迁移量越大。另外，食品接触用橡胶密封垫圈与食品模拟物接触的时间越长，抗氧化剂的迁移量也越高。

从图 3-38（b）可以看出，50%乙醇中，抗氧化剂 1035 的迁移行为与抗氧化剂 2246 类似。从达到迁移平衡的时间来看，20℃、40℃、70℃及 100℃下，抗氧化剂 1035 达到迁移平衡的时间分别为 96 h、48 h、36 h 和 12 h，温度的升高加快了抗氧化剂 1035 的迁移速率。从迁移量来看，20℃、40℃、70℃及 100℃下，抗氧化剂 1035 的最大迁移量分别为 4.83 mg/kg（10 d）、11.91 mg/kg（4 d）、22.35 mg/kg（2 d）和 24.36 mg/kg（1.5 d），

100℃下的最大迁移量分别是 20℃、40℃ 和 70℃ 下最大迁移量的 5.04 倍、2.05 倍和 1.09 倍。温度升高促进了抗氧化剂 1035 的迁移。

从图 3-38（c）中可以看出，50%乙醇中，抗氧化剂 ZKF 的迁移行为同样与抗氧化剂 2246 类似。20℃下，抗氧化剂 ZKF 的最大迁移量为 3.18 mg/kg。40℃下，抗氧化剂 ZKF 的最大迁移量比 20℃时的最大迁移量增加了 183.33%；70℃下，抗氧化剂 ZKF 的最大迁移量比 40℃下增加了 94.89%。100℃下，抗氧化剂 ZKF 的最大迁移量是 20℃、40℃ 和 70℃ 下最大迁移量的 7.26 倍、2.56 倍和 1.31 倍。温度升高促进了抗氧化剂 ZKF 的迁移。

从图 3-38（d）中可以看出，50%乙醇中抗氧化剂 259 的迁移量也随着迁移时间延长增大，迁移前期迁移速率较快，而后逐渐减缓。温度从 20℃升至 40℃后，抗氧化剂 259 的最大迁移量增加了 135.21%；70℃下，抗氧化剂 259 最大迁移量比 40℃下增加了 83.77%；100℃下最大迁移量是 20℃、40℃ 和 70℃ 下最大迁移量的 6.54 倍、2.78 倍和 1.51 倍。温度升高促进了抗氧化剂 259 的迁移。

从图 3-38（e）中发现，50%乙醇中，抗氧化剂 1520 在 40℃、70℃ 及 100℃ 处理条件下的迁移趋势与前述四种抗氧化剂相似，但不同的是，20℃条件下抗氧化剂 1520 的迁移量始终偏低，维持在检出限附近，无法利用数学迁移模型进行拟合；40℃下，抗氧化剂 1520 的最大迁移量仅为 0.66 mg/kg；70℃下，抗氧化剂 1520 的最大迁移量相比 40℃下增加了 98.48%。100℃下，抗氧化剂 1520 的最大迁移量为 3.09 mg/kg，是 40℃和 70℃下最大迁移量的 4.68 倍和 2.36 倍。温度升高同样促进了抗氧化剂 1520 的迁移。

从图 3-38（f）发现，50%乙醇中，抗氧化剂 300 在 20℃、40℃、70℃ 及 100℃ 处理条件下呈现出与其他几种抗氧化剂截然不同的迁移趋势，截至迁移周期结束，抗氧化剂 300 仍未达到迁移平衡。20℃、40℃、70℃ 及 100℃ 下，抗氧化剂 300 在迁移周期结束时的迁移量分别为 3.69 mg/kg（10 d）、22.85 mg/kg（10 d）、42.36 mg/kg（96 h）和 51.5 mg/kg（36 h）。虽然抗氧化剂 300 迁移一直未能达到平衡，但抗氧化剂 300 的迁移速率和迁移量均随着时间的延长和温度的升高而增加。

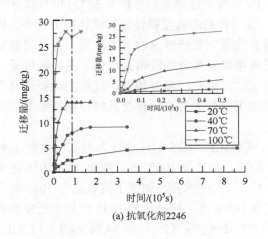

(a) 抗氧化剂2246

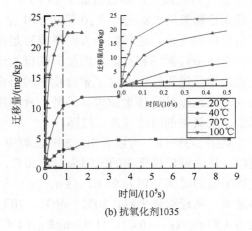

(b) 抗氧化剂1035

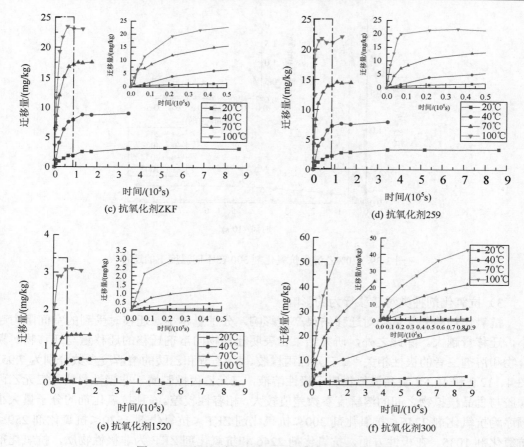

图 3-38　不同温度下抗氧化剂向 50%乙醇中迁移

2）食品模拟物对抗氧化剂迁移行为的影响

10%乙醇和 4%乙酸分别代表水性非酸性（pH≥5）食品和水性酸性（pH<5）食品，在本章涉及的所有迁移试验工况条件下，两种食品模拟物中均未检出 6 种抗氧化剂，即 6 种抗氧化剂在这两种食品模拟物中的迁移量低于迁移量检测方法的检出限。

20%乙醇和 50%乙醇分别代表乙醇含量≤20%的含酒精饮料和乙醇含量为 20%~50%的含酒精饮料及油脂类食品。在 20%乙醇迁移试验中，只检测到了较高的抗氧化剂 300 迁移量，其余 5 种抗氧化剂的迁移量维持在检出限附近。在 50%乙醇中则检测到了 6 种抗氧化剂较高的迁移量，由于 6 种抗氧化剂均是脂溶性的，根据"相似兼容"原理，在脂肪含量高的食品模拟物中，抗氧化剂的迁移量相对较大，说明抗氧化剂对油脂类食品具有较高的迁移风险。

图 3-39 为 20%乙醇中，抗氧化剂 300 在 20℃、40℃、70℃及 100℃处理条件下的迁移量曲线，与 50%乙醇中抗氧化剂 300 迁移趋势不同的是，抗氧化剂 300 在迁移周期内达到了迁移平衡。实验数据表明，20%乙醇中，20℃、40℃、70℃及 100℃下抗氧化剂 300 的最大迁移量分别为 50%乙醇中抗氧化剂 300 迁移量的 0.89%、0.98%、2.19%和 4.02%，上述结论也得到了证实。

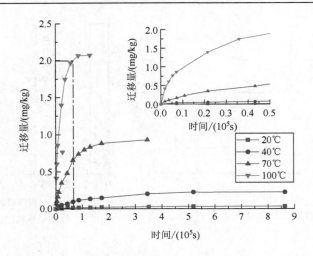

图 3-39　20%乙醇中抗氧化剂 300 在不同温度下的迁移

3）抗氧化剂种类对迁移行为的影响

抗氧化剂的分子量会对迁移结果产生影响，分子量越小，迁移时受到的空间阻力越小，迁移量越大。除此之外，研究结果也表明迁移物向溶剂迁移的迁移量与迁移物、聚合物和溶剂三者的极性相关[36]。三元乙丙橡胶、水、乙醇和乙酸的溶解度参数分别为 7.95、23.4、12.9 和 12.6，食品模拟物属于极性溶液，三元乙丙橡胶属于非极性材料，三元乙丙橡胶与食品模拟物之间的溶解度参数差值较大，相容性较差。6 种抗氧化剂的分子量大小顺序为抗氧化剂 2246 < 抗氧化剂 300 < 抗氧化剂 ZKF < 抗氧化剂 1520 < 抗氧化剂 259 < 抗氧化剂 1035。在极性方面，抗氧化剂 2246 和抗氧化剂 ZKF 为非极性物质，抗氧化剂 300、抗氧化剂 1035、抗氧化剂 259 和抗氧化剂 1520 均具有一定的弱极性。6 种抗氧化剂的迁移行为受到迁移物、聚合物、食品模拟物之间的相互作用以及抗氧化剂分子量和抗氧化剂极性三者共同的影响。

4）橡胶种类对抗氧化剂迁移行为的影响

为比较不同橡胶材料对抗氧化剂迁移行为的影响，结合三元乙丙橡胶阳性样品迁移结果，采用丁腈橡胶阳性样品在 40℃、70℃及 100℃条件下进行迁移试验，并以抗氧化剂 300 和抗氧化剂 2246 为例，说明橡胶材料对抗氧化剂迁移行为的影响。

（1）丁腈橡胶中抗氧化剂 300 的迁移行为

从图 3-40 中可以看出，丁腈橡胶中抗氧化剂 300 的迁移行为与三元乙丙橡胶中的迁移行为截然不同，随着迁移时间的延长抗氧化剂 300 的迁移量增大，迁移速率由快至慢直至平衡。丁腈橡胶中抗氧化剂 300 在 40℃、70℃以及 100℃下的最大迁移量分别为 19.93 mg/kg、32.84 mg/kg 和 43.21 mg/kg，分别是三元乙丙橡胶中对应温度条件下最大迁移量的 87.00%、77.53%和 83.90%，这可能是由于三元乙丙橡胶的主链为饱和烃，化学性质稳定，橡胶本身抗氧化性能优异，而丁腈橡胶由于聚合单体为丁二烯和丙烯腈，不饱和键存在于主链和支链中，其抗氧化性能略差于三元乙丙橡胶，抗氧化剂的消耗多于三元乙丙橡胶，抗氧化剂的可迁移量偏低。

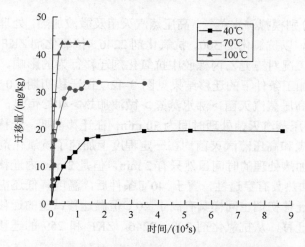

图 3-40　丁腈橡胶中抗氧化剂 300 在不同温度下的迁移

（2）丁腈橡胶中抗氧化剂 2246 的迁移行为

图 3-41 表明丁腈橡胶中抗氧化剂 2246 的迁移行为与三元乙丙橡胶中抗氧化剂 2246 的迁移行为相似，随着迁移时间的延长抗氧化剂 2246 的迁移量增大，迁移前期迁移速率较快，趋向平衡时迁移速率变慢直至平衡。丁腈橡胶中抗氧化剂 2246 的迁移量同样小于三元乙丙橡胶中的迁移量。丁腈橡胶中抗氧化剂 2246 在 40℃、70℃ 及 100℃ 下的最大迁移量分别为 7.24 mg/kg、13.00 mg/kg 和 20.66 mg/kg，分别是三元乙丙橡胶中 40℃、70℃ 及 100℃ 下的最大迁移量的 80.62%、93.59% 及 81.36%，与丁腈橡胶中抗氧化剂 300 的迁移行为得出的结论一致。

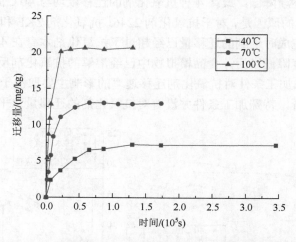

图 3-41　丁腈橡胶中抗氧化剂 2246 在不同温度下的迁移

5）特殊加工条件对抗氧化剂迁移行为的影响

考虑到实际加工过程中存在沸水蒸煮、高压蒸汽灭菌以及微波加热等工况，采用三元乙丙橡胶阳性样品，以 50%乙醇为食品模拟物，100℃（2 h）、121℃（0.1 MPa、30 min）

及 700 W（2 min）分别模拟沸水蒸煮、高压蒸汽灭菌及微波加热，处理完成后，置于 40℃下进行 10 d 的迁移，以抗氧化剂 300、抗氧化剂 2246、抗氧化剂 ZKF 和抗氧化剂 259 为例，研究特殊加工工况对三元乙丙橡胶中抗氧化剂迁移行为的影响。三元乙丙橡胶中 4 种抗氧化剂在特殊加工条件下的迁移结果见图 3-42。在迁移初期（0～2 h），4 种抗氧化剂的迁移速率均为高压蒸汽灭菌＞沸水蒸煮＞微波加热＞40℃恒温，这是因为沸水蒸煮处理时间为 2 h，高压蒸汽灭菌处理时间为 30 min，在迁移前期，迁移单元内始终保持较高的温度，沸水蒸煮和高压蒸汽灭菌均在一定程度上加速了抗氧化剂的迁移；对于微波加热组而言，微波加热处理的时间虽然只有 2 min，但是 2 min 内迁移单元的温度已达到72.7℃，同时微波加热具有穿透性，置于 40℃条件后，温度降低还需较长时间，因此，微波加热处理组在迁移初期也同样具有高于 40℃恒温迁移试验的迁移速率，微波加热也促进了抗氧化剂的迁移，从抗氧化剂 300、2246、ZKF 和 259 的迁移量曲线中均可以证实此结论。

在迁移中后期，沸水蒸煮处理完成后，4 种抗氧化剂的迁移速率变慢，迁移量仍在增加，这是因为前期沸水蒸煮处理已经导致较多的抗氧化剂迁出，但是低于 40℃恒温下的迁移量，所以迁移量仍继续缓慢增加，直至与 40℃恒温下的迁移量接近。微波加热处理组中，由于处理时间较短，4 种抗氧化剂的迁移量较低，而后迁移量继续增加，且迁移速率与 40℃恒温迁移试验中的迁移速率、最终迁移量水平也相近。

高压蒸汽灭菌组中，4 种抗氧化剂表现出两种截然不同的迁移趋势。高压蒸汽灭菌处理完成后，4 种抗氧化剂均具有较高的迁移量，不同的是，抗氧化剂 300 的迁移量高于40℃恒温下的迁移量，而抗氧化剂 2246、抗氧化剂 ZKF 和氧化剂 259 的迁移量则低于40℃恒温下的迁移量，因此，随后前者迁移量以较低的迁移速率缓慢增加，后三者迁移量则以一定的速率逐渐降低，最终 4 种抗氧化剂的迁移量均与 40℃恒温下的迁移量水平相近，出现这种现象的原因是，对于抗氧化剂 2246、抗氧化剂 ZKF 和抗氧化剂 259 而言，高压蒸汽灭菌处理完成时达到的迁移量已经超过了抗氧化剂本身在 40℃恒温下 50%乙醇中的溶解度，当温度降低以后，食品模拟物中已经溶解的抗氧化剂反而析出。

综上所述，特殊加工条件对抗氧化剂迁移速率的影响主要取决于加工条件下的温度，而从迁移量水平来看，特殊加工条件并没有对抗氧化剂的迁移量水平产生显著的影响。

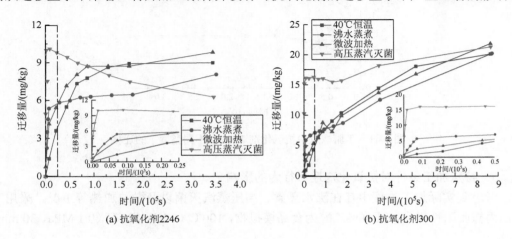

(a) 抗氧化剂2246　　　　　　　　　　　　　(b) 抗氧化剂300

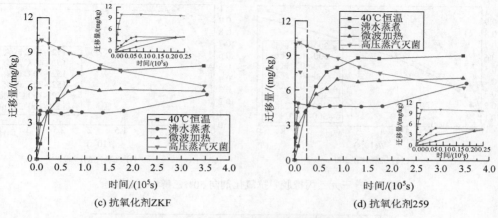

(c) 抗氧化剂ZKF　　　　　　　　　(d) 抗氧化剂259

图 3-42　三元乙丙橡胶中抗氧化剂的迁移

6）抗氧化剂迁移模型

（1）扩散系数

扩散系数是使用迁移模型评估迁移行为时最重要的参数之一，代表着迁移动力学影响因素。根据迁移试验数据和数学迁移模型式（3-6）和式（3-7），对抗氧化剂的迁移试验值进行拟合。三元乙丙橡胶中 6 种抗氧化剂迁移数据拟合曲线如图 3-43、图 3-44 所示，丁腈橡胶中抗氧化剂 300 和抗氧化剂 2246 迁移数据拟合曲线如图 3-45 所示。拟合结果分别采用均方根误差评判理论值和实验值之间的拟合优度，拟合得到的抗氧化剂在三元乙丙橡胶和丁腈橡胶中的扩散系数和均方根误差分别见表 3-38 和表 3-39。结果表明，理论值和试验值间具有较好的一致性，表明菲克第二定律可描述三元乙丙橡胶和丁腈橡胶中抗氧化剂的迁移过程。

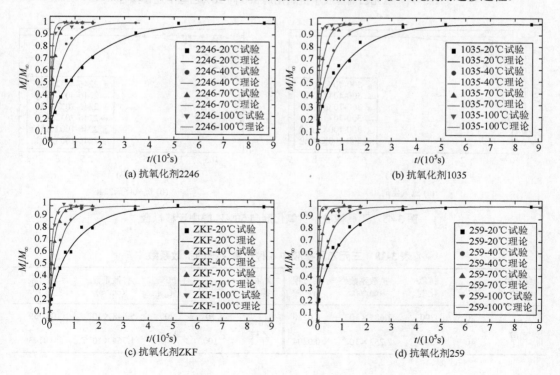

(a) 抗氧化剂2246　　　　　　　　　(b) 抗氧化剂1035

(c) 抗氧化剂ZKF　　　　　　　　　(d) 抗氧化剂259

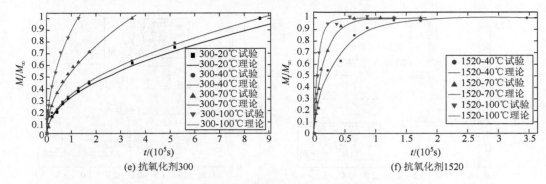

(e) 抗氧化剂300

(f) 抗氧化剂1520

图 3-43　三元乙丙橡胶中抗氧化剂向 50%乙醇中迁移拟合

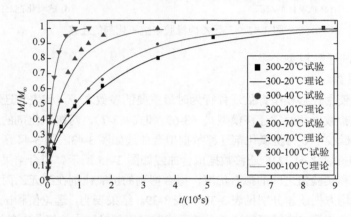

图 3-44　三元乙丙橡胶中抗氧化剂 300 向 20%乙醇中迁移拟合

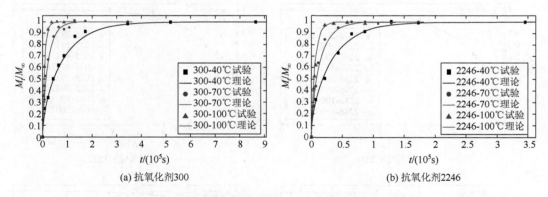

(a) 抗氧化剂300

(b) 抗氧化剂2246

图 3-45　丁腈橡胶中抗氧化剂向 50%乙醇中迁移拟合

表 3-38　三元乙丙橡胶中 6 种抗氧化剂的扩散系数

食品模拟物	温度/℃	抗氧化剂	扩散系数/(cm²/s)	均方根误差	食品模拟物	温度/℃	抗氧化剂	扩散系数/(cm²/s)	均方根误差
20%乙醇	20	300	1.685×10^{-8}	0.0380	20%乙醇	70	300	5.648×10^{-8}	0.0359
	40	300	2.253×10^{-8}	0.0204		100	300	1.764×10^{-7}	0.0143

食品模拟物	温度/℃	抗氧化剂	扩散系数/(cm²/s)	均方根误差	食品模拟物	温度/℃	抗氧化剂	扩散系数/(cm²/s)	均方根误差
50%乙醇	20	300	7.833×10^{-9}	0.0301	50%乙醇	70	300	2.287×10^{-8}	0.0370
		2246	2.417×10^{-8}	0.0240			2246	2.311×10^{-7}	0.0774
		1035	3.108×10^{-8}	0.0360			1035	1.602×10^{-7}	0.0498
		ZKF	3.687×10^{-8}	0.0289			ZKF	1.739×10^{-7}	0.0493
		259	4.014×10^{-8}	0.0272			259	2.290×10^{-7}	0.0466
		1520	—	—			1520	2.018×10^{-7}	0.0250
	40	300	9.115×10^{-9}	0.0180		100	300	6.219×10^{-8}	0.0125
		2246	7.472×10^{-8}	0.0518			2246	5.639×10^{-7}	0.0816
		1035	7.607×10^{-8}	0.0518			1035	5.537×10^{-7}	0.0253
		ZKF	8.432×10^{-8}	0.0586			ZKF	3.350×10^{-7}	0.0723
		259	8.578×10^{-8}	0.0504			259	8.964×10^{-7}	0.0510
		1520	9.244×10^{-8}	0.0432			1520	4.873×10^{-7}	0.0778

表 3-39　丁腈橡胶中 5 种抗氧化剂在 50%乙醇中的扩散系数

温度/℃	抗氧化剂	扩散系数/(cm²/s)	均方根误差	温度/℃	抗氧化剂	扩散系数/(cm²/s)	均方根误差
40	300	4.406×10^{-8}	0.0315	100	300	4.226×10^{-7}	0.0521
	2246	1.095×10^{-7}	0.0245		2246	5.755×10^{-7}	0.0638
	1035	1.231×10^{-7}	0.0154		1035	1.172×10^{-6}	0.0536
	ZKF	1.710×10^{-7}	0.0382		ZKF	6.478×10^{-7}	0.0656
	259	1.660×10^{-7}	0.0361		259	1.389×10^{-6}	0.0632
70	300	1.555×10^{-7}	0.0396				
	2246	2.699×10^{-7}	0.0397				
	1035	3.275×10^{-7}	0.0260				
	ZKF	3.224×10^{-7}	0.0253				
	259	3.391×10^{-7}	0.0260				

　　为了探究温度与三元乙丙橡胶和丁腈橡胶中抗氧化剂扩散系数之间的关系，对 D_p 求得 $\ln D_p$ 后，将其与 $1/T$ 进行线性拟合（图 3-46），拟合相关系数均在 0.90 以上，表明三元乙丙橡胶和丁腈橡胶中抗氧化剂的扩散系数与温度的关系符合阿伦尼乌斯方程。

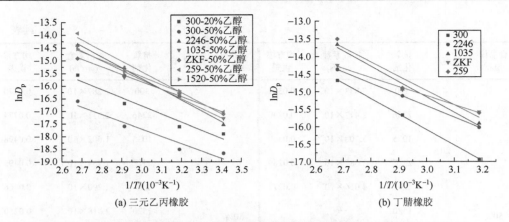

(a) 三元乙丙橡胶　　　　　　　　　　　　(b) 丁腈橡胶

图 3-46　橡胶中抗氧化剂向食品模拟物迁移的扩散系数和温度的关系

（2）分配系数

分配系数决定了迁移平衡时迁移物迁移量的大小，通常通过实验测定得到分配系数。三元乙丙橡胶和丁腈橡胶中多种抗氧化剂在不同工况下的分配系数分别见表 3-40 和表 3-41，同时，20℃下抗氧化剂 1520 在 50%乙醇中的迁移长时间未能达到迁移平衡，因此无法得到分配系数。结果表明，随着温度的升高，分配系数减小。这是由于温度升高加剧了橡胶材料和抗氧化剂的分子运动，同时使得抗氧化剂在食品模拟物中的溶解度增加，从而有更多的抗氧化剂进入食品模拟物中，分配系数减小。

表 3-40　三元乙丙橡胶中抗氧化剂分配系数

食品模拟物	目标物	分配系数			
		20℃	40℃	70℃	100℃
20%乙醇	抗氧化剂 300	268 390	37 104	9 062.0	4 453.8
	抗氧化剂 2246	1 852.4	897.6	575.2	300.2
	抗氧化剂 1035	1 822.4	669.2	344.8	347.9
50%乙醇	抗氧化剂 ZKF	2 803.5	894.6	447.9	369.0
	抗氧化剂 259	2 618.6	1 018.2	549.5	386.9
	抗氧化剂 1520	—	12 608	6 400.4	3 016.9

表 3-41　丁腈橡胶中抗氧化剂分配系数

食品模拟物	目标物	分配系数		
		40℃	70℃	100℃
	抗氧化剂 300	324.5	190.0	136.8
	抗氧化剂 2246	951.4	526.4	322.4
50%乙醇	抗氧化剂 1035	5 087.6	2 040.3	1 765.7
	抗氧化剂 ZKF	4 985.6	1 921.6	1 096.9
	抗氧化剂 259	5 882.0	2 429.7	1 317.8

3.6.2　食品接触用不锈钢中重金属的迁移规律

在不锈钢材料与食品接触过程中，不锈钢材料中的金属元素会以离子或者络合物的形式从金属及合金中析出，进入食物中。食品加工环境复杂多样，不锈钢中重金属迁移受温度、压力等条件影响，GB 5009.156—2016 中制定了不同工况条件下的重金属元素迁移总量的检测方法，相关研究也主要集中于对重金属元素迁移总量安全性研究。本节选用 304 不锈钢管、316 不锈钢管全浸泡于 4%乙酸食品模拟液中，模拟不同加工温度、特殊加工工况以及组合工况条件对迁移单元进行处理，研究 As、Cd、Pb、Cr、Ni 五种重金属元素在不同加工条件下的迁移行为及其迁移规律数学模型。

1. 材料与试剂

国产 304 不锈钢管、进口 316 不锈钢管，购自上海某公司；冰乙酸（分析纯），购自国药集团化学试剂有限公司；氯化钠（分析纯），购自国药集团化学试剂有限公司；超纯水。

2. 主要仪器设备

电感耦合等离子质谱仪 ICP-MS Agilent 7800，制造商为安捷伦科技有限公司；电热恒温鼓风干燥箱 DHG9038A，制造商为上海精宏实验设备有限公司；反压蒸煮消毒锅 ZM-100G，制造商为广州标际包装设备有限公司。

3. 试验方法

采用 304 不锈钢管和 316 不锈钢管为研究对象，研究食品接触用不锈钢中重金属向食品模拟物中的迁移行为及其规律。两种不锈钢管材料尺寸为：Φ38.1 mm（外径）×1.65 mm（厚度）×65 mm（长度），材料主要成分比例见表 3-42。实验前清洁试样，首先用清洁剂清洗后采用蒸馏水冲洗不锈钢表面 2～3 次，吸净水分干燥备用；洁净后，不得用手直接接触试样表面，防止污染。

表 3-42　304 不锈钢、316 不锈钢管金属成分比例　　　　（单位：%）

不锈钢	C	Si	Mn	P	S	Ni	Cr	N	Mo
304	0.019	0.370	1.390	0.030	0.001	8.130	18.200	0.057	0.000
316	0.020	0.510	1.400	0.030	0.005	10.000	17.200	0.052	2.080

《食品安全国家标准　食品接触用金属材料及制品》（GB 4806.9—2016）明确规定食品接触用不锈钢中重金属元素迁移量理化限量指标为 As≤0.04 mg/kg、Cd≤0.02 mg/kg、Pb≤0.05 mg/kg、Cr≤2.0 mg/kg、Ni≤0.5 mg/kg。因此试验选取 As、Cd、Pb、Cr、Ni 五

种有害重金属元素作为食品接触用不锈钢中重金属迁移行为研究的目标物,探究其在不同工况条件下迁移行为变化情况。

为试验不同加工条件下不锈钢中重金属的迁移行为,采用4%(体积分数)乙酸溶液作为食品模拟物;根据国家标准 GB 5009.156—2016 相关规定选用全浸没法,并根据试样接触面积与食品模拟物体积比的有关规定得到所需食品模拟液体积。将两段不锈钢钢管样品平行放置于塑料容器中,放入恒温箱中设定相应工况条件温度,当样品达到预设温度后,加入 500 ml 预热 4%乙酸食品模拟液全浸没钢管。再将迁移单元放置于不同工况条件下进行处理,定期取 5 ml 浸泡液,采用 ICP-MS 检测重金属迁移量,并补充 5 ml 4%乙酸保持溶液体积恒定。

迁移试验是指食品包装材料与食品或食品模拟物在一定温度下接触一定时间后,检测从材料迁移到食品或食品模拟物的有毒有害物质含量的试验。结合食品加工过程中食品接触用不锈钢材料可能暴露的工况条件,试验探究三类工况下五种重金属元素迁移量随时间变化规律。

①将不锈钢材料分别放置于 20℃、40℃、70℃恒温 4%乙酸食品模拟液环境中,选取 10 个迁移试验节点(分别为 0.5 h、24 h、96 h、192 h、288 h、384 h、480 h、576 h、672 h、768 h)来提取乙酸浸泡液检测重金属元素。

②实际食品加工过程经常涉及煮沸高温、高压蒸汽灭菌等特殊工况条件,食品接触用不锈钢材料在经受这些条件处理时,其中的重金属迁移情况可能会发生改变,因此研究了这两种特殊处理工况条件下重金属迁移影响。将不锈钢管放入高温耐受容器中,加入预热酸性食品模拟物 500 ml,将迁移单元放入 100℃电热箱或 121℃高压灭菌锅中进行处理,乙酸溶液选取 10 个迁移试验节点(分别为 0.25 h、0.5 h、1 h、2 h、3 h、4 h、6 h、8 h、10 h、12 h)来提取检测试样。

③考虑实际食品加工过程中加工工况复杂、多种加工条件交替或连续的情况,模拟了上述两类工况组合加工对不锈钢迁移行为的影响。将不锈钢煮沸(温度 100℃)或高压蒸汽灭菌(温度 121℃)处理 30 min 后并在 40℃恒温条件下持续迁移,乙酸溶液选取 9 个迁移试验节点(分别为 0.5 h、24 h、96 h、192 h、288 h、384 h、480 h、576 h、768 h)来提取检测样品。

4. 加工温度对重金属迁移影响

按照自由体积理论,当体系温度升高时,分子的活化能越大,分子就越容易迁移[37]。因此,温度是影响不锈钢材料中重金属向食品或食品模拟物中迁移的重要因素。为了解不同温度下 304 和 316 不锈钢中重金属向食品模拟物中的迁移情况,分别考察了两种不锈钢中重金属在 20℃、40℃及 70℃恒温条件下向 4%乙酸食品模拟液中的迁移情况,结果如图 3-47 所示。

3 种温度条件下,304 不锈钢和 316 不锈钢中 As、Cd 均未检出;图 3-47(c)和图 3-47(f)可以看出不锈钢中 Pb 快速迁出后,迁移量维持在较低水平且基本不随时间变化;Cr、Ni 迁移量随时间延长不断增大,这是由于 Cr、Ni 为 304 与 316 不锈钢的主要组成成分，因此 Cr、Ni 迁移量变化明显。两种不锈钢材料中 Cr、Pb 迁移量差异较小，Ni 迁移量差异较明显。对比同种不锈钢中 Cr、Ni 在不同温度下的迁移情况可看出，当温度升高时，两种重金属的迁移量均随之增大，且迁移量增长速度加快。这是由于温度升高，重金属离子动能增加，具有扩散活化能的重金属离子数增加，从而加快了重金属离子的扩散速率；溶液中分子的无规则热运动加快，与不锈钢接触的界面上迁移的活性分子增多，从而使氢离子（或水合氢离子）与不锈钢表面氧化膜中重金属离子的离子交换反应加速，进而加快了重金属迁移速率[38]。当环境温度为 70℃时，316 不锈钢中 Ni 的迁移量在 12 d 后超出 GB 4806.9—2016 限量要求，304 不锈钢中 Ni 在 32 d 时迁移量未超出国家标准限量。

综上可知，温度条件、材料性质、接触时间均对重金属迁移具有影响，因此在食品接触用不锈钢使用过程中需重点关注高温工况、不锈钢材料组成成分以及长期接触情况下 Cr、Ni 向食品中迁移富集现象。

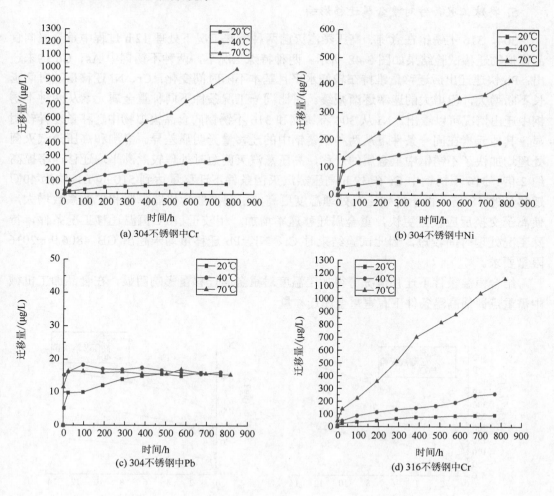

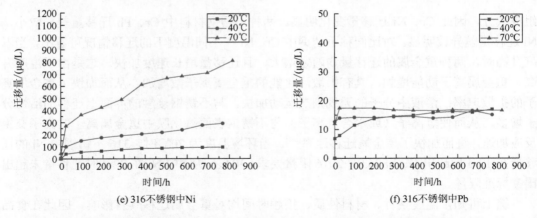

(e) 316不锈钢中Ni

(f) 316不锈钢中Pb

图 3-47　不锈钢中 Cr、Ni、Pb 元素在 20℃、40℃、70℃温度下迁移

5. 特殊工况条件对重金属迁移影响

304、316 不锈钢在煮沸、高压蒸汽灭菌两种特殊工况下处理 12 h 过程中重金属向食品模拟物迁移试验结果如图 3-48 所示。两种特殊工况下，两种不锈钢中 As、Cd 均未迁出；Pb 快速迁出后迁移量维持在较低水平且基本不随时间变化；Cr、Ni 迁移量随时间延长不断增大，但增大的速率逐渐减缓。对比同一工况条件下同种重金属元素从两种不锈钢中迁出情况可以看出，Ni 从 304 不锈钢和 316 不锈钢向食品模拟物中迁移量差异较明显，其他元素在同一条件下从两种不锈钢中的迁移量无明显差异。煮沸和高压蒸汽灭菌处理均加快了不锈钢中重金属的迁移，高压蒸汽灭菌短时处理较煮沸平均迁移速率提高约 2 倍。316 不锈钢中 Cr 在 12 h 高压蒸汽灭菌条件下迁移量达到 510 μg/L，约为 40℃迁移量的 18 倍。由于特殊工况处理温度更高，引起扩散活化能降低和扩散系数增大，使离子交换反应发生更快，重金属迁移速率增加。相较于 70℃恒温迁移工况条件，特殊工况处理时间较短，因此试验结束时 Cr、Ni、Pb 迁移量均未超出 GB 4806.9—2016 限量要求。

结合恒温条件下迁移情况可得加工温度对重金属迁移量影响明显，在食品加工机械中需重点评估高温条件下有害重金属迁移量。

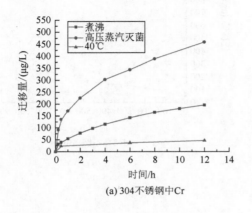

(a) 304不锈钢中Cr

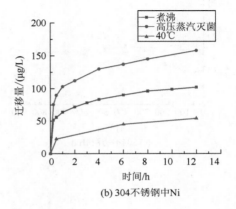

(b) 304不锈钢中Ni

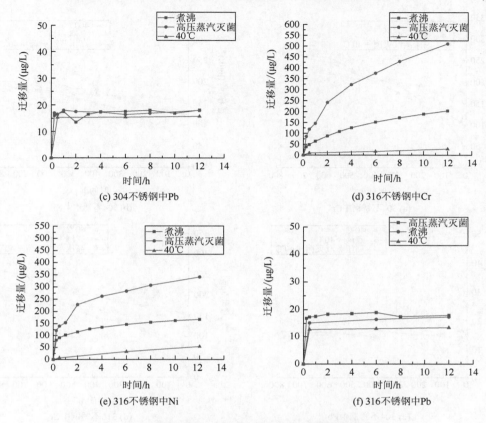

图 3-48　不锈钢中 Cr、Ni、Pb 元素在特殊工况下迁移

6. 组合工况处理对重金属迁移影响

考虑实际食品加工过程中加工工艺复杂，可能存在多种加工条件交替、连续进行的情况，本节模拟了两种组合加工工况对不锈钢中重金属迁移行为的影响。将 304 不锈钢、316 不锈钢煮沸或高压蒸汽灭菌 30 min 后并在 40℃恒温条件下持续迁移，其试验结果如图 3-49 所示。

两种组合工况处理下，As、Cd 均未检出，Pb 迁移量较少且基本不随时间变化，Cr、Ni 迁移行为变化较明显。比较两种组合工况条件与 40℃恒温条件下 Cr、Ni 迁移行为可以看出，预先煮沸或高压蒸汽灭菌处理使两种重金属元素快速迁出后，在 40℃恒温条件下重金属迁移速率明显减缓；由于经过特殊工况预处理后食品模拟液中重金属初始浓度较大，重金属迁移速率降低，因而后期 40℃下长时间浸泡接触后与始终恒温迁移条件下重金属迁移量差异较小。图 3-49（c）和图 3-49（f）比较了组合工况条件下 Pb 的迁移行为，得到 Pb 元素的迁移量和迁移速率与工况条件、不锈钢种类关联性较小。

在复杂工况食品加工过程中应重点关注高温加工处理阶段条件下的重金属迁移情况，预防发生食品安全问题。

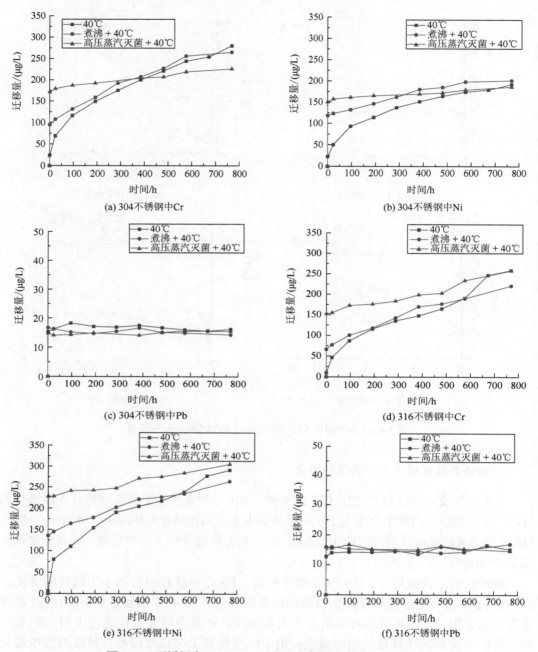

图 3-49　不锈钢中 Cr、Ni、Pb 在 40℃恒温与组合工况下迁移

　　综上试验发现，对于食品接触用不锈钢中有害重金属迁移应关注 Pb、As、Cd 等金属杂质的短时期迁移量以及 Cr、Ni 等不锈钢主要组成元素的长期迁移表现。同时对于不同加工工况下的重金属迁移，图 3-50 比较了两种不锈钢在各类工况下处理 12 h 后的 Cr、Ni 迁移量，可知加工温度越高迁移量越大。因此对食品加工过程中高温工况条件下有害重金属迁移量需重点监测。

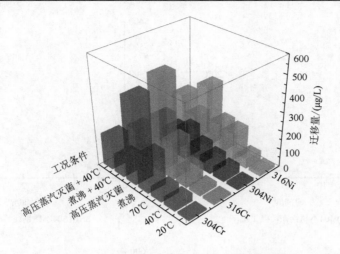

图 3-50　不同工况下处理 12 h 后 Cr、Ni 迁移量

7. 食品接触用不锈钢中重金属迁移预测模型

有害物溶出迁移模型构建一直是食品包装材料中有害物质迁移研究领域的研究热点。不锈钢很容易被有机酸腐蚀，尤其是在温度较高的情况下。不锈钢的重要因素在于其保护性氧化膜是自愈性的，致使这些材料能够进行加工后不失去抗氧化性。氧化膜由金属氧化物组成，不锈钢长期接触有机酸环境，对表面氧化膜造成破坏，使金属离子与氢离子发生离子交换反应后金属离子进入到溶液。由此可以判断不锈钢中重金属的迁移是化学反应过程，推测可能存在相应迁移数学规律。根据不锈钢中重金属迁移机理与迁移试验数据，可建立不锈钢中重金属迁移的相关数学模型，从而预测不同加工储存温度条件下不锈钢中重金属的迁移行为，进而为不锈钢中重金属向食品迁移的风险评估提供支撑。

（1）Cr 元素迁移预测模型

为了得到不锈钢中 Cr 元素向食品模拟物中迁移与时间的关系，采用经验公式（3-10）分别对不同温度及特殊工况条件下的迁移试验结果数据进行了拟合，拟合结果如图 3-51 所示，拟合参数及相关系数等评价指标见表 3-43。迁移试验数据点与公式的拟合结果良好，相关系数均在 0.98 以上，说明 Cr 元素迁移量与迁移时间的平方根呈线性关系，从而可初步判断不锈钢中 Cr 向食品模拟物中的迁移扩散属于"一类扩散"或菲克扩散。

$$C_t = a\sqrt{t} \tag{3-10}$$

式中，C_t 为扩散质在食品模拟液中扩散出的量（μg/L）；a 为拟合斜率；t 为扩散时间（h）。

由于不锈钢表面氧化膜体积远远小于食品模拟液体积，可将不锈钢中重金属的迁移系统定位为包装有限-食品无限系统。同时结合塑料中单层结构的迁移模型，基于一维菲克定律，建立食品接触用不锈钢中重金属迁移预测模型。

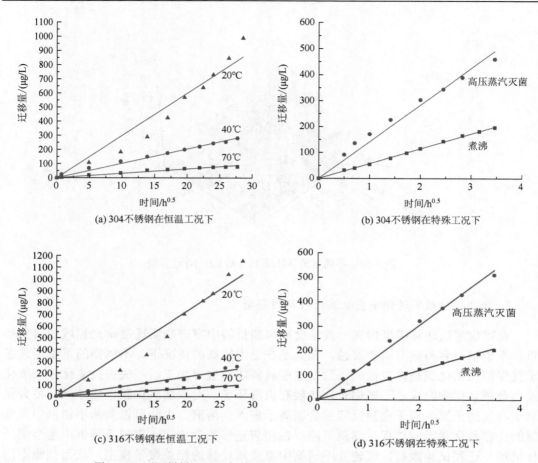

图 3-51　不同材料及工况条件下 Cr 迁移量与时间的平方根拟合关系

表 3-43　Cr 迁移经验公式拟合参数及相关系数

工况条件	304 不锈钢		316 不锈钢	
	a	相关系数	a	相关系数
20℃	3.1551	0.9920	3.5689	0.9955
40℃	10.1954	0.9968	8.5225	0.9898
70℃	29.9144	0.9801	36.3778	0.9833
煮沸（100℃）	57.2286	0.9996	60.8673	0.9987
高压蒸汽灭菌（121℃）	141.3729	0.9921	152.8824	0.9977

　　不锈钢材料中 Cr 为主要组成成分元素，在试验结束时（32 d）其迁移仍未达到平衡，可采用菲克定律简化公式对其迁移试验数据进行拟合。

$$\frac{M_{F,t}}{M_{F,\infty}} = \frac{2}{l}\left(\frac{Dt}{\pi}\right)^{0.5} \tag{3-11}$$

式中，$M_{F,t}$ 为扩散质在食品模拟液中扩散出的量（g）；$M_{F,\infty}$ 为扩散质在试验结束时扩散量（g）；l 为不锈钢金属厚度（cm）；D 为扩散系数（cm²/s）。

图 3-52 为 Cr 迁移试验数据与所建立的迁移预测模型的拟合图,拟合相关系数与扩散系数 D 见表 3-44。表明式（3-11）能较好地拟合试验数据，相关系数均达 0.95 以上，可见不锈钢中 Cr 元素在有机酸条件下的迁移规律符合菲克定律。

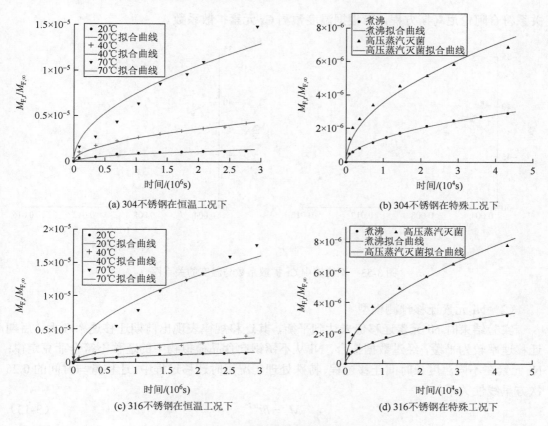

(a) 304 不锈钢在恒温工况下　　　　　　　　(b) 304 不锈钢在特殊工况下

(c) 316 不锈钢在恒温工况下　　　　　　　　(d) 316 不锈钢在特殊工况下

图 3-52　Cr 迁移预测模型拟合

表 3-44　Cr 在不锈钢中的扩散系数

工况条件	304 不锈钢		316 不锈钢	
	$D/(cm^2/s)$	相关系数	$D/(cm^2/s)$	相关系数
20℃	3.39×10^{-21}	0.959	4.39×10^{-21}	0.9845
40℃	3.46×10^{-20}	0.9881	2.50×10^{-20}	0.9690
70℃	3.00×10^{-19}	0.9502	4.50×10^{-19}	0.9564
煮沸（100℃）	1.09×10^{-18}	0.9987	1.27×10^{-18}	0.9955
高压蒸汽灭菌（121℃）	6.66×10^{-18}	0.9736	8.07×10^{-18}	0.9933

表 3-44 表明，随着温度升高，规律拟合扩散系数逐渐增大。为探究温度与扩散系数的关系，扩散系数对温度相依性可用阿伦尼乌斯方程表示：

$$\ln D = \ln D_0 - \frac{E}{RT} \qquad (3\text{-}12)$$

式中，D_0 为标准状态下的扩散系数，单位为 cm^2/s。

以 $\ln D$ 对 $\frac{1}{T}$ 进行线性拟合（图 3-53），相关系数在 0.92 以上，表明扩散系数与温度关系符合阿伦尼乌斯方程，可根据温度预测 Cr 元素扩散系数。

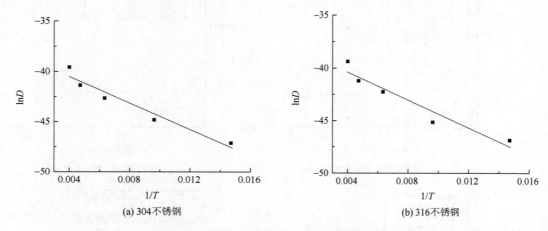

(a) 304不锈钢　　　　　　　　　　(b) 316不锈钢

图 3-53　不锈钢中 Cr 扩散系数与温度的关系图

（2）Ni 元素迁移预测模型

实验结束时 Ni 元素迁移仍未达到平衡，其迁移规律表现出前期迁移速率较大，后期迁移速率较为平缓，经过数据拟合，Ni 从不锈钢向食品模拟物中的迁移不符合菲克定律；Ni 元素在不同温度长时间迁移过程、特殊处理工况短时迁移过程中，迁移量与时间的 0.25 次方呈线性关系：

$$M_t = bt^{0.25} \qquad (3\text{-}13)$$

式中，M_t 为扩散质在食品模拟液中扩散出的量（g）；b 为拟合斜率。

不同工况下不锈钢中 Ni 迁移预测模型拟合如图 3-54 所示，模型参数拟合见表 3-45。

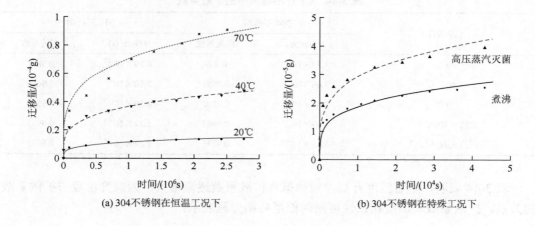

(a) 304不锈钢在恒温工况下　　　　　　　(b) 304不锈钢在特殊工况下

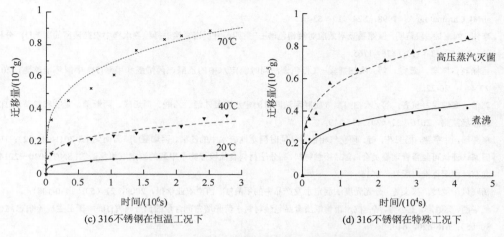

(c) 316不锈钢在恒温工况下　　　　　　　(d) 316不锈钢在特殊工况下

图 3-54　不同工况下不锈钢中 Ni 迁移预测模型拟合

表 3-45　Ni 迁移规律模型参数拟合

工况条件	304 不锈钢		316 不锈钢	
	b	相关系数	b	相关系数
20℃	3.62×10^{-7}	0.9692	5.87×10^{-7}	0.9803
40℃	1.16×10^{-7}	0.9949	1.59×10^{-6}	0.9617
70℃	2.23×10^{-6}	0.9656	4.35×10^{-6}	0.9606
煮沸（100℃）	1.88×10^{-6}	0.9691	3.06×10^{-6}	0.9803
高压蒸汽灭菌（121℃）	2.93×10^{-6}	0.9622	5.83×10^{-6}	0.9879

参 考 文 献

[1]　Shi Q H, Jia G D, Sun Y. Dextran-grafted cation exchanger based on superporous agarose gel: Adsorption isotherms, uptake kinetics and dynamic protein adsorption performance[J]. Journal of Chromatography A, 2010, 1217（31）: 5084-5091.

[2]　王少敏, 钱大公, 王柯, 等. 气相色谱法测定 6 种中药提取物中大孔吸附树脂有机残留物[J]. 中国药学杂志, 2009, 44（1）: 55-58.

[3]　The Commission of the European Communities. Commission Directive 2002/72/EC relating to plastic materials and articles intended to come into contact with foodstuffs[J]. Official Journal of the European Communities, 2002, L220: 18-57.

[4]　The European Commission. Commission Regulation（EU）No.10/2011/EC of 14 January 2011 on plastic materials and articles intended to come into contact with food[EB/OL].（2011-12-15）[2023-04-21]. https://eur-lex.europa.eu/eli/reg/2011/10/oj.

[5]　U.S. Food and Drug Administration. Food and drugs chapter I: Food and drug administration department of health and human services subchapter B: Food for human consumption（continued）[EB/OL].（2023-03-28）[2023-04-21]. https://www.accessdata.fda.gov/scripts/cdrh/cfdocs/cfcfr/cfrsearch.cfm?fr=178.3297.

[6]　NSF International. Draft Standard NSF 116-2001. Nonfood compounds used in food processing facilities-food-grade lubricants[S]. NSF International, 2001.

[7]　NSF. International Registration Guidelines for Proprietary Substances and Nonfood Compounds[M]. Version 8.0, 2009.

[8]　周建钟, 王学利, 曹华茹, 等. 气相色谱法测定油漆稀释剂中的苯系物[J]. 环境科学与技术, 2007, 30（1）: 19-21.

[9]　Lompart M, Li K, Fingas M. Headspace solid-phase microextraction for the determination of volatile pollutants in water and

air[J]. Chromatogr A, 1998, 824 (1): 53-61.

[10] 李伟, 刘玉灿, 段晋明. 微滤膜吸附效应对液相色谱-三重四极杆质谱直接进样检测水样中农药残留的影响[J]. 分析化学, 2015, 43 (11): 1761-1765.

[11] 吕桂宾, 陈勇, 黄龙, 等. 吹扫捕集-气相色谱法同时测定水中的乙醛、丙烯醛和甲醛[J]. 中国环境监测, 2011, 27 (6): 20-22.

[12] 郭倩, 秦迪岚, 伍齐, 等. 吹扫捕集气质联用法同时测定水中氯乙烯、乙醛、丙烯醛、丙烯腈、吡啶和松节油[J]. 中国环境监测, 2016, 32 (3): 115-119.

[13] 詹芳瑶, 寸宇智, 杨卫花, 等. 顶空气相色谱法同时测定地表水中的乙醛、丙烯醛[J]. 云南化工, 2011, 43 (2): 31-33.

[14] 国家认证认可监督管理委员会. 食品接触材料 高分子材料食品模拟物中甲醛的测定液相色谱法: SN/T 4010—2014[S]. 北京: 中国标准出版社, 2015.

[15] 杨晓凤, 罗玲, 张义蓉. 分光光度法测定水发产品中的甲醛[J]. 西南农业学报, 2008, 21 (5): 1480-1481.

[16] 何华丽, 樊继彩, 王小芳, 等. 杭州市售纸质食品包装材料中荧光增白剂含量的调查研究[J]. 中国卫生检验杂志, 2020, 30 (5): 618-620, 640.

[17] 张云, 吕水源, 阙文英. 液相色谱-串联质谱法测定食品包装 PE 材料中荧光增白剂残留量[J]. 食品安全质量检测学报, 2020, 11 (14): 4744-4749.

[18] 高玲, 刘芸, 王毅谦, 等. HPLC-MS/MS 法测定化妆品中七种荧光增白剂[J]. 分析实验室, 2020, 39 (5): 546-549.

[19] 黄蔷, 严燕, 柳洁, 等. 高效液相色谱法测定塑料食品包装材料中荧光增白剂[J]. 现代食品, 2019 (24): 154-156.

[20] 陈东洋, 张昊, 冯家力, 等. 固相萃取-高效液相色谱法测定化妆品中荧光增白剂 [J]. 分析科学学报, 2020, 36 (2): 270-274.

[21] 张云, 陈泽宇, 吕水源, 等. 高效液相色谱法测定食用油中 10 种荧光增白剂迁移量[J]. 食品工业科技, 2015, 36 (24): 82-84, 90.

[22] Kojro G, Rudzki P J, Pisklak D M, et al. Matrix effect screening for cloud-point extraction combined with liquid chromatography coupled to mass spectrometry: Bioanalysis of pharmaceuticals[J]. Journal of Chromatography A, 2019, 1591: 44-54.

[23] 高娜, 孙程鹏, 许炳雯, 等. 液相色谱串联质谱法测定不同蔬菜中农药多残留的基质效应[J]. 食品科技, 2021, 46 (4): 310-317.

[24] Lin Z F, Shen W H, Tong X, et al. An autoanalyzer for real-time detection of benzene and volatile organic compounds in paper mills[J]. Environmental Chemistry Letters, 2020, 18 (4): 1337-1343.

[25] Djozan D, Jouyban A, Mohammadandashti P. Volatile organic compounds trapping from gaseous samples on the basis of co-liquefaction with organic solvent for gas chromatographic analysis[J]. Current Analytical Chemistry, 2017, 13 (5): 393-401.

[26] 张丽媛. 食品级润滑油中有毒有害物质检测方法的研究[D]. 上海: 东华大学, 2015.

[27] 魏宇锋, 陈俊水, 李晨, 等. 顶空进样-GC/MS 法测定食品级润滑油中 6 种苯系物[J]. 食品工业, 2015, 36 (11): 276-279.

[28] 卢素格, 张榕杰, 刘红丽. 气相色谱测定食用油中三种抗氧化剂[J]. 中国卫生检验杂志, 2013, 23 (12): 2698-2699.

[29] 黄锦燕, 张全美, 王守卿, 等. 采用甲醇提取-气相色谱法检测食用油中两种抗氧化剂的研究[J]. 化学分析计量, 2011, 20 (5): 89-91.

[30] Schurr O. Investigation of the micro-morphology of polyethylene and polypropylene films: The type and distribution of sites as assessed by the accessibility of small organic molecules[D]. Washington D.C.: Georgetown University, 2002.

[31] Castle L. Chemical migration into food: An overview[C]//Barnes K A, Sinclair C R, Watson D H. Chemical Migration and Food Contact Materials. Cambridge: Woodhead Publishing Limited and CRC Press LLC, 2007.

[32] Piringer O G, Baner A L. Plastic Packaging Materials for Food: Barrier Function, Mass Transport, Quality Assurance, and Legislation[M]. Weinheim: Wiley-VCH Verlag GmbH, 2000.

[33] Lau O W, Wong S K. Contamination in food from packaging material[J]. Journal of Chromatography A, 2000, 882 (1-2): 255-270.

[34]　Kärger J，Valiullin R，Vasenkov S. Molecular dynamics under confinement to one dimension：Options of measurement and accessible information[J]. New Journal of Physics，2005，7（1）：15.

[35]　Zellner R，Steinert W. A flash photolysis study of the rate of the reaction OH + CH₄ →CH₃ + H₂O over an extended temperature range[J]. International Journal of Chemical Kinetics，1976，8（3）：397-409.

[36]　杨婷，张钦发，李佳媛，等. 影响聚丙烯塑料中抗氧化剂 BHT 向食品中迁移规律因素研究[J]. 食品安全质量检测学报，2017，8（12）：4716-4722.

[37]　钟秋，何茂刚，张颖. 基于自由体积理论和摩擦理论的流体自扩散系数预测模型[J]. 高校化学工程学报，2012，26（6）：923-928.

[38]　董占华，卢立新，刘志刚. 陶瓷食品包装材料中铅、钴、镍、锌向酸性食品模拟物的迁移[J]. 食品科学，2013，34（15）：38-42.

第4章　薄壁金属容器及新型厨具中危害物检测与迁移

现代食品工业的发展离不开包装，食品包装能够防止食品与外界环境直接接触而被污染，延长食品的保质期，同时保留食品原有的成分和营养价值[1]。目前常见的食品包装材料包括塑料、纸、金属和玻璃等材料，由于金属包装材料具有优异的机械强度，对水、气等具有高阻隔性，以及良好的加工性能与独特的金属光泽而备受现代食品包装行业的青睐。另外，人们越来越重视包装材料的绿色环保，因此这种可回收材料受到人们的广泛关注[2]。

金属包装广泛用于罐头食品、饮料及酒、奶粉等各类食品中，国际标准中将厚度在0.49 mm 以内的金属材料制造的金属容器统称为薄壁金属容器。据统计，2019 年我国金属包装容器制造业实现营业收入 1167.3 亿元，同比增长 5.26%，实现出口交货值 65.6 亿元，同比增加 5.78%，实现累计出口额 20.30 亿美元，同比增长 18.51%，美国为我国第一出口大国[3]。2022 年，我国金属包装行业规模以上企业累计完成营业收入 1500 亿元，同比增长5.17%，利润总额 61.59 亿元，同比增长 3.35%；实现累计出口额 31.72 亿美元，同比增长9.94%，进口额 1.90 亿美元，同比增长−2.60%。行业对外贸易仍旧保持较大顺差。

新型厨具包括带涂层锅具（电饭锅、炒锅、汤锅等）、电热壶、咖啡机、烘焙模具等，以上产品的普遍使用给人们日常生活带来了极大的便利，但其中与食品直接接触的部分存在安全隐患。厨具产品中的食品接触材料，如塑料、橡胶、特种涂层等可能会在产品的使用过程中释放出一定量的有毒有害化学成分，包括重金属、有毒添加剂，这些化学成分会迁移至食品中从而被人体摄入，危害人类健康。

对于薄壁金属容器和新型厨具，目前面临着技术和监管两方面的难题。第一，在技术上，薄壁金属容器和新型厨具中的危害物存在侦测困难、快速检测技术缺乏的问题；第二，在迁移理论方面，迁移机制不甚清楚，迁移模拟技术缺乏；第三，在口岸、市场监管等方面，也存在基础数据缺乏、监管难、监管效率不高、标准体系不完善等问题，亟须完善薄壁金属容器和新型厨具中危害物的检测技术体系，阐明其迁移机制和迁移规律。

4.1　薄壁金属材料及容器中的危害物

近几年食品安全事件不断发生，其中一些是由食品接触材料所引起的，因此很多学者展开了对食品接触用薄壁金属材料及容器的安全研究，一些新发食品安全风险因子不断被发现。食品接触用薄壁金属材料中的有害物质可分为 IAS 和 NIAS，IAS 有相应的国家标准进行规定，而 NIAS 由于其不可控因素较多而无法进行有效的控制。目前研究较多的 IAS包括重金属离子[4]、酚类物质[5]、邻苯二甲酸酯[6]、矿物油[7]等。作为 NIAS 的一些环状低聚物和线性低聚物[8]也引起了学者的广泛关注,这些化学物质均有可能在与食品接触的过程中发生迁移,而一旦这种迁移超出了规定的最高限量,就会对消费者的健康造成威胁,因此必须对这些潜在的有害物质进行研究。下面将重点介绍几种新发食品安全风险物质。

1. PET 低聚物

低聚物是指由较少的重复单元所组成的聚合物,通常包含 2~40 个重复单元,常见的低聚物可根据重复单元的数量分为二聚物、三聚物、四聚物等。在覆膜类金属包装中,与金属薄板复合的聚酯薄膜主要为聚对苯二甲酸乙二醇酯(PET),在聚合物的聚合过程中可能会产生 PET 低聚物,另外聚合物发生降解或与食物接触的相互作用(如水解作用)、包装生产所用原材料中存在杂质均可形成 PET 低聚物[9]。这些低聚物具有不同的迁移特性和毒理学特征,可以基于毒理学关注阈值方法,结合 Cramer 决策树对 PET 低聚物进行分类[10]。一般而言,只有分子量低于 1000 的分子才能被胃肠道所吸收,所以毒理学的研究集中在分子量低于 1000 的低聚物上[11]。

2. 酚类物质

在以钢为基底的金属包装中,涂料铁是应用最广泛的包装类型。罐体易受到食品内容物的腐蚀,从而使得罐体重金属迁移至食品中,故食品金属罐通常在罐内壁涂覆有机涂层,以保护食品不直接与金属接触。目前罐内壁涂层主要采用环氧酚醛树脂涂料[12]。对于环氧酚醛树脂涂料,由于其分子结构特征和制备工艺,小分子有害化学物质会迁移到内容物中,如双酚 A、游离甲醛、双酚 A 二缩水甘油醚(BADGE)及其衍生物,并导致食品安全问题。

(1)双酚 A 及其类似物

双酚 A 是聚碳酸酯塑料和环氧类涂料的原料,广泛用于食品接触材料[13-14]。研究表明,双酚 A 具有一定的内分泌干扰作用,特别是对婴幼儿危害巨大[15]。因此,目前全球均严格限制双酚 A 在食品接触材料中的使用。双酚 S 和双酚 F 在结构和性能上与双酚 A 相似,通常用于代替双酚 A[16]。然而,研究表明,双酚 S 和双酚 F 也具有一定程度的人类健康危害风险[17]。双酚 S 可加速胚胎的发育并干扰动物的生殖系统,增加早产或性早熟的可能性[18]。双酚 F 在人体内的积累导致精子存活率下降和生育能力下降,甚至导致各种癌症的发生[19]。因此,除了双酚 A 之外,同时需要加强对双酚 S 和双酚 F 的监督和限制。目前,GB 9685—2016 规定,双酚 A 的特定迁移限量为 0.6 mg/kg,双酚 S 的特定迁移限量为 0.05 mg/kg,双酚 F 目前还没有限值要求。此外,欧盟颁布的关于双酚 A 的法规(EU)2018/213 规定了双酚 A 的特定迁移限量为 0.05 mg/kg,远低于双酚 A 的 GB 9685—2016 限值。因此,迫切需要对我国市场上罐装产品的双酚类物质的迁移水平进行调研,为我国国家食品安全国家标准中三种双酚类物质的特定迁移限量的修订奠定理论和数据依据。

(2)壬基酚

壬基酚是重要的环境激素(或称内分泌干扰物)。壬基酚会影响生物体正常的生殖和发育。壬基酚具有持久性及生物蓄积性,可随着产品排放或泄漏迁移到环境中,或迁移到食品中，一旦进入人体内后很难分解，会对人体健康造成严重伤害。在食品接触材料领域，壬基酚聚氧乙烯醚常被用作塑料添加剂，它容易分解为壬基酚，因而可能残留在食品包装材料中。在薄壁金属材料及容器中，壬基酚主要可能存在于覆膜铁的 PET 膜中。

美国国家环境保护局指明，壬基酚在淡水中的含量不应高于 6.6 μg/L，在咸水中不应高于 1.7 μg/L。在欧洲，壬基酚已被欧盟列为优先危害物质。不论是欧盟成员国或是美国，均对纺织品、饮用水、污泥等物品中的壬基酚含量作出了相关规定或是最低限量推荐，而对食品或食品塑料包装内的壬基酚暴露量并没有提出最低限量要求，也没有对食品包装材料中壬基酚的具体迁移限量作出规定。在我国，目前暂无针对食品接触材料中的壬基酚进行检测的国家标准，因此，上述风险实属监管盲点，很有必要对它们进行检测和对消费者的健康风险进行评估。

（3）双酚 A 二缩水甘油醚及其衍生物

环氧树脂主要是由双酚 A 二缩水甘油醚（BADGE）作为聚合单体合成，而 BADGE 又由双酚 A 与环氧氯丙烷在碱性催化剂的条件下反应合成[20]。此外，与 BADGE 结构类似的双酚 F 二缩水甘油醚（BFDGE），也可作为聚合单体合成环氧树脂。在环氧树脂的生产过程中，如果树脂固化不完全，涂层中就可能残留未交联的 BADGE 或 BFDGE 等双酚类物质单体。除上述物质外，还有一种双酚类物质正在引起人们的关注——环状-二双酚 A-二缩水甘油醚（cyclo-di-BADGE，cyclo-diBA），它是双酚 A 和 BADGE 环状缩合的产物，存在于部分以环氧树脂为内壁涂层的金属罐中[21]。此外，BADGE、BFDGE 是生产环氧类树脂的副产物及环氧类树脂的降解产物，这类物质及其衍生产物，多种单氯、二氯羟基混合物和水解物产物都可能出现在食品内容物中，从而造成人类内分泌失衡。

由于其危害性，欧盟在法规 1895/2005 中规定食品及食品模拟物中 BADGE 及其水合物的总迁移量不应超过 9 mg/kg，BADGE 及其氯合物的总迁移量不应超过 1 mg/kg，BFDGE 及其衍生物要求不得检出且不得使用。而目前我国对 BADGE 及其衍生物没有相应的限量标准，但我国市场上罐装产品中的上述双酚类物质可能存在迁移风险。因此，开展薄壁金属材料及容器中双酚 A 二缩水甘油醚及其衍生物的检测与迁移研究是必要的。

3. 邻苯二甲酸酯

近年来，一种新型薄壁金属材料因其对基材所具有的防护能力，已广泛应用于食品饮料等内容物的金属包装，我们称之为热覆膜层压铁薄板，简称为覆膜铁。覆膜铁所用的表面膜为改性 PET 有机高分子薄膜，其在加工过程中有可能添加一些填料，其中增塑剂是其中重要一类。邻苯二甲酸酯又称酞酸酯，主要包括邻苯二甲酸二（2-乙基己基）酯（DEHP）、邻苯二甲酸二丁酯（DBP）等数十种。邻苯二甲酸酯是一类能起到软化作用的化学品，是塑化剂（增塑剂）的一种，被广泛用于玩具、食品包装材料、医用血袋和胶管、清洁剂、润滑油、化妆品等数百种产品中。邻苯二甲酸酯被认为是内分泌干扰物质，对于内分泌系统具有极强的破坏性，对生物体影响性很大，即使在非常低的浓度下也可能使生物体产生突变[22]。在动物生物体内的研究表明，邻苯二甲酸酯可能会引起的症状有死亡、尾弯曲、心脏水肿、无触觉反应等[23]；另外，邻苯二甲酸酯可能会造成睾丸萎缩、肝损伤、生育力下降、胎儿体重下降、肾脏重量增加和抗雄激素活性降低等危害。

4. 矿物油

矿物油是 C10～C50 的各种烃类化合物的总称，可分为饱和烃矿物油（mineral oil saturated hydrocarbons，MOSH）和芳香烃矿物油（mineral oil aromatic hydrocarbons，MOAH）两类。MOSH 目前未发现具有遗传毒性或致癌性，但碳数在 16～35 之间的 MOSH 可在肝脏或肠系膜淋巴结中蓄积，引发肝脏或肠系膜淋巴结微肉芽肿；MOAH 具有致突变性，3～7 环的 MOAH 可形成 DNA 加合物，表现出遗传毒性，并有致癌性。矿物油来源于石油、合成油及其各类精炼产品，能通过多种途径迁移至食品导致污染。研究发现，食品中普遍存在矿物油，其中以植物油的污染最为严重[24-26]，此外，由于水质污染，鱼类容易在养殖过程中富集矿物油（石油烃）；同时，几乎所有食品会通过生产过程接触到污染的容器或生产线而造成矿物油迁移[27-28]。

由于对矿物油的毒理学研究和风险评估尚不完善，目前国内外针对矿物油的法规标准还是比较缺失的。欧盟及其成员国已发布了相关法规标准限制矿物油在食品接触材料中的使用，并强化市场监管。欧盟规定在不同类型的食品接触材料中使用矿物油应符合（EC）No.1935/2004《关于拟与食品接触的材料和制品暨废除 80/590 和 89/109/EEC 指令》中有关食品接触材料的一般规定。2017 年，欧洲委员会通过了 EU 2017/84 建议书，就食品和食品接触材料和制品中的矿物油监管作出指示。我国目前正在开展食品及食品接触材料中矿物油的含量及迁移量的检测及风险评估研究，未来我国食品安全国家标准中可能会对其含量及迁移量进行限量要求。

4.2　薄壁金属材料及容器中危害物的检测

目前研究发现的薄壁金属容器和厨具中潜在有害物质种类繁多，新的有害物质也在不断出现，对这些 NIAS 的毒性和产生途径无法一一知晓，因此需要进一步研究和揭示食品接触用金属材料中的有害物质，同时，对应的危害物检测技术与迁移模型也需开发和完善。建立高效灵敏的分析检测技术和迁移模型，以及对食品安全进行风险评估，具有很重要的现实意义。

食品接触用金属材料中可迁移有害物质的分析检测方法主要有高效液相色谱法（HPLC）[29]、液相色谱-质谱法（LC-MS）[30]、气相色谱法（GC）、气相色谱-质谱法（GC-MS）、电感耦合等离子体-质谱法（ICP-MS）、电化学法等。开展高效灵敏的分析检测技术可以有效控制和监测食品接触金属材料中有害物质向食品的迁移，为食品安全提供保障。

4.2.1　覆膜铁容器中可迁出 PET 低聚物的检测

低聚物分析的主要难题之一是缺乏分析标准。目前为了解决这个问题，国内外研究中使用了不同的标准品来定量聚酯低聚物，在大多数情况下，低聚物标品不易获得，因此寻找一种更为简便的定量方法极为重要。

为了同时测定覆膜铁中迁出的 PET 环状低聚物，采用超高效液相色谱-四极杆飞行时间质谱（UPLC-QTOF/MS）法进行分析与测定，为后续开展食品用覆膜铁容器中迁出 PET 环状低聚物的研究提供方法支撑。

1. 材料及方法

（1）材料

PET 环状低聚体（2～5）标准品，购置于北京百灵威有限公司。10%（体积分数）乙醇溶液；50%（体积分数）乙醇溶液；异辛烷；浓度为 20 μg/L、50 μg/L、100 μg/L、200 μg/L、500 μg/L 的混合标准工作溶液。

（2）试验方法

迁移试验：覆膜铁罐清洗晾干后，分别装入 10%乙醇溶液、50%乙醇溶液及异辛烷，密封后放入 60℃的恒温培养箱中保温 10 d，每个样品开展平行测试三次。迁移结束后，取 10 ml 迁移溶液放入蒸馏瓶中，蒸发至干燥，乙腈溶解残渣，过滤膜，采用 UPLC-QTOF/MS 对 PET 环状低聚物进行测定。

仪器条件：采用 UPLC 系统（设备型号：安捷伦 1290）与四极杆飞行时间质谱仪（设备型号：安捷伦 6546 UHD）耦合，质谱在正离子模式下工作，离子源为带有安捷伦喷射流技术的 Jet Stream ESI 源。

2. 研究结论

（1）方法学评价

对目标 PET 环状低聚物进行检测分析，所得色谱图如图 4-1 所示，各物质分离度良好。并且经过验证，证实 4 种目标低聚物在其相应质量浓度范围内线性关系良好，检出限为 0.02～1.69 μg/kg，定量限为 0.07～5.63 μg/kg，平均回收率在 80.00%～105.18%，相对标准偏差均小于 10%，可以满足日常对于 PET 环状低聚物的检测要求。

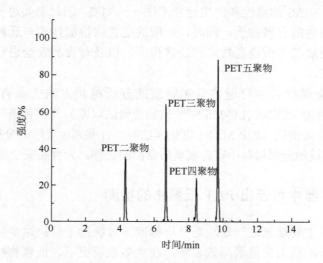

图 4-1　PET 环状低聚物的分离色谱图

（2）样品测试

从国内外企业收集了四种覆膜铁空罐进行迁移水平的研究，由于所收集的覆膜铁容器的应用食品类型未知，所以选择三种食品模拟物分别对四种覆膜铁空罐进行迁移试验。检测结果如表 4-1 所示。

表 4-1　覆膜铁样品中的 PET 环状低聚物的定量结果　（单位：µg/L）

低聚物	样品 1		
	10%乙醇	50%乙醇	异辛烷
PET 环状二聚体	ND	ND	2.96±0.59
PET 环状三聚体	ND	115.00±6.57	1334.25±10.49
PET 环状四聚体	1.75±0.31	52.95±2.98	252.84±9.01
PET 环状五聚体	1.56±0.16	1.76±0.09	2.83±0.27
低聚物	样品 2		
	10%乙醇	50%乙醇	异辛烷
PET 环状二聚体	ND	ND	1.22±0.03
PET 环状三聚体	1.87±0.17	118.74±8.97	866.27±7.21
PET 环状四聚体	ND	35.77±2.43	171.30±5.47
PET 环状五聚体	0.19±0.01	1.66±0.07	2.44±0.13
低聚物	样品 3		
	10%乙醇	50%乙醇	异辛烷
PET 环状二聚体	ND	ND	1.23±0.13
PET 环状三聚体	4.85±0.21	71.15±4.01	1058.80±12.09
PET 环状四聚体	ND	53.41±2.34	207.23±4.02
PET 环状五聚体	ND	18.62±1.21	2.63±0.76
低聚物	样品 4		
	10%乙醇	50%乙醇	异辛烷
PET 环状二聚体	ND	ND	8.16±0.92
PET 环状三聚体	ND	ND	ND
PET 环状四聚体	ND	22.13±1.07	381.45±8.29
PET 环状五聚体	ND	6.01±0.76	1.40±0.08

注：ND 为未检出。

测试结果表明，四种样品在三种不同的食品模拟物中低聚物的迁移量表现出大致相同的趋势，均是在 10%乙醇食品模拟物中的低聚物迁移量最少，其次为 50%乙醇模拟物。此外，随着乙醇含量的增加，低聚物迁移的含量也随之增加，且四种样品均是在异辛烷模拟物中的低聚物迁移含量最多。原因可能是与水分子相比，PET 环状低聚物更疏水，所以其更易向 50%乙醇模拟物中迁移，也更易向脂肪类食品中迁移。

4.2.2　薄壁金属容器中可迁移双酚类物质的检测

薄壁金属容器被广泛应用于食品包装，如饮料、奶粉、肉制品等的包装，其内壁通常会涂有环氧酚醛树脂，以提高金属罐的抗腐蚀性，并可延长食品的保质期。环氧酚醛树脂主要是环氧树脂与酚醛树脂反应而成，环氧树脂中可能有双酚 A 等有害物质的迁出。由于双酚 S 和双酚 F 在结构和性能上与双酚 A 相似，通常被用于代替双酚 A[16]。双酚类物质大多具有内分泌干扰作用，其测定与迁移研究一直是个热点，世界各国也纷纷发布各项法规进行控制与监管。

国内外关于双酚 A 的检测方法有很多，主要包括 HPLC、分光光度法、GC-MS、电化学分析法和 LC-MS 等。近年来，建立快速、同时测定多种有害物质的方法成为开展薄壁金属容器中双酚类物质迁移的趋势，为加强薄壁金属容器中可迁移双酚类物质的监测提供技术参考。

1. 高效液相色谱–质谱分析方法

尽管国内外关于双酚 A 的检测方法研究很多，然而关于同时测定食品接触材料及食品中的双酚 A、双酚 S 和双酚 F 的报道很少。由于双酚物质的毒性以及食品中物质的复杂性，建立具有高灵敏度和低基质干扰的多组分分析方法势在必行。

（1）材料

双酚 A、双酚 S 和双酚 F 标准品，双酚 A-$^{13}C_{12}$、双酚 S-$^{13}C_{12}$ 和双酚 F-d_{10} 内标物，双酚 A、双酚 S 和双酚 F 的混标溶液（10 μg/L、1 μg/L 和 20 μg/L），ENVITM-Carb 固相萃取柱（GCB 柱），金属空罐样品。

（2）试验方法

液相条件：SHIMADZU Shim-pack-HP-C18 反相柱（柱长 210 mm，内径 5 mm，粒径 3 μm），流动相 B 为甲醇，流动相 C 为 0.1%氨水，梯度洗脱程序：$t = 0$ min，20% B；$t = 1.5$ min，20% B；$t = 2.5$ min，100% B；$t = 4$ min，100% B，$t = 4.1$ min，20% B；$t = 6$ min，20% B，柱流量 0.3 ml/min，柱温 40℃。

质谱条件：电喷雾电离；负离子模式；多反应监测；雾化气为氮气，流速为 3.0 L/min；离子源界面：4.0 kV；去溶剂化气体：氮气，流速为 10 L/min。

迁移试验：根据所罐装内容物的类型，以标准溶液为内标物，选用 4%（体积分数，下同）乙酸、不同浓度的乙醇（10%乙醇、20%乙醇、95%乙醇）和异辛烷作为食品模拟物。对于有高温杀菌的食品和饮料，空罐经过高温杀菌以后再进行迁移试验。迁移试验结束后，对于水性和酒精类食品模拟液，浸泡液氮吹至近干，用甲醇定容过滤膜后上机测定。对于异辛烷，加入正己烷，采用甲醇水溶液（体积比 1∶1）抽提，静置分层后，吸取下层水溶液，过滤膜后测定。理论混合内标浓度（BPA-$^{13}C_{12}$、BPS-$^{13}C_{12}$ 和 BPF-d_{10}）分别为 10 μg/L、1 μg/L 和 20 μg/L。

（3）研究结论

按照上述仪器参考条件对标准溶液进行测定分析，得到双酚类物质的色谱图，如图 4-2 所示，它们的出峰顺序依次为双酚 S、双酚 F、双酚 A。

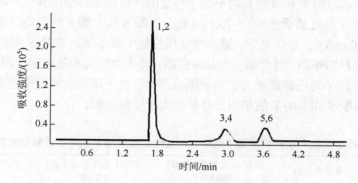

图 4-2　双酚类物质液相色谱图

双酚 A、双酚 S 与双酚 F 在 3 种模拟介质中的相关数据见表 4-2～表 4-4。此外经过对回收率的分析可以得到双酚 A、双酚 F 和双酚 S 的回收率为 88.4%～105.6%，相对标准偏差为 3.1%～7.8%，表明所建立的方法可用于样品测定。

表 4-2　双酚 A、双酚 F 和双酚 S 在 4%乙酸食品模拟物中的线性回归方程、相关系数、检出限和定量限

化合物	回归方程	R	R^2	检出限/(μg/L)	定量限/(μg/L)
双酚 A	$f(x) = 82.1x - 22.6$	0.999	0.999	0.3	1
双酚 S	$f(x) = 440.3x + 214.7$	0.999	0.999	0.05	0.1
双酚 F	$f(x) = 63.4x - 2.4$	0.999	0.998	0.3	1

表 4-3　双酚 A、双酚 F 和双酚 S 在 10%乙醇食品模拟物中的线性回归方程、相关系数、检出限和定量限

化合物	回归方程	R	R^2	检出限/(μg/L)	定量限/(μg/L)
双酚 A	$f(x) = 120.3x + 64.1$	0.998	0.997	0.3	1
双酚 S	$f(x) = 569.4x + 640.2$	0.999	0.999	0.05	0.1
双酚 F	$f(x) = 98.2x + 14.0$	0.998	0.997	0.3	1

表 4-4　双酚 A、双酚 F 和双酚 S 在异辛烷食品模拟物中的线性回归方程、相关系数、检出限和定量限

化合物	回归方程	R	R^2	检出限/(μg/L)	定量限/(μg/L)
双酚 A	$f(x) = 64.2x - 15.6$	0.999	0.999	1	2
双酚 S	$f(x) = 212.4x + 61.5$	0.999	0.999	0.3	1
双酚 F	$f(x) = 46.7x + 4.5$	0.999	0.998	1	2

（4）样品测试

通过 LC-MS/MS 对空罐中的双酚 A、双酚 S 和双酚 F 的平均迁移量进行测定。测试样品均为在市场销售的国内外著名品牌所用的空罐样品，表 4-5 为空罐样品在特定食品模拟物中的双酚 A、双酚 S 和双酚 F 的平均迁移量的测试结果。结果显示，罐装食品和饮料用空罐中双酚 A 平均迁移量在 1.2～70.1 µg/kg，双酚 S 和双酚 F 的平均迁移量分别不高于 1.1 µg/kg 和 21.0 µg/kg。总体上看，罐头食品用空罐中双酚 A、双酚 S 和双酚 F 的平均迁移量高于罐装饮料和啤酒。对于罐头食品用空罐，肉禽类罐头和鱼类罐头用空罐中双酚 A、双酚 S 和双酚 F 的平均迁移量要大于其余罐头种类。对于罐装饮料用空罐来说，其他类饮料的双酚 A、双酚 S 和双酚 F 的平均迁移量要大于碳酸饮料。

表 4-5　罐装食品和饮料用空罐中双酚 A、双酚 S 和双酚 F 的平均迁移量的测试结果

产品类型	食品模拟物	双酚 A 的平均迁移量/ （µg/kg）	双酚 S 的平均迁移量/ （µg/kg）	双酚 F 的平均迁移量/ （µg/kg）
肉禽类罐头	异辛烷	70.1	1.1	15.4
鱼类罐头	异辛烷	52.7	0.8	21.0
水果罐头	4%乙酸	25.4	ND	1.2
蔬菜罐头	10%乙醇	20.5	0.45	13.6
蘑菇罐头	10%乙醇	32.8	0.74	ND
坚果类罐头	10%乙醇	23.0	ND	2.3
豆类罐头	10%乙醇	35.2	0.97	1.2
粥类罐头	10%乙醇	21.8	0.07	1.4
其他罐头	10%乙醇	33.9	0.10	ND
啤酒	10%乙醇	1.2	0.12	2.4
碳酸饮料	4%乙酸	3.8	ND	ND
其他饮料	10%乙醇	8.7	0.31	2.7

注：ND 为未检出。

2. 电化学分析方法

电化学分析方法通过使用电极作为转换元件，将目标分析物在特定电极表面发生电化学反应产生的电化学信号转化为电信号，通过电化学检测仪将电信号进行处理，最终在计算机终端进行显示。通过电化学分析方法，可以对有害物质实现快速检测。近年来，随着快速检测技术在检测与监管领域应用的急迫需求，使用电化学分析方法测定食品及食品接触材料中的有害物质及其迁移量的发展迅速。

目前，检测双酚 A 的常用方法主要集中在色谱技术以及色谱联用技术，如气相色谱法、液相色谱法、气相色谱-质谱法、液相色谱-质谱法等，但上述方法不足之处是仪器对样品的提取和净化要求较高，样品预处理烦琐，所需色谱仪及检测器等设备昂贵。故采用操作简单、分析快速的电化学分析方法对微量双酚 A 的迁移量进行测定不失为一种不错的选择。

（1）材料

纳米氧化铁分散液（1 mg/ml），磷酸缓冲溶液（pH 为 6.73），物质的量浓度分别为

0.01 μmol/L、1 μmol/L、5 μmol/L、10 μmol/L、20 μmol/L 的双酚 A 标准工作溶液。

（2）试验方法

纳米氧化铁修饰玻碳电极的制备：首先将玻碳电极超声清洗，取出后用超纯水冲洗三次。其次将纳米氧化铁溶液放置于超声清洗器中超声得到分散均匀的纳米氧化铁溶液。最后使用移液枪移取 10 μl 纳米氧化铁分散液滴加在玻碳电极表面，室温下自然干燥成膜。

仪器条件：电化学工作站，采用循环伏安法来表征电极表面的微观变化。参数设置如下：电位扫描范围从 –0.2～ + 1V，扫描速度为 50 mV/s，循环圈数为 1，每一圈记录的数据点数为 200。

（3）方法学评价

玻碳电极测定不同浓度的双酚 A：利用裸电极对双酚 A 标准工作溶液进行检测，得到不同浓度下双酚 A 的循环伏安曲线，如图 4-3 所示。以标准样物质的量浓度（单位：μmol/L）为横坐标，最大氧化峰电流（单位：μA）为纵坐标，建立标准曲线，如图 4-4 所示，相关系数 R^2 为 0.9716。结果表明在 0～20 μmol/L 范围内，双酚 A 物质的量浓度与最大氧化峰电流线性关系良好。

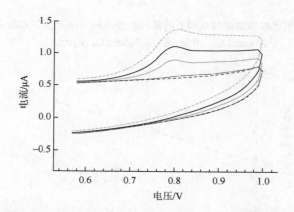

图 4-3　双酚 A 在玻碳电极上的循环伏安曲线（从上到下双酚 A 物质的量浓度依次为 20 μmol/L、
10 μmol/L、5 μmol/L、1 μmol/L、0.01 μmol/L）

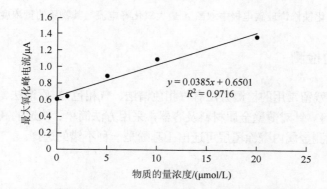

图 4-4　玻碳电极中双酚 A 最大氧化峰电流与其物质的量浓度的线性关系图

纳米氧化铁修饰玻碳电极测定不同浓度的双酚 A：利用纳米氧化铁修饰后的玻碳电极对双酚 A 标准工作溶液进行检测，得到不同浓度下双酚 A 的循环伏安曲线，如图 4-5 所示。以标准样物质的量浓度（μmol/L）为横坐标，最大氧化峰电流（μA）为纵坐标，建立标准曲线，如图 4-6 所示，相关系数 R^2 为 0.9976。结果表明在 0～20 μmol/L 范围内，双酚 A 物质的量浓度与最大氧化峰电流线性关系良好。

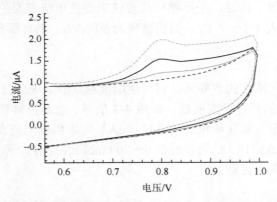

图 4-5　双酚 A 在纳米氧化铁修饰玻碳电极上的循环伏安曲线（从上到下双酚 A 物质的量浓度依次为 20 μmol/L、10 μmol/L、5 μmol/L、1 μmol/L）

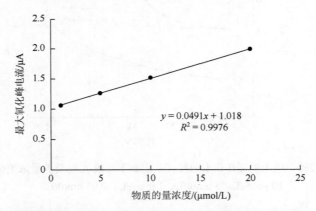

图 4-6　纳米氧化铁修饰玻碳电极中双酚 A 最大氧化峰电流与其物质的量浓度的线性关系图

4.2.3　壬基酚的检测

目前，壬基酚残留常用的检测方法有气相色谱法、气相色谱-质谱法、高效液相色谱法、液相色谱-质谱法等。针对薄壁金属材料及容器，采用方法简单、快速的高效液相色谱-荧光检测器分析技术检测金属内壁涂覆层可迁出壬基酚是一种不错的选择。

1. 研究方法

（1）食品模拟物的选择

选定了 4%乙酸、50%乙醇的食品模拟物进行壬基酚迁移试验。考察相同迁移条件下壬基酚在上述 2 种食品模拟物中的迁移情况。

（2）食品模拟物的前处理

4 种金属涂料罐中都分别装入食品模拟物（4%乙酸、50%乙醇），将其放入 40℃恒温箱迁移 10 d 后，立即将所有样品转移到带有聚丙烯盖和聚四氟乙烯隔膜的玻璃瓶（端盖），并在 4℃下储存。取上述模拟物各 1 ml，用 0.22 μm 有机滤膜过滤，待高效液相色谱分析。

（3）色谱条件

色谱柱：C18（5 μm×4.6 mm×250 mm），进样量 40 μl，柱温 35℃，柱流量 0.8 ml/min，荧光检测器激发波长为 227 nm，发射波长为 313 nm。流动相：甲醇-水，梯度洗脱如表 4-6 所示。

表 4-6　HLPC 测定 NP 流动相的比例

时间/min	流量/(ml/min)	甲醇体积分数/%	水体积分数/%
0.00	0.8	10.0	90.0
5.00	0.8	65.0	35.0
10.00	0.8	85.0	15.0
35.00	0.8	85.0	15.0
36.00	0.8	10.0	90.0
40.00	0.8	10.0	90.0

2. 方法学评价

按照上述色谱条件对标准工作溶液进行分析，得到壬基酚的色谱图，如图 4-7 所示。以标准样品的峰面积（μV·s）为纵坐标，标准样品的质量浓度（mg/L）为横坐标，建立标准曲线，如图 4-8 所示，相关系数 R^2 为 0.9998。结果表明在 0.05～1 mg/L 范围内，壬基酚的质量浓度与其峰面积呈良好线性关系。

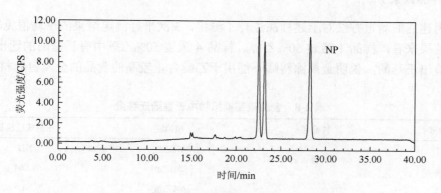

图 4-7　壬基酚的色谱图

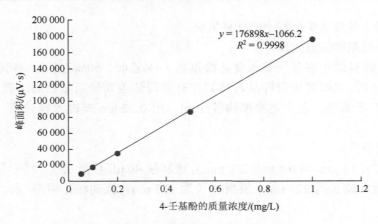

$$y = 176898x - 1066.2$$
$$R^2 = 0.9998$$

图 4-8   壬基酚标准曲线图

（1）检出限和定量限

以 3 倍信噪比计算检出限，10 倍信噪比计算定量限，得出检出限为 0.01～0.02 mg/L，定量限为 0.03～0.06 mg/L。

（2）加标回收率与精密度

移取等量的样品，分别添加 3 个质量浓度水平（0.1 mg/L、0.2 mg/L、0.5 mg/L）的壬基酚标准溶液，每个添加水平分别重复测定 6 次，待测样液经高效液相色谱仪测定分析，结果见表 4-7。

表 4-7   壬基酚的加标回收率等测定信息

目标物	加标量/(mg/L)	本底含量/(mg/L)	测定平均值/(mg/L)	加标回收率/%	相对标准偏差/%
壬基酚	0.1	ND	0.089	89.0	2.7
	0.2	ND	0.185	92.5	3.4
	0.5	ND	0.43	86.0	4.5

3. 样品结果分析

利用建立的测定方法对上述样品进行了测定，3 次平行测定结果的平均值见表 4-8，从测定结果来看，样品 1 罐装 50%乙醇、样品 4 罐装 50%乙醇中有壬基酚的迁出。其他罐均未检出壬基酚，说明金属涂料罐不能用于乙醇含量较高的食品的金属包装材料。

表 4-8   金属罐装模拟物中壬基酚迁移量

编号	样品名	模拟液	壬基酚迁移量
1	样品 1	4%乙酸	ND
2		50%乙醇	1.004
3	样品 2	4%乙酸	ND
4		50%乙醇	ND

编号	样品名	模拟液	壬基酚迁移量
5	样品 3	4%乙酸	ND
6		50%乙醇	ND
7	样品 4	4%乙酸	ND
8		50%乙醇	0.006

注：ND 表示低于检出限。

本节建立了高效液相色谱荧光法快速检测金属涂料罐中壬基酚含量的方法，并选择 4%乙酸、50%乙醇作为食品模拟物对 4 种金属涂料罐中壬基酚的迁移量进行了测定与分析。该方法在 0.05～1 mg/L 范围内线性关系良好，相关系数 R^2 为 0.9998，加标回收率为 86%～92.5%，并且该方法灵敏度高、精密度和准确度良好，而且操作简便，成本低。

4.2.4　邻苯二甲酸酯的检测

由于覆膜铁的表面薄膜为改性热塑性树脂 PET，塑料加工过程中常加入增塑剂，覆膜铁中可迁移的增塑剂（邻苯二甲酸酯）的问题成为影响覆膜铁材料应用推广的最核心问题。目前，针对邻苯二甲酸酯的迁移量，我国已经制定了《食品安全国家标准 食品接触材料及制品 邻苯二甲酸酯的测定和迁移量的测定》（GB 31604.30—2016），此标准采用气相色谱-质谱法进行测定，但该方法需要经过复杂的样品前处理工序，如需要采用正己烷多次提取振荡，并进行减压旋蒸，操作过程烦琐，操作流程长，单个样品处理时间约 30 min 以上，同时样品测定时间约 30 min。因此，本书针对覆膜铁金属容器中迁出的邻苯二甲酸酯，采用液相色谱-质谱法对其迁移量进行了测定分析，为开展相关食品接触材料及制品中可迁出对邻苯二甲酸酯的检测、市场监管、标准修订与风险评估提供参考。

1. 试验材料及仪器

17 种邻苯二甲酸酯标准品，如邻苯二甲酸二甲酯（DMP）、邻苯二甲酸二乙酯（DEP）、邻苯二甲酸二异丁酯（DIBP）等。

采用超高效液相色谱高分辨质谱仪（带 ESI 源）进行测试。

2. 实验方法

（1）标准溶液配制

配制浓度为 5.0 ng/ml、10.0 ng/ml、20.0 ng/ml、50.0 ng/ml、100.0 ng/ml、200.0 ng/ml 的混合标准曲线工作液。

（2）迁移试验及前处理

取一批覆膜铁空罐，分别加入水性非酸性、水性酸性和酒精类的食品模拟物后封罐，置于 60℃的保温箱中迁移 10 d。迁移结束后直接吸取迁移液过滤膜后上机测试。

（3）仪器条件

流动相：A 为含 0.1%甲酸的水溶液，B 为含 0.1%甲酸的乙腈；梯度洗脱；电喷雾电离；正离子模式。

3. 测试结果

（1）方法学评价

17 种邻苯二甲酸酯迁移量在 20.0 ng/ml 浓度下的离子图见图 4-9。相对于国标方法（气相色谱-质谱法），该方法的单个样品处理时间小于 5 min，样品测定时间小于 15 min，极大提高工作效率。结果表明 17 种物质的线性关系良好，通过标准曲线外标法进行定量测定，方法回收率为 90%～110%，方法重复性小于 5%，相关系数大于 99%，定量限为 1～5 μg/L。邻苯二甲酸酯的母离子 m/z、子离子 m/z、碰撞能量、检出限和定量限如表 4-9 所示，可用于覆膜铁金属容器中增塑剂迁移量的测定。

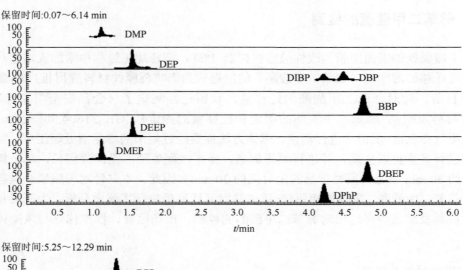

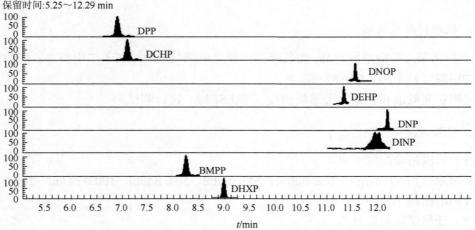

图 4-9　增塑剂在 20.0 ng/ml 浓度下的离子图

表 4-9　增塑剂母离子、子离子 m/z 及碰撞能量、检出限和定量限

PAEs	测定时间/min	母离子 m/z	子离子 m/z	NCE/%	检出限/(μg/L)	定量限/(μg/L)
DMP	1.08	195.0655	163.0391*；77.0396	15	1	2
DEP	1.50	223.0965	149.0236*；177.0469	45	1	2
DIBP	4.14	279.1590	149.0235*；57.0709	25	2	5
DBP	4.44	279.1590	149.0235*；205.0871	25	2	5
DMEP	1.09	283.1175	59.0501*；207.0652	25	0.5	1
BMPP	7.79	335.2219	149.0235*；167.0341	35	0.5	1
DEEP	1.51	311.1495	73.0656*；221.0799	15	0.5	1
DPP	6.70	307.1905	149.0236*；285.0282	25	0.5	1
DHXP	8.39	335.2219	149.0233*；233.1168	15	0.5	2
BBP	4.72	313.1435	91.0547*；149.0236	45	0.5	2
DBEP	4.78	367.2116	101.0965*；83.0861	20	0.5	2
DCHP	6.87	331.1905	149.0236*；167.0337	45	0.5	2
DEHP	10.27	391.2843	149.0235*；71.0862	35	0.5	2
DPhP	4.16	319.0967	225.0543*；149.0235	20	0.5	2
DNOP	10.45	391.2843	149.0235*；261.1482	25	0.5	2
DNP	10.95	419.3152	149.0235*；275.1638	20	0.5	2
DINP	10.81	419.31581	71.0864*；149.0235	35	1	5

注：*为定量离子。

（2）样品测定

采用此方法对收集到的 5 种覆膜铁金属空罐进行测定，结果如表 4-10 所示。结果表明，5 种金属罐中的增塑剂迁移量均未检出，说明覆膜铁表面覆膜中的增塑剂风险较低，主要是因为改性热塑性树脂 PET 的加工成型工艺相对简单，无须添加增塑剂即可实现较好的加工性。

表 4-10　覆膜铁罐中 17 种邻苯二甲酸酯迁移量的测定结果

	DMP	DEP	DIBP	DBP	DMEP	BMPP	DEEP	DPP	DHXP	BBP	DBEP	DCHP	DEHP	DPhP	DNOP	DMP	DEP
1	ND	ND	ND	ND	ND	ND	ND	ND	ND	ND	ND	ND	ND	ND	ND	ND	ND
2	ND	ND	ND	ND	ND	ND	ND	ND	ND	ND	ND	ND	ND	ND	ND	ND	ND
3	ND	ND	ND	ND	ND	ND	ND	ND	ND	ND	ND	ND	ND	ND	ND	ND	ND
4	ND	ND	ND	ND	ND	ND	ND	ND	ND	ND	ND	ND	ND	ND	ND	ND	ND
5	ND	ND	ND	ND	ND	ND	ND	ND	ND	ND	ND	ND	ND	ND	ND	ND	ND

注：ND 为低于检出限。

目前食品接触材料中邻苯二甲酸酯的迁移量的测定国标方法为气相色谱-质谱法,本节开展 LC-MS 测定食品容器用覆膜铁中邻苯二甲酸酯迁移量测定方法研究,建立了液相色谱-质谱法测定食品接触材料中 17 种邻苯二甲酸酯迁移量的方法,其中对水性非酸性、水性酸性和酒精类等食品模拟物,样品过滤后直接可以测定。通过标准曲线外标法进行定量测定,单个样品处理时间小于 5 min,样品测定时间小于 15 min,极大提高工作效率,方法回收率在 90%~110%,方法重复性小于 5%,定量限为 1~5 μg/L。该方法操作简单,极大提高测定工作效率,为食品接触材料中邻苯二甲酸酯的食品安全监管提供高效、快速、准确的测定方法。

4.2.5　矿物油定性的检测

饮料样品经过正己烷萃取富集,提取液经分散固相萃取净化后浓缩定容,采用二维气相色谱-飞行时间质谱/氢火焰离子化检测器检测定性。

1. 试验材料

矿物油:高纯度标准品,CAS 号:8042-47-5;正构烷烃(C7~C40)混合标准溶液;双环己烷(biocyclohexyl,CYCY),CAS 号:92-51-3,纯度>99%;胆甾烷(5α-cholestane,CHO),CAS 号:481-21-0,纯度>99%;1-甲基萘(1-methylnaphthalene,1-MN),CAS 号:90-12-0,纯度>99%;1,3,5-三叔丁基苯(1,3,5-tri-tert-butylbenzene,TBB),CAS 号:1460-02-2,纯度>99%。

2. 试验步骤

(1)标准溶液配制

配制 200 mg/L 的矿物油的正己烷标准溶液;配制 200 mg/L 的正构烷烃、胆甾烷、1-甲基萘、1,3,5-三叔丁基苯的正己烷内标溶液。

(2)迁移试验与样品处理

将新出厂的某金属罐装饮料样品置于 60℃的保温箱中迁移 10 d,打开金属盖之后,在超声波条件下进行脱气,取 50 ml 脱气过的液体,置于 100 ml 分液漏斗中,用 50 ml 正己烷进行萃取,振荡 10~20 次,小心排气,静止分层。重复两次,收集合并上层正己烷于玻璃器皿中,氮吹浓缩至 5 ml 左右,待净化。分别称取(50~100 mg)PSA 和 C18,0.5 g 左右 0.3%硝酸银硅胶颗粒在玻璃试管中,将待净化液体加入玻璃试管中,充分振荡混匀后,5000 r/min 离心 5 min。取上清氮吹至干。1 ml 正己烷定容,混匀,用于二维气相色谱-飞行时间质谱/氢火焰离子化检测器检测。

3. 测试结果

(1)方法学评价

正构烷烃和内标的混合标准品确定轻组分矿物油标准品二维质谱图及 FID 图如

图 4-10 与图 4-11 所示。结果表明经过内标混合溶液的标定，矿物油标准品中的 MOSH 区域与 MOAH 区域得到良好的区分。

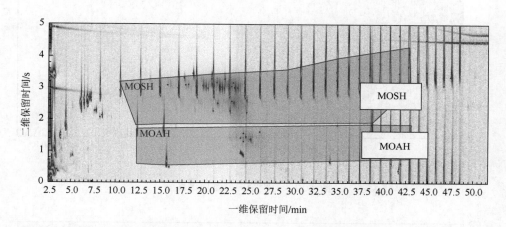

图 4-10　正构烷烃和内标的混合标准品确定轻组分矿物油标准品二维质谱图

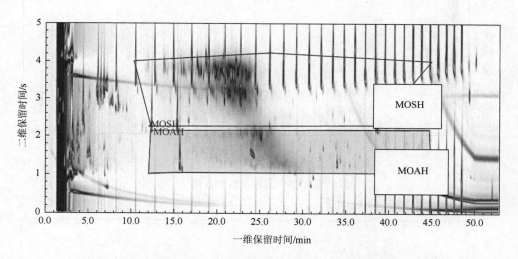

图 4-11　正构烷烃和内标的混合标准品确定轻组分矿物油标准品 FID 图

（2）样品定性测定

以矿物油标准品的保留时间定性，并用内标区分 MOSH 和 MOAH 的区域，样品添加量为 0.4 mg/kg，在信噪比和相对偏移量相同的条件下，用标准品确定 MOAH 和 MOSH 的区域范围；当样品本身在 MOSH 和 MOAH 区域范围，FID 图雾状驼峰响应值高于样品加标时，判断其样品为高于加标量的阳性样品，结果如图 4-12～图 4-17 所示。结果表明饮料样品的响应值低于样品加标量为 0.4 mg/kg 时的图雾状驼峰响应值，说明饮料样品中的矿物油迁移量低于 0.4 mg/kg。

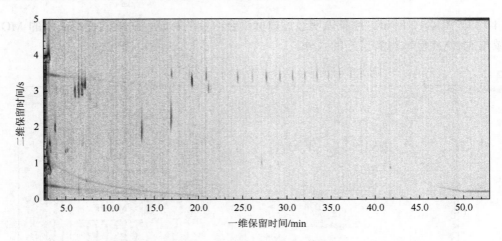

图 4-12　流程空白二维质谱图

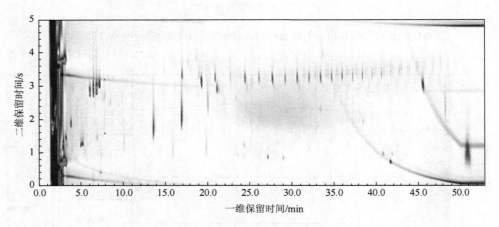

图 4-13　流程空白 FID 图

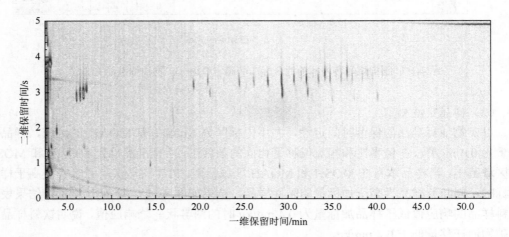

图 4-14　饮料样品二维质谱图

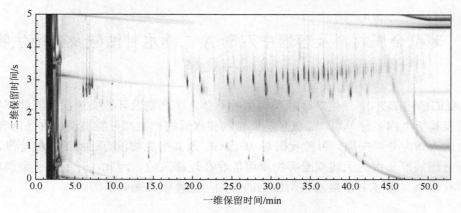

图 4-15　饮料样品二维 FID 图

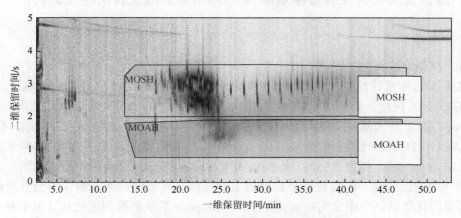

图 4-16　饮料样品加标样品二维质谱图

加标量 0.4 μg/ml

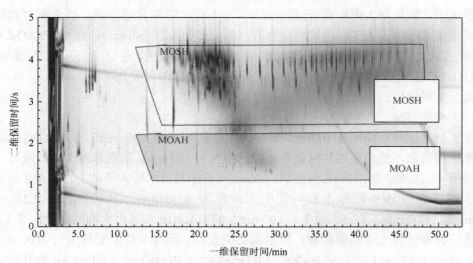

图 4-17　饮料样品加标样品 FID 图

加标量 0.4 μg/ml

4.3　薄壁金属材料及容器中双酚 A 二缩水甘油醚及其衍生物的检测与迁移

BADGE、BFDGE 是生产环氧类树脂的单体、副产物及环氧类树脂的降解产物，这类物质及其衍生物多种单氯、二氯羟基混合物和水解物产物都可能出现在食品内容物中，从而造成人体内分泌失调。目前我国对 BADGE 及其衍生物没有相应的限量标准，但我国市场上罐装产品中的上述双酚类物质可能存在迁移风险。因此，开展薄壁金属材料及容器中双酚 A 二缩水甘油醚及其衍生物的检测与迁移研究是必要的。

4.3.1　薄壁金属材料及容器中双酚 A 二缩水甘油醚及其衍生物的检测

1. 材料与方法

（1）材料与仪器

双酚 A 二缩水甘油醚（BADGE，纯度≥95%）、双酚 A-(2-3-二羟基丙基)缩水甘油醚（BADGE·H_2O，纯度≥95%）、双酚 A-二(2-3-二羟基丙基)醚（BADGE·$2H_2O$，纯度≥97%）、双酚 A-(3-氯-2 羟丙基)甘油醚（BADGE·HCl，纯度≥90%）、双酚 A-二(3-氯-2 羟丙基)醚（BADGE·2HCl，纯度≥97%）、双酚 A-(3-氯-2 羟丙基)(2-3-二羟基丙基)缩水甘油醚（BADGE·H_2O·HCl，纯度≥95%）均购自美国 Sigma-Aldrich 公司；甲醇、乙腈、乙醇、异辛烷（均为色谱纯）购自北京诺其雅盛生物科技有限公司；冰乙酸（均为分析纯）购自国药集团化学试剂有限公司；实验用水为 Millipore 系统制得的超纯水（电阻率不小于 18.2 MΩ·cm）。

LC-20AD 高效液相色谱（荧光检测器），制造商为日本岛津仪器有限公司；AL204 型电子天平，制造商为梅特勒-托利多仪器厂；BSP-250 生化培养箱，制造商为上海博迅实业有限公司医疗设备厂；超纯水发生器，制造商为美国 Millipore 公司；YXQ-LS-50A 全自动立式电热压力蒸汽杀菌器，制造商为上海博迅实业有限公司医疗设备厂；XT-FGJ100C 型电动封罐机，制造商为广东喜泰包装设备有限公司。

食品金属罐样品由金属包装企业和罐头企业提供。

（2）实验方法

配制标准储备液和标准中间液：首先分别配制浓度为 1000 mg/L 的 BADGE 及其衍生物单标储备液，然后采用单标储备液配制浓度为 100 mg/L 的混合标准中间液。

选用 4%乙酸溶液、10%乙醇溶液、50%乙醇溶液模拟水性和酒精类食品：用 4%乙酸、10%乙醇溶液和 50%乙醇溶液分别配制浓度为 0.00 mg/L、0.10 mg/L、0.25 mg/L、0.50 mg/L、1.00 mg/L、2.50 mg/L、5.00 mg/L 的 BADGE 及其衍生物的混合标准工作液。

选用异辛烷作为食品模拟物，模拟脂肪类食品。用异辛烷配制浓度为 0.00 mg/kg、0.10 mg/kg、0.25 mg/kg、0.50 mg/kg、1.00 mg/kg、2.50 mg/kg、5.00 mg/kg 的 BADGE 及其衍生物的混合标准工作液。

迁移试验：空罐清洗后，加入食品模拟液，封罐密封，置于灭菌锅中，按照其罐装食品的加工工艺进行模拟杀菌。杀菌冷却后，放置于 60℃恒温箱中迁移 10 d。

食品模拟物前处理：待水性和酒精类食品模拟物冷却后，直接进高效液相色谱仪分析；油脂类食品模拟物溶液提取后要进行测试。

液相色谱条件优化：选择合适的色谱柱（C18）；流动相选择乙腈和水，选择合适的流速及梯度洗脱程序，荧光检测器进行测试。

2. 方法学评价及样品检测

（1）线性方程及检出限

分别使用 4%乙酸溶液、10%乙醇溶液、50%乙醇溶液和异辛烷配制标准工作液做标准曲线。根据各个梯度浓度及其响应值绘制标准曲线，计算检出限（以 3 倍信噪比计算）和定量限（以 10 倍信噪比计算），结果如表 4-11 所示。BADGE 及其衍生物在 0.100～5.000 mg/L 范围内呈现出良好的线性关系，相关系数在 0.9995～1.0000，检出限为 0.0016～0.0045 mg/L。

表 4-11　BADGE 及其衍生物在不同食品模拟物中的线性方程、相关系数、线性范围、检出限及定量限

食品模拟物	目标物	线性范围/(mg/L)	线性方程	相关系数	检出限/(mg/L)	定量限/(mg/L)
10%乙醇	BADGE	0.100～5.000	$y = 191332x - 686.5$	0.9997	0.0045	0.0150
	BADGE·H$_2$O	0.100～5.000	$y = 149259x - 276.4$	0.9998	0.0038	0.0127
	BADGE·HCl	0.100～5.000	$y = 121062x - 323.7$	0.9998	0.0040	0.0133
	BADGE·2H$_2$O	0.100～5.000	$y = 128428x + 679$	1.0000	0.0032	0.0107
	BADGE·2HCl	0.100～5.000	$y = 172605x - 474.1$	0.9998	0.0041	0.0137
	BADGE·H$_2$O·HCl	0.100～5.000	$y = 121021x - 109$	0.9997	0.0039	0.0130
50%乙醇	BADGE	0.100～5.000	$y = 110608x - 285.8$	0.9999	0.0041	0.0137
	BADGE·H$_2$O	0.100～5.000	$y = 137531x - 291.3$	0.9999	0.0033	0.0110
	BADGE·HCl	0.100～5.000	$y = 119357x - 331.1$	0.9999	0.0038	0.0127
	BADGE·2H$_2$O	0.100～5.000	$y = 122644x + 395.3$	1.0000	0.0026	0.0087
	BADGE·2HCl	0.100～5.000	$y = 126389x - 235.1$	0.9999	0.0041	0.0137
	BADGE·H$_2$O·HCl	0.100～5.000	$y = 117836x - 108$	0.9999	0.0038	0.0127
4%乙酸	BADGE	0.100～5.000	$y = 155681x - 593.29$	0.9998	0.0042	0.0140
	BADGE·H$_2$O	0.100～5.000	$y = 133149x - 139.2$	0.9999	0.0033	0.0110
	BADGE·HCl	0.100～5.000	$y = 116186x - 43.644$	0.9998	0.0038	0.0127
	BADGE·2H$_2$O	0.100～5.000	$y = 120067x + 730.1$	0.9998	0.0026	0.0087
	BADGE·2HCl	0.100～5.000	$y = 127936x - 264.2$	0.9997	0.0039	0.0130
	BADGE·H$_2$O·HCl	0.100～5.000	$y = 115311x + 1221.9$	0.9998	0.0037	0.0123

续表

食品模拟物	目标物	线性范围/(mg/L)	线性方程	相关系数	检出限/(mg/L)	定量限/(mg/L)
异辛烷	BADGE	0.100~5.000	$y = 155789x - 283.7$	0.9997	0.0042	0.0140
	BADGE·H₂O	0.100~5.000	$y = 146014x + 641.5$	0.9998	0.0016	0.0053
	BADGE·HCl	0.100~5.000	$y = 115936x - 189$	0.9998	0.0039	0.0130
	BADGE·2H₂O	0.100~5.000	$y = 175218x - 261.7$	0.9995	0.0038	0.0127
	BADGE·2HCl	0.100~5.000	$y = 127936x - 264.2$	0.9997	0.0039	0.0130
	BADGE·H₂O·HCl	0.100~5.000	$y = 164831x - 272.4$	0.9996	0.0042	0.0140

（2）加标回收率与精密度

对选用的食品模拟物 4%乙酸溶液、10%乙醇溶液、50%乙醇溶液和异辛烷进行加标回收试验，分别添加质量浓度为 0.25 mg/L、1.00 mg/L、2.50 mg/L 的目标分析物，每个添加水平进行 6 个平行实验，计算平均加标回收率和精密度（以相对标准偏差计）。结果如表 4-12 所示，目标分析物的回收率为 83.67%～107.05%，相对标准偏差为 2.56%～6.94%，说明所采用方法的精度和准确度满足定量分析的要求。

表 4-12　BADGE 及其衍生物在不同食品模拟物中的回收率

目标物	加标浓度/(mg/L)	4%乙酸		10%乙醇		50%乙醇		异辛烷	
		加标回收率/%	相对标准偏差/%	加标回收率/%	相对标准偏差/%	加标回收率/%	相对标准偏差/%	加标回收率/%	相对标准偏差/%
BADGE	0.25	106.23	3.82	95.39	5.45	93.47	3.75	92.36	2.91
	1	94.30	3.32	98.31	2.63	96.75	4.24	90.66	6.39
	2.50	97.28	2.94	104.29	5.28	99.05	5.42	95.75	5.68
BADGE·H₂O	0.25	88.37	4.02	85.24	6.84	88.95	4.06	83.67	6.15
	1	87.35	4.76	92.42	2.56	92.06	3.83	87.72	2.66
	2.50	95.49	5.47	98.26	5.88	95.25	5.50	91.84	3.34
BADGE·HCl	0.25	95.48	2.83	92.74	5.46	88.26	3.24	87.98	4.25
	1	98.32	3.59	97.35	4.55	92.59	3.61	95.39	2.68
	2.50	105.64	5.87	95.25	3.02	97.39	4.58	102.24	2.87
BADGE·2H₂O	0.25	93.22	6.73	86.56	5.77	95.66	4.47	94.31	4.52
	1	87.83	4.89	93.47	5.56	93.70	3.25	105.59	5.34
	2.50	92.68	5.46	89.58	4.13	95.11	6.94	94.36	2.56
BADGE·2HCl	0.25	86.92	6.63	88.48	6.63	87.43	4.58	86.48	6.05
	1	95.48	4.68	95.84	6.38	96.65	3.25	96.23	5.34
	2.50	93.25	5.84	101.58	3.56	99.43	4.38	95.75	5.87
BADGE·H₂O·HCl	0.25	97.28	3.54	94.68	2.73	107.05	6.11	92.64	3.55
	1	99.41	4.26	98.27	3.47	99.47	3.92	96.30	5.83
	2.50	102.87	3.53	97.58	3.80	98.45	4.35	101.48	3.65

（3）空罐样品中双酚类物质迁移量的测定

采用所建立的检测方法，对我国市场上的 9 种不同类型食品金属包装空罐中的双酚 A 及其衍生物的迁移水平进行了调查，若样品浓度高出线性范围，则将浸泡液稀释适当倍数后待测。高效液相色谱法测定结果见表 4-13。

结果显示，所有样品均未检出 BADGE 与 BADGE·2HCl，但 BADGE·H$_2$O、BADGE·2H$_2$O、BADGE·HCl 与 BADGE·H$_2$O·HCl 在不同样品有所检出，其中检出次数最多的化合物是 BADGE·2H$_2$O，分别在 1 号、2 号、3 号、8 号和 9 号样品罐中检出，其内壁涂层均为环氧酚醛树脂。此外，样品 6 中 BADGE·H$_2$O 和样品 8 中的 BADGE·2H$_2$O 的迁移量均超过了欧盟限量标准的规定，表明我国薄壁金属容器中的 BADGE 及其衍生物存在一定的迁移风险。因此，我国应从食品安全性标准法规出发对 BADGE 及其衍生物等物质进行限量要求，以保障我国食品安全。

表 4-13　罐装食品和饮料用金属空罐中 BADGE 及其衍生物迁移量的测试结果

编号	食品	食品模拟物	迁移量/(mg/L)					
			BADGE	BADGE·H$_2$O	BADGE·2H$_2$O	BADGE·HCl	BADGE·2HCl	BADGE·H$_2$O·HCl
1	茄汁鱼罐头	4%乙酸	ND	ND	0.60	ND	ND	0.02
2	黑莓罐头	4%乙酸	ND	ND	0.02	ND	ND	ND
3	番茄汁罐头	4%乙酸	ND	ND	0.49	ND	ND	0.02
4	可乐	4%乙酸	ND	ND	ND	ND	ND	ND
5	雪碧	4%乙酸	ND	ND	ND	ND	ND	ND
6	午餐肉罐头	异辛烷	ND	12.68	ND	0.18	ND	0.36
7	啤酒	10%乙醇	ND	ND	ND	ND	ND	ND
8	牡蛎葛根饮料	10%乙醇	ND	ND	10.30	ND	ND	0.32
9	白酒	50%乙醇	ND	ND	0.58	ND	ND	ND

注：ND 表示低于检出限。

4.3.2　薄壁金属材料及容器中双酚 A 二缩水甘油醚及其衍生物的迁移

迁移试验可以最大程度地模拟真实条件下食品接触材料中有害物质向食品迁移的情况，以评价食品接触材料的安全问题。目前，国内外关于迁移试验的标准法规中，规定以 40℃或 60℃下 10 d 的迁移试验模拟物质向食品中的迁移过程。长期储存的罐头食品需要达到商业无菌，在实际生产中大部分罐头食品都要经过杀菌处理。对于杀菌后 pH 大于 4.6、水活度大于 0.85 的低酸食品（肉类罐头、鱼类罐头和谷类罐头等），其杀菌温度可达 127℃，这比标准及法规中规定的迁移温度高出许多，且杀菌时间可达 1 h。然而，现行的迁移试验标准及法规中并没有规定模拟杀菌过程，传统的 40℃或 60℃下

10 d 迁移试验能否预测经过杀菌后的罐装食品的迁移有待研究。BADGE 及其衍生物的化学稳定性较差，BADGE 及其衍生物之间存在一定的转化关系，因此其检测及迁移的研究一直是热点。

1. 杀菌过程对双酚类物质迁移的影响

为了探究杀菌过程对食品金属空罐中双酚类物质迁移的影响，设计了两组试验。取一批金属罐，内壁涂层为环氧酚醛树脂，膜厚为 10 g/m^2，分为两组。一组样品罐在 121℃下杀菌 30 min，冷却至常温后，置于 60℃恒温箱中保存 10 d；另外一组样品罐不经过杀菌直接置于 60℃恒温箱中保存 10 d。每隔一段时间取样，采用 HPLC 方法对 BADGE 及其衍生物的迁移量进行测试，测试结果见图 4-18。

图 4-18（a）为未杀菌的样品罐中 BADGE 及其衍生物的迁移试验结果。由图 4-18（a）可见，迁移试验初期，未杀菌的样品罐中迁移出了 BADGE、BADGE·HCl、BADGE·H$_2$O、BADGE·H$_2$O·HCl 和 BADGE·2H$_2$O 五种物质。随着迁移时间的增加，BADGE·H$_2$O·HCl 和 BADGE·2H$_2$O 的迁移量逐渐增加，而 BADGE、BADGE·HCl、BADGE·H$_2$O 的迁移量呈现出先增加，后减少，最后完全消失的趋势。这是由于环氧丙基在酸性和中性条件下不稳定，易与水分子发生开环反应，故拥有两个环氧丙基的 BADGE 分子会发生水解反应，形成相应的水合物 BADGE·H$_2$O，而后进一步水解生成 BADGE·2H$_2$O；同样地，拥有一个环氧丙基的 BADGE·HCl 易发生水解反应生成 BADGE·H$_2$O·HCl。总的来说，BADGE 和 BADGE·H$_2$O 均水解转化为 BADGE·2H$_2$O，BADGE·HCl 最终转化为 BADGE·H$_2$O·HCl。因此 10 d 迁移结束后，样品罐中只检测到迁出 BADGE·H$_2$O·HCl 和 BADGE·2H$_2$O 这两种双酚类物质。

图 4-18（b）为经过杀菌后的样品罐中双酚类物质的迁移试验结果。由图 4-18（b）可见，杀菌后样品罐中只迁移出 BADGE·2H$_2$O 这一种双酚类物质。这是由于理论上要迁出的 5 种物质（BADGE、BADGE·HCl、BADGE·H$_2$O、BADGE·H$_2$O·HCl 和 BADGE·2H$_2$O）在高压杀菌过程中均转化为 BADGE·2H$_2$O。对于 BADGE 和 BADGE·H$_2$O，两种化合物均被水解转化为 BADGE·2H$_2$O，具体的水解过程与上述结果一致。BADGE·HCl 在杀菌过程中发生闭环反应，其结构末端的—Cl 和—OH 之间脱去 HCl，重新形成环氧丙基转化成 BADGE，继而进一步水解可能形成 BADGE·H$_2$O 和 BADGE·2H$_2$O，而 BADGE·H$_2$O·HCl 分子结构不含环氧丙基，常压下性质较稳定，但经过高压杀菌后形成 BADGE·2H$_2$O。BADGE·2H$_2$O 在迁移 150 h 后达到迁移平衡。

上述分析表明，未杀菌的样品罐中迁出 BADGE·H$_2$O·HCl 和 BADGE·2H$_2$O，而杀菌后的样品罐中只迁出 BADGE·2H$_2$O，因此杀菌工艺对食品金属罐中双酚类物质的迁移量及迁移种类均有较大影响。故建议在开展迁移试验时，如果样品罐在实际生产中需要进行杀菌，应根据其实际杀菌工艺，对样品罐进行模拟杀菌，再进行迁移试验，以更加真实地模拟实际迁移过程的情况。

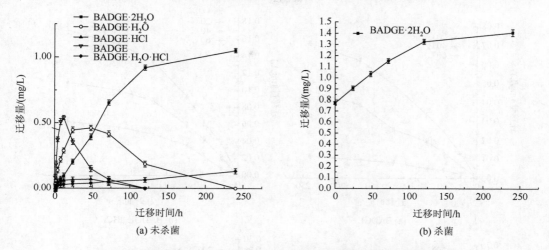

(a) 未杀菌　　　　　　　　　　(b) 杀菌

图 4-18　样品罐中以 50%乙醇作为食品模拟物迁移出的双酚类物质含量

2. 迁移规律

分别采用 4%乙酸溶液、50%乙醇溶液及异辛烷作为食品模拟液,对上述样品罐封罐杀菌后研究其迁移。由于样品罐的个体差异,杀菌后的起始迁移物质含量不同,将每个取样点的测定值减去杀菌后的初始值得到样品罐在每个时间的迁移值,得到迁移规律如图 4-19 与图 4-20 所示。结果表明,在 4%乙酸溶液和 50%乙醇溶液的中只迁出了 BADGE·$2H_2O$,这是因为环氧丙基在酸性和中性条件下与 H^+ 发生了开环反应,而且高温杀菌过程使水解反应更加剧烈,因此高温杀菌只产生了 BADGE·$2H_2O$。在异辛烷中迁出了 BADGE、BADGE·HCl、BADGE·2HCl 和 BADGE·H_2O,这是因为在异辛烷中环氧丙基没有发生开环反应,因此检测到的就是从罐内壁涂层中迁移出的 BADGE 及其衍生物。此外,温度和迁移时间是影响物质迁移的重要因素,在相同食品模拟物、相同迁移时间

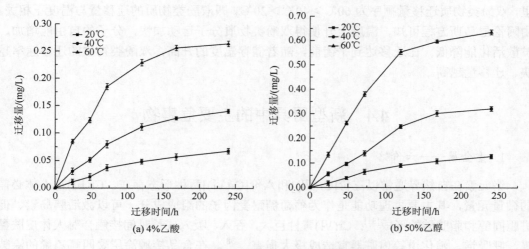

(a) 4%乙酸　　　　　　　　　　(b) 50%乙醇

图 4-19　样品罐中 BADGE·$2H_2O$ 的迁移量

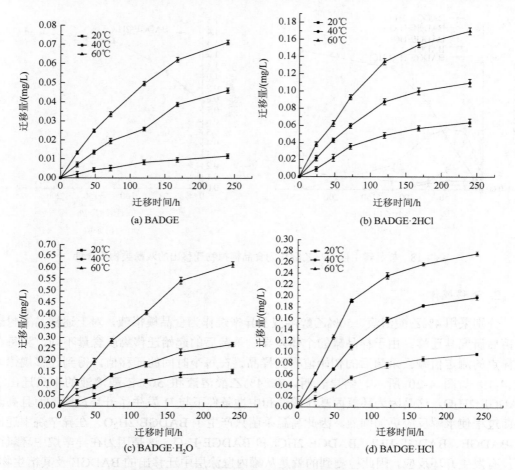

图4-20 样品罐中以异辛烷作为食品模拟物迁移出的双酚类物质含量

里，双酚类物质迁移量顺序为60℃＞40℃＞20℃，即双酚类物质的迁移量与温度正相关。由阿伦尼乌斯方程可知，温度上升使得双酚类物质分子运动加快，分子的自由能增加，扩散活化能降低。在迁移达到平衡前，随着储存温度的升高，双酚类物质的迁移速率越快、迁移量越高。

4.4 新型厨具中的主要危害物

1. 重金属——六价铬

铬元素在自然界通常以三价[Cr(III)]和六价[Cr(VI)]两种形态存在。Cr(III)是人体必需的微量元素，其主要生理功能是作为葡萄糖耐受因子的组成成分，可以激活胰岛素、促进胆固醇和脂肪酸的形成[31]；Cr(VI)毒性巨大，吞入、吸入或长时间接触会对人体皮肤黏膜、呼吸道、消化道等内脏器官造成极大损害[32-38]。在食品接触涂层聚四氟乙烯的涂装工艺中，底漆的配制过程中会用到三氧化二铬，使用过程中由于涂层老化、剥落等，铬元素不可避免地会迁移到食品中对人体造成危害；一些塑料和纸质食品接触材料，由于添加了着色剂，在与食品接触的过程中也有 Cr(Ⅵ)迁移的风险。在国际上，欧盟的《包装和包装废物法令》（94/62/EC）规定包装材料中的铅、镉、汞和六价铬的总量小于 100 mg/kg；德国 LFGB 对有机涂层中六价铬要求不得检出。在中国，《包装用塑料复合膜、袋干法复合、挤出复合》（GB/T 10004—2008）规定食品用包装塑料和塑料复合膜、袋中 Pb、Cd、Hg 和 Cr(Ⅵ)的总量小于 80 mg/kg[39]；《食品安全国家标准 食品接触用涂料及涂层》（GB 4806.10—2016）对聚四氟乙烯类不粘涂层的 Cr(Ⅵ)迁移量要求不高于 0.01 mg/kg[40]。但目前为止国内尚未有针对食品接触材料六价铬的检测标准。为保障国民健康，以及口岸检测把关提供技术保障，研究食品接触材料中六价铬迁移量的测定方法非常必要。

2. 全氟化合物

全氟化合物（PFCs）是一类人工合成的化合物，因具有优良的化学稳定性、高表面活性及疏水疏油性能，被大量地应用于食品接触材料中。随着对 PFCs 研究的日益深入，人们发现全氟类化合物能在生物体内富集，且部分全氟化合物具有生殖毒性，会危害人类健康。2017 年 1 月，欧洲化学品管理局（ECHA）发布的欧盟 REACH 法规中包含了 7 种全氟高关注物质，基于欧盟 REACH 法规，2017 版 Oeko-Tex 中的全氟化合物增至 24 种，这将对 PFCs 的监测和风险评估推向了一个新高度。

目前，国内外有关食品接触材料中全氟化合物的检测技术，主要采用液相色谱-质谱法和气相色谱-质谱法。而国内相关标准仅有针对全氟辛酸和全氟辛烷磺酸的检测方法，对全氟化合物的覆盖面不够。

3. 挥发性环硅氧烷

食品接触用硅橡胶中挥发性环硅氧烷因闪点沸点较低[如八甲基环四硅氧烷（D4）的闪点为 60℃，沸点 175℃]，大部分会在硅橡胶二次硫化时挥发掉。所以二次硫化不仅提高了硅橡胶的交联密度和力学性能，还提高了硅橡胶的安全性。有研究发现，食品接触用硅橡胶制品中迁移到食品中的环硅氧烷的量很大，远超过欧盟 AP（2004）5 决议中对硅橡胶总迁移限量（60 mg/kg）的要求。目前来看，低摩尔质量环硅氧烷对人体危害相对较大，也更易从食品接触硅橡胶中迁移出来。经研究发现，D4 可能会损伤人体内脏器官，影响生育能力，十甲基环五硅氧烷（D5）可能会使人体肝脏发生异变，十二甲基环六硅氧烷（D6）则可能会刺激人体眼睛，导致轻微的刺激和炎症。

4.5 新型厨具中危害物的检测

4.5.1 新型厨具中可迁移性六价铬的检测

1. 原理

采用蒸馏水浸泡食品接触材料及制品中预期与食品接触的部分，利用乙二胺四乙酸二钠将 Cr(Ⅲ)络合形成阴离子,将处理液导入高效液相色谱仪,通过阴离子交换柱分离 Cr(Ⅲ)络合物和 Cr(Ⅵ),再利用电感耦合等离子体质谱仪进行测定,外标法定量。

2. 试样的制备与保存

根据待测样品的预期用途和使用条件,炊饮具用涂层制品的实验条件采用"煮沸 0.5 h,再室温放置 24 h",其他涂层、纸制品、塑料制品的模拟条件采用"60℃,浸泡 2 h",模拟物采用蒸馏水。提取结束后称取 10.0 g 上清液,加入 10 ml 0.1 mol/L 的 EDTA-2Na 溶液,50℃水浴中加热 60 min 后,用氨水(1+4)将 pH 调至 7.2,50℃水浴中加热 60 min,冷却后移入 100 ml 容量瓶中,冷却后用水定容至刻度。过 0.45 μm 滤膜后上机测试。同时做试样空白试验。

样品于 2~8℃条件下保存。

3. 测定步骤

(1)标准曲线绘制

取 Cr(Ⅵ)标准储备液用流动相配制系列标准溶液,浓度分别为 0、0.5 μg/L、1.0 μg/L、2.0 μg/L、5.0 μg/L、10.0 μg/L,需现用现配,标准曲线相关系数 $R^2 \geq 0.995$。

(2)仪器条件

由于测试结果和所使用仪器有关,可根据仪器性能选用合适的测定条件,设定的参数应保证 Cr(Ⅵ)与干扰组分 Cr(Ⅲ)有效分离,可供参考的仪器条件见表 4-14 和表 4-15。

表 4-14　六价铬高效液相色谱主要工作参数

色谱柱	流动相	流速/(ml/min)	进样体积/μl
阴离子交换柱或相当者	NH₄NO₃ 溶液(pH = 7.2,物质的量浓度为 0.07 mol/L)	0.6	100

表 4-15　六价铬电感耦合等离子体质谱主要工作参数

射频功率/W	采样深度/mm	He 碰撞气流速/(ml/min)	Cr 积分时间/s
1550	10.0	4.3	0.8

(3)测定

将所得的试样溶液用上述方法测定,以 Cr(Ⅵ)标准溶液色谱峰的保留时间定性;必要时可利用 $^{52}Cr/^{53}Cr$ 丰度比为 8.8(±10%)进行定性。以质荷比为 52 的结果进行峰面积外标法定量。

4. 主要技术内容确定

(1)模拟迁移条件确定

根据待测样品的预期用途和使用条件,参照 GB 4806.10—2016、《食品安全国家标准 食品接触用纸和纸板材料及制品》(GB 4806.8—2016)和《食品安全国家标准 食品接触用塑料材料及制品》(GB 4806.7—2016)中"重金属(以 Pb)计"的迁移条件,确定炊饮具用涂层制品的迁移条件为"煮沸 0.5 h，再室温放置 24 h"，其他涂层、纸制品和塑料制品的模拟条件为"60℃，浸泡 2 h"。

采取在空白样品中添加标准溶液的方式，分别用蒸馏水和 4%乙酸作为食品模拟物，进行 6 个水平的试验，每个水平重复 2 次。考察 Cr(VI)在不同食品模拟物中的迁移效率，结果如图 4-21 所示。

在蒸馏水条件下，Cr(VI)的回收率为 82.9%～103.5%，而在 4%乙酸条件下，Cr(VI)的回收率仅为 47.1%～68.8%。这是因为在酸性条件下，Cr(III)到 Cr(VI)的氧化还原电位较高，呈氧化型，倾向于发生还原反应，Cr(VI)易被还原成 Cr(III)，导致回收率降低。因此确定食品模拟物为蒸馏水。

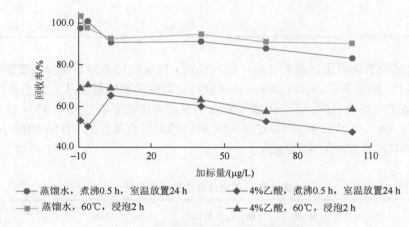

图 4-21　不同迁移条件下 Cr(VI)的回收率

（2）前处理方案的确定

采用正交设计的方式，设计了 3 因素[乙二胺四乙酸(ethylene diamine tetraacetic acid，EDTA)浓度 A、络合温度 B、络合时间 C]，4 水平的试验方案，其中 EDTA 浓度为 1 mmol/L、5 mmol/L、10 mmol/L、20 mmol/L；温度为 40℃、70℃、50℃、60℃；络合时间为 30 min、60 min、90 min、120 min。由于实际检测样品中，Cr(III)是 Cr(VI)测定过程中最主要的干扰物，因此通过 Cr(III)和 Cr(VI)混合标准溶液，考察各因素对二者色谱峰分离度的影响。具体如表 4-16 所示。

表 4-16　六价铬正交试验设计

试验	浓度/(mmol/L)	温度/℃	时间/min
1	20	70	120
2	10	70	30
3	20	60	60
4	5	60	30
5	20	40	90
6	20	50	30

续表

试验	浓度/(mmol/L)	温度/℃	时间/min
7	10	40	60
8	1	40	30
9	5	40	120
10	10	50	120
11	5	50	60
12	1	70	60
13	5	70	90
14	1	50	90
15	10	60	90
16	1	60	120

对正交试验的结果进行极差分析，根据极差 r 值来确定各因素对分离度影响的主次，结果见表 4-17。结果显示：$r_A > r_B > r_C$，各因素对分离度的影响程度从大到小依次为 EDTA 浓度、络合温度、络合时间；各个因素不同水平对分离度的影响程度为 $A3 > A2 > A4 > A1$，$B3 > B4 > B1 = B2$，$C2 > C4 > C3 > C1$。因此最终确定络合条件为 EDTA 浓度 10 mmol/L、络合温度 50℃、络合时间为 60 min。

表 4-17　正交试验结果极差分析

试验编号	EDTA 浓度 A/(mmol/L)	络合温度 B/℃	络合时间 C/min	Cr(III)络合物和 Cr(VI)色谱峰分离度
1	1	40	30	0.84
2	1	70	60	0.87
3	1	50	90	0.88
4	1	60	120	0.87
5	5	60	30	1.35
6	5	40	120	1.36
7	5	50	60	1.38
8	5	70	90	1.37
9	10	70	30	2.18
10	10	40	60	2.22
11	10	50	120	2.23
12	10	60	90	2.19
13	20	70	120	0.86
14	20	60	60	0.87
15	20	40	90	0.87
16	20	50	30	0.90
均值 $k1$	0.86	1.32	1.32	
均值 $k2$	1.36	1.32	1.34	

试验编号	EDTA 浓度 A/(mmol/L)	络合温度 B/℃	络合时间 C/min	Cr(III)络合物和 Cr(VI)色谱峰分离度
均值 k3	2.20	1.35	1.33	
均值 k4	0.88	1.33	1.33	
极差 r	1.34	0.03	0.02	

注：分离度 $= 2(t_2 - t_1)/(W_1 + W_2)$，其中 t_1 为 Cr(III)络合物保留时间，t_2 为 Cr(VI)保留时间，W_1 为 Cr(III)络合物色谱峰宽，W_2 为 Cr(VI)色谱峰宽。

（3）流动相 pH 条件的确定

Cr(III)和 Cr(VI)在一定的 pH 条件下可以相互转化。研究表明：酸性条件下，Cr(VI)易被还原为 Cr(III)导致回收率降低；碱性条件下，Cr(III)易水解产生沉淀。Cr(VI)保留时间随着 pH 的增大而减小，会降低 Cr(III)络合物和 Cr(VI)的分离度。pH 在 6~8 时，Cr(III)和 Cr(VI)相对稳定。实验分别考察了流动相 pH 为 6.5、7.2 和 7.9 时，Cr(III)络合物和 Cr(VI)的保留时间和分离情况，见表 4-18。综合上述情况，决定流动相的 pH 为 7.2。

表 4-18　Cr(III)络合物和 Cr(VI)在不同 pH 条件下的保留时间和峰面积

pH	Cr(III)络合物		Cr(VI)	
	保留时间/s	峰面积/μV·s	保留时间/s	峰面积/μV·s
6.5	1.235	1 156 176	2.578	488 535
7.2	1.336	1 009 422	2.351	627 681
7.9	1.422	967 584	2.025	763 723

（4）色谱条件的确定

C8 柱、C18 柱和阴离子交换柱对 Cr(III)络合物和 Cr(VI)的分离效果：其中 C8 柱和 C18 柱虽然能够分离 Cr(III)络合物和 Cr(VI)，但需要在流动相中加入离子对试剂，而离子对试剂会对色谱柱造成不可逆的损害，缩短色谱柱的使用寿命。本方法采用的 Agilent Bio-Wax 阴离子交换柱有较强的耐受性，且能有效分离 Cr(III)络合物和 Cr(VI)，峰形良好。

本研究配制了 0.05 mol/L、0.07 mol/L、0.09 mol/L、0.12 mol/L、0.15 mol/L 不同浓度硝酸铵的流动相，pH 均调整为 7.2，考察 Cr(III)络合物和 Cr(VI)的色谱峰分离度，结果如表 4-19。

表 4-19　Cr(III)络合物和 Cr(VI)在不同流动相浓度条件下的色谱峰分离度

流动相浓度/(mol/L)	Cr(III)络合物保留时间 t_1/min	Cr(III)络合物色谱峰宽 W_1/min	Cr(VI)保留时间 t_2/min	Cr(VI)色谱峰宽 W_2/min	Cr(III)络合物和 Cr(VI)色谱峰分离度
0.05	1.475	0.483	3.457	0.586	3.71
0.07	1.336	0.411	2.351	0.521	2.18
0.09	1.237	0.355	1.636	0.437	1.01

流动相浓度/(mol/L)	Cr(III)络合物保留时间 t_1/min	Cr(III)络合物色谱峰宽 W_1/min	Cr(VI)保留时间 t_2/min	Cr(VI)色谱峰宽 W_2/min	Cr(III)络合物和 Cr(VI)色谱峰分离度
0.12	1.034	0.313	1.259	0.309	0.72
0.15	0.825	0.263	0.937	0.256	0.43

试验结果如图 4-22 所示，不同浓度的流动相对 Cr(VI)峰面积影响很小，但随着浓度增大，Cr(III)络合物和 Cr(VI)分离度逐渐缩小，峰宽逐渐减小。因为在测定 Cr(VI)过程中，Cr(III)是主要的干扰物，有时 Cr(III)浓度会大大高于 Cr(VI)。为保证二者有足够的分离度且峰形良好，确定流动相的浓度为 0.07 mol/L。

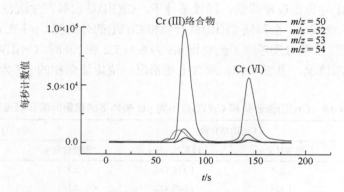

图 4-22　Cr(III)和 Cr(VI)混合标准溶液的色谱图（后附彩图）

5. 检验方法的评价

（1）线性范围和检出限

按上述方法分别对不同浓度水平的标准溶液进行测定，测试结果表明，在一定质量浓度范围内，其响应值与质量浓度之间存在良好的线性关系，表 4-20 给出了方法的线性关系。以空白样品的 3 倍信噪比确定方法的检出限，10 倍信噪比确定方法的定量限。

表 4-20　六价铬线性关系和检出限

待测物	t/min	线性范围/(μg/L)	线性方程	相关系数	检出限/(μg/kg)	定量限/(μg/kg)
Cr(VI)	2.351	0～20.0	$y = 62046x + 2179.3$	0.9996	0.3	1.0

（2）方法的精密度和回收率

采用确定的方法对 5 个阳性样品（样品 1#为环氧酚醛涂料涂层铁罐、样品 2#为 PE 塑料袋、样品 3#为纸盒、样品 4#为一次性 PS 餐盒、样品 5#为聚四氟乙烯涂层不粘锅）进行 9 次平行样测试，考察方法的精密度，结果见表 4-21。

表 4-21 六价铬方法的精密度

样品	测试 1	测试 2	测试 3	测试 4	测试 5	测试 6	测试 7	测试 8	测试 9	平均值	相对标准偏差/%
1#	117.1	124.5	121.2	126.7	122.5	113.6	127.4	120.5	132.0	122.8	4.5
2#	24.9	28.2	27.5	27.9	29.1	28.1	27.7	26.5	25.2	27.2	5.2
3#	176.9	182.5	172.6	171.0	176.5	188.5	181.4	173.1	185.1	178.6	3.4
4#	73.2	76.1	80.5	72.4	77.6	71.7	78.5	84.2	78.1	76.9	5.3
5#	56.3	55.4	50.3	56.9	58.6	52.9	53.3	55.5	54.3	54.8	4.5

在空白样品中分别添加高（100 μg/kg）、中高（50 μg/kg）、中（10 μg/kg）、低（2 μg/kg）四个浓度水平的标准溶液，测定方法的加标回收率，试验结果见表 4-22。

表 4-22 六价铬加标回收试验

前处理方式	添加量/(μg/L)	测试 1	测试 2	测试 3	测试 4	测试 5	测试 6	测试 7	测试 8	测试 9	平均值	回收率/%
煮沸 0.5 h，再室温放置 24 h	2	1.7	2.1	1.9	1.8	1.6	1.9	2.3	1.7	1.9	1.9	93.9
	10	8.3	9.2	9.7	8.2	8.3	9.6	9.0	8.9	9.2	8.9	89.3
	50	41.3	40.9	43.5	42.9	41.3	42.9	43.5	40.7	42.9	42.2	84.4
	100	85.3	80.4	89.3	85.9	83.6	86.9	82.3	84.5	83.3	84.6	84.6
60℃，浸泡 2 h	2	1.9	1.8	2.0	2.1	2.1	2.2	2.0	2.0	1.7	2.0	98.4
	10	9.5	9.1	10.2	9.3	9.2	8.7	8.4	9.2	9	9.2	91.8
	50	43.9	40.5	46.1	42.5	41.3	48.1	42.2	47.1	43.6	43.9	87.8
	100	83.5	88.1	81.5	87.2	92.3	82.6	87.1	85.2	83.3	85.6	85.6

6. 实际样品检测

按照上述方法对涂层类、塑料、纸质的 15 份实际样品进行测定，其中 7 份样品检出 Cr(Ⅵ)，含量为 6.5~178.6 μg/kg。检测结果见表 4-23。

表 4-23 实际样品中 Cr(Ⅵ)迁移量检测结果

样品	样品名称	迁移量/(μg/kg)
1#	涂层罐	122.8
2#	涂层罐	未检出
3#	涂层罐	未检出
4#	塑料袋	未检出
5#	塑料膜	未检出
6#	塑料袋	27.2
7#	纸杯	22.5
8#	纸盒	178.6
9#	纸碗	未检出

样品	样品名称	迁移量/(μg/kg)
10#	塑料餐盒	76.9
11#	塑料餐盒	未检出
12#	塑料餐盒	未检出
13#	涂层锅	6.5
14#	涂层锅	未检出
15#	涂层锅	54.8

4.5.2　全氟化合物的检测

1. 检测方法

一次性塑料类餐盒:剪碎至 5 mm×5 mm 以下,再用液氮冷冻粉碎机研磨成粉末状;涂层类试样:用小刀刮下,再用液氮冷冻粉碎机研磨成粉末状;纸板盒类、聚乙烯类试样:用剪刀剪成 1 cm×1 cm 大小。

称取 1 g(精确至 0.01 g)试样,放入加速溶剂萃取池中,提取溶剂为甲醇,提取溶剂体积为 60%的样品池体积,萃取温度为 110℃,加热时间 5 min,平衡 5 min,重复 2次,萃取液放置至室温,氮气吹干至约 0.5 ml,加 10 ml 水,混匀待净化。

依次用 4 ml 0.1%氨化甲醇、4 ml 甲醇、4 ml 水活化平衡 WAX 固相萃取柱后,将上述溶液转移至固相萃取柱内,加 4 ml 25 mmol/L 乙酸铵缓冲液淋洗,4 ml 0.1%氨化甲醇洗脱,收集洗脱液于 40℃下氮气吹干,1 ml 甲醇复溶后过 0.22 μm 微孔滤膜,LC-MS/MS分析。

液相色谱参考条件。色谱柱:C18,柱长 150 mm,内径 2.1 mm,粒径 3 μm,或同等性能色谱柱;柱温 40℃;进样量 10 μl;流动相为 5 mmol/L 乙酸铵,乙腈;流速 0.2 ml/min;梯度洗脱条件见表 4-24。

表 4-24　液相色谱梯度洗脱条件

时间/min	5 mmol/L 乙酸铵/%	乙腈/%
0	90	10
2	40	60
4	20	80
10	0	100
12	0	100
14	90	10
15	90	10

质谱参考条件。离子源为电喷雾离子源。扫描模式为负离子扫描。扫描方式为多反应监测（MRM）。电喷雾电压−4000 V。鞘气（N_2）温度 325℃。鞘气流速 12.0 L/min。干燥气温度 250℃。干燥气流速 10.0 L/min。全氟化合物特征碎片仪器条件见表 4-25。

表 4-25　全氟化合物特征碎片仪器条件一览表

化合物名称	扫描方式	母离子/Da	子离子 1/Da	子离子 1/CE	子离子 2/Da	子离子 2/CE
全氟十二烷酸	MRM	613	569	−22	169	−45
全氟十四烷酸	MRM	713	669	−20	469	−36
全氟壬酸（C14 内标）	MRM	471	426	−18.5	273	−28
全氟壬酸	MRM	463	419	−18.5	269	−28
全氟庚酸	MRM	363	319	−13.5	169	−24
全氟癸酸	MRM	513.5	470	−19	269	−30
全氟辛酸磺酸盐	MRM	499	80	−100	99	−77
全氟辛酸	MRM	413	119	−40	169	−28
十一氟己酸	MRM	313	119	−30	269	−12

按上述条件测定试样和标准工作溶液，如果试样的质量色谱峰保留时间与标准物质一致，允许偏差为±2.5%；定性离子对的相对丰度与浓度相当的标准工作溶液的相对丰度一致，相对丰度允许偏差不超过表 4-26 规定的范围，则可判断样品中存在相应的被测物。

表 4-26　全氟化合物定性时相对丰度判定

相对丰度/%	>50	>20~50	>10~20	≤10
允许的最大偏差/%	±20	±25	±30	±50

将系列全氟化合物和同位素内标混合标准工作溶液分别注入液相色谱-串联质谱仪分析，以全氟化合物的浓度为横坐标，全氟化合物的定量离子质量色谱峰面积与内标峰面积的比值为纵坐标，绘制标准曲线。

标准工作溶液和试样中全氟化合物的响应值均应在仪器线性响应范围内，如果含量超过标准曲线范围，则重新取样，增加相应内标添加量，使内标浓度与待测液浓度相匹配，然后用甲醇稀释到适当浓度后分析。

2. 方法学评价结果

分别对 8 种全氟化合物的标准物质进行质谱条件的优化。选取特征明显并且信号响应较强的碎片离子作为定性及定量离子。结果显示，8 种化学物质在短时间内出现典型色谱峰，检测灵敏度均可满足检测需求，且特异性良好。

各种氟化合物的定量限、加标回收率与精密度数据如表 4-27～表 4-29 所示。

表 4-27　添加水平为 2 ng/g 的测试结果

样品编号	测试结果/(ng/g)							
	全氟十二烷酸	全氟十四烷酸	全氟壬酸	全氟庚酸	全氟癸酸	全氟辛酸磺酸盐	全氟辛酸	十一氟己酸
add 2-1	2.348	2.032	2.257	2.043	1.575	1.923	1.902	1.813
add 2-2	2.027	1.899	1.762	1.934	1.36	1.901	1.829	1.663
add 2-3	2.286	1.728	1.811	1.853	2.296	2.038	1.965	1.94
add 2-4	2.125	1.811	1.708	2.114	1.335	1.861	1.714	1.997
add 2-5	2.129	1.942	1.977	1.916	1.838	1.956	1.738	1.617
add 2-6	2.107	2.266	1.888	1.946	1.537	1.801	1.815	1.732

表 4-28　添加水平为 5 ng/g 的测试结果

样品编号	测试结果/(ng/g)							
	全氟十二烷酸	全氟十四烷酸	全氟壬酸	全氟庚酸	全氟癸酸	全氟辛酸磺酸盐	全氟辛酸	十一氟己酸
add 5-1	5.459	5.148	4.741	4.651	4.935	4.963	5.351	5.061
add 5-2	5.331	4.785	4.993	4.739	4.687	5.267	4.886	4.728
add 5-3	5.081	5.051	4.773	4.504	5.33	4.85	4.738	5.289
add 5-4	4.979	5.18	5.269	4.857	5.297	4.531	5.413	5.163
add 5-5	5.743	4.763	5.348	5.378	4.907	4.742	5.217	5.255
add 5-6	5.399	5.395	5.018	5.117	5.34	4.833	4.864	4.945

表 4-29　各化合物在添加水平为 2 ng/g 和 5 ng/g 的加标回收率与相对标准偏差

化合物名称	添加水平 2 ng/g		添加水平 5 ng/g	
	加标回收率/%	相对标准偏差/%	加标回收率/%	相对标准偏差/%
全氟十二烷酸	101～117	5.58	99.6～115	5.15
全氟十四烷酸	86～113	9.69	95～107	4.83
全氟壬酸	87～113	9.09	95～107	4.95
全氟庚酸	93～106	4.8	90～107	6.6
全氟癸酸	67～115	21.83	93～106	5.44
全氟辛酸磺酸盐	90～101	5.67	91～105	5.03
全氟辛酸	86～98	5.22	95～108	5.6
十一氟己酸	80～100	8.46	95～105	4.17

从结果看，除全氟癸酸由于信号强度较低，使得仪器的随机偏差对结果影响较大，定量限为 5 ng/g 外，其余 7 种全氟化合物的定量限均可达到 2 ng/g。

4.5.3 挥发性聚硅氧烷的检测

1. 检测方法

取一定量硅胶部件（硅胶管或硅胶垫）准确量取样品表面积，按表面积 1 L/6 dm² 添加食品模拟物（分别为水、4%乙酸、50%乙醇和正己烷），应保证样品足够浸没于浸泡液中，浸泡条件：水（100℃，1 h）、4%乙酸（100℃，1 h）、50%乙醇（40℃，24 h）和正己烷（室温，6 h）。

准确量取 5 ml 食品模拟物浸泡液于 10 ml 离心管中，加入 2 ml 正己烷，涡旋萃取 2 min，静置分层后将上层萃取液移出，再重复提取 1 次，合并萃取液并定容至 5 ml，加入 0.5 g 无水硫酸钠脱水后，取 1 ml 上层萃取液至小瓶，供仪器检测。

GC 条件：HP-5 MS 色谱柱（30 m×0.25 mm×0.25 μm，美国 Agilent 公司）；载气为高纯氦气；流速 1.0 ml/min（恒流）；进样口温度 240℃；不分流进样，升温程序为初始温度 100℃（保持 2 min），先以 6℃/min 升到 280℃（保持 10 min），进样量 1 μl，溶剂延迟时间 2.2 min。

MS 条件：离子源为电子轰击（EI）；电子能量 70 eV；辅助加热区温度 280℃；离子源温度 250℃；四极杆温度 150℃；质量扫描范围：40～500 Da；采用选择离子检测模式采集数据。

2. 结果与分析

（1）GC-MS 对硅氧烷类化合物定性方法的建立

在选择离子检测模式下，利用已有的 6 种环硅氧烷的标准品，根据每种化合物标准品的 SCAN 模式下质谱图中丰度最高的碎片离子作为定量离子，丰度次之的两个碎片离子作为定性离子。环硅氧烷的保留时间以及定量离子及定性离子 m/z 见表 4-30。

表 4-30 选择离子检测模式下环硅氧烷的保留时间及监测离子

化合物	CAS 号	保留时间/min	定量离子 m/z	定性离子 m/z
D3 六甲基环三硅氧烷	541-05-9	3.000	207	208、96
D4 八甲基环四硅氧烷	556-67-2	4.273	281	265、133
D5 十甲基环五硅氧烷	541-02-6	6.630	73	267、355
D6 十二甲基环六硅氧烷	540-97-6	10.023	73	341、429
D8 十六甲基环辛硅氧烷	—	16.717	73	355、147
D9 十八甲基环壬硅氧烷	—	19.514	73	147、221

（2）标准品硅氧烷的 GC-MS 定量分析方法

以一系列浓度梯度的硅氧烷混标为研究对象，按照上述分析条件操作，建立线性回归方程，并通过测定检出限（3 倍信噪比）和定量限（10 倍信噪比）考察仪器的灵敏度；

通过一天内重复 6 次测定的峰面积的相对标准偏差表示仪器精密度（日内精密度）；通过连续三天重复 6 次测定的峰面积的相对标准偏差表示仪器稳定性（日间精密度）。得到 4 种环硅氧烷在 GC-MS 上的标准曲线及相关系数、线性范围、精密度、稳定性、检出限和定量限的具体信息见表 4-31。

表 4-31 硅氧烷的仪器方法评价信息

化合物	线性方程	相关系数	线性范围/(mg/kg)	相对标准偏差(日内精密度)/%	相对标准偏差(日间精密度)/%	检出限/(mg/kg)	定量限/(mg/kg)
D3	$y = 6.26 \times 10^3 x - 1.58 \times 10^4$	0.999	9.15~8957	0.45	0.79	0.61	1.69
D4	$y = 6.75 \times 10^3 x - 2.18 \times 10^4$	0.997	9.03~9155	0.75	1.12	0.65	1.71
D5	$y = 1.56 \times 10^3 x - 1.39 \times 10^4$	0.998	10.0~9810	0.57	1.56	0.84	1.79
D6	$y = 1.25 \times 10^3 x - 9.86 \times 10^3$	0.995	9.01~9030	0.66	1.93	0.86	1.82

由表 4-31 可知，该气质联用仪在选择离子检测模式下对 4 种环硅氧烷的灵敏度、精密度及稳定性都良好，相关系数都大于等于 0.995，均满足对 4 种环硅氧烷的定量要求。

选择 1 种本底较干净的样品进行样品对照试验及加标回收试验，对样品添加 3 个不同浓度的环硅氧烷混合标准品溶液，每个浓度平行 3 次，通过计算加标回收率及相对标准偏差来考察所建方法的准确度及精密度。结果见表 4-32。

表 4-32 4 种环硅氧烷-GC-MS 检测方法加标回收率

化合物	加标量/(mg/kg)	加标回收率/%		
		1	2	3
D3	38.15	93.31	98.84	99.44 / 99.44
	93.37	94.01	98.42	96.54
	19.96	88.07	90.68	90.43
D4	45.36	87.21	95.30	91.86 / 87.50
	111.8	85.13	90.00	89.46 / 88.14
	19.23	88.97	91.05	90.84
D5	67.32	88.41	95.73	92.08
	151.3	88.41	93.35	91.42
	39.95	95.34	97.29	97.37
D6	85.62	83.12	92.66	87.42
	188.3	89.88	97.31	94.92
	37.12	95.44	97.65	96.33

4 种环硅氧烷的加标回收率为 83.12%~99.44%，所建方法满足硅胶制品中 4 种环硅氧烷的定量要求。

3. 实际样品中硅氧烷化合物的定量检测

按照上述所建立的方法对实际样品中的硅氧烷化合物进行定量分析。共计分析蒸锅垫圈3种、硅胶管3种、咖啡机密封圈3种、蛋糕模具3种。发现以上硅橡胶制品中主要检出物为D3、D4、D5、D6。样品色谱图见图4-23，所测环硅氧烷各组分含量及总量如表4-33所示。

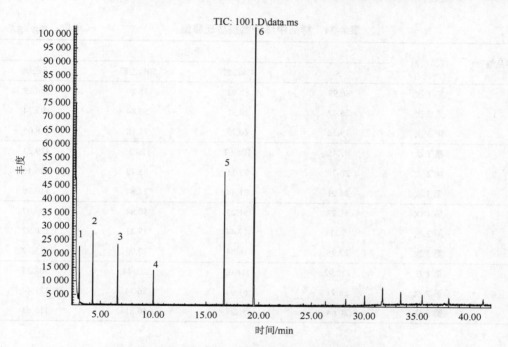

图 4-23 GC-MS 法分析样品中环硅氧烷总离子流色谱图

1. D3；2. D4；3. D5；4. D6；5. D8；6. D9

表 4-33 实际样品中环硅氧烷检测结果 （单位：mg/kg）

样品类型	样品编号	D3	D4	D5	D6	总和
蒸锅垫圈	1	87.68	92.55	149.32	179.24	508.79
	2	9.39	8.48	155.36	162.14	335.37
	3	106.00	100.56	112.53	97.11	416.2
硅胶管	1	—	19.64	68.95	117.74	206.33
	2	14.57	14.27	127.94	228.85	385.63
	3	34.16	42.64	76.56	68.88	222.24
咖啡机密封圈	1	89.84	98.07	139.66	178.29	505.86
	2	12.95	12.52		—	25.47
	3	31.90	38.46	44.10	58.32	172.78
蛋糕模具	1	33.69	41.06	47.38	64.53	186.66
	2	87.67	92.84	148.81	179.18	508.5
	3	13.29	13.42	—	24.56	51.27

4. 环硅氧烷的迁移

取 4 种硅橡胶部件于食品模拟物中浸泡。具体浸泡条件如下：水（100℃，1 h）、4% 乙酸（100℃，1 h）、50%乙醇（40℃，24 h）和正己烷（室温，6 h）。每种样品同样条件下重复试验三次，总迁移量结果见表 4-34。

表 4-34　样品中环硅氧烷总迁移量　　　　　　　　　（单位：mg/kg）

样品编号	试验次数	浸泡液			
		水	4%乙酸	50%乙醇	正己烷
1	第 1 次	86.99	88.98	75.20	506.18
	第 2 次	25.47	20.91	50.84	193.74
	第 3 次	19.52	20.75	21.18	118.05
2	第 1 次	87.45	106.67	120.25	419.23
	第 2 次	26.78	77.11	88.78	206.46
	第 3 次	24.91	21.44	21.84	110.18
3	第 1 次	51.77	51.27	50.84	499.07
	第 2 次	9.11	17.44	19.21	120.92
	第 3 次	22.95	16.84	17.99	175.72
4	第 1 次	120.92	118.03	121.44	508.35
	第 2 次	58.71	51.94	86.74	121.44
	第 3 次	20.64	51.27	50.81	116.63

从表 4-34 中数据看出，四种浸泡液中正己烷浸泡液的环硅氧烷总迁移量最大，其他三种浸泡液的总迁移量相对较少，且这三种模拟液的总迁移量相当。研究试验表明：初次浸泡总迁移量最高，第二次量值陡降，第三次量减少趋平缓。

参 考 文 献

[1]　胡长鹰. 食品包装材料及其安全性研究动态[J]. 食品安全质量检测学报，2018，9（12）：3025-3026.

[2]　李婷，柏建国，刘志刚，等. 食品金属包装材料中化学物的迁移研究进展[J]. 食品工业科技，2013，34（15）：380-383，389.

[3]　我国金属包装市场现状及行业进出口情况[J]. 中国包装，2020，40（7）：4.

[4]　郑大明. 浅谈重金属的危害及其在食品包装材料上的快速检测方法[J]. 现代食品，2020（16）：122-124.

[5]　鲍洋，汪何雅，李竹青，等. 金属食品罐内涂层中双酚类物质的迁移及检测研究进展[J]. 食品科学，2011，32（21）：261-267.

[6]　陈明，商贵芹，王红松. 塑料食品包装中邻苯二甲酸酯类塑化剂含量调查[J]. 中国食品卫生杂志，2013，25（4）：355-358.

[7]　徐莹，徐继俊. 食品包装材料法律法规对矿物油的管控进展[J]. 绿色包装，2021（1）：27-31.

[8]　Pietropaolo E, Albenga R, Gosetti F, et al. Synthesis, identification and quantification of oligomers from polyester coatings for metal packaging[J]. Journal of Chromatography A, 2018, 1578（30）：15-27.

[9]　Jane M, Thomas B, Birgit G, et al. Scientific challenges in the risk assessment of food contact materials[J]. Environmental Health Perspectives, 2017, 125（9）：95001-95010.

[10] Tsochatzis E D，Lopes J A，Kappenstein O，et al. Quantification of pet cyclic and linear oligomers in teabags by a validated LC-MS method - in silico toxicity assessment and consumer's exposure[J]. Food Chemistry，2020，317（1）：126427.

[11] Donovan M D，Flynn G L，Amidon G L. Absorption of polyethylene glycols 600 through 2000：The molecular weight dependence of gastrointestinal and nasal absorption [J]. Pharmaceutical Research，1990，7（8）：863-868.

[12] 朱丽萍，何渊井，卢明，等. 我国食品金属包装涂料食品安全国家标准的特点[J]. 食品科学技术学报，2014，32（6）：16-18，35.

[13] Staples C A，Dome P B，Klecka G M，et al. A review of the environmental fate，effects，and exposures of bisphenol A[J]. Chemosphere，1998，36（10）：2149-2173.

[14] Cao X L，Corriveau J，Popovic S. Sources of low concentrations of bisphenol A in canned beverage products[J]. Journal of Food Protection，2010，73（8）：1548.

[15] Gundert R U，Barizzone F，Croera C，et al. Report on the public consultation on the draft efsa bisphenol A（BPA）hazard assessment protocol[J]. Efsa Supporting Publications，2017，14（12）：1-78.

[16] Ruth R J，Louise B A. Bisphenol S and F：A systematic review and comparison of the hormonal activity of bisphenol A substitutes[J]. Environmental Health Perspectives，2015，123（7）：643-650.

[17] Fol V L，Ait-Aissa S，Sonavane M，et al. In vitro and in vivo estrogenic activity of BPA，BPF and BPS in zebrafish-specific assays[J]. Ecotoxicology and Environmental Safety，2017，142：150-156.

[18] Ullah H，Jahan S，Ain Q U，et al. Effect of bisphenol S exposure on male reproductive system of rats：A histological and biochemical study[J]. Chemosphere，2016，152：383-391.

[19] Cabaton N，Dumont C，Severin I，et al. Genotoxic and endocrine activities of bis（hydroxyphenyl）methane（bisphenol F）and its Derivatives in the HepG2 cell line[J]. Toxicology，2008，255（1）：15-24.

[20] Jesús S G，Senén P A，Lennart A. A critical review of the quality and safety of BADGE-based epoxy coatings for cans：Implications for legislation on epoxy coatings for food contact[J]. Critical Reviews in Food Technology，1998，38（8）：675-688.

[21] Biedermann S，Zurfluh M，Grob K，et al. Migration of cyclo-diBA from coatings into canned food：Method of analysis，concentration determined in a survey and in silico hazard profiling[J]. Food and Chemical Toxicology，2013，58：107-115.

[22] 彭子豪，霍娇，岳茜岚，等. 成都市市售一次性塑料食品袋中邻苯二甲酸酯类迁移试验研究[J]. 现代预防医学，2019，46（9）：1689-1692，1697.

[23] 赵曼，马传国，陈小威，等. 食用油脂生产过程中邻苯二甲酸酯类的迁移规律及其脱除方法的研究进展[J]. 中国油脂，2019，44（4）：80-84.

[24] 黄华，武彦文，李冰宁，等. 食用植物油中矿物油污染物的分析进展[J]. 中国油脂，2018，43（7）：97-101.

[25] Gómez-coca R B，Cert R，Pérez-camino M C，et al. Determination of saturated aliphatic hydrocarbons in vegetable oils[J]. Grasas Y Aceites，2016，67（2）：127-136.

[26] 李冰宁，刘玲玲，武彦文. 固相萃取-程序升温-气相色谱法与大容量固相萃取-气相色谱法测定食用油脂中饱和烃矿物油的比较[J]. 分析试验室，2018，37（6）：701-705.

[27] Liu L L，Li B N，Yang D Y，et al. Survey of mineral oil hydrocarbons in Chinese commercial complementary foods for infants and young children[J]. Food Additives & Contaminants：Part A，2021，38（9）：1441.

[28] Mondello L，Zoccali M，Purcaro G，et al. Determination of saturated-hydrocarbon contamination in baby foods by using on-line liquid-gas chromatography and off-line liquid chromatography-comprehensive gas chromatography combined with mass spectrometry[J]. Journal of Chromatography A，2012，1259（12）：221-226.

[29] 孙希岚，朱争礼，单营营，等. 高效液相色谱-荧光检测法检测金属食品罐用涂料中的双酚 A 含量[J]. 包装工程，2013，34（13）：27-30.

[30] 梁锡镇，隋海霞，李丹，等. 液相色谱-三重四极杆质谱同时测定食品接触材料中双酚 A、双酚 F 与双酚 S 的迁移量[J]. 分析测试学报，2018，37（1）：87-91.

[31] Anderson R A. Chromium as an essential nutrient for humans[J]. Regulatory Toxicology and Pharmacology，1997，26（1）：

35-41.

[32] Klaunig J E, Kamendulis L M. The role of oxidative stress in carcinogenesis[J]. Annual Review of Pharmacology and Toxicology, 2004, 44: 239-267.

[33] 考庆君, 吴坤. 铬的生物学作用及毒性研究进展[J]. 中国公共卫生, 2004, 20 (11): 1398-1400.

[34] 朱伟, 夏嫱. 铬 (Ⅵ) 的基因毒性作用[J]. 环境卫生学杂志, 2012, 2 (6): 320-323.

[35] Jarup L. Hazards of heavy metal contamination[J]. British Medical Bulletin, 2003, 68: 167-182.

[36] Michael A M, Subramanian S, Sekar P, et al. Chronic chromium exposure-induced changes in testicular histoarchitecture are associated with oxidative stress: Study in a non-human primate (*Macaca radiata* Geoffroy)[J]. Human Reproduction, 2005, 20 (10): 2801-2813.

[37] Aruldhas M M, Subramanian S, Sekhar P, et al. In vivo spermatotoxic effect of chromium as reflected in the epididymal epithelial principal cells 'basal cells' and intraepithelial macrophages of a nonhuman primate (*Macaca radiata* Geoffroy)[J]. Fertility and Sterility, 2006, 86 (4): 1097-1105.

[38] 周利英, 周锦帆, 左鹏飞. 六价铬和三价铬的检测技术[J]. 化学通报, 2013, 76 (10): 915-922.

[39] 全国塑料制品标准化技术委员会. 包装用塑料复合膜、袋干法复合、挤出复合: GB/T 10004—2008[S]. 北京: 中国标准出版社, 2009.

[40] 中华人民共和国国家卫生和计划生育委员会. 食品安全国家标准 食品接触用涂料及涂层: GB 4806.10—2016[S]. 北京: 中国标准出版社, 2017.

第 5 章　食品包装材料经辐照后危害物的检测与迁移

　　食品辐照技术是由核技术衍生出来的一种高效冷杀菌技术。它采用电离辐照产生的高能射线（如伽马射线、高能电子束和 X 射线）杀灭细菌，抑制微生物生长，从而达到延长食品货架期的目的。相比传统灭菌技术，电离辐照具有以下特点[1]：①对被辐照物体无尺寸、形状、包装方式等特殊要求，适用食品种类多、范围广；②通常在常温常压下进行，可有效避免传统高温高压灭菌方式对食品造成的不利影响，最大限度保留食品特性；③多用于预包装食品，可有效避免食品在生产加工过程中的二次污染；④无须添加任何化学试剂，不存在化学残留污染；⑤无辐射残留，不存在安全卫生问题；⑥能耗低、操作简单、可控性强，易于大规模生产。基于以上优势，食品辐照技术在食品工业的应用越来越广泛。

　　我国是辐照食品生产大国，产量常年位居世界第一。采用电离辐照处理的食品种类主要包括 7 大类：①豆类、谷物及其制品；②干果果脯类；③熟畜禽肉类；④冷冻畜禽肉类；⑤香辛料类；⑥果蔬类（含脱水蔬菜）；⑦水产品类。此外，我国可用于辐照的食品还包括蜂产品（花粉、花蜜等）、保健品（各种胶囊、固体片剂、液体等）、干制食用菌（灵芝、猴头、香菇、木耳等），以及宠物食品。随着辐照食品的普及，人们对其安全性愈加关注。食品包装材料是其中一个主要关注点，表现为包装材料内危害物向食品中的迁移。我国辐照食品中相当一部分为预包装食品。电离辐照作用于包装材料，可能产生两方面的影响，进而威胁食品安全。一是辐照可能导致包装材料本身及材料中添加剂的降解，产生新的危害物（即辐解产物）并进入食品。二是辐照可能改变包装材料中添加剂的迁移行为，从而影响其在食品中的暴露量。因此，有必要围绕辐照食品包装材料开展研究，建立危害物的检测技术，考察危害物的迁移行为，评估危害物的潜在风险，从而确保辐照食品包装材料的使用安全及食品安全。

　　本章聚焦食品包装材料经辐照后危害物的检测技术及迁移研究，旨在：①描述包装材料中各类危害物的高通量筛查与精准定量检测方法；②阐述辐照条件下新发危害物的生成机制，以及辐照对包装材料中危害物迁移的影响。本章共分为 5 节。

　　5.1 节介绍基于高分辨质谱的食品包装材料相关危害物的筛查方法及质谱数据库。构建质谱数据库用于辐照前后包装材料中未知物的筛查识别。

　　5.2 节和 5.3 节介绍多层复合包装材料经辐照后危害物的迁移行为。多层复合包装材料是食品包装的常见形式，广泛应用于辐照食品的外包装。此前对辐照食品包装材料的研究多集中于单层包装材料，且涵盖的添加剂种类比较单一，数量比较有限，无法很好地反映辐照食品包装材料中实际存在的各类危害物及其迁移行为。5.2 节和 5.3 节聚焦以 PET/PE 膜和 Al/PP 膜为代表的多层复合包装材料，阐述辐照前后复合膜中危害物的筛查识别情况，以及辐照对代表性危害物的迁移行为的影响。

　　5.4 节和 5.5 节介绍纳米活性包装材料经辐照后重金属的迁移行为。以含纳米金属的聚乙烯和聚丙烯膜为研究对象，阐述辐照对材料中重金属迁移的影响。含有纳米金属的活性包装材料是近年来包装领域的研究热点，已有相关产品上市。目前，针对辐照活性包装材料的研究还十分有限。开展辐照件下纳米活性包装材料中重金属的迁移行为研究具有重要意义，可为今后此类材料的辐照标准制定及安全性评价提供基础数据与技术支持。

5.1   包装材料中危害物的筛查识别与质谱数据库

食品安全始终是社会关注的焦点。影响食品安全的因素方方面面，其中一个重要因素是食品包装材料。食品包装材料作为重要的食品相关产品，广泛用于食品生产、流通、销售各个环节，与食品安全息息相关。众所周知，食品包装材料内的危害物可通过迁移作用进入食品，威胁食品安全[2]。这些危害物包括高分子单体和低聚物，各种功能的添加剂（抗氧化剂、增塑剂、紫外吸收剂、润滑剂、交联剂、抗静电剂、荧光增白剂、表面活性剂等），以及众多 NIAS。NIAS 来源广泛，包括原辅料和高分子材料加工机械中的杂质及污染物，添加剂制备过程中产生的副产物及中间产物，高分子材料加工和储藏过程中添加剂及材料本身产生的降解产物等[3]。因此，开展这些化合物的筛查识别是确保包装材料使用安全和食品安全的重要手段。

1. 基于高分辨质谱的危害物筛查技术

近年来，国内外在食品包装材料相关危害物的筛查识别方面，取得了一系列进展。其中，以高分辨质谱（high resolution mass spectrometry，HRMS）为代表的现代谱学技术，由于其高效性和精准性，被越来越多地应用于食品包装材料中危害物，尤其是 NIAS 的筛查识别[4-6]。高分辨质谱是利用高精密度测量仪器，精确测量化合物的分子量并得到其元素组成和化学结构信息。常用的高分辨质谱有两类，飞行时间质谱（time-of-flight mass spectrometry，TOF/MS）和静电场轨道阱质谱（Orbitrap/MS），与液相色谱（liquid chromatography，LC）或气相色谱（gas chromatography，GC）相连组成一套完整的检测系统。其中气相高分辨质谱主要用于挥发性有机物的筛查，液相高分辨质谱主要用于非挥发性有机物的筛查，流程如图 5-1 所示。

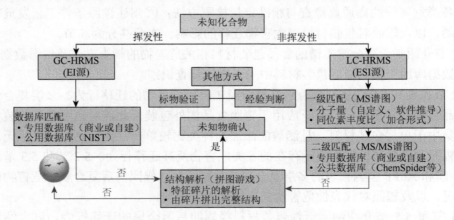

图 5-1   基于高分辨质谱的未知物筛查流程

借助气相高分辨质谱和 NIST 数据库，我们已可以有效识别食品包装材料中的挥发性有机物，包括高分子材料加工过程中产生的分解产物、高分子单体、残留溶剂等。然而，气相高分辨质谱无法实现对食品包装材料中非挥发性有机物的检测，此部分物质种类广、数量多，占主体地位，不容忽视。近年来，人们普遍采用液相高分辨质谱开展食品包装材料中危害物，尤其是非挥发性有机物（包括各种添加剂和 NIAS）的筛查识别工作[5-6]，挖掘出众多新型化合物，极大扩展了人们对包装材料中未知危害物的认知。

2. 质谱数据库的构建

在开展未知物筛查工作时，数据库扮演着重要角色。数据库的使用可极大方便筛查工作，尤其是在复杂基质中存在大量干扰物质的情况下可快速筛查出目标化合物。目前，与食品包装材料相关的数据库还十分稀少且数据库涵盖的化合物数量比较有限。这些问题极大地制约了食品包装材料中危害物的筛查工作，不利于对包装材料中未知物的有效挖掘及后续风险评估。因此，构建完善且实用的食品包装材料相关危害物质谱数据库是一项重要而有意义的工作。

食品包装材料中的化学物质不直接添加到食品中，但可通过迁移作用进入食品。这些物质通常被视为间接食品添加剂，其在食品中的出现可能会对食品安全造成潜在风险。为方便包括辐照包装材料在内的食品接触材料中危害物的筛查工作，我们利用液相高分辨质谱构建了危害物的质谱数据库，并命名为间接食品添加剂数据库，或 Indirect Food Additive（IFA）Database。已纳入化学物质特征数据库（www.quselchem.com），实现在线查询。

间接食品添加剂数据库中的化合物来源主要有 2 类。第一类是 GB 9685—2016 中所列出的添加剂。GB 9685—2016 是 GB 9685—2008 的修订版，于 2016 年颁布实施，采用肯定列表的形式，规定了食品接触材料中允许添加的各类化学物质 1294 种及其使用条件和迁移限量。扣除不适合液相高分辨色谱分析的物质，以及和食品添加剂重叠的低风险物质和极少使用且标品不易获得的化学物质后，筛选出约 400 种添加剂，用于质谱数据库的构建。在对添加剂标准品进行分析的同时，关注标准品中出现的与目标物相关的其他物质（副产物、降解产物、杂质等），并添加到数据库中。此外，第一类化合物还包括了文献报道的食品包装材料中的其他物质（与添加剂相关的原料、中间产物、降解产物等），以及常见塑料添加剂在油脂类食品模拟液（95%乙醇和橄榄油）中的辐解产物，通过结构解析确定其化学结构。第二类是来自真实包装材料中的化合物。这部分化合物在对市场上各类食品接触材料（包括辐照食品包装材料）开展大规模筛查的过程中获得。筛查的材料包括单层膜、复合膜、纸包装、纸塑包装、塑料瓶、一次性餐具、食品罐、食品接触用硅胶/橡胶、食品接触用回收塑料等。所筛查出的化合物有和第一类重叠的部分，也有不重叠的部分，主要为 NIAS 和低聚物（来自高分子材料本体，以及涂料、油墨、黏合剂等），通过结构解析确定其化学结构。

随着筛查工作的持续，数据库的规模也在不断扩大。目前，IFA 数据库已包含各类化合物 1000 余种。数据库下设 4 个子库（图 5-2），分别为 IFA_Additives（添加剂库）、IFA_Oligomers（低聚物库）、IFA_RPs（辐解产物库）和 IFA_rPlastics（回收塑料库）。IFA_Additives 子数据库涵盖了食品接触材料中出现的添加剂，包括 IAS 和 NIAS。数据库中的化合物，一部分来自购入的添加剂标准品，另一部分来自真实食品接触材料。对于没有标准品的化合物，通过结构解析确定其化学结构。IFA_Oligomers 子数据库涵盖了食品接触材料中出现的低聚物，以及含低聚物结构的化合物（如聚乙二醇烷基醚、烷基酚聚氧乙烯醚等表面活性剂）。这些低聚物的来源有高分子材料（PET、PBT、尼龙、PLA、PBAT、PBS、聚硅氧烷等）、黏合剂、涂料、油墨等，大部分通过结构解析确定其化学结构。IFA_RPs 子数据库主要涵盖了选定添加剂（抗氧化剂、紫外吸收剂、增塑剂等）在 95% 乙醇和橄榄油中的辐解产物，主要通过结构解析确定其化学结构。IFA_rPlastics 子数据库涵盖了食品接触用回收塑料中出现的化学物质，涉及 3 类回收塑料：rPE、rPP 和 rPET，通常为终产品（瓶子、薄膜等）或制备终产品的母粒。IFA_Additives 和 IFA_Oligomers 子数据库中的化合物不重叠，IFA_RPs 和 IFA_rPlastics 子数据库中的化合物和前两个子数据库中的化合物部分重叠。各子数据库所含化合物信息和数量如图 5-3 所示。

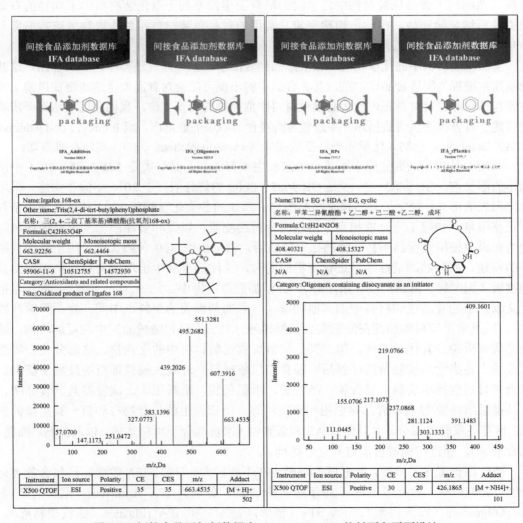

图 5-2　间接食品添加剂数据库（IFA database）的封面和页面设计

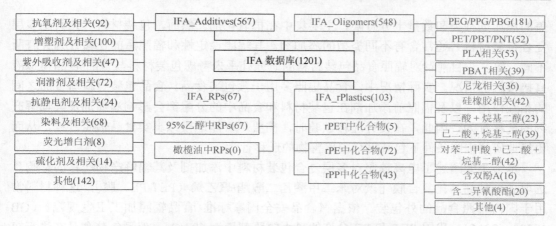

图 5-3   间接食品添加剂数据库（IFA database）化合物数量和信息统计

5.2   PET/PE 膜经辐照后危害物的筛查识别与迁移行为

5.2.1   引言

电离辐照包括伽马射线辐照、电子束（electron beam，EB）辐照和 X 射线辐照，是一种高效的冷杀菌技术，可用于食品灭菌[1]。电离辐照产生的高能射线可有效杀灭昆虫和细菌，抑制微生物生长，从而延长食品货架期。与传统高温或高压灭菌技术相比，电离辐照在保持良好灭菌效果的同时可最大限度地保留食品风味和特性。因此，该技术在食品工业中的应用越来越广泛。采用电离辐照灭菌的食物主要有谷物、豆制品、干果、果脯、熟肉、冷冻肉、脱水蔬菜、香料、茶叶、新鲜果蔬等。

电离辐照虽然存在诸多优势，但在应用过程中可能会对食品安全造成潜在风险。风险之一与食品包装材料有关，表现为包装材料中包括塑料添加剂在内的各种有毒有害物质通过迁移作用进入食品。食品在进行辐照灭菌时，一般采用预包装的形式，辐照处理可能会对包装材料内添加剂产生两方面影响，均与食品安全密切相关。首先，电离辐照可引起某些添加剂发生复杂化学反应生成新的物质，即辐解产物（radiolysis products，RPs）[7]。辐解产物通常被视作 NIAS，能够从包装材料迁移到食品中，威胁食品安全[5]。其次，电离辐照会影响添加剂的迁移行为，进而影响其在食品中的最终浓度。现有研究表明，辐照可改变包装材料中添加剂向食品/食品模拟液中的迁移量，迁移量的增加或减少取决于添加剂的种类。通常抗氧化剂经辐照后发生降解，迁移量也随之下降[8]。辐照后迁移量增加的情况主要发生在增塑剂上，如己二酸二辛酯和乙酰柠檬酸三丁酯[9-10]。若某一添加剂的迁移量增加，其对食品安全造成的潜在风险也随之增加。

虽然电离辐照对食品包装材料中添加剂迁移的影响已有较多研究，但仍有诸多不足之处，主要表现在三个方面。第一，目前研究多聚焦单层包装材料，对多层复合包装材料的研究还十分有限，尤其是用于辐照食品外包装的多层复合材料。第二，目前研究涵盖的添加剂种类和数量十分有限，主要集中在抗氧化剂。然而，包装材料（尤其是多层复合包装材料）通常含有不同类型的添加剂，其辐照稳定性和辐照后的迁移行为会有所不同。第三，目前针对辐照食品包装材料的研究几乎未考虑包装材料与食品/食品模拟液直接接触的情况。实际情况中，食品辐照多用于预包装食品。食品包装材料与食品之间的相互作用，以及辐照前添加剂在包装材料和食品中的分配都会影响添加剂及其辐解产物的迁移行为。因此，在设计迁移试验时，需要尽可能地模拟真实食品辐照过程，从而更好地研究辐照条件下包装材料中危害物的迁移行为。

本节主要阐述了电离辐照对多层复合包装材料中添加剂及其辐解产物迁移的影响。选取了一种商品化复合膜〔聚对苯二甲酸乙二醇酯/聚乙烯（PET/PE）膜〕，这种材料常用于国内辐照食品的外包装。依据《食品安全国家标准 食品辐照加工卫生规范》（GB 18524—2016），我国 PET 和 PE 允许的最大辐照剂量为 60 kGy。但预包装食品在进行辐照处理时，辐照剂量一般不超过 10 kGy，以确保辐照食品安全。为获得辐照包装材料中添加剂及其辐解产物的信息，采用 UPLC-QTOF/MS 法开展未知物的筛查工作。基于筛查结果，选取代表性化合物考察其在辐照条件下的迁移行为。采用制袋法开展迁移试验，将 PET/PE 膜转化为小袋并加入 95%乙醇（食品模拟液）来模拟实际情况下的食品辐照。评估不同辐照条件对化合物从 PET/PE 膜向食品模拟液迁移的影响，分析辐照导致迁移行为变化的原因及机理。

5.2.2　材料与方法

1. 材料与试剂

PET/PE 膜由一家包装公司提供，采用共挤压技术生产，厚度约为 50 μm。实验所用溶剂有：甲醇（MS 级，购自德国 Merck）、乙醇（HPLC 级，购自美国 J.T. Baker）和水（HPLC 级，购自美国 Alfa Aesar）。用于迁移试验的标准物质有：抗氧化剂 168（Irgafos 168，CAS 号：31570-04-4），抗氧化剂 168-ox（Irgafos 168-ox，CAS 号：95906-11-9），抗氧化剂 1076（Irganox 1076，CAS 号：2082-79-3），1, 3-二亚油精（1, 3-dilinolein，CAS 号：15818-46-9），芥酸酰胺（erucamide，CAS 号：112-84-5）和二十碳烯酰胺（eicosenamide，CAS 号：10436-08-5）。其他化学试剂包括甲酸（MS 级，购自美国 Honeywell）和甲酸铵（纯度＞99%，购自德国 Fisher Chemical）。

2. 辐照处理

采用伽马射线辐照和电子束辐照处理样品，辐照剂量为 10 kGy，此数值为世界卫生组织（WHO）推荐的用于食品辐照的最高剂量[11]。伽马射线辐照在北京鸿仪四方辐射技术股份有限公司进行，使用 ^{60}Co 辐射源，剂量率约为 2.5 kGy/h。电子束辐照在北京原子高科金辉辐射技术应用有限责任公司进行，使用高能电子加速器（10 MeV/20 kW），剂量率约为 5 kGy/s。采用 radiochromic 胶片剂量计测量实际辐照剂量，与设定剂量（10 kGy）的偏差在 10%以内。

3. 迁移试验

采用单面接触法进行迁移试验。使用手持式热封机将 PET/PE 膜制成小袋（10 cm×6 cm，PE 层朝里），如图 5-4 所示。每个小袋装入 30 ml 的 95%乙醇作为油脂类食品模拟液，模拟最坏情况下的迁移。将袋装样品（三个平行）分为三组，分别进行无辐照（对照组）、伽马射线辐照和电子束辐照（10 kGy）处理。为更好地模拟真实情况下的食品辐照，本研究设计了两种不同的迁移试验方案。

图 5-4　用于迁移试验的 PET/PE 小袋

（1）迁移试验 I

PET/PE 小袋在加入食品模拟液后立即（2 h 以内）送去辐照。这么做的目的是模拟食品在包装后很快进行辐照处理的情况。辐照后，样品被送回实验室并在室温（22℃）下避光储藏。在接下来 21 d 内的不同时间点从小袋中采集样品。试验的初始时间设置为小袋中加入食品模拟液的时间，第一个采样点在开始计时 10 h 后。每次采样时，用移液枪从小袋中取一小部分（0.1 ml）溶液，然后用液相色谱-质谱法（LC-MS）分析。

（2）迁移试验 II

PET/PE 小袋在加入食品模拟液后放入 40℃烘箱静置 1 d，然后再送去辐照处理。这么做的目的是模拟食品（如腌制肉类食品）在包装后先储藏了一段时间再进行辐照处理的情况。辐照处理后，样品被送回试验室并在室温（22℃）下避光储藏。在接下来 14 d 内的不同时间从小袋中采集样品。试验的初始时间设置为小袋中加入食品模拟液的时间（对照样品）或辐照结束的时间（辐照样品），第一个采样点在初始时间 2 h 后。每次采样时，用移液枪从小袋中取一小部分（0.1 ml）溶液，然后用 LC-MS 分析。

4. UPLC-QTOF/MS

采用 UPLC-QTOF/MS 对迁移到 95%乙醇中的化合物进行筛查识别。所用仪器为 X500R QTOF/MS（制造商：美国 SCIEX），和 ExionLC™ AD UPLC 系统（制造商：美国

SCIEX）相连，所用操作软件为 SCIEX OS（1.5.0.23389 版）。采用 Waters XSelect HSS T3 色谱柱（2.5 μm×2.1 mm×100 mm）和与之配套的 Waters XSelect 保护柱分离化合物，柱温为 35℃。流动相（A）水（含 0.1%甲酸和 2 mmol/L 甲酸铵）和（B）甲醇（含 0.1%甲酸和 2 mmol/L 甲酸铵）。采用梯度洗脱，流速为 0.4 ml/min，时间为 20 min。洗脱程序设置如下：0～0.5 min，20% B；0.5～2 min，20%～70% B；2～7 min，70%～100% B；7～17 min，100% B；17～17.5 min，100%～20% B；17.5～20 min，20% B。自动进样器温度设置为 15℃，进样量为 5 μl。

采用电喷雾离子源在正离子模式下采集化合物的色谱图。MS 谱图数据的采集条件为：离子源温度为 550℃，去簇电压为 5500 V，扫描范围为 80～1500 Da，累积时间为 0.25 s，碰撞能量为 10 V。另外，气帘气和碰撞活化解离（collision activated dissociation，CAD）气体分别设置为 35 psi[①]和 7 psi。MS/MS 谱图数据的采集条件为：50～1500 Da，碰撞能量为 35 V，幅度为 15 V。在采集谱图数据时，使用信息依赖采集（information-dependent acquisition，IDA）技术，每个循环选取强度响应前十且大于 10 000 cps 的母离子进行 MS/MS 谱图数据的采集。其他参数使用仪器推荐值。

采用 SCIEX OS 软件的靶向和非靶向筛查功能对未知化合物进行筛查识别，大致分为两个步骤。第一步是靶向筛查，将实验结果和实验室自建数据库（间接食品添加剂数据库或 IFA 数据库）进行比对（质荷比、同位素丰度比、二级碎片等），当匹配度满足 purity＞70 时，可确认未知物的化学结构。第二步是非靶向筛查，用于识别不在数据库中的化合物，可分为两步。首先是使用软件自带的 "formula finder" 功能并结合未知物的一级谱图信息（质荷比、同位素丰度比、加合形式）推导出未知物所有可能的化学式（mass error＜10 ppm）。其次，在 ChemSpider 数据库（www.chemspider.com）中搜索满足候选化学式的所有化学结构，由软件推导出二级碎片并和仪器得到的二级碎片进行比对（mass error＜10 ppm），挑选出高度吻合的化学结构。最终依赖研究人员的经验以及对塑料添加剂的了解，实现未知化合物结构的确认。此外，还可通过购买标准品或自行合成标准品的方式对未知物进行验证。

5. LC-MS

采用 LC-MS 测量从 PET/PE 膜迁移到食品模拟液中的添加剂的浓度。所用仪器为 Agilent 6470A 三重四极杆串联质谱仪（制造商：美国 Agilent Technologies），和 Agilent 1290 infinity Ⅱ UPLC 系统（制造商：美国 Agilent Technologies）相连，所用操作软件为 Agilent MassHunter（版本号为 B.08.02）。将所有用于迁移试验的添加剂标准品用甲醇和二氯甲烷的混合液（体积比为 1∶1）稀释，得到浓度为 1 mg/L 的储备液，−18℃冰箱中保存直到使用。用乙醇稀释储备液，配制浓度为 0.02～0.5 mg/L 和 0.5～5 mg/L 的工作溶液，并用于建立校正曲线（峰面积 vs 浓度，R^2＞0.992）。化合物的分离在 Waters XSelect CAS C18 色谱柱上进行，配备相应的 Waters XSelect 保护柱，柱温为 35℃。采用梯度洗脱，流速为 0.4 ml/min，时间为 15 min，流动相为（A）水（含 0.1%甲酸和 2 mmol/L 甲酸铵）和

---

① 1 psi = 6.894757 kPa。

（B）甲醇（含 0.1%甲酸和 2 mmol/L 甲酸铵）。洗脱程序设置如下：0～3 min，5%～80% B；3～6 min，80%～100% B；6～12 min，100% B；12～12.5 min，100%～5% B；12.5～15 min，5% B。每个标准溶液注射 3 次，每个样品溶液注射 2 次，进样量为 5 μl。

化合物的检测采用 ESI 源，正离子模式，数据采集模式为单离子监测模式。质谱仪器参数设置为：干燥气温度为 300℃，气体流速为 7 L/min，鞘气温度为 250℃，气体流速为 11 L/min，毛细管电压为 3500 V，锥孔电压为 80 V。数据采集和分析所用软件为 Agilent MassHunter Workstation Acquisition 和 Quantitative Analysis。用于迁移试验的添加剂的检测信息如表 5-1 所示。

表 5-1　选定添加剂的仪器参数、保留时间和检出限

编号	添加剂名称	质荷比	加合/电荷	锥孔电压/V	保留时间/min	检出限/(μg/L)
1	抗氧化剂 168	647.8	[M + H]⁺	80	8.56	0.48
2	抗氧化剂 1076	548.9	[M + NH₄]⁺	80	7.88	0.31
3	抗氧化剂 168-ox	663.8	[M + H]⁺	80	6.88	0.64
4	抗氧化剂 1010	1195.2	[M + NH₄]⁺	80	6.44	0.28
8	1,3-二亚油精	639.8	[M + NH₄]⁺	80	7.36	4.02
12	芥酸酰胺	338.6	[M + H]⁺	80	5.95	0.28
15	二十碳烯酰胺	310.6	[M + H]⁺	80	5.59	0.19

注：检出限的获取是基于 3 倍信噪比。

6. 统计分析

采用 SigmaPlot 软件（14.0 版）进行迁移量之间的比较分析。使用 t 检验比较数值之间的差异，当 $p<0.05$ 时，认为存在显著差异。

5.2.3　结果与讨论

1. 食品模拟液中化合物的鉴别

辐照和未辐照的 PET/PE 膜中的化合物都有可能迁移到食品模拟液（95%乙醇）中。借助 UPLC-QTOF/MS，我们能够识别那些迁移到食品模拟液中的化合物。表 5-2 列出了迁移试验 I 结束时迁移到 95%乙醇中的化合物，相应的色谱图如图 5-5 所示。在 95%乙醇中筛查出 20 余种化合物，可分为 5 组：抗氧化剂及其氧化产物、二取代甘油酯、脂肪酸酰胺、辐解产物和其他。抗氧化剂主要有抗氧化剂 1076（Irganox 1076，受阻酚类抗氧化剂）和抗氧化剂 168（Irgafos 168，亚磷酸酯类抗氧化剂），它们分别是 PE 中常用的主抗氧化剂和辅抗氧化剂。在 95%乙醇中还发现了抗氧化剂 168 的氧化产物，即抗氧化剂 168-ox（Irgafos 168-ox，#3）。其他抗氧化剂有抗氧化剂 1010（Irganox 1010，#4）和抗氧化剂 1135（Irganox 1135，#5），它们都属于受阻酚类抗氧化剂。二取代甘油酯（disubstituted glycerides）类化合物为 1,3-二亚油精（1,3-dinolein，#8）及其类似物（#6 和#7），可能

来自 PET 层。脂肪酸酰胺（fatty acid amides）类化合物为芥酸酰胺（erucamide，#12）及其类似物（芥酸酰胺的副产物），常添加到 PE 中起润滑和防黏连的作用[12]。二取代甘油酯类化合物（#6～#8）和脂肪酸酰胺类化合物（#9～#19）显示出相似的化学结构，每一类中的化合物仅在脂肪链长度和不饱和双键（C＝C）数量上有所差别。具有类似化学结构的同一类化合物，其二级碎片往往也表现出一定的相似性，若确定了其中一个化合物的结构，其他类似化合物的结构也随之确定[5]。化合物#25 是一种杀菌剂[13]，通常不作为塑料添加剂使用，可能是来自仪器或其他地方的污染物。

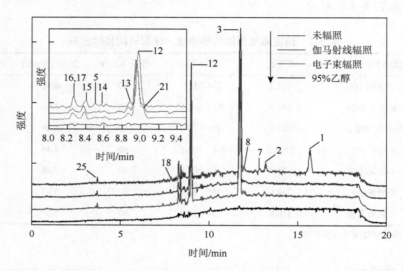

图 5-5　迁移试验Ⅰ中从辐照和未辐照 PET/PE 膜迁移到 95%乙醇中的化合物的色谱图（后附彩图）

除了 PET/PE 膜中原本存在的各种添加剂，辐照后还产生新的化合物，即辐解产物。表 5-2 中列出了食品模拟液中筛查到的辐解产物，均由抗氧化剂 168 衍生而来。关于抗氧化剂 168 的辐照降解已有许多研究，其中抗氧化剂 168-ox 是主要辐解产物[14]。此外，抗氧化剂 168 也可在辐照下断键，生成 2,4-二叔丁基苯酚、2,4-二叔丁基苯和其他产物[14]。在本节中，我们发现了更多抗氧化剂 168 的辐解产物（表 5-3），虽然它们当中的一部分（如#20、#23）也可在非辐照条件下生成[15]。辐解产物的生成主要归因于抗氧化剂 168 和 95%乙醇中的自由基（如羟自由基、乙氧基自由基等）之间的化学反应。这些含氧自由基是溶剂分子（如水、乙醇）受辐照后产生的，具有较强的氧化性，可与抗氧化剂 168 反应。化学反应过程和之前报道的高分子材料中抗氧化剂的辐照降解过程类似[16]。以双(2,4-二叔丁基苯基)乙基磷酸酯（#21）为例，其 MS/MS 谱图如图 5-6 所示。图 5-7 展示了辐照条件下该化合物可能的生成路径。乙醇分子在辐照条件下变成乙氧基自由基和其他物质。其中乙氧基自由基和抗氧化剂 168 分子结合形成中间态自由基。中间态自由基可通过剪切芳香烃结构中的 C—O 键直接转化成化合物#21（路径 1），也可通过剪切 P—O 键形成一种亚磷酸酯产物。在过氧自由基和烷氧自由基存在的条件下，该亚磷酸酯产物可进一步氧化生成磷酸酯产物，即化合物#21[16]。

表 5-2　迁移试验 I 中从辐照和未辐照 PET/PE 膜迁移到 95% 乙醇中的化合物的筛查结果

#	化合物	保留时间/min	观测的质荷比	加合/电荷	主要碎片	分子式	CAS 号	未辐照	γ 射线辐照	电子束辐照
1组: 抗氧化剂及其氧化产物										
1[bc]	抗氧化剂 168	15.59	647.4580	$[M+H]^+$	441.2898; 347.1760; 291.1139	$C_{42}H_{63}O_3P$	31570-04-4	X	X	X
2[bc]	抗氧化剂 1076	13.12	548.5032	$[M+NH_4]^+$	167.0701; 149.0596; 107.0490	$C_{35}H_{62}O_3$	2082-79-3	X	X	X
3[bc]	抗氧化剂 168-ox	11.70	663.4529	$[M+H]^+$	607.3895; 551.3268; 495.2650	$C_{42}H_{63}O_4P$	95906-11-9	X	X	X
4[abc]	抗氧化剂 1010	10.40	1194.8164	$[M+NH_4]^+$	897.4773; 841.4151; 785.3523	$C_{73}H_{108}O_{12}$	6683-19-8	X	X	X
5[c]	抗氧化剂 1135	8.51	408.3467	$[M+NH_4]^+$	167.0704; 149.0599; 107.0492	$C_{25}H_{42}O_3$	125643-61-0	X	X	X
2组: 二取代甘油酯										
6[a]	1,3-二油精	14.13	638.5720	$[M+NH_4]^+$	603.5353; 341.3052; 337.2742	$C_{39}H_{72}O_5$	2465-32-9	X	X	X
7	1-油酰-3-油酰反式甘油	12.76	636.5560	$[M+NH_4]^+$	601.5191; 339.2894; 337.2736	$C_{39}H_{70}O_5$	10346-53-4	X	X	X
8[b]	1,3-二亚油精	11.91	634.5404	$[M+NH_4]^+$	599.5030; 339.2894; 337.2737	$C_{39}H_{68}O_5$	15818-46-9	X	X	X
3组: 脂肪酸酰胺										
9[a]	二十四烯酰胺	9.62	366.3725	$[M+H]^+$	349.3458; 331.3359; 83.0856	$C_{24}H_{47}NO$	10137672[d]	X	X	X
10[a]	二十二烷酰胺	9.54	340.3567	$[M+H]^+$	102.0911; 88.0757; 57.0699	$C_{22}H_{45}NO$	3061-75-4	X	X	X
11[a]	二十烯酰胺	9.28	352.3571	$[M+H]^+$	335.3302; 317.3239; 69.0696	$C_{23}H_{45}NO$	8017105[d]	X	X	X
12[bc]	芥酸酰胺	8.95	338.3405	$[M+H]^+$	321.3143; 303.3037; 83.0856	$C_{22}H_{43}NO$	112-84-5	X	X	X
13	二十烷酰胺	8.86	312.3260	$[M+H]^+$	102.0917; 88.0763; 57.0700	$C_{20}H_{41}NO$	51360-63-5	X	X	X
14	二十二碳双烯酰胺	8.57	336.3256	$[M+H]^+$	319.2985; 301.2882; 95.0850	$C_{22}H_{41}NO$	NA	X	X	X
15[b]	二十碳烯酰胺	8.38	310.3097	$[M+H]^+$	293.2838; 275.2733; 83.0858	$C_{20}H_{39}NO$	10436-08-5	X	X	X
16	硬脂酰胺	8.27	284.2947	$[M+H]^+$	102.0914; 88.0760; 57.0695	$C_{18}H_{37}NO$	124-26-5	X	X	X
17	二十二碳三烯酰胺	8.25	334.3104	$[M+H]^+$	317.2841; 95.0854; 81.0699	$C_{22}H_{39}NO$	NA	X	X	X
18[c]	油酸酰胺	7.80	282.2789	$[M+H]^+$	265.2527; 247.2427; 83.0857	$C_{18}H_{35}NO$	301-02-0	X	X	X
19[a]	亚油酸酰胺	7.41	280.2631	$[M+H]^+$	263.2368; 245.2275; 95.0858	$C_{18}H_{33}NO$	3999-01-7	X	X	X

续表

#	化合物	保留时间/min	观测的质荷比	加合/电荷	主要碎片	分子式	CAS 号	未辐照	γ射线辐照	电子束辐照
4 组: 辐解产物										
20[ac]	双(2,4-二叔丁基)磷酸苯酯	10.41	475.2974	[M+H]+	419.2374; 363.1723; 307.1097	$C_{28}H_{43}O_4P$	69284-93-1		X	X
21	双(2,4-二叔丁基苯基)乙基磷酸酯	9.03	503.3281	[M+H]+	447.2642; 391.2016; 363.1706	$C_{30}H_{47}O_4P$	N/A		X	X
22[a]	双(2,4-二叔丁基苯基)甲基亚磷酸酯	8.82	489.3125	[M+H]+	433.2509; 377.1876; 321.1253	$C_{29}H_{45}O_4P$	N/A		X	X
23[a]	双(2,4-二叔丁基苯基)甲基磷酸酯	8.77	473.3180	[M+H]+	417.2549; 361.1928; 305.1307	$C_{29}H_{45}O_3P$	N/A		X	X
24[a]	(2,4-二叔丁基苯基)二乙基磷酸酯	6.82	343.2034	[M+H]+	259.1091; 231.0781; 203.0464	$C_{18}H_{31}O_4P$	N/A		X	X
5 组: 其他										
25	2-(4-甲氧基苯基)苯并咪唑	3.67	225.1020	[M+H]+	132.0441; 106.0651; 77.0385	$C_{14}H_{12}N_2O$	2620-81-7	X	X	X

注: 迁移试验Ⅱ中筛查出的化合物与迁移试验Ⅰ大致相同。a 该化合物浓度很低，其色谱峰未与基线区分开，如图 5-5 所示。b 该化合物经过标准品验证。c 该化合物经过实验室自建数据库验证。d 当没有 CAS 号时给出 ChemSpider ID。X 表示该化合物有检出。

表 5-3　95%乙醇中筛查出的抗氧化剂 168 及其辐解产物（#20～#24）

抗氧化剂 168（#1）	抗氧化剂 168 辐解产物（#20）	抗氧化剂 168 辐解产物（#21）
	双(2, 4-二叔丁基)磷酸苯酯	双(2, 4-二叔丁基苯基)乙基磷酸酯
抗氧化剂 168 辐解产物（#22）	抗氧化剂 168 辐解产物（#23）	抗氧化剂 168 辐解产物（#24）
双(2, 4-二叔丁基苯基)甲基亚磷酸酯	双(2, 4-二叔丁基苯基)甲基磷酸酯	(2, 4-二叔丁基苯基)二乙基磷酸酯

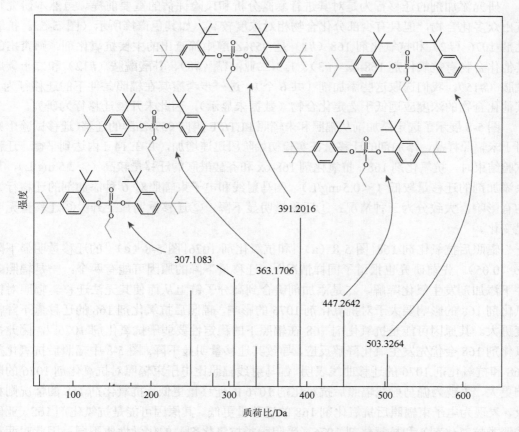

图 5-6　双(2, 4-二叔丁基苯基)乙基磷酸酯（#21）的 MS/MS 谱图及碎片结构

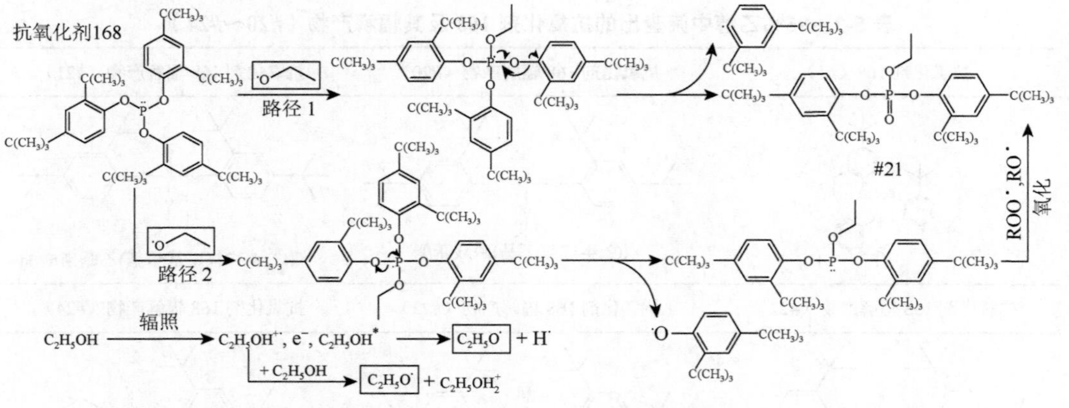

图 5-7　辐照条件下生成双(2, 4-二叔丁基苯基)乙基磷酸酯（#21）的化学反应过程

2. 迁移试验Ⅰ中选定添加剂的迁移行为

研究添加剂的迁移行为是对其进行暴露分析和风险评估的重要前提。虽然本研究筛查出众多化合物，但只有少部分化合物相对浓度较高，如其色谱峰所示（图 5-5）。抗氧化剂 1076（#2）和抗氧化剂 168（#1）是 95%乙醇中筛查出的主要抗氧化剂。筛查出的其他化合物有抗氧化剂 168-ox（#3）、1, 3-二亚油精（#8）、芥酸酰胺（#12）和二十碳烯酰胺（#15）。我们选取这些添加剂（共 6 个），进一步考察其在辐照条件下的迁移行为。其他化合物的浓度应远低于选定化合物（数据未显示），因此未开展迁移行为研究。

图 5-8 展示了选定添加剂从辐照和未辐照 PET/PE 膜向 95%乙醇的迁移（迁移试验Ⅰ）。对于未辐照样品，添加剂的迁移量在实验初始阶段迅速增加，并在 14 d 内达到平衡。迁移试验结束时，抗氧化剂 168、抗氧化剂 168-ox 和芥酸酰胺的迁移量较高（>2.5 mg/L），其余添加剂的迁移量较低（<0.5 mg/L）。伽马射线和电子束辐照对 6 种添加剂的迁移行为均有影响，大致分为三种情况：①迁移量明显下降；②迁移量明显上升；③迁移量无明显变化。

辐照后抗氧化剂 168[图 5-8（a）]和抗氧化剂 1076[图 5-8（c）]的迁移量明显下降（$p < 0.05$）。先前研究也报道了同样情况[8]。迁移量下降的原因可能有两个：一是辐照条件下添加剂发生氧化降解，二是添加剂键合到高分子链上从而使其无法迁移。辐照对抗氧化剂 168 的影响要大于对抗氧化剂 1076 的影响，辐照后抗氧化剂 168 的迁移量下降幅度更大。其原因可能是抗氧化剂 168 在辐照下的稳定性要弱于抗氧化剂 1076[8]，因此抗氧化剂 168 会优先发生氧化降解反应，导致其迁移量明显下降。图 5-8 中辐照后抗氧化剂 168 和抗氧化剂 1076 的迁移曲线表明，伽马射线辐照比电子束辐照对抗氧化剂 1076 的影响更大，表现为伽马射线辐照后抗氧化剂 1076 的迁移量更低。抗氧化剂 168 的情况则相反，表现为电子束辐照后抗氧化剂 168 的迁移量更低。其原因可能是抗氧化剂 168（亚磷酸酯类抗氧化剂）和抗氧化剂 1076（受阻酚类抗氧化剂）的化学性质不同，因此对两种辐照方式的反应不同。另外，辐照后抗氧化剂 168 的迁移存在一个有趣的现象，其迁移量随时间的延长而降低。这可能是因为辐照后产生的自由基依然存在，并在样品储藏过

程中不断和抗氧化剂 168 发生氧化降解反应[14]。1, 3-二亚油精在辐照后的迁移量也有显著下降［图 5-8（f）］，且伽马射线辐照的影响要大于电子束辐照，即伽马射线辐照后迁移量更低。二取代甘油酯类化合物分子量较高（如 1, 3-二亚油精的分子量为 616.95），因此具有较高的俘获截面和电离射线发生相互作用。此外，1, 3-二亚油精分子中有两条长的烷烃链（C18）且链上含多个不饱和双键（C═C）。这种结构的稳定性较差，且不饱和双键可以作为辐照降解反应的位点[17]。

无论是伽马射线辐照还是电子束辐照，均导致抗氧化剂 168-ox 的迁移量明显上升（$p < 0.05$）。已有研究表明，抗氧化剂 168-ox 可在高辐照剂量下降解，从而降低其在高分子材料中的含量[14]。然而，低剂量辐照（如 10 kGy）条件下抗氧化剂 168 向抗氧化剂 168-ox 的转化是主流反应，超过抗氧化剂 168-ox 本身的降解。因此，辐照后高分子材料中抗氧化剂 168-ox 的含量增加，其迁移量也随之增加。

二十碳烯酰胺［图 5-8（d）］和芥酸酰胺［图 5-8（e）］的迁移量没有发生明显变化（$p > 0.05$）。此前报道显示[7]，芥酸酰胺在 20 kGy 的辐照下可保持稳定，当辐照剂量高于 44 kGy 时，芥酸酰胺发生降解。本研究中使用的辐照剂量较低（10 kGy），二十碳烯酰胺和芥酸酰胺均表现出良好的辐照稳定性。因此，辐照前后这两种化学物在高分子材料中的含量以及向食品模拟液中的迁移量均无明显变化。

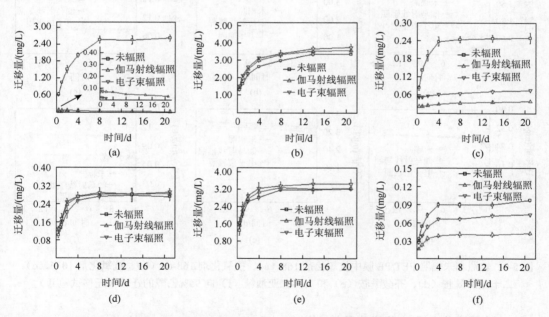

图 5-8　辐照和未辐照 PET/PE 膜中抗氧化剂 168（a）、抗氧化剂 168-ox（b）、抗氧化剂 1076（c）、二十碳烯酰胺（d）、芥酸酰胺（e）和 1, 3-二亚油精（f）向 95%乙醇的迁移（迁移试验Ⅰ）

3. 迁移试验Ⅱ中选定添加剂的迁移行为

迁移试验Ⅱ的设计是为了模拟食品生产后储藏一段时间再进行辐照处理的情况。依据美国 FDA 的建议[18]，40℃下放置 10 d 约等同于室温（22℃）下放置 6 个月。以此推算，40℃下放置 1 d 大致相当于在室温下放置 2 周左右。因此，迁移试验 Ⅱ 中选定添加剂的迁移量是由辐照后 95%乙醇中添加剂的残留量和后续迁移到 95%乙醇中的量共同决定的。

图 5-9 展示了选定添加剂从辐照和未辐照 PET/PE 膜向 95%乙醇的迁移（迁移试验 Ⅱ）。对于未辐照样品（对照组），迁移曲线显示所有添加剂在 40℃下放置 1 d 后基本达到了迁移平衡态。迁移试验 Ⅱ 中辐照对选定添加剂迁移行为的影响与迁移试验 Ⅰ 类似。辐照后抗氧化剂 168［图 5-9（a）］、抗氧化剂 1076［图 5-9（c）］和 1,3-二亚油精［图 5-9（f）］向 95%乙醇的迁移量显著下降（$p<0.05$）。其中抗氧化剂 1076 和 1,3-二亚油精经伽马射线辐照后迁移量下降幅度更高，而抗氧化剂 168 经电子束辐照后迁移量下降幅度更高。辐照后，抗氧化剂 168 持续转化为抗氧化剂 168-ox，导致抗氧化剂 168 的浓度持续下降［图 5-9（a）］，而抗氧化剂 168-ox 的浓度则持续上升［图 5-9（b）］。辐照前后未发现二十碳烯酰胺［图 5-9（d）］和芥酸酰胺［图 5-9（e）］的迁移量发生显著变化（$p>0.05$），说明这两种化合物在 95%乙醇中具有良好的辐照稳定性。

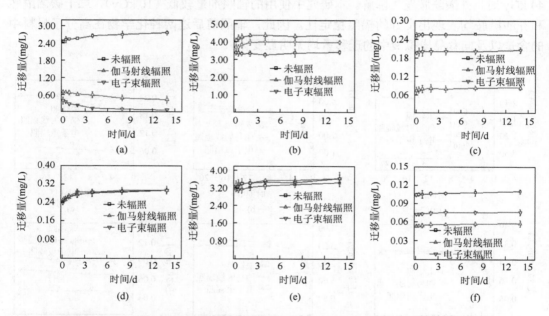

图 5-9　辐照和未辐照 PET/PE 膜中抗氧化剂 168（a）、抗氧化剂 168-ox（b）、抗氧化剂 1076（c）、
二十碳烯酰胺（d）、芥酸酰胺（e）和 1,3-二亚油精（f）向 95%乙醇的迁移（迁移试验 Ⅱ）

4. 迁移试验 Ⅰ 和迁移试验 Ⅱ 的比较

迁移试验 Ⅰ 和迁移试验 Ⅱ 的设计是为了研究辐照对 PET/PE 膜中添加剂迁移的影响，但这两个试验存在一些差异。迁移试验 Ⅰ 中，添加剂在进行辐照处理前主要分布在高分子材料中。在迁移试验 Ⅱ 中，相当一部分添加剂在辐照处理前已进入食品模拟液。通过两个迁移试验之间的对比，有助于考察添加剂在高分子材料和食品模拟液之间的分配对其辐照后迁移量的影响。结果表明，添加剂的迁移量与其辐照稳定性相关。脂肪酸酰胺

在高分子材料和 95%乙醇中具有良好的辐照稳定性，因此，迁移试验Ⅰ和迁移试验Ⅱ中这两种添加剂在 95%乙醇中的最终迁移量相似（图 5-8 和图 5-9）。抗氧化剂，如抗氧化剂 168 和抗氧化剂 1076，在辐照下不稳定，它们在 95%乙醇中的最终迁移量表现为迁移试验Ⅱ高于迁移试验Ⅰ。这可能是因为辐照条件下抗氧化剂在高分子材料中的降解程度要高于 95%乙醇。此外，电离辐照可导致高分子链断裂，并在链段上产生各种官能团（如羟基、羧基）[19]。这些官能团可能促进高分子和添加剂之间的相互作用（亲合性），增大添加剂从高分子材料中迁出的难度。迁移试验Ⅱ中抗氧化剂 168-ox 的迁移量要大于迁移试验Ⅰ，这可能与两种迁移试验的设计方式有关。迁移试验Ⅰ中，抗氧化剂 168 主要存在于高分子材料中，经辐照后转化为抗氧化剂 168-ox，之后再迁移至 95%乙醇。而迁移试验Ⅱ中，抗氧化剂 168 先向 95%乙醇迁移，然后经辐照后直接在 95%乙醇中转化成抗氧化剂 168-ox，这可能有助于提高抗氧化剂 168-ox 在溶液中的最终浓度。

5. 试验结果对向真实食品迁移的启示

试验结果对真实情况下添加剂向食品的迁移具有一定的借鉴意义。例如，向 95%乙醇中的迁移情况可以反映向油脂类食品中的迁移情况。在 95%乙醇中筛查出的辐解产物也可能出现在含乙醇的辐照食品中，辐解产物的生成机理是类似的。

虽然迁移试验的设计是为了模拟食品辐照的实际情况，但仍和实际情况存在差别。首先，实际情况中，食品经包装后可能不会立即进行辐照处理（如迁移试验Ⅰ所示）或放置很长时间后再进行辐照处理（如迁移试验Ⅱ所示）。一般来说，食品从生产到辐照处理会有 1～2 d（或更长）的间隔期。因此，迁移试验Ⅰ和迁移试验Ⅱ描述了极端条件下的迁移行为，所获得的数值可视为迁移达到平衡态后的边界值（最低值和最高值）。其次，添加剂的迁移量（如抗氧化剂 168）受到乙醇衍生的自由基的影响，表现为自由基引发的化合物的降解。迁移试验Ⅱ的设计使得这种情况变得更为复杂，因为添加剂在辐照处理前已基本迁移到 95%乙醇中。此时，添加剂主要和乙醇衍生的自由基而不是和高分子材料中的自由基发生反应，使得迁移量受溶液中自由基的影响更大。然而，食品模拟液（95%乙醇）的成分不同于真实食品。由乙醇衍生的自由基导致的化合物的降解可能不会发生在不含乙醇的食品中。此外，不同自由基对迁移量的影响可能不同。即使食品中不含乙醇，也可能产生其他自由基。考虑到食品基质的复杂性，辐照下产生的自由基会更多样化。它们与添加剂（如抗氧化剂 168）之间的反应也会影响化合物的迁移，并有可能形成新的辐解产物。同时，辐照条件下食品中的自由基与高分子材料之间的相互作用可能不同于食品模拟液中的自由基。这种差别如何影响高分子材料的性质并最终影响添加剂的迁移行为尚不清楚，有必要进行更多研究。

5.2.4 结论

本节考察了电离辐照对添加剂从 PET/PE 膜向 95%乙醇迁移的影响。虽然在 95%乙醇中筛查出许多化合物，但大部分的含量都很低，可能不会威胁食品安全。辐解产物主要来自于抗氧化剂 168 与辐照条件下食品模拟液中产生的自由基之间的反应产物。由迁移试验结果可知，添加剂在辐照下的稳定性是影响迁移量的因素之一。具有良好辐照稳定性的添加剂（如脂肪酸酰胺），其辐照前后的迁移量无显著变化。若添加剂（如受阻酚类和亚磷酸酯类抗氧化剂）在辐照下不稳定，则辐照后其迁移量显著降低。从食品安全的角度考虑，迁移量的降低有助于降低食品安全风险。然而，抗氧化剂 168 迁移量的降低伴随着抗氧化剂 168-ox 迁移量的升高，从而增加了食品安全风险。添加剂在高分子材料和食品模拟液之间的分配是影响迁移量的另一个因素。之所以考虑这个因素，是因为实际情况下食品在辐照前可能已经有一部分添加剂从包装材料迁移到食品中。此时，添加剂的迁移量受两方面影响：①辐照条件下添加剂在食品模拟液中的稳定性；②辐照后高分子材料中残留添加剂向食品模拟液的迁移。总体上，若添加剂更多地存在于食品模拟液中，其辐照后的迁移量持平或高于添加剂更多地存在于高分子材料中的情况，具体结果取决于添加剂的类型。值得注意的是，真实食品的组分要比食品模拟液复杂得多。因此，有必要研究添加剂在真实食品基质中的稳定性及其辐解产物，以及添加剂从包装材料向真实食品的迁移行为。

5.3　Al/PP 膜经辐照后危害物的筛查识别与迁移行为

5.3.1　引言

　　为最大限度保障食品安全及消费者健康，食品储藏过程中通常需要采取一系列手段以延缓食品的腐败和变质，同时最大限度地保留食品的营养价值和感官特性。目前，人们已开发出多种食品保鲜技术，以满足不同种类的食品和应用场景。在这些技术当中，食品辐照技术近些年来受到越来越多的关注。该技术利用电离辐射产生的高能射线，包括伽马射线、高能电子束和 X 射线进行杀菌处理[1]。相比传统高温高压灭菌方式，食品辐照通常在常温常压下进行，是一种冷杀菌方式，更加环保且对食品品质影响更小。中国是世界上最大辐照食品消费国，2010 年辐照食品消费量超过 26 万 t，2015 年消费量增加到 60 多万 t[20]。美国是世界第二大辐照食品消费国，2015 年报道的消费量约为 12.5 万 t[20]。

　　食品辐照技术的普及引起人们对辐照食品安全的关注。其中一个主要关注点来自包装材料。辐照处理的食品多采用预包装的形式，食品包装材料中的危害物可通过迁移作用进入食品[2]。这些危害物包括有意添加物 IAS 和 NIAS，其中，NIAS 是近年来食品包装材料安全方面的研究热点，其潜在风险未知，且有可能迁移到食品中[21-22]。研究表明，电离辐照可改变高分子材料中添加剂的迁移行为，从而改变其在食品中的暴露量[7, 10]。此外，电离辐照可导致一些添加剂发生降解，形成辐解产物并被视为 NIAS[7]。辐解产物向食品中的迁移也可能引起食品安全问题。

　　为确保食品辐照技术的安全使用，一些国家及国际机构设立了一系列法律法规。例如，我国在 GB 14891—1997 系列标准中列出了允许辐照的食品种类和相应的推荐辐照剂量。食品接受的辐照剂量一般不超过 10 kGy，低于此剂量的辐照一般不会引起严重的毒理、营养及微生物方面的问题[11]。此外，我国在 GB 18524—2016 中对允许用于辐照的包装材料做了规定，最大推荐辐照剂量范围为 10～60 kGy。

现有研究虽然已涵盖辐照食品所使用的多种包装材料，但此方面的研究仍需开展下去，主要有两方面原因。首先，随着包装技术的发展，更多包装材料将商业化并用于食品接触及食品辐照。其次，现有研究涉及的添加剂仅限于部分抗氧化剂（BHT、抗氧化剂 1076、抗氧化剂 1010 和抗氧化剂 168）及相关 RPs [16]、增塑剂（己二酸二辛酯）[9] 和润滑剂（芥酸酰胺）[23]。然而，包装材料中含有更多除上述添加剂以外的添加剂。为了更好地评估用于食品辐照的包装材料的潜在风险，有必要对材料中的所有化合物（IAS 和 NIAS）进行筛查并考察辐照下的迁移行为。

本节聚焦一种相对较新的包装材料，即镀铝聚丙烯（Al/PP），描述辐照条件下材料中危害物向食品模拟液的迁移行为。Al/PP 具有优异的阻隔性能，被广泛用作肉类和坚果的包装材料。Al/PP 的铝箔层通过真空沉积的方式直接涂覆在高分子材料表面，无须使用任何黏合剂。而传统的层压多层薄膜通常使用黏合剂将铝箔层黏附在高分子材料表面，引起人们对黏合剂层危害物迁移的担忧。然而，真空沉积工艺以及真空沉积前对高分子材料表面的电晕处理可能会对 PP 中的添加剂产生影响。这些添加剂的迁移行为又可能进一步被电离辐照影响。本节采用 UPLC-QTOF/MS 法对 Al/PP 膜（辐照或未辐照）中迁移出的化合物进行筛查。考察电离辐照对选定化合物（IAS 和 NIAS）从 Al/PP 膜向食品模拟液迁移的影响，并分析辐照导致迁移行为变化的原因。最终，根据选定化合物的迁移量评估 Al/PP 膜用于辐照食品包装的潜在风险。

5.3.2　材料与方法

1. 材料与试剂

食品级 Al/PP 膜由一家包装公司提供，厚度约为 50 μm，光密度值为 2.6。使用的溶剂有甲醇（MS 级，购自德国 Merck）、乙醇（HPLC 级，购自美国 J.T. Baker）和水（用 Milli-Q 净化系统纯化）。使用的添加剂标准品有抗氧化剂 168（Irgafos 168，购自日本 TCI）、抗氧化剂 168-ox（Irgafos 168-ox，购自加拿大 TRC）、双(2, 4-二叔丁基苯基)磷酸酯（bis(2, 4-di-tert-butylphenyl)phosphate，购自艾康生物技术有限公司）、抗氧化剂 P-EPQ（Irgafos P-EPQ，购自上海源叶生物技术有限公司）、抗氧化剂 1076（Irganox 1076，购自中国 BePure）和抗氧化剂 1010（Irganox 1010，购自日本 TCI）。其他试剂包括甲酸（MS 级，购自美国 Honeywell）和甲酸铵（纯度＞99%，购自德国 Fisher Chemical）。

2. 辐照处理

采用伽马射线辐照或电子束辐照对样品进行处理。依据 GB 18524—2016，PP 的最大辐照剂量为 35 kGy，当用于预包装食品时，辐照剂量应符合食品辐照的相关规定。考虑到与 Al/PP 接触的主要食品是肉制品，GB 14891—1997 系列标准中建议的辐照剂量不超过 8 kGy。然而，农业行业标准《泡椒类食品辐照杀菌技术规范》（NY/T 2650—2014）中推荐的腌制肉类食品的最大辐照剂量为 10 kGy。为涵盖采用 Al/PP 作为包装材料的所有辐照食品，辐照剂量设定为 10 kGy。伽马辐照在北京鸿仪四方辐射技术股份有限公司进行，使用 ^{60}Co 辐射源，剂量率约 2.5 kGy/h。在北京原子高科金辉辐射技术应用有限责任公司使用高能电子加速器（10 MeV/20 kW）进行电子束辐照，剂量率约为 5 kGy/s。实际辐照剂量与设定剂量（10 kGy）的偏差控制在 10%以内。

3. 迁移试验

采用单面接触法开展 Al/PP 膜的迁移试验。为模拟真实食品接触情况，用手持式热封机将 Al/PP 膜制成小袋（沿密封线 10 cm×6 cm，PP 层朝内）（图 5-10）。将小袋的一角剪开一个小口以便采样，采样后将小口用塑料密封夹密封以防止溶剂蒸发。在小袋内装入 30 ml 的 95%乙醇（油脂类食品模拟液），一部分立即送去进行辐照处理（10 kGy）。另一部分作为对照组不进行辐照处理。所有样品置于室温（22℃）下避光保存，在不同时间点采样，最长达 21 d。采样的初始时间设置为小袋装入食品模拟液的时间，第一个采样时间点在初始时间 10 h 后。每次采样时，用移液枪从小袋中移取一小部分（0.1 ml）溶液，采用液相色谱-质谱法进行分析。迁移试验采用三个平行样。

图 5-10　用于迁移试验的 Al/PP 小袋

4. 化合物鉴别

采用 UPLC-QTOF/MS 法筛查迁移到 95%乙醇中的化合物。所用仪器为 X500R QTOF 质谱仪（制造商：美国 SCIEX），和 ExionLC^{TM} AD UPLC 系统（制造商：美国 SCIEX）相联，操作软件为 SCIEX OS（1.5.0.23389 版）。

色谱条件：采用 Waters XSelect HSS T3 色谱柱（2.5 μm×2.1 mm×100 mm）进行化合物的分离，柱温为 35℃。流动相为（A）水（含 0.1%甲酸和 2 mmol/L 甲酸铵）和（B）甲醇（含 0.1%甲酸和 2 mmol/L 甲酸铵），流速为 0.4 ml/min。采用梯度洗脱，时间为 20 min，程序设置如下：0 min（20%B），2 min（70%B），7 min（100%B），17 min（100%B），17.5 min（20%B）和 20 min（20%B）。自动进样器温度设置为 15℃，进样量为 5 μl。

质谱条件：采用电喷雾离子源在正离子模式下扫描。数据采集方式为信息依赖采集。MS 谱图扫描范围为 80～1300 Da，离子源温度为 550℃，去簇电压为 5500 V，累计时间为 0.25 s；气体 1、气体 2、气帘气和碰撞活化解离气体分别设置为 50 psi、55 psi、35 psi 和 7 psi。MS/MS 谱图扫描范围为 50～1300 Da，碰撞能量为 35 V，幅度为 15 V。每次扫描循环选取响应前十的母离子（阈值设置为 1.0×10^5）采集 MS/MS 谱图数据。其他质谱参数采用仪器默认值。

采用 SCIEX OS 软件的 Analytics 模块进行数据分析，以靶向筛查与非靶向筛查相结合的方式对从 Al/PP 膜迁移到食品模拟液中的化合物进行筛查识别。靶向筛查主要依靠实验室自建数据库（间接食品添加剂数据库或 IFA 数据库），将仪器得到的未知物信息（质荷比、同位素丰度比、二级碎片等）和数据库中的信息进行匹配，当匹配度满足 purity＞70 时，可确认未知物的化学结构。对于不在数据库中的未知物，采用非靶向筛查的方式确认其化学结构，可分为两步。第一步，选取峰面积大于空白样品 5 倍以上的未知物（5 倍以下则认为是系统干扰而非来自样品），借助 SCIEX OS 软件自带的"formula finder"功能并结合未知物的一级谱图信息（质荷比、同位素丰度比、加合形式）推导出未知物所有可能的化学式（mass error＜10 ppm）。第二步，在 ChemSpider 数据库（www.chemspider.com）中搜索满足候选化学式的所有化学结构，由软件推导出二级碎片并和仪器得到的二级碎片做比对（mass error＜10 ppm），挑选出高度吻合的化学结构，最终依赖研究人员的经验以及对塑料添加剂的了解，对未知物的化学结构进行确认。此外，还可通过购买标准品或自己合成标准品的方式对未知物进行验证。若 ChemSpider 数据库未查询到与所列化学式相关的任何化学结构，则需要根据未知物的二级碎片并结合"formula finder"功能对二级碎片进行结构解析，在推导出二级碎片化学结构的基础上推导出未知物的完整化学结构。此项工作同样高度依赖研究人员的经验以及对塑料添加剂的了解。

5. 化合物定量

采用 LC-MS 检测从 Al/PP 膜迁移到食品模拟液中的化合物。所用仪器为 Agilent 6470 A 三重四极杆串联质谱仪（制造商：美国 Agilent Technologies），和 Agilent 1290 infinity Ⅱ UPLC 系统（制造商：美国 Agilent Technologies）相连，操作软件为 Agilent MassHunter（版本号为 B.08.02）。将所有用于迁移试验的添加剂标准品溶解在二氯甲烷中配制浓度为 1 mg/ml 的储备液并置于−18℃冰箱保存直至使用。用乙醇稀释储备液，配制浓度为 0.01～2 mg/L 的工作溶液，绘制峰面积与浓度关系的校正曲线。根据食品模拟液中迁移物的浓度来绘制不同浓度范围的校正曲线以确保测量的准确性（R^2＞0.991）。采用 Waters XSelect CSH C18 色谱柱（2.5 μm×2.1 mm×100 mm）进行化合物分离，柱温为 35℃。流动相由（A）水（含 0.1%甲酸和 2 mmol/L 甲酸铵）和（B）甲醇（含 0.1%甲酸和 2 mmol/L 甲酸铵）组成。采用梯度洗脱，时间为 13 min，流速为 0.4 ml/min，洗脱程序如下：0 min（40%B），2 min（80%B），5 min（100%B），10 min（100%B），10.5 min（40%B），13 min（40%B）。每个样品溶液连续进样三次，每个标准溶液连续进样两次，进样量为 5 μl。

化合物的检测采用 ESI 源，正离子模式扫描，单离子监测模式采集数据。检测器参数设置为：干燥气温度为 280℃，气体流速为 7 L/min，鞘气温度为 325℃，气体流速为 11 L/min，毛细管电压为 3500 V。数据采集和分析所用软件为 Agilent MassHunter Workstation Acquisition 和 Quantitative Analysis。

6. 风险评估

为评估 Al/PP 膜用于食品辐照的潜在风险,将 LC-MS 测得的迁移量和迁移限量进行比较。欧盟在(EU)No. 10/2011 中以肯定列表的形式规定了允许用于食品接触材料的各类化学物质及特定迁移限量[24]。未规定特定迁移量的化学物质,其迁移量也不应超过总迁移限量 60 mg/kg。对于未出现在(EU)No. 10/2011 中的化学物质,尤其是 NIAS,在缺乏完整毒理学数据的情况下,采用 TTC 方法结合 Cramer 决策树对其进行危害评估。所用评估软件为 Toxtree(3.1.0.1851 版),评估方法选择 Revised Cramer Decision Tree。根据 Cramer 等建立的化学物质分类体系和分类流程,将化学物质分为三类:Cramer I(低毒)、Cramer II(中等毒)和 Cramer III(高毒),对应的 TTC 阈值分别为 30 μg/(kg bw·d)[①]、9 μg/(kg bw·d)和 1.5 μg/(kg bw·d)[25]。假设一个成年人(60 kg 体重)每天摄入含某化学物质的食物 1 kg,则三类 Cramer 化合物的迁移限量分别为 1.8 mg/kg、0.54 mg/kg、0.09 mg/kg。

7. 统计分析

统计分析采用 SigmaPlot 软件(14.0 版)进行。利用 t 检验对迁移试验结束时获得的化合物浓度进行比较分析,显著性水平设定为 0.05。

5.3.3 结果与讨论

1. 食品模拟液中化合物的鉴别

使用 UPLC-QTOF/MS 鉴别迁移到 95%乙醇(食品模拟剂)中的化合物,结果如图 5-11 和表 5-4 所示。未辐照的 Al/PP 膜中筛查出的物质都是抗氧化剂及相关化合物(mass error<10 ppm)。其中抗氧化剂 1076(Irganox 1076,#4)和抗氧化剂 1010(Irganox 1010,#6)属于受阻酚类抗氧化剂,作为主抗氧化剂添加到 PP 中。抗氧化剂 168(Irgafos 168,#1)属于亚磷酸酯类抗氧化剂,作为辅抗氧化剂添加到 PP 中。抗氧化剂 168-ox(Irgafos 168-ox,#5)是抗氧化剂 168 的氧化产物,在高分子加工和储藏过程中形成[7, 14]。季戊四醇三(3, 5-二叔丁基-4-羟基氢化肉桂酸酯)(抗氧化剂 1010 的三取代酯类似物,triester analog of Irganox 1010,#8)和季戊四醇双(3, 5-二叔丁基-4-羟基氢化肉桂酸酯)(抗氧化剂 1010 的二取代酯类似物,diester analog of Irganox 1010,#9)是抗氧化剂 1010 的降解产物[5]。与抗氧化剂 168-ox 类似,抗氧化剂 P-EPQ-ox(Irgafos P-EPQ-ox,#2)是抗氧化剂 P-EPQ(Irgafos P-EPQ,CAS 号:119345-01-6)的氧化产物。抗氧化剂 P-EPQ 是一种亚磷酸酯类化合物,具有优异的耐热性,可用作聚烯烃中的抗氧化剂和防黄变剂[26]。有关资料显示[24, 27],抗氧化剂 P-EPQ(FCM 号:760)由 2, 4-二叔丁基苯酚、三氯化磷和联苯作为原料合成,含有多种组分。其中之一是双(2, 4-二叔丁基苯基)-4-联苯基亚磷酸酯(CAS 号:91362-37-7),是合成抗氧化剂 P-EPQ 过程中的副产物(图 5-12)。该亚磷酸酯化合物进一步氧化形成双(2, 4-二叔丁基苯基)-4-联苯基磷酸酯(#7)(图 5-12),其化学结构可通过 MS/MS 谱图解析得

---

① bw 表示体重。

到（图 5-13）。除化合物#1、#4 和#6 外，其余化合物均被视为 NIAS，是已知添加剂的副反应产物或降解产物。

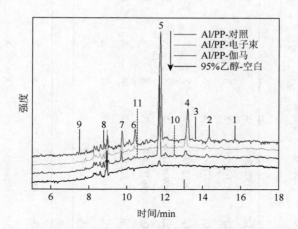

图 5-11　从辐照和未辐照 Al/PP 膜迁移到 95%乙醇中的化合物的色谱图（后附彩图）

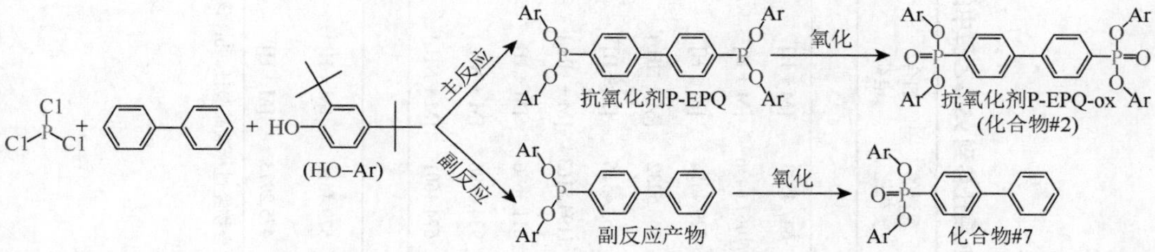

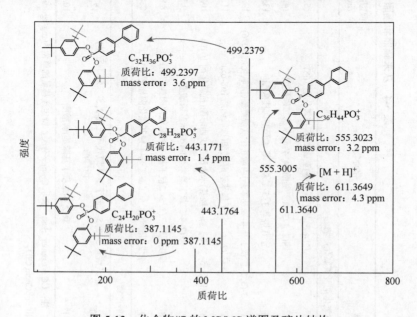

图 5-12　生成抗氧化剂 P-EPQ-ox（#2）和双(2, 4-二叔丁基苯基)-4-联苯基磷酸酯（#7）的化学反应过程

图 5-13　化合物#7 的 MS/MS 谱图及碎片结构

表5-4 从未辐照和辐照 AI/PP 膜迁移到 95%乙醇中的化合物的筛查结果

#	化合物	保留时间/min	观测的质荷比	加合/电荷	分子式	CAS 号	未辐照	γ射线辐照	电子束辐照	特定迁移量或 CC
抗氧化剂及其氧化产物										
1[a]	三(2,4-二叔丁基苯基)亚磷酸酯(抗氧化剂168)	15.71	647.4583	$[M+H]^+$	$C_{42}H_{63}O_3P$	31570-04-4	X			许可
2[b]	四(2,4-二叔丁基酚)-4,4'-联苯基二磷酸酯	14.34	1067.6436	$[M+H]^+$	$C_{68}H_{92}O_6P_2$	8169295[b]	X			III
3	十八烷基 3,5-二叔丁基-4-羟基肉桂酸酯	13.66	529.4616	$[M+H]^+$	$C_{35}H_{60}O_3$	19277-65-7	X	X	X	II
4[a]	3-(3,5-二叔丁基-4-羟基苯基)丙酸正十八烷醇酯(抗氧化剂 1076)	13.11	548.5232	$[M+NH_4]^+$	$C_{35}H_{62}O_3$	2082-79-3	X	X	X	SML = 6
5[a]	三(2,4-二叔丁基苯基)磷酸酯(抗氧化剂 168-ox)	11.77	663.4516	$[M+H]^+$	$C_{42}H_{63}O_4P$	95906-11-9	X	X	X	许可
6[a]	四(3,5-二叔丁基-4-羟基苯基丙酸季戊四醇酯(抗氧化剂 1010)	10.40	1194.8163	$[M+NH_4]^+$	$C_{73}H_{108}O_{12}$	6683-19-8	X	X	X	许可
7[b]	双(2,4-二叔丁基苯基)-4-联苯基二磷酸酯	9.77	611.3646	$[M+H]^+$	$C_{40}H_{51}O_3P$	14572935[c]	X	X	X	III
8	季戊四醇三(3,5-二叔丁基-4-羟基氢化肉桂酸酯)	8.80	934.6396	$[M+NH_4]^+$	$C_{56}H_{84}O_{10}$	84633-54-5	X	X	X	II
9	季戊四醇双(3,5-二叔丁基-4-羟基氢化肉桂酸酯)	7.49	674.4601	$[M+NH_4]^+$	$C_{39}H_{60}O_8$	36913-60-7	X		X	II
辐解产物										
10	十八烷基 3-(3,5-二叔丁基-4-氧代环己烷-2,5-二烯-1-亚基)丙酸酯	12.51	529.4610	$[M+H]^+$	$C_{35}H_{60}O_3$	65075-11-8	X	X	X	II
11[a]	双(2,4-二叔丁基苯)磷酸酯	10.58	475.2973	$[M+H]^+$	$C_{28}H_{43}O_4P$	69284-93-1	X	X	X	III

注: CC = Cramer class, 表示 Cramer 分类, 特定迁移量的单位为 mg/kg。a: 该化合物经过标准品验证。b: 该化合物使用经紫外光照射后的抗氧化剂 P-EPQ 验证。c: 当没有 CAS 号时给出 PubChem CID。

由表 5-4 可知，辐照处理会引起 Al/PP 膜中某些化合物的变化。比如辐照处理后，95%乙醇中未发现抗氧化剂 168 的存在，但发现两种新化合物（#10 和#11），均为辐解产物（也被视为 NIAS）。研究表明，抗氧化剂 168 在辐照条件下主要氧化成抗氧化剂 168-ox[14]。抗氧化剂 168 也可通过化学键断裂形成其他辐解产物[7, 14]。在本研究中，化合物#11 被认为是抗氧化剂 168 的辐照解产物[16]，该化合物（#11）也可在非辐照条件下生成[28]。化合物#10 被认为是抗氧化剂 1076 的辐解产物[7, 29]，该化合物可能是十八烷基 3-(3, 5-二叔丁基-4-氧代环己烷-2, 5-二烯-1-亚基)丙酸酯，抗氧化剂 1076 的苯醌形式的衍生物。

2. 涂覆过程对 Al/PP 膜中抗氧化剂的影响

Al/PP 膜在制备过程中需要通过真空沉积在 PP 材料表面涂覆一层铝箔。为了提高涂层质量，PP 膜通常经过电晕处理，产生具有较强氧化能力的等离子体和臭氧，导致高分子材料表面以及材料中抗氧化剂的氧化。此外，真空沉积过程中的高温也有利于 PP 中抗氧化剂的氧化。如表 5-4 所示，未在 95%乙醇中发现与化合物#2 和#7（磷酸酯类化合物）对应的亚磷酸酯类化合物。抗氧化剂 168（#1，亚磷酸酯类化合物）也发生了强烈的氧化反应，生成抗氧化剂 168-ox（#5，磷酸酯类化合物），因此，Al/PP 膜中抗氧化剂 168 的含量极低，其色谱峰（15.71 min）几乎淹没在基线中（图 5-11）。总之，Al/PP 膜的制备过程大大降低了材料中亚磷酸酯类化合物的含量，从而在研究辐照条件下磷酸酯类化合物的迁移行为时，有效避免对应的亚磷酸酯类化合物的干扰。

3. Al/PP 膜中选定化合物的迁移行为

尽管在 95%乙醇中筛查出 10 余个来自 Al/PP 膜的化合物，但只有 5 个（#4、#5、#6、#7 和#8）具有相对较高的浓度（如图 5-11 中的色谱峰所示）。因此，我们选取这些化合物，考察它们在辐照条件下的迁移行为。其他化合物不包括在迁移试验中，因为它们的色谱峰很低，甚至与基线无明显区别，因此推测其浓度也会很低，不会引起安全问题。由 LC-MS 得到的 5 种化合物的检出限（3 倍信噪比）和定量限（10 倍信噪比）列于表 5-5。我们注意到，化合物 #5 和#6 分别与化合物#7 和#8 有相似的化学结构。因此，可采用化合物#5 和#6 的校正曲线对化合物#7 和#8 进行定量分析。这种定量方法在之前研究已有报道[5]，其假设是在相同物质的量浓度下，化学结构相似的化合物具有相似的离子加合能力，如[M + H]或[M + NH₄]，因此也应具有相似的响应（峰面积）。基于这一假设，我们采用抗氧化剂 1010（#6）来定量分析抗氧化剂 1010 的三取代酯类似物（#8），采用抗氧化剂 168-ox（#5）来定量分析双(2, 4-二叔丁基苯基)-4-联苯基磷酸酯（#7）。

表 5-5　选定化合物的仪器参数、保留时间、检出限和定量限

#	化合物	质荷比	加合/电荷	锥孔电压/V	保留时间/min	检出限/(μg/L)	定量限/(μg/L)
4	3-(3, 5-二叔丁基-4-羟基苯基)丙酸正十八烷醇酯(抗氧化剂 1076)	548.9	$[M + NH_4]^+$	80	7.98	1.42	4.75
5	三(2, 4-二叔丁基苯基)磷酸酯(抗氧化剂 168-ox)	663.7	$[M + H]^+$	80	6.94	2.43	8.11
6	四(3, 5-二叔丁基-4-羟基)苯丙酸季戊四醇酯(抗氧化剂 1010)	1195.2	$[M + NH_4]^+$	80	6.49	0.87	2.92

续表

#	化合物	质荷比	加合/电荷	锥孔电压 /V	保留时间 /min	检出限 /(μg/L)	定量限 /(μg/L)
7	双(2, 4-二叔丁基苯基)-4-联苯基磷酸酯	611.3	[M + H]⁺	80	6.21	N/A	N/A
8	季戊四醇三(3, 5-二叔丁基-4-羟基氢化肉桂酸酯)	934.2	[M + NH₄]⁺	80	5.86	N/A	N/A

图 5-14 描绘了选定化合物从辐照和未辐照 Al/PP 膜向 95%乙醇中的迁移曲线。未辐照 Al/PP 膜（对照组）的迁移曲线表明，所有化合物的迁移量在 4 d 内快速增加，之后增速减缓，直至迁移试验结束仍未达到平衡态。抗氧化剂 168-ox 的迁移浓度最高（＞1800 μg/L）[图 5-14（d）]，其次是抗氧化剂 1076（＞800 μg/L）[图 5-14（a）]和抗氧化剂 1010（＞500 μg/L）[图 5-14（b）]。另外两种化合物，双(2, 4-二叔丁基苯基)-4-联苯基磷酸酯 [图 5-14（e）]和抗氧化剂 1010 的三取代酯类似物[图 5-14（c）]，它们的迁移量较低，分别低于 150 μg/L 和低于 80 μg/L。

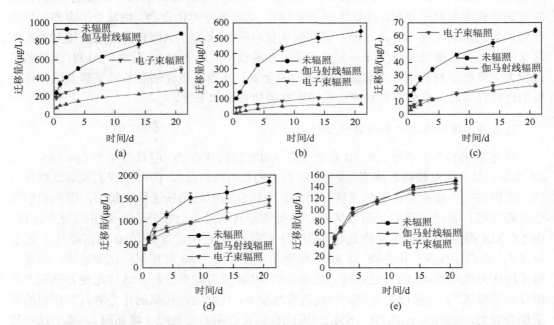

图 5-14　辐照和未辐照 Al/PP 膜中抗氧化剂 1076（a）、抗氧化剂 1010（b）、抗氧化剂 1010 的三取代酯类似物（c）、抗氧化剂 168-ox（d）和双(2, 4-二叔丁基苯基)-4-联苯基磷酸酯（e）向 95%乙醇的迁移

伽马射线辐照和电子束辐照均对受阻酚类化合物（#4、#6 和#8）的迁移有显著影响（$p < 0.05$）。伽马射线辐照导致抗氧化剂 1076[图 5-14（a）]、抗氧化剂 1010[图 5-14（b）]和抗氧化剂 1010 的三取代酯类似物[图 5-14（c）]的迁移量分别下降了 45%、75%和 55%以上。经电子束辐照后由 Al/PP 膜中迁出的抗氧化剂 1010 的浓度下降幅度最大，达到 88%。辐照后抗氧化剂迁移量的下降在之前研究已有报道[8]，主要归因于抗氧化剂在辐照下的降解或与高分子链发生键合，从而降低了材料中可迁移化合物的浓度和扩散能力[16]。

当比较不同的受阻酚类化合物时，迁移量降幅的顺序为抗氧化剂 1010＞抗氧化剂 1010 的三取代酯类似物＞抗氧化剂 1076。该顺序与三个化合物中的酚羟基数量有关，即抗氧化剂 1010（4）＞抗氧化剂 1010 的三取代酯类似物（3）＞抗氧化剂 1076（1）。此现象表明酚羟基数量对 10 kGy 辐照下受阻酚类化合物的稳定性有显著影响。已有研究表明，酚羟基可作为辐射诱导降解和共价键合的反应位点[16]。化合物中的酚羟基数量越多，辐射诱导降解和共价键合的可能性就越高，对迁移量降低的效果就越明显。当比较两种辐照方式时，伽马射线辐照导致的受阻酚类化合物（特别是抗氧化剂 1076）迁移量的下降要明显高于电子束辐照（$p < 0.05$）。这种现象可归结于两种辐照方式的差异，如能量类型（伽马射线为电磁波，电子束射线为电流）和剂量率（伽马射线辐照约 2.5 kGy/h，电子束辐照约 5 kGy/s）。因此，两种辐照方式对受阻酚类化合物的影响不同，导致迁移量的下降幅度有所差异。

抗氧化剂 168-ox 的迁移量[图 5-14（d）]在辐照后也表现出显著下降（$p < 0.05$），但与受阻酚类化合物相比，下降幅度较低（约 25%）。经伽马射线辐照和电子束辐照后的迁移量无显著差异（$p > 0.05$）。作为一种含有五价磷的化合物，抗氧化剂 168-ox 被认为具有良好的辐照稳定性，因为五价磷无法进一步氧化。然而，辐照条件下抗氧化剂 168-ox 可通过 P—O 键断裂发生降解[14]，导致迁移量下降。此外，电离辐射可诱导高分子链氧化形成多种官能团（如羟基和羧基）[9, 19]。这些官能团的存在可提高高分子材料与抗氧化剂 168-ox 之间的亲和性，从而降低材料内抗氧化剂 168-ox 的迁移。与抗氧化剂 168-ox 类似，化合物#7 也表现出良好的抗辐照性能，其迁移量略有下降（伽马射线辐照样品约为 3%，电子束辐照样品约为 8%）[图 5-14（e）]。迁移量下降的原因与上面提到的抗氧化剂 168-ox 相同。

4. 潜在风险

将迁移试验结束时获得的选定化合物的迁移量与迁移限量进行比较，评估用于食品辐照的 Al/PP 膜的潜在风险。虽然迁移量（μg/L）和迁移限量（mg/kg 或 μg/kg）的单位有所不同（表 5-4），但这种差异可以忽略。依据 GB 31604.1—2015，液体食品在进行迁移试验时一般设定为 1 kg/L。因此，在不改变试验数据的前提下，μg/L 可以直接转换为 μg/kg。

在选定的 5 个化合物中，3 个出现在（EU）No. 10/2011 肯定列表中。化合物#5 和#6 无特定迁移量，但应符合总迁移限量的要求（＜60 mg/kg）；化合物#4 的特定迁移量为 6 mg/kg。尽管没有达到迁移平衡态，这些化合物的最终迁移量均远低于迁移限量[图 5-14（a）、图 5-14（b）和图 5-14（d）]，不会对食品安全造成潜在风险。化合物#7 和#8 没有出现在（EU）No. 10/2011 肯定列表中，它们分别归类为 Cramer II（#8）和 Cramer III（#7）。如图 5-14（c）所示，抗氧化剂 1010 的三取代酯类似物（#8）的迁移量未超过推荐的迁移限量（Cramer II，540 μg/kg）。然而，无论是否经辐照处理，Al/PP 膜中双(2, 4-二叔丁基苯基)-4-联苯基磷酸酯(#7)的迁移量都超过了推荐的迁移限量（Cramer III，90 μg/kg）[图 5-14（e）]，可能会对食品安全造成潜在风险。

需要指出的是，本研究进行的风险评估可能无法很好地反映真实情况下的风险，其原因有三。第一，迁移试验的设计（即测试时间、温度和模拟液的选择）对迁移量有较大影响，进而影响包装材料的风险评估。一般而言，真实食品中的迁移量会低于 95%乙醇中的迁移量，因此采用 95%乙醇做食品模拟液，模拟的是最坏情况下的迁移。此外，Al/PP 膜通常用于冷冻食品包装，依据（EU）No. 10/2011，当选取 95%乙醇做食品模拟液时，推荐的迁移试验条件为 20℃下放置 5 d。在这种情况下，迁移量［图 5-14（e）］会比较接近参考限量，即 90 μg/kg。第二，采用已知添加剂的标准品去做类似结构化合物的定量分析（比如用化合物#5 和#6 做化合物#7 和#8 的定量分析），会存在测量值和实际值之间的偏差。第三，使用 Cramer 分类可能会夸大化合物#7 和#8 的潜在毒性。例如，抗氧化剂 1010 被允许添加到聚烯烃中且无特定迁移量，即迁移限量只需满足＜60 mg/kg。按照 Cramer 分类，抗氧化剂 1010 被归为 Cramer Ⅱ，参考迁移限量为 540 μg/kg。抗氧化剂 P-EPQ 及其副产物（图 5-12）出现在（EU）No. 10/2011 肯定列表中，特定迁移量为 18 mg/kg。然而，它们被归为 Cramer Ⅲ，属于潜在高毒性物质，参考迁移限量为 90 μg/kg。类似地，化合物#7（具有与抗氧化剂 P-EPQ 相似的化学结构，图 5-12）和化合物#8（具有与抗氧化剂 1010 相似的化学结构）的潜在风险也可能被 Cramer 分类法夸大了。

5.3.4　结论

在本节中，我们使用 UPLC-QTOF/MS 对 Al/PP 膜中的化合物进行筛查，并考察了它们在伽马射线辐照和电子束辐照下的迁移行为。无论是伽马射线辐照还是电子束辐照，都会降低受阻酚类化合物向食品模拟液中的迁移。迁移量下降幅度受到化合物的辐照稳定性，以及辐照下高分子材料与添加剂相互作用的影响。受阻酚类化合物的辐照稳定性要弱于磷酸酯类化合物，因此迁移量下降幅度更大。此外，受阻酚类化合物的辐照稳定性与分子结构中酚羟基的数量呈负相关。具有多个酚羟基的受阻酚类化合物的迁移量要明显低于具有单个酚羟基的迁移量。一般而言，辐照处理不会增加 Al/PP 膜的潜在风险，因为辐照后选定化合物的迁移量均发生下降。对于包装材料中的 NIAS（包括 RPs），由于其潜在风险未知，需要予以特别关注。此外，对于难以获得标准品的化合物，尤其是NIAS，如何在食品/食品模拟液中对其进行可靠的定量检测，仍是一个挑战。未来研究应关注这些问题，以确保辐照食品包装材料的使用安全及食品安全。

5.4　伽马射线辐照对低密度聚乙烯-纳米金属复合膜中
重金属迁移的影响

5.4.1　引言

保障食品安全是保障人体健康和减少食品相关疾病的重要手段。虽然科技的进步已经可以有效保障食品安全，但食品中致病菌的产生及其对人体健康的威胁依然是人们关注的焦点。为解决这一问题，需要采取各种有效手段来控制食品中的致病菌，从而更好地保障食品品质并延长食品货架期。

　　一种有效手段是采用活性包装，特别是抗菌包装。这类包装在生产过程中会加入抗菌成分。常用的抗菌剂有纳米金属颗粒，如纳米银、纳米铜和纳米氧化锌[30-32]。纳米金属颗粒的抗菌原理已经研究得比较透彻，此类抗菌剂效果好，成本相对低廉，被广泛用于抗菌包装，相关产品的商业化也在进行中[33]。另一种有效手段是采用电离辐照，包括伽马射线辐照、电子束辐照和 X 射线辐照。电离辐照能快速破坏致病菌的 DNA，从而杀死致病菌[1]。相比传统高温高压灭菌技术，辐照灭菌在有效杀死致病菌的同时能最大限度地维持食品品质和性状。因此，此项技术在食品工业的应用越来越广泛。

　　无论是使用纳米金属颗粒还是电离辐照，都可以有效防止食品腐败变质。在抗菌方面，这两种手段有着自己的特点。含有纳米金属颗粒的抗菌包装和食品直接接触，可提供长效抗菌效果。对致病菌的抑制一般发生在包装材料与食品的接触面[34]。电离辐照，尤其是伽马射线辐照，提供即时杀菌效果且能深入食品内部。但辐照处理之后，抗菌效果可能会随着时间而衰退[35]。若将两种抗菌方式结合起来，可能会实现更好的食品保存效果[36-37]。例如，有研究将纳米银和伽马射线辐照结合起来，考察其对鲜切蘑菇的保存效果。结果表明，两者结合的方式对食品造成的影响最小，且抗菌效果最好[37]。

　　食品灭菌向来是多种方式相结合，以达到最佳食品保存效果。但不同方式的结合是否存在潜在风险需要进一步研究。许多研究表明电离辐照会影响食品包装材料中添加剂的迁移行为[8-10]。辐照后添加剂的迁移量可能会增加，也可能会减少。当迁移量增加时，潜在风险也随之增加。纳米金属不同于小分子添加剂，无论是尺寸还是理化性质。重金属的迁移通常伴随着金属表面的氧化以及随后金属离子的释放。迁移会受到多种因素的影响，如温度、高分子种类、食品种类等[38-39]。

　　目前，我们对辐照条件下重金属从包装材料中迁移的了解还十分有限。部分研究报道了辐照对浸泡在溶液中金属的影响[40-42]。结果表明，持续的辐照会促进金属表面的腐蚀生成金属氧化物，氧化物的种类受溶液影响。辐照条件下金属表面性质的改变可能会影响金属的溶解动力学，从而影响金属离子的释放。

　　本节主要描述了伽马射线辐照下高分子-纳米金属复合材料中重金属的迁移行为。制备和表征了三种含纳米金属（纳米铜、纳米氧化锌、纳米银）的低密度聚乙烯（low density polyethylene，LDPE）复合膜。对三种复合膜进行伽马射线辐照处理，然后在室温下开展迁移试验，测定重金属从复合膜向食品模拟液中的迁移量。通过多方比较阐明辐照对重金属迁移的影响，可为辐照纳米复合包装材料的安全性评价提供有用信息。

5.4.2　材料与方法

1. 材料与试剂

　　LDPE 树脂购自美国杜邦公司。实验使用的纳米金属颗粒有纳米氧化锌（ZnO，50 nm±10 nm，购自上海麦克林生化科技有限公司）、纳米铜（Cu，50 nm，购自上海阿拉丁生物科技有限公司）和纳米银（Ag，60～80 nm，购自南京先丰纳米材料科技有限公司）。检测用标准试剂 Zn、Cu 和 Ag（1000 μg/ml，5% HNO₃）购自美国 o2Si Smart Solution 公司。其他试剂有去离子水（用 Milli-Q 净化系统纯化），乙酸（纯度＞99%，购自美国 Honeywell），乙醇（HPLC 级，购自美国 J.T. Baker）和硝酸（分析纯，购自美国 Honeywell）。

2. 伽马射线辐照处理

伽马射线辐照在北京鸿仪四方辐射技术股份有限公司进行，使用 ⁶⁰Co 辐射源。辐照剂量为 10 kGy（±0.5 kGy），剂量率约为 2.5 kGy/h。依据世界卫生组织（WHO）的建议，食品辐照灭菌使用的剂量不高于 10 kGy 时不会引起显著的营养或微生物方面的问题[11]。

3. 纳米复合膜的制备

制备了 3 种纳米复合膜（LDPE-ZnO 复合膜、LDPE-Cu 复合膜和 LDPE-Ag 复合膜），制备过程分为两步。第一步，将纳米金属颗粒和 LDPE 母粒按照 1∶99（质量比）混合后进造粒机，重复造粒 3 次后得到纳米复合材料母粒。造粒机模头温度为 165℃，料筒一区到九区的温度为：155℃、155℃、165℃、165℃、165℃、165℃、165℃、165℃、165℃。转速设定为 16 r/min。第二步，将纳米复合材料母粒用小型流延膜机器制备成薄膜（厚度为 60～80 μm）（图 5-15）。流延膜机一区到三区的温度为 180℃、185℃、185℃，合流区与模具区温度分别为 190℃和 195℃。转速设定为 17 r/min。纯 LDPE 膜用同样方法制备得到（图 5-15）。

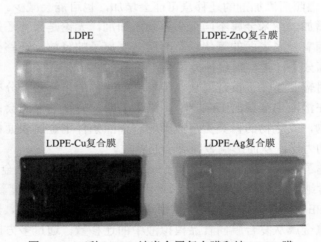

图 5-15　三种 LDPE-纳米金属复合膜和纯 LDPE 膜

4. 纳米复合膜的表征

（1）差示扫描量热法分析

采用差示扫描量热法（differential scanning calorimetry，DSC）表征辐照和未辐照纳米复合膜的热学性能。样品的熔融温度（T_m）和结晶度（X_c）由 Q2000 DSC 仪器（制造商：美国 TA Instuments）在第一次升温过程中测量，升温范围为 25～180℃，升温速率为 10℃/min。所有样品重复测量 3 次。

（2）水汽/氧气透过率

辐照和未辐照纳米复合膜的阻隔性由水汽透过率（water vapor transmission rate，WVTR）和氧气透过率（oxygen transmission rate，OTR）来表示。采用 MOCON Permatran W3/33 仪器（制造商：美国 MOCON Inc.）测量 WVTR 值。实验在 38℃和相对湿度 100%下进行，载气为 N_2。采用 MOCON OX-TRAN 2/21 仪器（制造商：美国 MOCON Inc.）测量 OTR 值。试验在 23℃、相对湿度 0%和氧气浓度 100%下进行，载气为 N_2。所有样品做 3 个平行。

（3）透射电子显微镜（TEM）

TEM 图像由 Tecnai G2 F30 TEM（制造商：美国 FEI）在 300 kV 的加速电压下采集。首先，纳米复合膜样品被嵌入石蜡块中并用 RMC PowerTome-PC ultramicrotome（制造商：美国 RMC）装置上的钻石刀切割成小片（厚度<100 nm）。然后，切好的小片被放置在含碳膜涂层的铜网格上，并在 TEM 的明场成像模式下观察。

5. 迁移试验

开展迁移试验来考察重金属的迁移行为。每种纳米复合膜被剪成小片（尺寸：5 cm×10 cm），并用乙醇清洗以去除表面的污染物。三种复合膜的厚度分别为 63.4 μm±2.8 μm（LDPE-ZnO 复合膜）、69.2 μm±4.6 μm（LDPE-Cu 复合膜）和 73.2 μm±4.1 μm（LDPE-Ag 复合膜）。随机选取 2 片复合膜（总面积：200 cm²）置于 100 ml 透明聚丙烯（PP）瓶中，并加入 100 ml 食品模拟液。依据（EU）No. 10/2011，选取 3 种溶液作为食品模拟液：水（模拟水性非酸性食品）、3%乙酸（模拟水性酸性食品）和 95%乙醇（模拟油脂类食品）。将样品分成三组进行伽马射线辐照处理：①未辐照（对照组）；②非溶剂接触辐照（10 kGy），辐照后再加入食品模拟液；③溶剂接触辐照（10 kGy），用来模拟预包装食品的辐照灭菌。辐照处理后随即开始室温下（25℃±1℃）重金属的迁移测量，在 20 d 内的不同时间点采样。每次采样时，移取 2 ml 样品溶液于 10ml PP 离心管中，用氮气吹至近干（仅限 95%乙醇），然后用 3% HNO_3 稀释到 6 ml 待分析。同时，往 PP 瓶中加入 2 ml 相同的食品模拟液。迁移试验做 3 个平行。

6. 电感耦合等离子体质谱（ICP-MS）

采用 Thermo Scientific X-SERIES 2 ICP-MS 系统（制造商：美国 Thermo Fisher Scientific Inc.）测量迁移到食品模拟液中的重金属（Zn、Cu 和 Ag）的浓度。仪器参数设置如下：射频功率为 1350 W，雾化器流速为 0.8 L/min，辅助气流速为 1.2 L/min，冷却气流速为 14 L/min。采用 2% HNO_3 溶液配制 3 种重金属的工作溶液并建立标准曲线（R^2>0.995），其中 Zn 和 Cu 的浓度为 1 μg/L、10 μg/L、20 μg/L、50 μg/L、100 μg/L、200 μg/L、500 μg/L 和 1000 μg/L，Ag 的浓度为 1 μg/L、5 μg/L、10 μg/L、20 μg/L、50 μg/L 和 100 μg/L。同时用 2% HNO_3 配制浓度为 10 μg/L 的内标溶液（锗、铼、铑、铟），并和样品溶液通过三通管同时注入检测器以降低基质效应。仪器的检出限（3 倍信噪比）分别为 0.5 μg/L（Zn）、0.2 μg/L（Cu）和 0.05 μg/L（Ag）；定量限（10 倍信噪比）分别为 1.0 μg/L（Zn）、0.5 μg/L（Cu）和 0.2 μg/L（Ag）。测量前样品用手摇匀，然后注入 ICP-MS 系统。空白溶液也被注入系统中用于分析 Zn、Cu 和 Ag 的背景干扰，必要时扣除背景干扰。所有测量重复做 3 次。

7. 纳米金属的辐照实验

在 10 ml PP 离心管中装入 50 mg 纳米银粉,分为 3 组进行伽马射线辐照处理:①未辐照;②非溶剂接触辐照(10 kGy);③溶剂(95%乙醇)接触辐照(10 kGy)。之后样品被分为 2 组。第一组,纳米银粉末样品经处理方式 1 和 2 后直接用 X 射线光电子能谱(X-ray photoelectron spectroscopy,XPS)分析,而样品经处理方式 3 后先用氮气吹干,再用 XPS 分析。第二组,纳米银粉末样品经处理后(除了处理方式 3),在 PP 离心管中加入 95% 乙醇,常温下(25℃±1℃)放置 10 d。然后,样品经离心(5000 r/min,5 min)和氮气吹干,再用 XPS 分析。

XPS 分析使用的是 Thermo Fisher Scientific ESCALAB 250Xi XPS 系统,配备操作功率为 75 W 的 Al Kα 源。样品检测的通能为 30 eV,能量步长为 0.05 eV。

5.4.3 结果与讨论

1. 纳米复合膜的特性

辐照和未辐照纳米复合膜以及纯 LDPE 膜的热学性能由 DSC 表征,结果如表 5-6 所示。辐照前后样品的 T_m 和 X_c 没有明显变化,说明低剂量伽马射线辐照(10 kGy)不会影响纳米复合膜的热学性能。阻隔性能也没有受到伽马射线辐照(10 kGy)的影响,对于每种样品,辐照和未辐照处理没有明显改变 WVTR 和 OTR 值(表 5-6)。已有研究表明辐照可导致高分子链的断裂或交联,从而改变材料的性能[43-44]。然而,这些研究使用的辐照剂量远超食品辐照的推荐剂量。本研究使用的辐照剂量相对较低(10 kGy),DSC、WVTR 和 OTR 分析结果表明,纳米复合膜在此辐照剂量以下表现出良好的稳定性,适用于食品辐照处理。

表 5-6　辐照和未辐照纳米复合膜的热学及阻隔性能

样品	T_m/℃	X_c/%	WVTR/[(g/(m²·d)]	OTR/[cm³/(m²·d), 0.1 MPa]
LDPE	107.52±0.05[A]	41.27±3.71[A]	7.37±0.16[A]	2458.61±64.98[A]
LDPE-γ	107.50±0.02[A]	39.20±2.53[A]	7.11±0.32[AB]	2503.21±19.84[A]
LDPE-ZnO	110.27±0.01[B]	38.13±1.48[A]	7.14±0.43[AB]	2615.47±10.15[B]
LDPE-ZnO-γ	110.31±0.01[B]	39.76±0.92[A]	7.59±0.15[A]	2626.55±40.01[B]
LDPE-Cu	110.40±0.01[B]	38.92±1.06[A]	6.58±0.26[B]	2283.62±4.27[C]
LDPE-Cu-γ	110.29±0.02[B]	40.18±1.57[A]	6.70±0.12[B]	2311.33±11.88[C]
LDPE-Ag	107.66±0.00[A]	39.43±1.51[A]	7.94±0.35[A]	2843.43±23.96[D]
LDPE-Ag-γ	107.47±0.02[A]	40.08±2.19[A]	7.76±0.08[A]	2872.40±60.05[D]

注:100%结晶的 LDPE 的熔融热为 293 J/g[45]。数据表达形式为平均值±标准偏差;t 检验被用来比较每种样品辐照和未辐照处理后热学性能和阻隔性能的差异。数据旁的上角标字母若不同,则表明存在显著差异($p<0.05$,$n=3$)。

利用 TEM 观察纳米复合膜的结构与形貌(图 5-16)。每种纳米金属颗粒均分散在 LDPE 中,但出现一定程度的团聚形成小的团簇。纳米 ZnO(针状)和纳米 Cu(球状)的团聚程度大于纳米 Ag(球状),可能是因为它们与 LDPE 的亲和性较差。

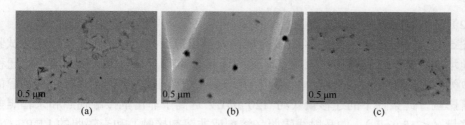

图 5-16　LDPE-ZnO 复合膜（a）、LDPE-Cu 复合膜（b）和 LDPE-Ag 复合膜（c）的 TEM 图

2. 纳米复合膜中重金属的迁移

（1）Zn 的迁移

图 5-17 展示了 Zn 从 LDPE-Zn 复合膜向食品模拟液的迁移。迁移量随时间增加，在迁移试验结束时（20 d）基本达到迁移平衡态。比较不同食品模拟液中的迁移量，向 3% 乙酸中的迁移量（＞500 μg/L）要大于向 95%乙醇中的迁移量（约 20 μg/L）。比较不同处理方式下的迁移量，辐照或未辐照样品中 Zn 向水和 3%乙酸中的迁移量无明显差异。辐照 LDPE-ZnO 复合膜向 95%乙醇的迁移量（溶剂接触和非溶剂接触下的迁移量约为 24 μg/L 和 15 μg/L）要大于未辐照 LDPE-ZnO 复合膜（约 9 μg/L）。

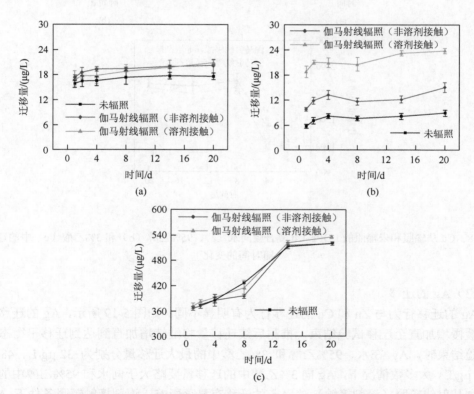

图 5-17　Zn 从辐照和未辐照的 LDPE-ZnO 复合膜向水（a）、95%乙醇（b）和 3%乙酸（c）中的迁移量随时间的变化

（2）Cu 的迁移

图 5-18 展示了 Cu 从 LDPE-Zn 复合膜向食品模拟液的迁移。迁移量在迁移试验的初期快速增加，并在迁移试验结束时基本达到迁移平衡态。不同食品模拟液中的迁移量排序大致为 3%乙酸＞水＞95%乙醇。伽马射线辐照（溶剂接触）对 Cu 向 95%乙醇的迁移有显著影响，此条件下的迁移量（约 120 μg/L）远高于非溶剂接触辐照和未辐照条件下的迁移量（＜15 μg/L）。伽马射线辐照（溶剂或非溶剂接触）和未辐照的 LDPE-Cu 复合膜中 Cu 向水和 3%乙酸中的迁移量无明显差别。

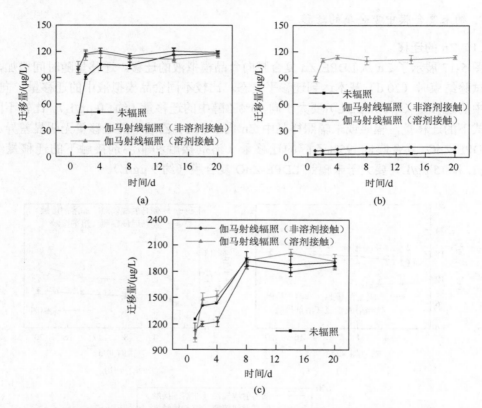

图 5-18　Cu 从辐照和未辐照的 LDPE-Cu 复合膜向水（a）、95%乙醇（b）和 3%乙酸（c）中的迁移量随时间的变化

（3）Ag 的迁移

Ag 的迁移行为与 Zn 和 Cu 的迁移行为有明显不同。如图 5-19 所示，Ag 的迁移量随时间缓慢增加直至迁移试验结束，推测后续迁移量将继续增加直到达到迁移平衡态。迁移试验结束时，Ag 在水、95%乙醇和 3%乙酸中的最大迁移量分别为 32 μg/L、48 μg/L 和 50 μg/L。大多数情况下，Ag 向 3%乙酸中的迁移量要略大于向水和 95%乙醇中的迁移量。伽马射线辐照（溶剂接触）对 Ag 的迁移有显著影响。溶剂接触辐照条件下 Ag 从 LDPE-Ag 复合膜向所有食品模拟液的迁移量均大于非溶剂接触辐照和未辐照条件下的迁移量，且两者之间的差值随着时间的增加而呈现增加趋势。

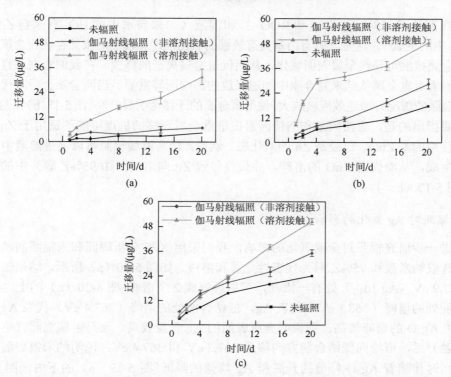

图 5-19　Ag 从辐照和未辐照的 LDPE-Ag 复合膜向水（a）、95%乙醇（b）和 3%乙酸（c）中的迁移量
随时间的变化

3. 迁移规律总结

由迁移结果可知，3 种重金属向 3%乙酸中的迁移量最大。其他有关高分子材料中重金属迁移的研究也报道了类似现象，并将此现象归结于乙酸和金属氧化物之间的反应[46-47]。以 ZnO 为例，其与乙酸之间的反应（如下）可促进 Zn^{2+} 的释放，使得 Zn^{2+} 在酸性溶液中的含量要高于在水或乙醇中的含量。同样的反应可以发生在乙酸和其他金属氧化物（CuO 和 Ag_2O）之间，金属离子的释放量（以反应速率来表达）取决于金属类型。

$$2CH_3COOH + ZnO \longrightarrow Zn^{2+} + 2CH_3COO^- + H_2O$$

另一重要发现是伽马射线辐照对重金属迁移的影响。经辐照处理的纳米复合膜（辐照时与溶剂接触）倾向于向食品模拟液释放更多重金属。这种情况出现在 Zn 和 Cu 向 95%乙醇的迁移，以及 Ag 向所有食品模拟液的迁移。此外，溶剂接触辐照和非溶剂接触辐照条件下重金属向 95%乙醇中的迁移显示出较大差异。

伽马射线辐照（溶剂接触）处理后重金属向食品模拟液的加速迁移可能受两方面因素影响。一方面为直接因素，即伽马射线直接作用于纳米金属，加速金属表面氧化并通过溶解作用向溶液释放离子。辐照被认为是一个强氧化过程，辐照下氧气向金属表面的渗透使得金属很容易被氧化[48-49]。例如，水中的铜纳米线受辐照后快速腐蚀，在纳米线表面形成更多的氧化亚铜（Cu_2O）和氧化铜（CuO）[50]。另一方面为间接因素，即伽马射线辐照作用于其他物质（如高分子材料和溶液）后促进重金属的迁移。研究表明，辐照可促进含氧自由基在高分子材料（如 RO· 和 ROO·）和溶液（如来自水中的 HO· 和来自乙醇中的 $C_2H_5O·$ 中的生成[9]。这些含氧自由基具有较强的氧化性，且辐照后依然存在。含氧自由基和纳米金属接触可导致金属表面氧化，从而促进金属离子的释放。在我们看来，直接因素和间接因素对重金属从纳米复合膜中加速释放的影响同等重要。当两者结合后（代表了溶剂接触辐照的情况），加速效应被放大，使得重金属的迁移量明显升高[图 5-18（b）和图 5-19]。

需要指出的是，直接因素和间接因素促进重金属迁移的机理可能不适用于 Zn，因为本研究使用的是 ZnO，已经是 Zn 的氧化态。然而，伽马射线辐照可以促进溶液中含氧自由基的生成，从而促进 ZnO 的溶解，并最终导致 Zn 向溶液（如 95%乙醇）中的迁移量增加[图 5-17（b）]。

4. 辐照对 Ag 氧化的影响

为进一步研究辐照对金属氧化的影响，我们采用 XPS 分析辐照和未辐照的纳米金属样品。选取纳米银和 95%乙醇为代表性金属和溶液。如图 5-20（a）所示，纳米银粉末样品在 367.9 eV（Ag $3d_{5/2}$）处有一谱峰，可以拆解成 2 个谱峰[图 5-20（a）的上内嵌图]：高结合能处的谱峰（368.1 eV）代表 Ag，低结合能处的谱峰（367.4 eV）代表 Ag_2O[51]。若 Ag 和 Ag_2O 的谱峰较高，则说明金属表面的 Ag 含量较高。伽马射线辐照（溶剂和非溶剂接触）后，谱峰向低结合能方向移至 367.5 eV 和 367.4 eV，说明纳米银表面发生了氧化，同时伴随着 Ag_2O 峰值的升高和 Ag 峰值的降低[图 5-19（a）的下内嵌图]。XPS 结果表明，伽马射线辐照可促进 Ag 氧化，且氧化过程在辐照后依然持续[图 5-20（b）]。相比第 0 天，纳米银粉末样品在 95%乙醇中浸泡 10 d 后，未辐照和辐照样品的谱峰均向低结合能方向移动（右移）。但辐照样品的结合能（366.9 eV）相比未辐照样品（367.3 eV）更低，表明辐照样品表面氧化程度更高。因此，可以认为在整个迁移试验中，辐照 LDPE-Ag 复合膜中 Ag 迁移的概率要高于未辐照 LDPE-Ag 复合膜，两者之间 Ag 迁移量的差值也会随着时间的增加而增大（图 5-19）。

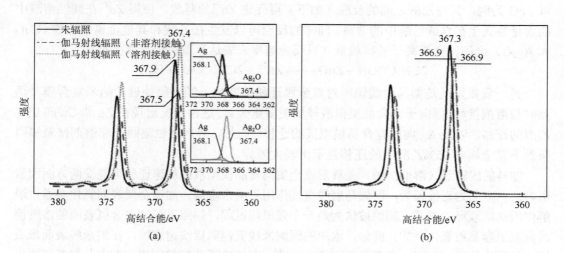

图 5-20　纳米银粉末在不同处理方式下第 0 天（a）和第 10 天（b）的 XPS 谱图

内嵌图分别为未辐照（上）和辐照（下）纳米银粉末的 Ag $3d_{5/2}$ 的分峰

5.4.4　结论

本节主要考察了伽马射线辐照对三种 LDPE-纳米金属复合膜中重金属向食品模拟液迁移的影响。辐照处理（10 kGy）后的纳米金属复合膜倾向于释放更多重金属，尤其是在溶剂接触的情况下进行辐照。重金属迁移量的增加主要归因于辐照诱导的金属表面氧化以及溶液中产生的自由基，加速了金属的溶解并释放出金属离子。尽管伽马射线辐照可导致更多重金属从纳米金属复合膜中迁出，但迁移量的增加并不显著，因此推测不会产生额外风险。尽管如此，将辐照技术和纳米活性包装结合并用于实际食品辐照时，应注意以下几点。第一，含纳米金属包装材料不适用于接触水性酸性食品，因为即使未辐照重金属向水性酸性食品的迁移量也可能很高。第二，伽马射线辐照不仅对纳米金属有影响，也有可能影响食品。考虑到食品基质的复杂性，辐照条件下食品基质-纳米金属间相互作用可能与食品模拟液-纳米金属间相互作用存在较大差异。因此，重金属向食品中的迁移可能不同于向食品模拟液的迁移，需要具体问题具体分析。第三，除了纳米金属和食品/食品模拟液的种类，重金属从辐照包装材料中的迁移也会受到其他因素的影响，如温度、高分子种类、辐照方式、辐照剂量等。这些因素对重金属迁移的影响需要进一步研究。

5.5　电离辐照对聚烯烃-纳米银复合膜中银迁移的影响

5.5.1　引言

食品中致病菌的生长是威胁食品安全的主要因素之一。为此，人们开发了各种食品灭菌技术来确保食品安全，如高温灭菌、巴氏灭菌、微波灭菌、超高压灭菌，以及低温等离子体灭菌等。在这些灭菌方式中，电离辐照是一种相对较新的技术，通过使用伽马射线、高能电子束和 X 射线达到杀菌的目的[1]。作为一项冷杀菌技术，电离辐照在有效杀灭致病菌的同时不破坏食品性状。因此，该项技术在食品工业中的应用越来越广泛。

虽然电离辐照被证实是一个有效的抑制食品腐败的手段，但它对食品安全造成的潜在风险依然值得关注。其中一个主要关注点是电离辐照对食品包装材料中添加剂迁移的影响。许多研究表明电离辐照会改变添加剂向食品/食品模拟液的迁移量[8-10]。当迁移量增加时，相应的风险也随之增加。另外，电离辐照会导致部分添加剂降解。这些降解物被称作辐照降解产物或辐解产物，也有可能通过迁移作用进入食品，给食品安全带来额外风险[7, 16]。

电离辐照对添加剂迁移的影响已经研究得比较充分，但如何影响重金属从含纳米金属包装材料中的迁移仍知之甚少。纳米金属及金属氧化物如纳米银、纳米铜和纳米氧化锌，通常会添加到包装材料中增强材料的性能（如抗菌性）并延长食品货架期[30-32]。此类材料被视为活性包装材料，是近年来包装领域的研发热点，具有广阔的商业应用前景。

活性包装和电离辐照都是有效的食品灭菌手段，一些研究将两者结合起来，以提升食品灭菌的效果和性价比。例如，有研究将纳米银和伽马射线辐照结合，可有效抑制新鲜蘑菇中的细菌繁殖，且可以把对食品质量的影响降到最低[37]。在另一项针对鲜切苹果的研究中，纳米银和伽马射线辐照结合在提升灭菌效果的同时可显著降低伽马射线辐照的剂量[36]。

我们在研究组合灭菌方式的优势时，也应关注电离辐照对包装材料中重金属迁移的影响，以确保食品安全。与添加剂的迁移不同（高分子材料内部向表面扩散并从表面脱附进入食品），重金属的迁移通常伴随着金属表面的氧化以及金属离子的释放[52-53]。因此，电离辐照对重金属迁移的影响有别于添加剂。对这方面的研究将有助于确保含纳米金属包装材料的使用安全及食品安全。

本节介绍了电离辐照条件下纳米活性包装材料中银的迁移行为。选取 2 种代表性高分子-纳米金属复合材料，即聚乙烯-纳米银（PE-Ag）和聚丙烯-纳米银（PP-Ag），描述了伽马射线辐照和电子束辐照下两种材料中银向食品模拟液的迁移。通过多重比较阐明辐照导致银迁移行为变化的原因，揭示相关机理。

5.5.2　材料与方法

1. 材料与试剂

LDPE 和聚丙烯（PP）分别购自美国杜邦公司和东莞市东硕塑胶原料有限公司。纳米银（Ag，60～80 nm）购自南京先丰纳米材料科技有限公司。银标准溶液（1000 μg/ml，5% HNO$_3$）购自美国 o2Si Smart Solution 公司。其他使用的溶剂有去离子水（用 Milli-Q 净化系统纯化），乙酸（纯度＞99%，美国 Honeywell），乙醇（HPLC 级，美国 J.T. Baker）和硝酸（分析纯，美国 Honeywell）。

2. 辐照处理

伽马射线辐照在北京鸿仪四方辐射技术股份有限公司进行，使用 ^{60}Co 辐射源，剂量率约为 2.5 kGy/h。在放置样品的纸箱的每一个角落放置重铬酸钾（银）剂量计来测量实际吸收剂量。电子束辐照在北京原子高科金辉辐射技术应用有限责任公司进行，使用高能电子加速器（10 MeV/20 kW），剂量率约为 5 kGy/s。采用 radiochromic 胶片剂量计测量实际吸收剂量。辐照处理设定的剂量为 10 kGy，实际吸收剂量与设定剂量的偏差在 10% 以内。依据世界卫生组织（WHO）的建议，10 kGy 以内的辐照剂量不会产生明显的营养或微生物方面的问题[11]。

3. PE-Ag 复合膜和 PP-Ag 复合膜的制备

PE-Ag 复合膜和 PP-Ag 复合膜的制备分为两个步骤。首先，将纳米银和 LDPE/PP 母粒按 1：99（质量比）混匀后投入造粒机进行造粒，重复 3 次得到复合母粒。PE-Ag 复合母粒造粒时的模头温度为 165℃，料筒一区到九区的温度为 155℃、155℃、165℃、165℃、165℃、165℃、165℃、165℃、165℃；PP-Ag 复合母粒造粒时的模头温度为 190℃，料筒一区到九区的温度为 175℃、180℃、180℃、185℃、185℃、185℃、185℃、185℃、

185℃。转速设定为 16 r/min。然后，用小型流延膜机器将复合母粒转化为纳米复合膜。其中加工 PE-Ag 复合膜时一到三区的温度为 180℃、185℃、185℃，合流区与模具区温度分别为 190℃和 195℃；加工 PP-Ag 复合膜时一到三区的温度为 200℃、205℃、210℃，合流区与模具区温度分别为 215℃和 220℃。转速设定为 17 r/min。经测量（$n=10$），PE-Ag 复合膜的厚度为 70.25 μm±3.05 μm，PP-Ag 复合膜的厚度为 61.35 μm±3.54 μm。

4. PE-Ag 复合膜和 PP-Ag 复合膜的表征

（1）初始 Ag 含量

将纳米复合膜样品剪碎后混匀，准确称取 0.1 g 于干净的聚四氟乙烯消解罐中，消解罐中加入 5 ml 浓硝酸和 2 ml 30%过氧化氢，旋紧外盖后将消解罐放入微波消解仪中。消解完成后取出消解罐，缓慢旋开外盖，用少量去离子水将内盖附着的消解液洗脱到消解罐中。然后将消解罐在超声水浴箱中超声脱气 10 min 后转移至 100 ml 容量瓶中，用去离子水定容至刻度线。最后用 0.45 μm 针式过滤器过滤后上机测定。每种复合膜样品做三个平行。

（2）差示扫描量热法分析

采用 DSC 表征辐照和未辐照 PE-Ag 复合膜和 PP-Ag 复合膜的热学性能。样品的熔融温度（T_m）和结晶度（X_c）由 Q2000 DSC 仪器（制造商：美国 TA Instuments）在第一次升温过程中测量，升温范围为 25℃～180℃，升温速率为 10℃/min。每个样品做三个平行。

（3）水汽/氧气透过率

辐照和未辐照 PE-Ag 复合膜和 PP-Ag 复合膜的阻隔性由 WVTR 和 OTR 来表示。采用 MOCON Permatran W3/33 仪器（制造商：美国 MOCON Inc.）测量 WVTR 值。实验在 38℃和相对湿度 100%下进行，载气为 N_2。采用 MOCON OX-TRAN 2/21 仪器（制造商：美国 MOCON Inc.）测量 OTR 值。实验在 23℃、相对湿度 0%和氧气浓度 100%下进行，载气为 N_2。每个样品做三个平行。

（4）透射电子显微镜

TEM 图像由 Tecnai G2 F30 TEM（制造商：美国 FEI）在明场成像模式和 300 kV 的加速电压下获得。在用 TEM 分析前，纳米复合膜样品被嵌入石蜡块中并用 RMC PowerTome-PC ultramicrotome（制造商：美国 RMC）装置上的钻石刀切割成小片（厚度<100 nm），然后放置在含碳膜涂层的铜网格上。

5. 迁移试验

迁移试验的开展是为了考察辐照对 PE-Ag 复合膜和 PP-Ag 复合膜中 Ag 迁移的影响。将每种纳米复合膜样品（三个平行）剪成小片（5 cm×10 cm），用水和乙醇清洗去除表面杂质。随机抽取两小片膜放入 100 ml 透明 PP 瓶（直径约 5 cm，高度约 9.3 cm，制造商为日本 Nikko）中。依据欧盟法规（EU）No. 10/2011，向 PP 瓶中加入 100 ml 水（模拟水性非酸性食品）、3%乙酸（模拟水性酸性食品）或 95%乙醇（模拟油脂类食品）作为食品模拟液[27]。然后，将 PP 瓶分为 3 组并用 3 种方式处理：①未辐照（对照组）；②伽马射线辐照（10 kGy）；③电子束辐照（10 kGy）。辐照处理在 PP 瓶中加入食品模拟液之后进行（2 h 内），辐照时 PP 瓶保持竖立。伽马射线强大的穿透能力可确保瓶子受到均匀辐照。考虑到电子束射线在水或类似溶液中的穿透能力较弱（10 meV 下小于 5 cm），在进行电子束辐照时，需将 PP 瓶放倒以确保瓶中的复合膜样品能接收到设定的辐照剂量。样品经处理后，将 PP 瓶置于室温（25℃±1℃）下避光保存。在 30 d 内的不同时间进行采样，初始时间设置为 PP 瓶中加入食品模拟液的时间。每次采样时，移取 2 ml 样品溶液于 10 ml PP 离心管中，用氮气吹至近干（仅限 95% 乙醇）后加入 3% HNO₃ 稀释到 6 ml，涡旋至少 3 min 以便完全溶解纳米银颗粒，然后上机分析。同时，往 PP 瓶中加入 2 ml 相同的食品模拟液以补偿取样造成的溶液损失。

6. 电感耦合等离子体质谱（ICP-MS）

采用 ICP-MS 分析样品溶液中 Ag 的浓度。所用仪器为 Thermo Scientific X-SERIES 2 ICP-MS 系统（制造商：美国 Thermo Fisher Scientific Inc.），在 1350 W 的射频功率下运行。雾化器流速、辅助气流速和冷却气流速分别设置为 0.8 L/min、1.2 L/min 和 14 L/min。采用 2% HNO₃ 溶液配制 Ag 的工作溶液（浓度：1 μg/L、5 μg/L、10 μg/L、20 μg/L、50 μg/L、100 μg/L 和 200 μg/L）并建立标准曲线（$R^2 > 0.995$）。同时用 2% HNO₃ 配制浓度为 10 μg/L 的内标溶液（锗、铼、铑、铟），并和样品溶液通过三通管同时注入检测器以降低基质效应。Ag 的检出限（3 倍信噪比）和定量限（10 倍信噪比）分别为 0.05 μg/L 和 0.2 μg/L。所有测量重复做 3 次。

7. 纳米银的辐照实验

采用 X 射线光电子能谱分析纳米银（辐照和未辐照）表面的氧化程度。称取 50 mg 纳米银粉末放入 10 ml PP 离心管中，然后用 3 种方式处理：①未辐照（对照组）；②伽马射线辐照（10 kGy）；③电子束辐照（10 kGy）。XPS 分析使用的是 Thermo Fisher Scientific ESCALAB 250Xi XPS 系统，配备操作功率为 75 W 的 Al Kα 源。样品检测的通能为 30 eV，能量步长为 0.05 eV。

5.5.3 结果与讨论

1. 纳米复合膜的特性

PE-Ag 复合膜和 PP-Ag 复合膜中初始 Ag 质量分数分别为 0.74%±0.05% 和 0.80%±0.06%。实际 Ag 含量低于理论添加值（质量分数为 1%），主要是因为高分子加工过程中损失了部分纳米银。

辐照和未辐照纳米复合膜的热学性能及阻隔性能列于表 5-7。辐照前后 PE-Ag 复合膜和 PP-Ag 复合膜的 T_m 和 X_c 无显著变化，说明辐照（伽马射线和电子束）对纳米复合膜的热学性能无明显影响。此结论也适用于纳米复合膜的阻隔性能，因为辐照和未辐照纳米复合膜的 WVTR 和 OTR 均无显著差异。比较两种复合膜的阻隔性能，PE-Ag 复合膜具有较高的 WVTR 和 OTR，可能是因为 LDPE 柔性较高使得水汽和氧气更容易透过。由表征结果可知，低剂量辐照（10 kGy）对高分子材料的性能无明显影响。

表 5-7　辐照和未辐照 PE-Ag 复合膜和 PP-Ag 复合膜的热学性能及阻隔性能

样品	T_m/℃	X_c/%	WVTR/[g/(m²·d)]	OTR/[cm³/(m²·d), 0.1 MPa]
PE-Ag	107.66±0.01[A]	39.43±1.51[A]	7.94±0.35[A]	2843.43±23.96[A]
PE-Ag-γ	107.47±0.02[A]	40.08±2.19[A]	7.65±0.76[A]	2872.40±60.05[A]
PE-Ag-EB	107.72±0.04[A]	36.74±3.64[A]	7.59±0.39[A]	2931.36±45.68[A]
PP-Ag	148.28±0.02[A]	36.59±2.10[A]	5.49±0.30[A]	1478.86±110.24[A]
PP-Ag-γ	148.93±0.03[A]	38.76±3.18[A]	5.50±0.10[A]	1337.37±44.13[A]
PP-Ag-EB	148.87±0.05[A]	40.60±4.61[A]	6.37±0.39[A]	1356.88±34.57[A]

注：100%结晶的 PE 和 PP 的熔融热分别为 293 J/g 和 207 J/g[45]。数据表达形式为平均值±标准偏差；t 检验被用来比较每种样品辐照和未辐照处理后各种性能的差异。每一列数据旁的上角标字母若不同，则表明存在显著差异（$p<0.05$，$n=3$）。

　　纳米复合膜的结构与形貌如图 5-21 所示。纳米银颗粒在两种高分子材料中均出现了一定程度的团聚形成尺寸较大的团簇。PP 中的团聚程度要大于 PE，说明纳米银和 PE 之间的亲和性要好于和 PP 之间的亲和性。

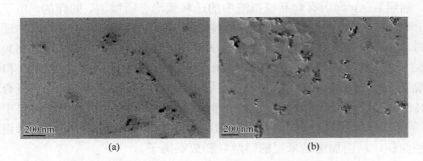

图 5-21　PE-Ag 复合膜（a）和 PP-Ag 复合膜（b）的 TEM 图

2. PE-Ag 复合膜中 Ag 的迁移

　　辐照和未辐照 PE-Ag 复合膜中 Ag 的迁移如图 5-22 所示。整个迁移试验中，Ag 的迁移曲线呈现上升趋势，推测后续 Ag 的迁移量将进一步增加直至迁移平衡态。对于未辐照复合膜样品，迁移试验结束时 Ag 向 3%乙酸的迁移量（约 35 μg/L）要大于向水中的迁移量（约 5 μg/L），主要是因为纳米银在酸性溶液中具有较高的溶解度[46]。此外，Ag 向 95%乙醇中的迁移量（约 25 μg/L）大于向水中的迁移量。其中一个原因可能是 PE 和乙醇之间良好的亲和性导致高分子材料表面发生轻微溶胀，使得纳米银颗粒从材料表面脱落进入溶液[54-55]。这些纳米银颗粒经消解后形成离子，也对 Ag 的迁移量有贡献。对于辐照复合膜样品，辐照处理可显著改变 Ag 向食品模拟液的迁移，且迁移量取决于辐照方式和食品模拟液种类。电子束辐照导致更多 Ag 向 3%乙酸和水中迁移，伽马射线辐照则导致更多 Ag 向 95%乙醇中迁移。Ag 在 3 种食品模拟液中的最大迁移量（迁移试验结束时）分别为 140 μg/L（水）、108 μg/L（3%乙酸）和 55 μg/L（95%乙醇），这些数值均远高于未辐照样品的数值。

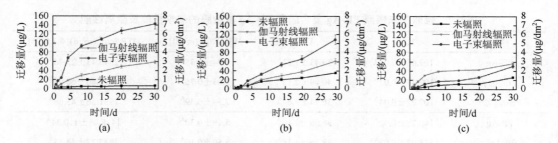

图 5-22　Ag 从辐照和未辐照 PE-Ag 复合膜向水（a）、3%乙酸（b）和 95%乙醇（c）中的迁移量随时间的变化

3. PP-Ag 复合膜中 Ag 的迁移

辐照和未辐照 PP-Ag 复合膜中 Ag 的迁移趋势与 PE-Ag 复合膜类似，如图 5-23 所示。所有样品中 Ag 的迁移量均出现随时间上升的趋势。未辐照 PE-Ag 复合膜中 Ag 向 3%乙酸和 95%乙醇的迁移量均高于向水中的迁移量，其原因如上所述。辐照处理对 Ag 迁移有显著影响，辐照后 Ag 向所有食品模拟液中的迁移量均有所增加。同样的，电子束辐照导致更多 Ag 向水和 3%乙酸中迁移，伽马射线辐照导致更多 Ag 向 95%乙醇中迁移。迁移试验结束时，Ag 在 3 种食品模拟液中的最大迁移量分别为 45 μg/L（水）、63 μg/L（3%乙酸）和 62 μg/L（95%乙醇）。比较两类纳米复合膜中 Ag 的迁移量（图 5-22 和图 5-23），大部分情况下，PE-Ag 复合膜中 Ag 向食品模拟液的迁移量要高于 PP-Ag 复合膜（除了 Ag 向 95%乙醇的迁移）。这种现象可能归因于纳米银颗粒在不同高分子材料中的团聚。如图 5-21 所示，纳米银颗粒在 PE 中的团聚程度要小于 PP，使得 PE 中纳米银与溶剂有更大的接触面积，从而加速纳米银的溶解并释放银离子。

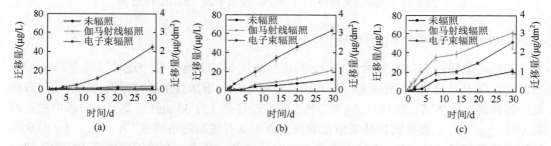

图 5-23　Ag 从辐照和未辐照 PP-Ag 复合膜向水（a）、3%乙酸（b）和 95%乙醇（c）中的迁移量随时间的变化

4. 辐照对 Ag 迁移的影响

由迁移结果可知，辐照处理可促进纳米复合膜中 Ag 向食品模拟液的迁移，其原因主要有两个。第一，两种辐照方式均可促进氧气向金属表面的扩散[49]，从而促进金属表面氧化及随后金属离子的溶解释放。辐照导致的金属氧化可被 XPS 表征，如图 5-24 所示。XPS 谱图上有 2 个 Ag 3d 核级谱峰，分别在 374 eV（Ag $3d_{3/2}$）和 368 eV（Ag $3d_{5/2}$）附

近。每个核级谱峰包含 2 个分峰，较高结合能处的谱峰为 Ag，较低结合能处的谱峰为 Ag_2O[51]。辐照处理后，2 个核级谱峰均向低结合能方向位移（右移），分别从 374.0 eV 和 368.1 eV 位移到约 373.5 eV 和 367.6 eV 处。此现象表明辐照可诱导 Ag 氧化成 Ag_2O，同时伴随着 Ag_2O 分峰的升高和 Ag 分峰的下降（图 5-24 的内嵌图）。第二，两种辐照方式均可影响高分子材料和溶液，从而影响 Ag 的迁移。已有研究表明，聚烯烃高分子材料在辐照下氧化，产生多种官能团（如羟基—OH、羧基—COOH）[19]。这些官能团的存在可增强高分子（PE 和 PP）和溶液之间的亲和性，使得溶液更容易穿过高分子材料，进而溶解材料中的纳米银颗粒。然而，这种效应（辐照引发的高分子材料氧化）在低剂量辐照（10 kGy）下可能不明显。辐照对溶液的影响主要表现为溶液中含氧自由基（来自水中的 HO· 和来自乙醇中的 $C_2H_5O·$）的产生。这些含氧自由基具有较强的氧化性，辐照后依然存在，与纳米银接触后可促进金属氧化并释放银离子。

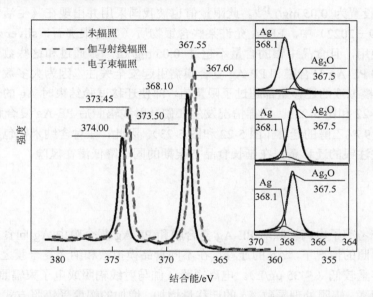

图 5-24　经不同方式处理后的纳米银粉末的 XPS 谱图：未辐照（对照组）、伽马射线辐照和电子束辐照
　　内嵌图是纳米银粉末经不同方式处理后的 Ag $3d_{5/2}$ 的分峰：未辐照（上）、伽马射线辐照（中）和电子束辐照（下）

　　虽然辐照处理可促进 Ag 的迁移，但迁移量的增加取决于辐照方式和食品模拟液种类。电子束辐照可导致更多 Ag 向水和 3%乙酸中迁移，而伽马射线辐照导致更多 Ag 向 95%乙醇中迁移（图 5-22 和图 5-23）。此现象可归因于两种辐照方式之间的差异。伽马射线辐照使用的是伽马射线（电磁波），剂量率低，需要较长时间（几小时）才能达到设定剂量（10 kGy）。电子束辐照使用的是高能电子束（电流），剂量率很高，仅需极短时间（几秒）便可达到设定剂量（10 kGy）。因此，两种辐照方式可对食品模拟液产生不同影响，使得 Ag 的迁移行为有所不同。有研究比较了伽马射线辐照和电子束辐照下染料在水溶液中的降解[56]。结果表明，电子束辐照下的降解速率更高，可能是因为电子束辐照的瞬时高能量有助于水中产生更多自由基。同理，水和 3%乙酸中也能发生同样情况，即溶

液在电子束辐照下产生更多自由基，尤其是具有较强氧化性的羟自由基 HO·，从而促进纳米银的氧化及银的迁移。当把水溶液替换成有机溶剂时，电子束辐照诱导产生自由基的能力会被大幅削弱。据报道，电子束辐照后 60%甲醇中产生的自由基要少于水中产生的自由基[57]，表明有机溶剂具有更好的抗辐照能力。考虑到 95%乙醇中乙醇占主体，电离辐照后溶液中可能只产生少量自由基，因此，溶液中 Ag 的迁移量也会比较低。此外，有机溶剂或许对伽马射线辐照诱导产生自由基的能力无显著削弱作用，因为伽马射线辐照需要较长时间达到设定剂量（10 kGy），使得伽马射线可以充分和溶液发生相互作用。

5. 潜在风险

电离辐照后 Ag 的迁移量增加，一方面有助于提高抗菌效果，延长食品货架期；另一方面，Ag 迁移量的增加可能导致食品安全风险增大。出于安全考虑，WHO 将饮用水中 Ag 的限量值设置为 0.05 mg/L[58]。此限量值也被我国采用并出现在《生活饮用水卫生标准》（GB 5749—2022）中。EFSA 允许某些含银物质（如含银沸石，silver zeolites）作为塑料添加剂使用，且食品中银的含量不超过 0.05 mg/kg[59]。通过和这些数值比较，电子束辐照处理的 PE-Ag 复合膜和 PP-Ag 复合膜需引起安全关注，因为大多数情况下复合膜中 Ag 向食品模拟液的迁移量都超过了限量值，即使迁移试验结束时 Ag 的迁移仍未达到平衡态（图 5-22 和图 5-23）。同样情况发生在伽马射线辐照后 PE-Ag 复合膜和 PP-Ag 复合膜中 Ag 向 95%乙醇的迁移（图 5-22 和图 5-23）。因此，在对含纳米银包装材料进行辐照处理时需关注银的迁移量，在延长食品货架期的同时降低潜在风险。

5.5.4 结论

本节系统考察了电离辐照对 PE-Ag 复合膜和 PP-Ag 复合膜中 Ag 向食品模拟液迁移的影响。未辐照的情况下，Ag 的迁移量在不同食品模拟液和纳米复合膜之间有所差异，但总体上迁移量较低（<35 μg/L）。电离辐照（伽马射线辐照或电子束辐照）是影响 Ag 迁移的主导因素。辐照处理导致 Ag 的迁移量增加，增加的幅度受辐照方式和食品模拟液种类的综合影响。无论何种高分子材料，电子束辐照后 Ag 向水和 3%乙酸中的迁移量较高，而伽马射线辐照后 Ag 向 95%乙醇中的迁移量较高。Ag 在这些条件下的迁移量超过了限量值，需要引起特别关注。然而，实际应用中，食品辐照可能采用不同剂量，且迁移量受辐照剂量影响。此外，食品基质不同于食品模拟液，其与高分子以及纳米银颗粒的相互作用也会有所不同。我们需要进一步考察实际食品辐照条件下 Ag 的迁移，同时对辐照处理过程予以更多监控以确保含纳米银包装材料的使用安全。

参 考 文 献

[1] Ferreira I C R F, Antonio A L, Verde S C. Food Irradiation Technologies: Concepts, Applications and Outcomes[M]. London: Royal Society of Chemistry, 2018.

[2] Hahladakis J N, Velis C A, Weber R, et al. An overview of chemical additives present in plastics: Migration, release, fate and environmental impact during their use, disposal and recycling[J]. Journal of Hazardous Materials, 2018, 344: 179-199.

[3]　Sander K，Marie-Hélène B，Maurizio B，et al. Guidance on best practices on the risk assessment of non-intentionally added substances（NIAS）in food contact materials and articles[R/OL].（2015-07-16）[2023-04-20]. https://ilsi.org/europe/wp-content/uploads/sites/3/2016/04/2015-NIAS_version-January-2016.pdf.

[4]　Martínez-Bueno M J，Hernando M D，Uclés S，et al. Identification of non-intentionally added substances in food packaging nano films by gas and liquid chromatography coupled to orbitrap mass spectrometry[J]. Talanta，2017，172：68-77.

[5]　Vera P，Canellas E，Nerín C. Identification of non volatile migrant compounds and NIAS in polypropylene films used as food packaging characterized by UPLC-MS/QTOF[J]. Talanta，2018，188：750-762.

[6]　Canellas E，Vera P，Nerín C，et al. Ion mobility quadrupole time-of-flight high resolution mass spectrometry coupled to ultra-high pressure liquid chromatography for identification of non-intentionally added substances migrating from food cans[J]. Journal of Chromatography A，2019，1616：460778.

[7]　Celiz M D，Morehouse K M，Dejager L S，et al. Radiolysis products of antioxidants from gamma-irradiated polyethylene resins[J]. Polymer Degradation and Stability，2019，165：196-206.

[8]　Jeon D H，Park G Y，Kwak I S，et al. Antioxidants and their migration into food simulants on irradiated LLDPE film[J]. LWT-Food Science and Technology，2007，40（1）：151-156.

[9]　Goulas A E，Riganakos K A，Ehlermann D A E，et al. Effect of high-dose electron beam irradiation on the migration of DOA and ATBC plasticizers from food-grade PVC and PVDC/PVC films，respectively，into olive oil[J]. Journal of Food Protection，1998，61（6）：720-724.

[10]　Zygoura P D，Paleologos E K，Kontominas M G. Changes in the specific migration characteristics of packaging-food simulant combinations caused by ionizing radiation：Effect of food simulant[J]. Radiation Physics and Chemistry，2011，80（8）：902-910.

[11]　World Health Organization. Wholesomeness of irradiated food[C]//FAO/IAEA/WHO Expert Committee，Geneva，1981.

[12]　Bolgar M，Hubball J，Groeger J，et al. Handbook for the Chemical Analysis of Plastic and Polymer Additives[M]. Boca Raton：CRC Press，2015.

[13]　Moreno-Diaz H，Navarrete-Vázquez G，Estrada-Soto S，et al. 2-(4-Methoxyphenyl)-1H-benzimidazole[J]. ACTA Crystallographica，2006，E62：o2601-o2602.

[14]　Deschênes L，Carlsson D J，Wang Y，et al. Postirradiation Transformation of Additives in Irradiated HDPE Food Packaging Materials：Case Study of Irgafos 168[M]. Washington D. C.：American Chemical Society，2004.

[15]　Kriston I，Pénzes C，Szijjártó C，et al. Study of the high temperature reactions of a hindered aryl phosphite（Hostanox PAR 24）used as a processing stabiliser in polyolefins[J]. Polymer Degradation and Stability，2010，95（9）：1883-1893.

[16]　Dorey S，Gaston F，Girard-Perier N，et al. Identification of chemical species created during γ-irradiation of antioxidant used in polyethylene and polyethylene-co-vinyl acetate multilayer film[J]. Journal of Applied Polymer Science，2020，137：49336.

[17]　Alfaia C M M，Ribeiro P J L C，Trigo M J P，et al. Irradiation effect on fatty acid composition and conjugated linoleic acid isomers in frozen lamb meat[J]. Meat Science，2007，77（4）：689-695.

[18]　U.S. Food and Drug Administration. Guidance for industry：Preparation of premarket submissions for food contact substances（chemistry recommendations）[EB/OL].（2007-12-01）[2023-04-20]. https://www.fda.gov/regulatory-information/search-fda-guidance-documents/guidance-industry-preparation-premarket-submissions-food-contact-substances-chemistry.

[19]　Bracco P，Costa L，Luda M P，et al. A review of experimental studies of the role of free-radicals in polyethylene oxidation[J]. Polymer Degradation and Stability，2018，155（9）：67-83.

[20]　Eustice R F. Global status and commercial applications of food irradiation[M]//Ferreira I C F R，Antonio A L，Verde S C. Food Irradiation Technologies：Concepts，Applications and Outcomes. London：Royal Society of Chemistry，2018.

[21]　Leeman W，Krul L. Non-intentionally added substances in food contact materials：How to ensure consumer safety[J]. Current Opinion in Food Science，2015，6：33-37.

[22]　Wrona M，Nerín C. Chapter 7：Risk Assessment of Plastic Packaging for Food Applications[M]. London：Royal Society of Chemistry，2019.

[23]　Demertzis P G, Franz R, Welle F. The effects of γ-irradiation on compositional changes in plastic packaging films[J]. Packaging Technology Science, 1999, 12: 119-130.

[24]　The European Commission. Commission Regulation (EU) No. 10/2011 of 14 January 2011 on plastic materials and articles intended to come into contact with food[EB/OL]. (2011-12-15) [2023-04-21]. https://eur-lex.europa.eu/eli/reg/2011/10/oj.

[25]　European Food Safety Authority (EFSA) and World Health Organization[Z]. EFSA Supporting Publication, 2016, EN-1006.

[26]　Xia H, Gao H, Sun Q, et al. Puerarin, an efficient natural stabilizer for both polyethylene and polypropylene[J]. Journal of Applied Polymer Science, 2020, 137: e49599.

[27]　Bruheim I, Molander P, Lundanes E, et al. Temperature-programmed packed capillary liquid chromatography coupled to fourier-transform infrared spectroscopy[J]. Journal of High Resolution Chromatography, 2000, 23 (9): 525-530.

[28]　Fouyer K, Lavastre O, Rondeau D. Direct monitoring of the role played by a stabilizer in a solid sample of polymer using direct analysis in real time mass spectrometry: The case of irgafos 168 in polyethylene[J]. Analytical Chemistry, 2012, 84 (20): 8642-8649.

[29]　Wang Y, Gao X, Liu B, et al. Identification of chemicals in a polyvinyl chloride/polyethylene multilayer film by ultra-high-performance liquid chromatography/quadrupole time-of-flight mass spectrometry and their migration into solution[J]. Journal of Chromatography A, 2020, 1625: 461274.

[30]　Suo B, Li H, Wang Y, et al. Effects of ZnO nanoparticle-coated packaging film on pork meat quality during cold storage[J]. Journal of the Science of Food and Agriculture, 2017. 97 (7): 2023-2029.

[31]　Jiang Z W, Yu W W, Li Y, et al. Migration of copper from nanocopper/polypropylene composite films and its functional property[J]. Food Packaging and Shelf Life, 2019, 22 (2): 100416.

[32]　Roy S, Shankar S, Rhim J W. Melanin-mediated synthesis of silver nanoparticle and its use for the preparation of carrageenan-based antibacterial films[J]. Food Hydrocolloids, 2019, 88: 237-246.

[33]　Bumbudsanpharoke N, Ko S. Nano-food packaging: An overview of market migration research and safety regulations[J]. Journal of Food Science, 2015, 80 (5): R910-R923.

[34]　Arakha M, Pal S, Samantarrai D, et al. Antimicrobial activity of iron oxide nanoparticle upon modulation of nanoparticle-bacteria interface[J]. Scientific Reports, 2015, 5: 14813.

[35]　Wang C, Meng X. Effect of ^{60}Co γ-irradiation on storage quality and cell wall ultra-structure of blueberry fruit during cold storage[J]. Innovative Food Science and Emerging Technologies, 2016, 38: 91-97.

[36]　Jung K, Yoon M, Park H J, et al. Application of combined treatment for control of botrytis cinerea in phytosanitary irradiation processing[J]. Radiation Physics and Chemistry, 2014, 99: 12-17.

[37]　Ghasemi-Varnamkhasti M, Mohammad-Razdari A, Yoosefian S H, et al. Effects of the combination of gamma irradiation and Ag nanoparticles polyethylene films on the quality of fresh bottom mushroom (*Agaricus bisporus* L) [J]. Journal of Food Processing and Preservation, 2018, 42 (7): e13652.

[38]　Wu L B, Su Q Z, Lin Q B, et al. Impact of migration test method on the release of silver from nanosilver-polyethylene composite films into an acidic food simulant[J]. Food Packaging and Shelf Life, 2017, 14: 83-87.

[39]　Chen H B, Hu C Y. Influence of PP types on migration of zinc from nano-ZnO/PP composite films[J]. Packaging Technology and Science, 2018, 31: 747-753.

[40]　Daub K, Zhang X, Noël J J, et al. Gamma-radiation-induced corrosion of carbon steel in neutral and mildly basic water at 150℃[J]. Corrosion Science, 2011, 53 (1): 11-16.

[41]　Yakabuskie P A. The influence of long-term gamma-radiation and initially dissolved chemicals on aqueous kinetics and interfacial processes[D]. London: The University of Western Ontario, 2015.

[42]　Norrfors K K, Bjorkbacka A, Kessler A, et al. Gamma-radiation induced corrosion of copper in bentonite-water systems under anaerobic conditions[J]. Radiation Physics and Chemistry, 2018, 144: 8-12.

[43]　Rao N R, Rao T V, Reddy S V S R, et al. Influence of gamma irradiation on chemical structure and thermal properties of polyethylene maleic anhydride[J]. Journal of Polymer Materials, 2014, 31 (4): 519-531.

[44] Fel E，Khrouz L，Massardier V，et al. Comparative study of gamma-irradiated PP and PE polyolefins part 2：Properties of PP/PE blends obtained by reactive processing with radicals obtained by high shear or gamma-irradiation[J]. Polymer，2016，82：217-227.

[45] Wunderlich B. Thermal Analysis[M]. New York：Academic Press，1990.

[46] Echegoyen Y，Nerín C. Nanoparticle release from nano-silver antimicrobial food containers[J]. Food and Chemical Toxicology，2013，62：16-22.

[47] Von G N，Fabricius L，Glaus R，et al. Migration of silver from commercial plastic food containers and implications for consumer exposure assessment[J]. Food Additives and Contaminants Part A，2013，30（3）：612-620.

[48] Yoshida H，Omote H，Takeda S. Pt oxidation and reduction processes of platinum nanoparticles observed at the atomic scale by environmental transmission electron microscopy[J]. Nanoscale，2014，6（21）：13113-13118.

[49] Huang X，Jones T，Fan H，et al. Atomic-scale observation of irradiation-induced surface oxidation by *in situ* transmission electron microscopy[J]. Advanced Materials Interfaces，2016，3（22）：1600751.

[50] Lousada C M，Soroka I L，Yagodzinskyy Y，et al. Gamma radiation induces hydrogen absorption by copper in water[J]. Scientific Reports，2016，6：24234.

[51] Nadeem M A，Idriss H. Photo-thermal reactions of ethanol over Ag/TiO$_2$ catalysts. The role of silver plasmon resonance in the reaction kinetics[J]. Chemical Communications，2018，54（41）：5197-5200.

[52] Song H，Li B，Lin Q B，et al. Migration of silver from nanosilver–polyethylene composite packaging into food simulants[J]. Food Additives & Contaminants：Part A，2011，28（12）：1758-1762.

[53] Zhang W，Yao Y，Sullivan N，et al. Modeling the primary size effects of citrate-coated silver nanoparticles on their ion release kinetics[J]. Environmental Science and Technology，2011，45（10）：4422-4428.

[54] Huang Y，Chen S，Bing X，et al. Nanosilver migrated into food-simulating solutions from commercially available food fresh containers[J]. Packaging Technology and Science，2011，24（5）：291-297.

[55] Artiaga G，Ramos K，Ramos L，et al. Migration and characterisation of nanosilver from food containers by AF4-ICP-MS[J]. Food Chemistry，2015，166C：76-85.

[56] Peng C，Ding Y，An F，et al. Degradation of ochratoxin A in aqueous solutions by electron beam irradiation[J]. Journal of Radioanalytical and Nuclear Chemistry，2015，306：39-46.

[57] Abdou L，Hakeim O A，Mahmoud M S，et al. Comparative study between the efficiency of electron beam and gamma irradiation for treatment of dye solutions[J]. The Chemical Engineering Journal，2011，168（2）：752-758.

[58] WHO/FAO. List of Maximum levels recommended for contaminants by the Joint FAO/WHO，Codex Alimentarius Commission[Z]. Rome，Italy，1984：1-8.

[59] European Food Safety Authority. Scientific opinion on the safety evaluation of the substance，silver zeolite A（silver zinc sodium ammonium alumino silicate），silver content 2–5 %，for use in food contact materials[J]. EFSA Journal，2011，9（2）：1999.

第6章 复杂供应链下食品接触材料危害物暴露规律

食品接触材料安全是食品质量与安全的重要组成部分。国际贸易的发展使食品供应链进一步延长，危害物的迁移可能会经历更加恶劣的环境与工况，非有意添加物（NIAS）的产生概率更大。同时未来食品的出现、预制菜的兴起和人们日益紧凑的工作节奏将带来未来食品新型包装，新型食品接触材料得到迅速发展，新型添加剂不断扩充，新型包装工艺和杀菌工艺等不断涌现，由此引发的食品安全问题可能更多、更复杂，甚至出现新问题。危害物/高关注物向食品的迁移是食品接触材料的重要安全隐患，但对其迁移规律的研究，大量文献集中在通过实验研究单一环节或单因素作用下的迁移行为，对复杂供应链多环节、多因子作用下食品接触材料中危害物迁移的研究很少。

针对新型食品接触材料安全问题，本章选择多层复合、橡胶、硅橡胶、生物基/可降解材料、活性包装材料等食品接触材料中典型危害物迁移为研究对象，针对复杂供应链下危害物迁移环节复杂、影响因素众多等复杂问题，从迁移试验和分子动力学模拟两方面着手，阐明复杂供应链下食品接触材料危害物迁移、暴露的四方面（危害物、食品接触材料、食品、复杂供应链环境因子）作用机制，揭示复杂供应链下危害物暴露规律以及影响暴露的关键环节和关键影响因子，为保障复杂供应链下食品接触材料安全和食品安全提供技术支撑。

6.1 多层复合食品接触材料

食品接触用复合材料，本章引用 GB 4806.1—2016 中对食品接触用复合材料及制品的定义：由不同材质或相同材质材料通过黏合、热熔或其他方式复合而成的两层或两层以上的食品接触材料及制品。

目前，GB 4806.13—2023《食品安全国家标准 食品接触用复合材料及制品》已经发布，作为食品安全强制标准替代以前的卫生标准，明确规定食品接触用复合材料及制品应符合 GB 4806.1—2016 的规定：食品接触用复合材料及制品各层材料及其使用的基础树脂、添加剂及其他原料都应符合相应食品安全国家标准及相关公告的规定。

食品种类、加工方式和包装形式越来越丰富，精加工、深加工食品的货架期的延长，以及快餐食品、复热食品的增多和预制食品的流行，对食品接触材料阻隔性要求越来越高。多层复合食品接触材料主要由塑料薄膜、纸张、铝箔、涂层薄膜、金属镀膜等两种及两种以上材料层合而成，具有良好的阻水、阻气、防油、耐热等特性，应用日益广泛。常用于多层复合材料的单层材料有聚乙烯（polyethylene，PE）、流延聚丙烯（cast polypropylene，CPP）、聚对苯二甲酸乙二醇酯（polyethylene terephthalate，PET）、聚酰胺（polyamide，PA）以及铝箔、乙烯-乙烯醇共聚物（ethylene-vinyl alcohol copolymer，

EVOH）和纸等，复合方法有干式复合法、湿式复合法、挤出复合法、热熔融复合法和共挤出复合法等，构成了用途丰富的复合材料。其中，PA-CPP、PET-Al-PA-CPP 及 PET-Al-CPP 等可作为蒸煮袋，CPP 作为热封层的同时具有优良的阻湿性，PA 优异的耐刺穿性能够很好地包装一些具有尖锐形状的食物，含铝层的蒸煮袋通常具有更高的阻光阻湿性，但铝箔易出现折痕，导致其材质受损，EVOH 能有效提高阻隔性；PA-PE、PET-PE、PET-Al-PE、VMPET-PE（镀铝聚对苯二甲酸乙二醇酯-聚乙烯）等内层为 PE 的材料不耐高温而通常在常温下使用；PE、PET 和 PA 的耐低温性较好，因此 PET-PE、PA-PE 可用于包装冷冻食品。总体而言，直接接触食品的 PE、CPP 等常见添加剂研究已经较为广泛和深入，本章以添加剂（如抗氧化剂、爽滑剂等）为研究对象主要考察多层复合食品接触材料对迁移的影响以及分子动力学模拟，以两类黏结剂（丙烯酸酯类黏结剂和异氰酸酯类黏结剂）为研究对象主要筛查其中高风险物质或高关注物，建立它们的精准检测方法，研究其迁移行为和在复杂供应链下的宏观暴露规律，确定影响迁移的关键因素。

6.1.1　复合食品包装膜袋中 PAA 在复杂工况下的迁移行为和规律

1. 复合塑料包装膜袋中 PAA 的检测及筛查

聚氨酯（polyurethane，PU）黏合剂在软包装行业的使用占有率超过 90%。PU 黏合剂分子链中含有氨基甲酸酯基（—NHCOO—）和异氰酸酯基（—NCO），具有优良的柔韧性、耐化学品性、耐磨性以及耐低温性，市场上主要分为三大类：溶剂型 PU 黏合剂，无溶剂型 PU 黏合剂以及水性 PU 黏合剂。溶剂型 PU 黏合剂由主剂和固化剂两组分构成。固化剂可分为脂肪族异氰酸酯和芳香族异氰酸酯型。在实际生产过程中，由于芳香族异氰酸酯成本明显低于脂肪族异氰酸酯而被广泛使用，甲苯二异氰酸酯（toluene diisocyanate，TDI）和二苯基甲烷二异氰酸酯（methylene diphenyl diisocyanate，MDI）是两种常用固化剂。

芳香族伯胺（PAA）是一类具有与苯环相连的伯氨基的有机物质。一些 PAA，如 2,4-二氨基甲苯（2,4-TDA）和 4,4′-二氨基二苯甲烷（4,4′-MDA），被国际癌症研究机构列为"可能对人类致癌"的物质[1]。它们可以作为残留单体、异氰酸酯的水解产物或偶氮染料的污染物存在于食品接触材料中，一旦迁移进入食品将构成食品安全隐患[2-5]。随着人们工作节奏的加快，高温蒸煮袋应用日益广泛，其中的一类常用黏合剂为芳香族聚氨酯黏合剂，若聚氨酯黏合剂固化反应不完全，作为原料的芳香族二异氰酸酯则残留在食品包装材料中，与水分子接触后反应生成 PAA[6]。除此之外，在产品杀菌等热处理过程中，聚氨酯主链上置换的一些次级键（即脲基甲酸酯和缩二脲键）可能会被破坏，产生新形成的异氰酸酯单体，遇水后会继续反应生成 PAA[3,6]。因此制备过程和使用过程中，这类复合材料有可能迁移出 PAA。欧盟法规（EU）No. 10/2011 规定 PAA 的总迁移量不得超过 0.01 mg/kg。最新（EU）No. 2020/1245 修订指令规定所有已列在（EU）No. 1907/2006/EC Reach 附录ⅩⅦ中的 PAA，2,6-DMA、2,6-TDA、2,4′-MDA 和 2,2′-MDA

这四种芳香胺没有特定迁移限量，要求总迁移量不得超出 10 μg/kg；3, 3′-DCB、2, 4-TDA、4, 4′-MDA 的特定迁移量为不得检出（检出限为 2 μg/kg）。《食品安全国家标准 食品接触材料及制品芳香族伯胺迁移量的测定》（GB 31604.52—2021）规定，对于使用了芳香族异氰酸酯和偶氮类着色剂的材料制成的食品接触用复合材料及制品，芳香族伯胺迁移总量不得检出（检出限为 0.01 mg/kg）。这说明 PAA 所带来的食品安全问题目前备受国内外关注。

研究涉及多批样品，目的是：①按照真实工艺制备 4 种薄膜，以探讨熟化和仓储时间对 PAA 生成和迁移的影响；②购置或企业提供成品：第一批 8 种的铝塑复合膜袋；第二批 30 种蒸煮袋；第三批 147 种复合膜袋，包括 45 种蒸煮袋，102 种非高温用袋，为避免油墨影响，均为非印刷袋。

根据《食品接触材料 塑料中受限物质 塑料中物质向食品及食品模拟物特定迁移试验和含量测定方法以及食品模拟物暴露条件选择的指南》（GB/T 23296.1—2009），采用袋装实验的表面积-体积比一般为 2 dm² 食品接触面积比 100 ml 食品模拟物。将样品统一制成 10 cm×10 cm 的尺寸，倒入 100 ml 食品模拟物后，热封机封口。

基于 GB 31604.52—2021，优化了复合塑料包装膜袋中常见 29 种 PAA 的液相色谱-串联质谱（LC-MS/MS）检测方法，包括增加了 2,6-TDA 的检测（表 6-1）[7]。色谱柱：Acquity UPLC BEH C18 色谱柱，粒径 1.7 μm（100 mm×2.1 mm）。4%乙酸和 10%乙醇食品模拟液直接上机检测，95%乙醇食品模拟液用超纯水稀释，以尽量减少基质乙醇的影响。用 4%乙酸分别配制浓度为 0.05～100 μg/L 的混合标准工作溶液。以定量离子峰面积（y）为纵坐标，对应的质量浓度（x，μg/L）为横坐标，绘制标准曲线，外标法定量。以大于等于 3 倍信噪比计算检出限，以大于等于 10 倍信噪比计算定量限。检出限满足欧盟对 PAA 的检测要求（2 μg/kg）。PAA 的定量离子峰面积与其质量浓度在一定范围内呈良好的线性关系，相关系数（R^2）均不低于 0.990。

表 6-1　LC-MS/MS 检测 29 种 PAA 的检出限、定量限及线性范围

化学品名称（英文缩写）	CAS 号	MRM 定量（m/z）	线性方程	线性范围/（μg/L）	相关系数（R^2）	检出限/（μg/L）	定量限/（μg/L）
4-氨基联苯（4-ABP）	92-67-1	170.1→152.1	$y=18078.05418x+1771.02024$	0.1～10	0.99773	0.5	2
联苯胺（BNZ）	92-87-5	185.2→168.2	$y=2062.57423x-690.08804$	0.1～10	0.99807	2	5
4-氯邻甲苯胺（4-COT）	95-69-2	142.1/107.1	$y=5273.01882x+782.52467$	0.1～10	0.99814	0.2	1
2-萘胺（2-NAP）	91-59-8	144.1/127	$y=14580.74893x+535.85424$	0.1～10	0.99874	0.5	1
邻氨基偶氮甲苯（o-ANT）	97-56-3	226.3/91.1	$y=4.31779\mathrm{e}4x-229.65405$	0.1～10	0.99094	0.1	0.2
2-氨基-4-硝基甲苯（2-M-5-NT）	99-55-8	153.2/107.1	$y=4099.55021x+7312.56866$	5～100	0.99918	2	5
对氯苯胺（4-CA）	106-47-8	128.1/93.1	$y=5930.01206x+1618.17788$	0.1～10	0.99697	0.5	2

续表

化学品名称（英文缩写）	CAS 号	MRM 定量（*m/z*）	线性方程	线性范围/（μg/L）	相关系数（R^2）	检出限/（μg/L）	定量限/（μg/L）
2, 4-二氨基苯甲醚（2, 4-DAA）	615-05-4	139.1/124.1	$y = 475.08489x + 363.48185$	5～100	0.99389	2	5
			$y = 4.64260e4x - 1673.63402^a$	0.1～10	0.99831	0.05	0.2
4, 4′-二氨基二苯甲烷（4, 4′-MDA）	101-77-9	199.2/106	$y = 5.40380e4x - 1521.75009^b$	0.05～10	0.99706		
			$y = 5.72539e4x + 12801.48479^c$	0.5～50	0.99933		
3, 3′-二氯联苯胺（3, 3-DCB）	91-94-1	253.1/217	$y = 6399.64878x + 1490.28049$	0.1～10	0.99053	1	5
3, 3′-二甲氧基联苯胺（3, 3′-DMB）	119-90-4	245.2/230.1	$y = 330.39307x + 820.82574$	5～100	0.99582	2	5
3, 3′-二甲基联苯胺（o-TLD）	119-93-7	213.1/180.1	$y = 753.93900x + 710.32382$	5～100	0.99191	2	5
3, 3′-二甲基-4, 4′-二氨基二苯甲烷（4, 4′-MDOT）	838-88-0	227.1/120.1	$y = 1908.92151x + 46.49639$	0.1～10	0.99819	1	2
3-氨基对甲苯甲醚（2-M-5-MA）	120-71-8	138.1/123.1	$y = 1859.64648x + 1678.36660$	0.1～10	0.99230	2	5
4, 4′-次甲基-双-(2-氯苯胺)（4, 4′-MB-2-CA）	101-14-4	267.1/140	$y = 1780.23902x - 215.62561$	0.1～10	0.99527	1	2
4, 4′-二氨基二苯醚（4, 4′-DPE）	101-80-4	201.2/108.1	$y = 1029.12684x - 159.92219$	5～100	0.99449	2	5
4, 4′-二氨基二苯硫醚（4, 4′-THOA）	139-65-1	217.1/124.1	$y = 1288.44268x - 680.86707$	0.1～10	0.99205	2	5
邻甲苯胺（o-TOD）	95-53-4	108.1/91	$y = 2016.47138x + 7764.56183$	5～100	0.99589	2	5
2, 4-二氨基甲苯（2, 4-TDA）	95-80-7	123.1/106.1	$y = 4.05802e4x + 4178.36907$	0.1～10	0.99698	0.2	0.5
2, 4, 5-三甲基苯胺（2, 4, 5-TMA）	137-17-7	136.1/121.1	$y = 8876.66302x + 1564.94648$	0.1～10	0.99756	0.5	1
对氨基偶氮苯（4-AAB）	60-09-3	198.2/92.1	$y = 538.69756x - 651.02975$	5～100	0.99646	2	5
邻甲氧基苯胺（o-ASD）	90-04-0	124.1/109.1	$y = 2473.05129x + 3548.18803$	0.1～10	0.99513	2	5
2, 4-二甲基苯胺（2, 4-DMA）	95-68-1	122.1/105.1	$y = 7490.20980x + 768.43610$	0.1～10	0.99926	0.5	2
2, 6-二甲基苯胺（2, 6-DMA）	87-62-7	122.1/107.1	$y = 13856.12371x + 234.47081$	0.1～10	0.99772	0.2	1
苯胺（ANL）	62-53-3	94.2/77	$y = 8.10202e4x + 6436.82747$	0.1～10	0.99744	0.2	0.5
对苯二胺（p-PDA）	106-50-3	109.1/92	$y = 1262.84997x - 1711.42642$	5～100	0.97601	2	5
2, 6-二氨基甲苯（2, 6-TDA）	823-40-5	123.1/106.1	$y = 5.70186e4x + 5530.32101$	0.1～10	0.99675	0.05	0.3

化学品名称（英文缩写）	CAS 号	MRM 定量 (m/z)	线性方程	线性范围/ (μg/L)	相关系数 (R²)	检出限/ (μg/L)	定量限/ (μg/L)
2, 4′-二氨基二苯甲烷 (2, 4′-MDA)	1208-52-2	199.2/106	$y = 6894.30172x + 1354.10273^a$	0.1~10	0.99421	0.1	0.5
			$y = 10168.16129x + 178.53775^b$	0.5~50	0.99857		
			$y = 4074.80351x + 494.99675^c$	0.5~50	0.99821		
2, 2′-二氨基二苯甲烷 (2, 2′-MDA)	6582-52-1	199.2/106	$y = 4803.32717x + 489.98550^a$	0.1~10	0.99690	0.5	0.8
			$y = 6411.23901x + 1414.87828^b$	0.5~50	0.99729		
			$y = 6784.36503x + 2394.51660^c$	0.5~50	0.99596	0.5	0.8

注：MRM 为多反应离子检测模式。

筛查了来自市场和企业的 147 个产品和样品中 PAA 的存在情况（图 6-1）。4%乙酸迁移浸泡液中迁移物最丰富，共检测出 7 种 PAA。

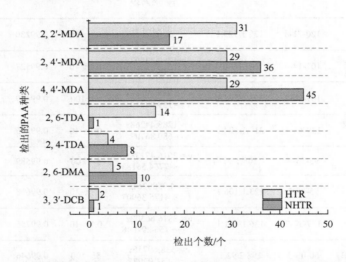

图 6-1　102 个常温复合膜袋（NHTR）、45 个蒸煮袋（HTR）中芳香族伯胺的检出

45 个 HTR 检出 7 种 PAA，分别是 3, 3′-DCB、2, 6-DMA、2, 4-TDA、2, 6-TDA、4, 4′-MDA、2, 4′-MDA、2, 2′-MDA。其中，这批次中的 A21 为 PA-CPP 材料，检出 4, 4′-MDA、2, 4′-MDA、2, 2′-MDA 且含量较高。

这 45 个 HTR 样品的 29 个样品中检测到 4, 4′-MDA 的迁移，可见这些样品复合用黏合剂的固化剂主要是 MDI 型。同时，29 个样品中检测到了 2, 4′-MDA 的迁移，其迁移量在 2.42~19.6 μg/kg；31 个样品中检测到 2, 2′-MDA，迁移量最大为 48.08 μg/kg。一些制造商为更便于加工，会在 4, 4′-MDI 中混合少量的 2, 4′-MDI 和 2, 2′-MDI，因此多层塑料复合膜用的聚氨酯黏合剂的 MDI 固化剂并不是单一 4, 4′-MDI，还可能含有少量的

2, 4′-MDI 和 2, 2′-MDI[8]。2, 4′-MDA 和 2, 2′-MDA 分别是黏合剂中残留的 2, 4′-MDI 和 2, 2′-MDI 与水的反应产物。

45 个 HTR 样品中有 24 个样品中 PAA 的总迁移量超过了 10 μg/kg，占 53.33%。4, 4′-MDA、2, 4′-MDA 和 2, 2′-MDA（MDAs）是主要迁移物质。

对于不耐高温的 102 个复合袋，检出 PAA 的样品数量如图 6-1 所示。其中，在 45 个样品的迁移液中检测到 4, 4′-MDA，1 个样品迁移量超过其特定迁移量。

综上分析，147 个食品复合袋中有 17% 的样品不合规，主要是耐高温复合袋。市场上的蒸煮袋，在高温下的使用或许存在 PAA 的迁移而有食品安全隐患，对这类耐高温复合袋，要加强 PAA 的检测和监督。

2. 制备、储放和复杂供应链对复合食品包装膜袋中 PAA 迁移的影响

（1）材料的熟化对 PAA 的迁移影响[9]

聚氨酯黏合剂在上胶复合后需要熟化，熟化温度一般在 40~60℃，熟化时间在 24~72 h，按照实际复合工艺制备了 4 种复合膜，并进行熟化（表 6-2），模拟了真实熟化条件对 PAA 迁移安全性的影响。

表 6-2　复合膜结构、黏合剂类型、上胶量及熟化条件

编号	结构	黏合剂类型	种类	上胶量/(g/m^2)	熟化条件		
					温度/℃	湿度/%	时间/h
Lam 1	PET-Al-CPP	溶剂型	A	3.0	42±5	65±10	28
Lam 2	PET-Al-CPP	非溶剂型	B	1.0	42±5	65±10	28
Lam 3	PET-Al-CPP	溶剂型	C	3.0	50±5	65±10	36
Lam 4	PET-PA-CPP	溶剂型	D	3.0	50±5	65±10	36

完成熟化后产品可能会直接进入杀菌和包装工序，因此，为了研究熟化完成后立即用于包装时 PAA 迁移是否存在安全风险，将熟化完成后的复合膜立即制袋灌装食品模拟液，在 70℃下迁移 2 h（图 6-2）。

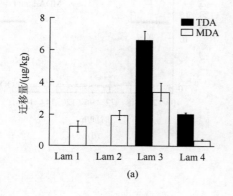

(a)

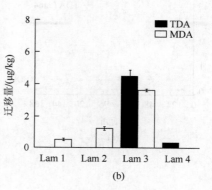

(b)

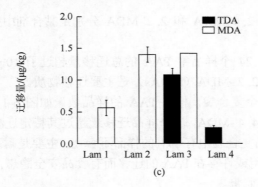

图 6-2　TDA 和 MDA 熟化完成后向 3%乙酸（a）、10%乙醇（b）及 95%乙醇（c）中的迁移（70℃温度下迁移 2 h，$n=3$）

　　PAA 的迁移量呈现出 3%乙酸＞10%乙醇＞95%乙醇的规律，3%乙酸中迁移量会出现超标风险。熟化后合理储放，PAA 的产生和迁移则呈现逐渐衰减的趋势，对复合膜从熟化到室温存放 7 d 内 PAA 的衰变过程进行了监测，48 h 时，大多数的复合膜中 TDA 和 MDA 的迁移量小于 2 μg/kg，72 h 后基本安全（图 6-3）。

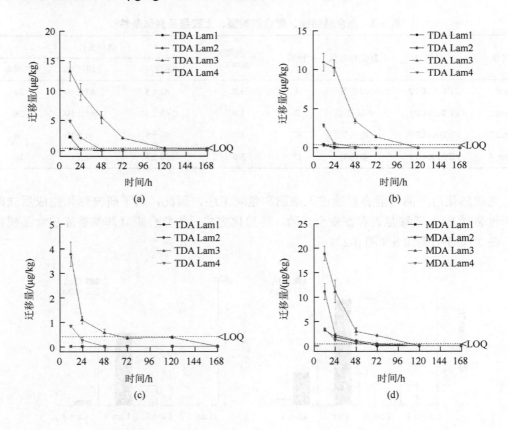

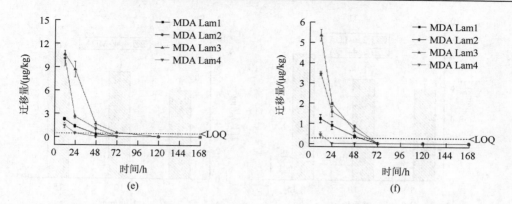

图 6-3　TDA 和 MDA 熟化后的衰变：向 3%乙酸［（a）和（d）］、10%乙醇［（b）和（e）］及 95%乙醇［（c）和（f）］中的迁移（后附彩图）

（2）加热方式对复合蒸煮袋中 PAA 迁移的影响

对市场 30 个 PA-CPP 蒸煮袋，研究了中低温巴氏加热、100℃常压沸水煮、121℃高温蒸煮、微波加热（无数据）等对蒸煮袋中 PAA 迁移行为（图 6-4）。

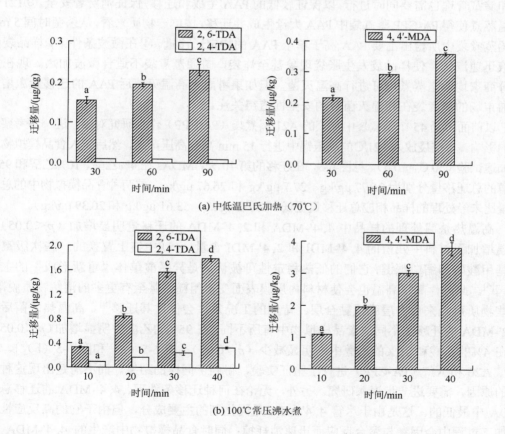

(a) 中低温巴氏加热（70℃）

(b) 100℃常压沸水煮

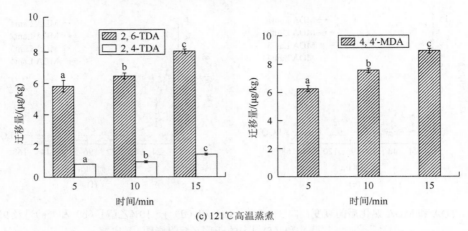

(c) 121℃高温蒸煮

图 6-4　PA-CPP 蒸煮袋中 PAA 在不同加热条件下向 4%乙酸的迁移

由图 6-4 可知：①中低温巴氏加热对蒸煮袋进行热处理是较安全的一种杀菌方式。②100℃常压沸水煮会促进 PAA 的迁移，4, 4′-MDA 迁移量会在 20 min 后高于欧盟特定迁移量，因此在消费者采用蒸煮袋煮食的过程中，应当控制其加热时间。对于蒸煮袋生产和储藏管理也需要同时进行，以保证较低的 PAA 生成和迁移，保证消费者安全。③121℃高温蒸煮使得 PA-CPP 蒸煮袋中 PAA 大量生成并迁移，按单一物质来看，从杀菌时间 5 min 开始蒸煮袋中所检出主要 PAA 高于单个 PAA 的特定迁移量。④在微波条件下，样品袋内溶液迅速汽化，使样品袋发生胀袋现象甚至炸袋，普通蒸煮袋不适合微波加热。现在大部分商家均承诺蒸煮袋可进行高温灭菌，但如果考虑到高温灭菌后 PAA 的迁移量激增，目前市场的蒸煮袋在高温灭菌时的安全性值得关注。

以前面市场 45 个蒸煮袋中筛查的 A21 蒸煮袋（PA-CPP）作为研究对象，进一步考察高温的影响。将空袋放入 121℃的高压锅中进行 15 min 高温高压蒸煮，然后装入食品模拟物进行加速试验（60℃，10 d）。见图 6-5，在迁移的第 10 天，MDAs 在 4%乙酸、10%乙醇和 95%乙醇的总迁移量分别为 26.77 μg/kg、27.7 μg/kg 和 26.67 μg/kg，前两种食品模拟物中的总迁移量比未经处理的样品相应总迁移量更低（69.62 μg/kg、53.61 μg/kg 和 20.39 μg/kg）。

高温热杀菌处理的样品中 4, 4′-MDA 和 2, 4′-MDA 的迁移量明显增加（$p < 0.05$）。高温增加了材料中残留的 4, 4′-MDI 和 2, 4′-MDI 含量。PU 主链上置换的一些次级键如脲基甲酸酯和缩二脲键，它们的低热稳定性可被认为是异氰酸单体"重新形成"的主要原因[6]。此外，高压高温也会使材料内层膜表面变得粗糙，甚至有更多的溶解物质脱落，这些物质可能来自内层膜或黏合层，苛刻的工况条件会促进其迁移[9]。高温热杀菌后，2, 2′-MDA 的迁移在不同的食品模拟物中有所不同，在 95%的乙醇中明显增加（$p < 0.05$），但在 4%的乙酸和 10%的乙醇中则明显减少（$p < 0.05$）[图 6-5（a）和图 6-5（b）]。用 A2、A26 和 A17（PA-CPP）进行了验证实验，得到了同样的结果。尚不清楚出现这种结果的原因，需要进一步深入研究。另外，无论在何种迁移条件下，4, 4′-MDA 的迁移总是 MDA 中最低的。这是由于尽管 4, 4′-MDI 是固化剂的主要成分，但由于它的高反应性，在加工过程中会因参与聚合反应而迅速消耗掉；同时食品模拟物中产生的 4, 4′-MDA 优先通过与继续迁移的 MDI 反应而被消耗，因此材料中 4, 4′-MDI 残留量较低。

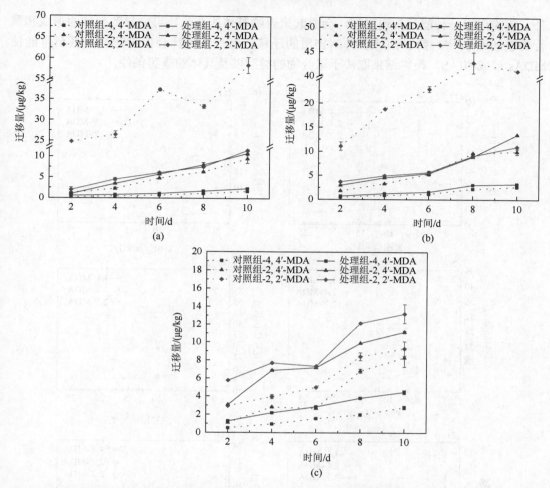

图 6-5　高温高压蒸煮（121℃，15 min），A21 样品中 3 种 MDA 向 4%乙酸（a）、10%乙醇（b）和 95% 乙醇（c）的迁移（60℃，10 d）

（3）伽马射线辐照对复合蒸煮袋中 PAA 迁移的影响

食品包装材料在制备后不一定马上出库包装食品，如果储藏条件不合适或者应厂家要求，可能对材料进行辐照杀菌；在包装食品工艺中，需要辐照包装食品达到杀菌目的；在包装后分配和消费过程中，也有可能涉及辐照。

使用 ^{60}Co-γ 作为辐照源，以 2.5 kGy/h 的剂量率和 5 kGy、10 kGy 和 25 kGy 的累积剂量进行辐照，未经辐照的（0 kGy）样品被用作对照组。在不同时间分别对以下两组样品进行辐照处理：辐照样品 1，样品 A21 未灌装食品模拟物进行辐照；辐照样品 2，A21 灌装 100 ml 食品模拟液（4%乙酸、10%乙醇和 95%乙醇）后进行辐照。样品灭菌后进行后续的迁移试验，迁移试验在 60℃下进行了 10 d（图 6-6）。

图 6-6 显示，无论是否灌装食品模拟物，^{60}Co-γ 辐照样品中的 MDAs 迁移量明显降低（$p < 0.05$），并且随着累积剂量的增加而降低。Haugen 等[10]认为，来自 γ-灭菌的高能量将释放的 MDI（导致 MDA 的单体以及其他自由残留物）重新结合到聚合物链中。另

外，辐照作为一种能量传递过程，会引起聚合物基体的变化，可能导致交联的形成和聚合物链的断裂[11]。前者预计会抑制物质的迁移，而后者预计会促进迁移，甚至可能使MDAs 形成 NIAS，最终结果取决于聚合物的类型以及具体的辐照条件。

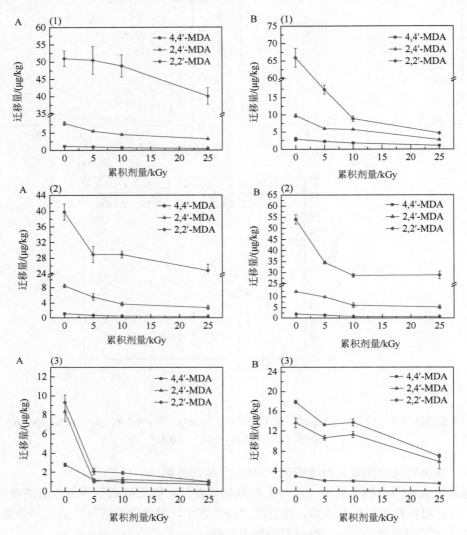

图 6-6　辐照下 MDAs 向食品模拟物的迁移（60℃，10 d）

A. 辐照样品 1；B. 辐照样品 2；（1）4%乙酸；（2）10%乙醇；（3）95%乙醇

（4）紫外杀菌对复合蒸煮袋中 PAA 迁移的影响

对多批次市场复合食品包装膜袋的迁移研究均表明，正常紫外杀菌对 PAA 迁移影响不大。这说明紫外杀菌对 PAA 迁移来说是一种安全的冷杀菌技术。

（5）超高压杀菌对复合蒸煮袋中 PAA 迁移的影响

由图 6-7 可知，对于经超高压杀菌处理后的样品（已包装模拟液，400 MPa 下处理15 min，然后在 60℃下迁移 10 d），3 种 MDA 向各食品模拟液的总迁移量与未超高压杀菌处理的样品相比有下降但没有显著性差异。超高压可能提高了聚合物的玻璃化转变温度，且材料经压缩后自由体积减少，从而阻碍了物质的迁移[12]。

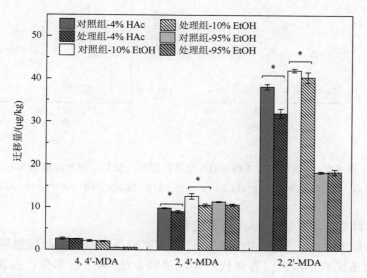

图 6-7　超高压杀菌处理后，包装模拟液的 A21 样品袋中 3 种 MDA 向 4%乙酸、10%乙醇和 95%乙醇的迁移（60℃，10 d）

（6）高湿对复合蒸煮袋中 PAA 迁移的影响

高湿工况：将样品袋放置在恒温恒湿箱中 3 个多月（100 d），设置温度为 50℃，相对湿度为 90%，以模拟某些恶劣的仓储环境或海上运输环境。

3 种 PAA 迁移量随时间整体呈现波动（图 6-8），可能是异氰酸酯和水、异氰酸酯与 PAA 交替反应所致。刚从高温高湿箱取出的样品内层有泛白，可能是材料中迁移到材料表面的异氰酸酯与 PAA 反应生成白色固体聚脲，或是此条件下黏合剂性能有所下降。

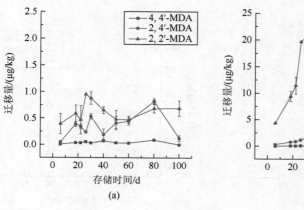
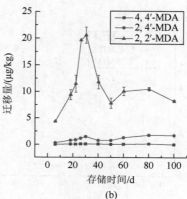

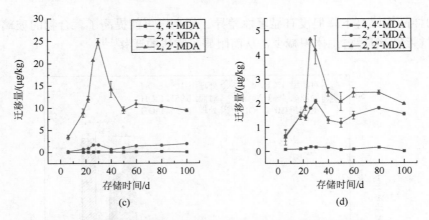

图 6-8　高湿环境对 3 种 MDA 迁移的影响（50℃，相对湿度 90%）

（a）A10：PA-CPP；（b）PA15：PA-PE；（c）PET8：PET-PE；（d）Al9715：PET-Al-PE

（7）盐雾对复合蒸煮袋中 PAA 迁移的影响

海上货物运输时间一般为 40 d 左右，盐雾试验是对海运商品接触环境条件或餐厨存放环境的加速试验。根据《海洋仪器环境试验方法　第 10 部分：盐雾试验》（GB/T 32065.10—2020），盐雾老化箱设置盐溶液浓度为 5%，试验温度为 35℃，循环程序：24 h 喷盐雾，24 h 干燥。5 d、10 d、20 d、40 d 各取样一次，模拟海上运输环境或厨房较恶劣环境。

盐雾工况：将样品分成两组、一组灌装 4%乙酸食品模拟物，另一组不装食品模拟物。根据 GB/T 32065.10—2020，将两组样品放置于盐雾老化箱中，设置盐溶液浓度为 5%，试验温度为 35℃，循环程序：24 h 喷盐雾，24 h 干燥。模拟海上运输或厨房高盐环境。

35℃的环境温度，100%的相对湿度下，盐雾会使镀铝复合膜 PET-Al-PA-CPP 发生腐蚀，由图 6-9 可知，在盐雾环境下存放 40 d 以后，样品中 4, 4'-MDA 迁移量超过 2 μg/kg、总迁移量超过 10 μg/kg。PET-Al-PE 和 VMPET-PE 样品中单个 MDA 迁移量和总迁移量均未超标。

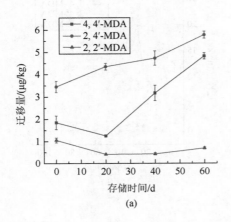

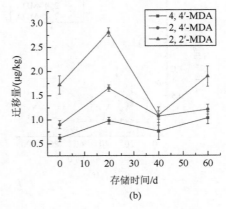

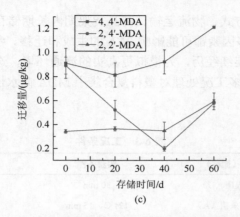

图 6-9 盐雾环境对样品中 3 种 MDA 迁移的影响

(a) Al7：PET-Al-PA-CPP；(b) 9715：PET-Al-PE；(c) VMPET-PE

（8）运输过程中振动对复合蒸煮袋中 PAA 迁移的影响

用振动环境下迁移测试组合装置模拟运输过程中振动对 PAA 的迁移影响，设置静置为对照（图 6-10）。PAA 迁移量随时间而不断增长，振动时迁移量显著高于静置时；在 35 d 迁移均未到达平衡状态，仍在持续迁移当中。样品袋在沸水浴中上下浮动，促进样品中新的 PAA 生成的同时加速袋内层的 PAA 迁移。此外，两种样品袋在 60℃的环境温度下振动一定时间后，2, 6-TDA 和 4, 4′-MDA 迁移量超过了欧盟法规（EU）No. 10/2011。因此，振动可以促进 PAA 的迁移，我们在对蒸煮袋包装食品进行长时间运输时，应尽量降低货物的环境温度，减少运输过程中的振动幅度，这可以通过减振设计来优化。

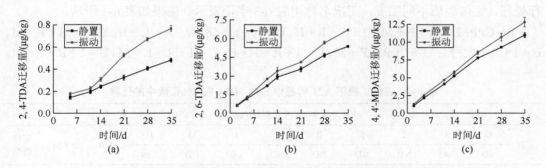

图 6-10 蒸煮袋中 PAA 在静置和振动条件下向 4%乙酸的迁移量

（9）减压环境对复合蒸煮袋中 PAA 迁移的影响

在自行研制的低气压迁移测试装置中，分别以低于大气压的环境 30 kPa、60 kPa、90 kPa 放置 10 d（60℃），相对湿度设置为 50%、70%、90%，模仿高原等低气压环境，发现低于大气压的环境不影响 PAA 的迁移。

（10）连续经历供应链工况对复合蒸煮袋中 PAA 迁移的影响

从生产加工到最终的消费者使用过程中，多层复合食品包装材料一般会经历黏合剂固化、材料仓储、灭菌方式、物流运输、商品货架期内长期储存、消费者使用等环节。在复杂的供应链下，许多因素都可能影响 PAA 的生成和迁移。考虑到包装食品在实际流通过程中一般是多工况连续经历，为模拟更真实的流通环境，选取典型包装食品的市场流通途径作为案例，考察多工况处理对塑料复合袋中 MDA 向水性酸性和水性非酸性食品模拟物迁移量（表 6-3）。

表 6-3 工况条件

环节	工况（简称）	实验条件	仪器设备
包装食品灭菌	紫外灭菌（U）	30 min	紫外灯管
	高温热杀菌（A）	121℃，15 min	高压灭菌锅
	辐照灭菌（I）	10 kGy	钴 60 伽马射线辐照装置
流通环境	盐雾环境（S）	35℃，5%（质量浓度）NaCl，24 h 间歇式喷雾，5 d	盐雾试验机
	常温放置（R）	25℃，5 d	—
商品货架期	冷冻储存（F）	−18℃，3 d、8 d	冰箱
	长期储存（L）	60℃，10 d	烘箱
消费者使用	微波加热（M）	中火，(3＋3)min（先加热 3 min，后停止，再加热 3 min）、6 min（一次性加热，炸袋）	微波炉
	水浴加热（H）	100℃，1 h	恒温水浴锅

分别选择材质为 PA-CPP 和 PET-Al-PA-CPP 的包装袋。按照工况条件所列，分别进行处理，连续经历不同工况，工况名称用表 6-3 字母表示，结果如表 6-4 所示。

PA-CPP：U＋A＋F＋M、U＋A＋F＋H、U＋A＋L＋M、U＋A＋L＋H；U＋I＋S＋F＋M、U＋I＋R＋F＋M；U＋I＋R＋F＋M、U＋I＋R＋F＋H；U＋I＋R＋L＋M、U＋I＋R＋L＋H。

表 6-4 连续工况下 A21 样品中三种 MDA 向 4%乙酸中的迁移

工况	4, 4′-MDA 迁移量/(μg/kg)									SM	CM	超标情况
	U	A	I	S	R	F	L	M	H			
	ND	0.45	ND	ND	ND	ND	1.69	ND	3.89			
1	√	√				√		√		0.45	15.55	**Y**
2	√	√				√			√	4.34	29.65	**Y**
3	√	√					√	√		2.14	21.19	**Y**
4	√	√					√		√	6.03	27.72	**Y**
5	√		√	√		√		√		ND	2.1	**Y**
6	√		√		√	√		√		ND	2.23	**Y**
7	√		√		√	√			√	3.89	0.6	**F**
8	√		√		√		√	√		1.69	3.33	**Y**
9	√		√		√		√		√	5.58	1.51	**F**

续表

工况	U	A	I	S	R	F	L	M	H	SM	CM	超标情况
	ND	1.34	ND	ND	ND	ND	9.53	0.98	14.85			
1	√	√				√	√			2.32	43.18	**Y**
2	√	√	√			√			√	16.19	99.64	**Y**
3	√	√	√			√	√			11.85	66.28	**Y**
4	√	√				√			√	25.72	101.55	**Y**
5	√	√	√	√	√	√	√			0.98	4.08	F
6	√	√	√	√	√	√	√			0.98	4.19	F
7	√	√	√	√	√	√			√	14.85	0.77	F
8	√	√	√	√	√	√	√			10.51	7.95	F
9	√	√	√	√	√	√			√	24.38	6.41	F

2, 4′-MDA 迁移量/(μg/kg)

工况	U	A	I	S	R	F	L	M	H	SM	CM	超标情况
	ND	1.78	ND	6.68	1.16	ND	58.4	4.83	35.57			
1	√	√					√			6.61	23.04	**Y**
2	√	√				√			√	37.35	56.66	**Y**
3	√	√					√			65	27.54	**Y**
4	√	√							√	95.74	53.35	**Y**
5	√	√		√	√		√			11.51	18.95	**Y**
6	√	√		√	√		√			5.99	19.38	**Y**
7	√	√		√	√				√	36.73	1.58	F
8	√	√		√	√		√			64.38	11.14	**Y**
9	√	√		√	√				√	95.12	9.11	F

2, 2′-MDA 迁移量/(μg/kg)

注：ND 表示物质浓度低于检出限；"√"表示进行该工况条件下的迁移试验。SM 为单一工况累计值，由所有执行的单一工况下物质迁移量的数值相加结果。CM 为连续工况迁移量。超标情况一列中，Y 表示超标，F 表示未超标。4, 4′-MDA 限量为 2 μg/kg，2, 4′-MDA、2, 2′-MDA 两物质无具体限量，按照总迁移量 10 μg/kg 评判是否超标。

4, 4′-MDA、2, 4′-MDA 迁移量：水浴加热＞长期储存＞高温热杀菌＞微波加热＞紫外灭菌、盐雾、常温放置、冷冻储存＞辐照灭菌；2, 2′-MDA 迁移量：长期储存＞水浴加热＞盐雾＞微波加热＞高温热杀菌＞常温放置＞紫外灭菌、冷冻储存＞辐照灭菌。

对比分析了包含高温热杀菌和辐照灭菌两工艺的连续工况下 MDA 迁移量，发现采用高温热杀菌工艺的所有连续工况中，MDA 迁移量均严重超标。与室温存放相比，盐雾协同较高的环境温度（35℃）会促进 2, 2′-MDA 迁移。冷冻与长期存储两货架存储条件相比，冷冻是较为安全的存储方式。此外，微波加热和水浴加热两种对包装食品的复热方式均会促进 MDA 的迁移。具体贡献值会受到其他工况的影响。综上，关键控制点：高温、高湿是影响芳香族伯胺产生和迁移的重要因素；风险会因实际使用时的工况不同而不同；警示蒸煮袋会有安全风险。

3. 盐、糖对复合蒸煮袋中 PAA 迁移的影响

直接接触食品层中小分子物质的迁移，会受到食品基质的影响[13]。多层复合包装袋常用于包装新鲜肉类、蒸煮食品，盐含量最高可达 15%（质量浓度）。蔗糖组分在大部分含糖食品中含量高于其他单体糖成分，液态食品如饮料中糖类物质含量在 1.75%～21.45%（质量浓度）。

当食品模拟液中含有不挥发性盐或糖时，直接检测会对质谱造成损伤，因此需进行适当的样品前处理将目标物与盐、糖分离，建立了盐析和糖析辅助液液萃取结合 LC-MS 方法：以乙腈与模拟液等体积（2 ml）进行液液萃取，涡旋时间 5 min。氯化钠质量浓度为 20% 时获得最大萃取率，含盐食品模拟物中 MDA 萃取率在 94.2%～105.9%。蔗糖质量浓度为 70% 时获得最大萃取率，含糖食品模拟物中 MDA 萃取率在 90.1%～104.7%[14]。样品中 4, 4′-MDA 检出量低，探讨了氯化钠和蔗糖对食品复合袋中 2, 4′-MDA 和 2, 2′-MDA 向 10% 乙醇和水迁移的影响。

盐、糖浓度会对 FCM 中物质的迁移产生重要影响。由于 2, 4′-MDA 和 2, 2′-MDA 迁移量相对较高，作为盐、糖含量对 PAA 迁移影响的研究对象。图 6-11（a）和（b）显示，在 60℃、10 d 迁移试验后，2, 4′-MDA 和 2, 2′-MDA 在 10% 乙醇和水迁移液中的迁移量随着氯化钠含量的增加显著减少（$p<0.05$）。2, 2′-MDA 比 2, 4′-MDA 迁移量下降得更多，2, 2′-MDA 迁移量似乎更易受到氯化钠的影响，可见氯化钠对不同物质迁移影响略有差异。图 6-11（c）和（d）显示 2, 4′-MDA 和 2, 2′-MDA 在不同蔗糖含量的食品模拟物中的迁移量。当蔗糖质量浓度大于等于 15% 时，两物质在 10% 乙醇和水中的迁移量均发生了显著下降（$p<0.05$）。

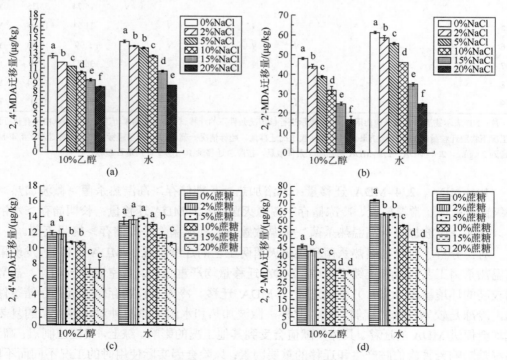

图 6-11　盐、糖对 2, 4′-MDA 和 2, 2′-MDA 迁移量的影响（60℃，10 d）

图中 a～f 表示 95% 显著性差异分析

2, 4′-MDA 和 2, 2′-MDA 分别是 PA-CPP 复合材料中残留的 2, 4′-MDI 和 2, 2′-MDI 迁移到食品模拟液中与水的反应产物,属于 NIAS。盐能够对非电解质物质的溶解度产生影响。当氯化钠加入水或 10%乙醇水中时,电离出氯离子和钠离子,通过分子间作用力和静电作用结合水分子形成不稳定水合氯离子和水合钠离子[15]。蔗糖加入水中后,与水分子通过氢键结合,蔗糖的存在同样会对物质的溶解度产生影响[16]。当盐、糖加入食品模拟物后,改变了食品模拟物原有的溶液性质。一方面降低了 MDI 在水中的溶解度,不利于 MDI 向食品模拟物中的迁移。另一方面,离子与水的结合减少了可参与反应的自由水分子,一定程度上抑制了 MDI 与水的反应。

我国食品安全国家标准和欧美法规均没有设置含高盐、高糖类型的食品模拟物。建议在将来可以增设盐糖类型的食品模拟物或修正现有的 FCM 迁移试验中的食品模拟物。此外,目前关于迁移过程中食物/食品模拟物的盐、糖含量对迁移物质的影响研究尚少,还需要进一步深入研究。

6.1.2 复合食品包装膜袋中丙烯酸酯类单体的迁移行为和规律

1. 复合食品包装膜袋中丙烯酸酯类单体的检测及筛查

丙烯酸酯类黏合剂是除聚氨酯外使用量最多的黏合剂。丙烯酸酯类单体种类繁多,可单独聚合也可与苯乙烯、丙烯腈或甲基丙烯酸酯类单体共聚形成乳液,大多数的丙烯酸酯单体都易挥发,对眼睛、皮肤、呼吸道等有强烈刺激性和腐蚀性,高浓度吸入会引起肺水肿,对人的神经系统、中枢系统有损坏作用,严重者还有一定致癌性[17],丙烯酸酯类单体会穿过与食品接触的内层膜迁移到食品中,因此从食品安全角度,黏合剂中残留的丙烯酸酯单体是高关注物。因此,欧盟法规(EU)No 10/2011 和我国食品安全国家标准 GB 9685—2016 规定,食品包装材料中丙烯酸酯类化合物向食品模拟物中的迁移量总和不得超过 6 mg/kg。

建立气相色谱–质谱法(GC-MS)同时测定食品复合包装材料中 17 种丙烯酸酯类单体的残留量及向油脂类食品模拟物异辛烷迁移量的方法。黏合剂样品经甲醇稀释,复合膜样品在 25℃低温下经甲醇超声提取 1 h,阳性复合膜样品经异辛烷(60℃、1 h,或者 40℃、0.5 h)迁移后,经 HP-INNOWax 色谱柱分离,采用选择离子模式进行检测(图 6-12),外标法定量。在优化实验条件下,17 种单体的检出限和定量限分别在 0.02~0.1 mg/L 和 0.05~0.50 mg/L,残留量和迁移量在 0.1 mg/L、0.5 mg/L、1.0 mg/L、2.0 mg/L 4 个加标水平下,加标回收率均为 70.1%~109.6%,相对标准偏差($n=6$)为 0.8%~9.2%。该方法前处理简单,分离度较好,能在 17 min 内同时检测 17 种丙烯酸酯类单体[18]。

用该方法测定了 6 种黏合剂和 35 种食品复合膜中丙烯酸酯单体的残留量及阳性复合膜样品向异辛烷的迁移量。其中,6 种黏合剂中均检测出丙烯酸酯类单体(表 6-5),8 种复合膜样品检测出有丙烯酸酯类单体残留,但此 8 种复合膜中的丙烯酸酯类单体的迁移量未检出(表 6-6)。

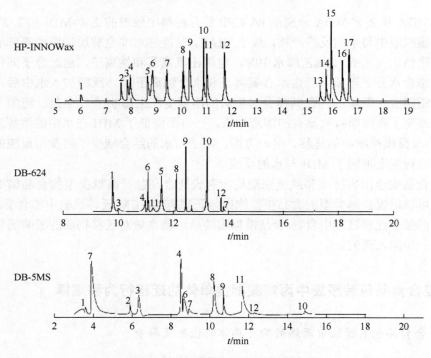

图 6-12　17 种丙烯酸酯的总离子流图

表 6-5　6 种黏合剂中丙烯酸酯的残留量（n = 3）　　（单位：mg/kg）

黏合剂编号	甲基丙烯酸残留量	正丁酯残留量	丙烯酸-2-羟乙基酯残留量	甲基丙烯酸正丙酯残留量
a-1	—	29.3±1.8	—	—
a-2	—	10.0±1.1	4.4±0.5	113.6±11.2
a-3	2.5±0.2	30.8±2.0	—	60.9±5.1
a-4	1.9±0.2	—	—	—
a-5	4.2±0.3	—	3.1±0.2	—
a-6	—	56.0±4.7	—	—

表 6-6　35 种样品中 8 种检出丙烯酸酯类单体残留样品的信息及检测结果（n = 3）

样品编号	样品信息	检测结果	残留量/(mg/kg)
14	铝塑复合黑胡椒酱包装膜	丙烯酸正丙酯	5.9±0.4
15	铝塑复合方便面碗盖片	丙烯酸正丙酯	6.5±0.4
17	空白铝塑复合膜	甲基丙烯酸正丙酯	3.2±0.1
19	铝塑复合咖啡包装膜	丙烯酸异丁酯	3.8±0.2
22	空白铝纸塑复合垫板	丙烯酯甲酯	6.6±0.5
31	巧克力包装淋膜纸盒	丙烯酸丁酯	4.6±0.3
32	纸塑复合口香糖包装膜	甲基丙烯酸正丙酯	10.0±0.8
33	空白纸塑复合盒	丙烯酸正丙酯	4.5±0.7

注：空白复合膜/垫板/盒表示未经印刷。

2. 复合食品包装膜袋中丙烯酸正丁酯（nBA）的迁移行为和规律

丙烯酸正丁酯（nBA）是丙烯酸酯类黏合剂使用最多的单体之一，是丙烯酸酯类黏合剂具有代表性的单体，可通过羧酸酯酶在生物体内分解为丁醇和丙烯酸，通过谷胱甘肽消耗和抑制 CAT 活性而影响抗氧化系统，具有生殖毒性。

由此，制备了上胶量为 0.22 g/dm^2±0.02 g/dm^2 的铝塑复合样品，依据 GB 31604.1—2015 和欧盟法规（EU）No. 10/2011 中的规定并结合食品包装材料的预期使用条件，选取了食品模拟物和迁移条件，模拟了铝塑复合膜在短期热接触（70℃、2 h）、时间大于 180 d 的长期储存（60℃、10 d）、紫外杀菌[UV 处理 1 h 再灌注（UV-F）、灌装后再 UV 处理 1 h（UV-T）、不作 UV 处理（UV-BK）]、不同温度的蒸煮（80℃、100℃、121℃、130℃）等工况下目标物质的迁移情况。采用迁移测试池（紫外处理采用玻璃制迁移池），按照每 6 dm^2 对应 1 kg 或 1 L 食品模拟物的比例进行迁移试验。

（1）短期接触和长期储存条件下 nBA 的迁移量

nBA 在 60℃、10 d 条件下向 3 种食品模拟物的迁移量均大于 70℃、2 h 条件，在 3 种食品模拟物中 nBA 的迁移量均呈现出 4%乙酸＞10%乙醇＞橄榄油的规律，这表明 nBA 极性强，更容易向水性酸性食品模拟物中发生迁移（图 6-13）。

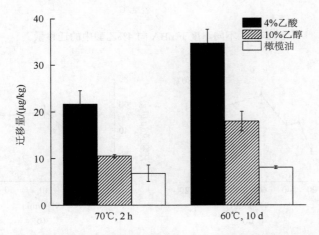

图 6-13　短期接触和长期储存条件下 nBA 向 3 种食品模拟物中的迁移量

（2）巴氏杀菌和蒸煮对 nBA 迁移的影响

在时间均为 30 min 时，温度从 60℃到 121℃，nBA 迁移量明显增加，在 121℃时迁移量达到最大（图 6-14）。nBA 是易挥发性有机物（沸点 145℃），温度是影响其迁移量的重要因素，含 nBA 黏合剂在用于食品包装时应考虑到包装材料的使用温度，避免因 nBA 迁移带来安全隐患。

低温和中温巴氏杀菌（80℃和 100℃）时，nBA 的迁移量相差不大[图 6-15（a）和（b）]。100℃时 nBA 向 4%乙酸的迁移量明显大于 80℃，并随着蒸煮时间的延长而增大。高温蒸煮（121℃和 130℃）nBA 向 4%乙酸的迁移量随着蒸煮时间的延长而减小[图 6-15（c）

和（d）]。可能在升温至 121℃或 130℃过程中，nBA 的迁移已经趋于平衡，在后续保温和降温过程中，长时间的高温高压会促进已经迁移出来的 nBA 部分转移到包装内外环境中。

　　不同温度下，随着蒸煮时间的延长 nBA 的迁移规律并不一致，121℃和 130℃的高温高压蒸煮下 nBA 的迁移量远大于 80℃或者 100℃的条件，因此，建议铝塑复合膜在使用时应尽量避免高温条件。

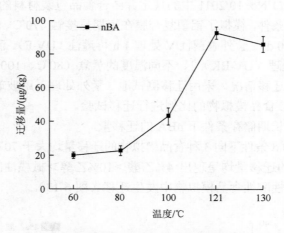

图 6-14　不同温度下 nBA 向 4%乙酸中的迁移量

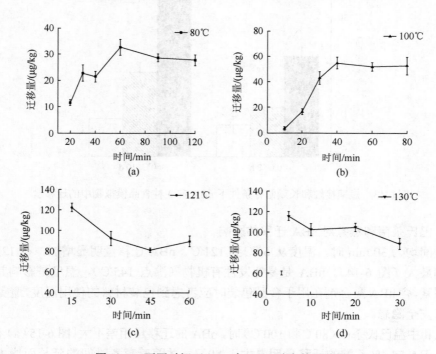

图 6-15　不同时间下 nBA 向 4%乙酸中的迁移量

（3）紫外杀菌对 nBA 迁移的影响

紫外杀菌是一种相对安全的杀菌方式，对铝塑复合膜中 nBA 的迁移无影响（图 6-16）。

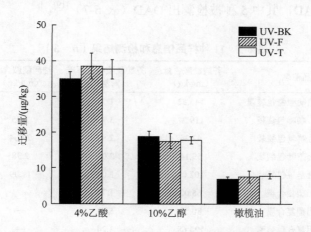

图 6-16　紫外杀菌下 nBA 向 3 种食品模拟物中的迁移量

（4）减压环境对食品包装膜袋中丙烯酸酯迁移的影响

在自行研制的低气压迁移测试装置中，模仿高原等低气压环境，发现低于大气压的环境不影响丙烯酸酯的迁移。

6.1.3　复合食品包装膜袋中爽滑剂的迁移行为和规律

芥酸酰胺（erucamide，EAD）和油酸酰胺（oleamide，OAD）是最常用的 2 种爽滑剂，一般复配使用。EAD 和 OAD 与聚烯烃熔体相容性良好，冷却后会从薄膜内部迁移至表面，在薄膜表面形成一层膜以降低薄膜间的摩擦系数，提高材料爽滑性，易于开口等。爽滑剂在产品中的添加量一般为高分子材料质量分数的 0.08%～0.4%，大部分厂家在生产薄膜过程中均使用 EAD，且 EAD 在乙醇介质中有相对较好的溶解性。目前爽滑剂尚未进行完善的毒理学评估，但现有的研究表明爽滑剂存在一定毒性。EAD 能够使小鼠行动变缓，认知能力下降，其水解生成的芥酸容易引起皮肤损伤；而 OAD 与人体的各项生理活动及代谢过程密切相关，属于内源性并具有生物活性的一类物质，在不同类型的细胞中发挥作用，从而引发不同的生物效应，最突出的作用是其诱导睡眠。因此，应尽可能地避免这类物质进入人体。

1. 复合食品包装膜袋中爽滑剂的检测及筛查

以铝塑和 VMPET-CPP 复合膜为例。建立了液相色谱-串联质谱（LC-MS/MS）测定铝塑复合膜中 EAD 和 OAD 含量的方法，结果表明：使用乙醇超声提取铝塑复合膜中的 EAD 和 OAD 60 min 并重复提取 2 次，以甲醇为流动相通过 Poroshell 120 EC-C8（100 mm×3.0 mm×2.7 μm）色谱柱进行分离效果最佳。EAD 和 OAD 保留时间为 2.300 min 和 2.005 min，4 min 内快速检出，在 0.1～3.0 mg/L 范围内线性关系良好，相关系数≥0.995，检出限分别为 0.01 mg/L 和 0.02 mg/L，定量限分别为 0.03 mg/L 和 0.05 mg/L，加标回收率为 82%～116%，相对标准偏差为 4.1%～9.3%（$n=6$）。市场中的 11 种铝塑复合膜均被检测出 EAD，其中 5 种被检测出 OAD（表 6-7）[19]。

表 6-7　11 种样品信息和检测结果（$n=3$）

样品	样品信息	芥酸酰胺含量/(mg/kg)	芥酸酰胺相对标准偏差/%	油酸酰胺含量/(mg/kg)	油酸酰胺相对标准偏差/%
1	铝塑复合黑胡椒酱包装膜	145.52	1.73	—	—
2	铝塑复合咖啡包装袋	119.27	3.73	2.75	0.41
3	镀铝复合鸡精包装袋	47.34	2.52	77.04	3.06
4	铝塑复合茶叶包装袋	59.14	2.08	2.38	0.26
5	镀铝复合坚果包装袋	102.09	3.01	11.09	0.62
6	空白铝塑复合膜	65.02	1.73	—	—
7	空白铝塑复合膜	80.53	5.77	—	—
8	空白镀铝复合包装膜	124.68	3.24	—	—
9	空白铝塑复合膜	62.12	1.35	—	—
10	空白镀铝复合包装膜	47.38	2.52	—	—
11	空白镀铝复合包装膜	71.86	0.35	3.33	0.78

注："—"表示未检出。

2. 复合食品包装膜袋中 EAD 和 OAD 的迁移行为和规律

（1）食品模拟物对 EAD 和 OAD 迁移的影响

EAD 和 OAD 更易向油脂类食品模拟物 95%乙醇迁移（图 6-17），选择 95%乙醇作为食品模拟物进行进一步研究，参照 GB 31604.1—2015 和 BS EN13130-1：2004，迁移温度设置为 20℃、40℃、50℃和 60℃。

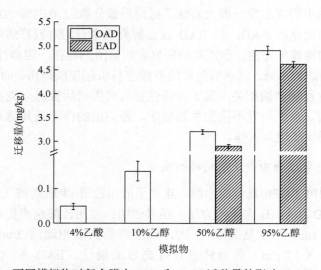

图 6-17　不同模拟物对复合膜中 EAD 和 OAD 迁移量的影响（60℃，10 d）

（2）储存（温度和时间）对 EAD 和 OAD 迁移的影响

由图 6-18 可知，温度的升高提供的能量越多，加速了 EAD 和 OAD 在聚合物中的扩散，缩短平衡时间，并且加快高分子链的运动，从而促进添加剂的迁移。

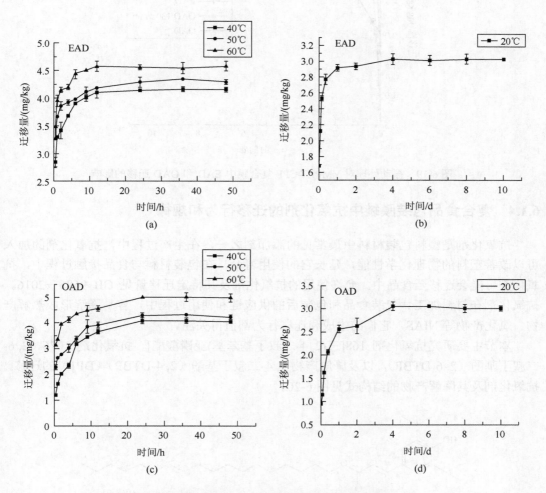

图 6-18　储存对 EAD 和 OAD 迁移的影响（95%乙醇）（$n = 3$）

（3）运输过程对 EAD 和 OAD 迁移的影响

利用空气浴摇床模拟物流中的振动（转速为 130 r/min，常温 25℃），从而与运输过程环境温度对应。由图 6-19 可知，振动加快了复合膜中 EAD 和 OAD 的迁移，尤其是对 OAD 的迁移，其中 EAD 迁移平衡时间从 4 d 缩短到了 2 d，OAD 迁移平衡时间从 4 d 缩短到了 1 d[20]。

（4）其他条件对 EAD 和 OAD 迁移的影响

紫外、红外照射处理，以及低于大气压的环境，都不影响爽滑剂的迁移。

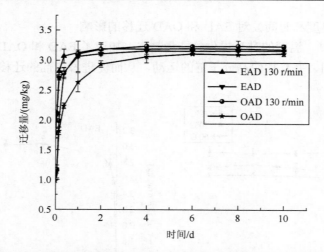

图 6-19　振动处理对 VMPET-CPP 复合膜中 EAD 和 OAD 迁移的影响

6.1.4　复合食品包装膜袋中抗氧化剂的迁移行为和规律

抗氧化剂是塑料包装材料中最常见的添加剂之一，在生产过程中，抗氧化剂的加入可以改善塑料的物理化学性能，延长它的使用寿命，在包装材料与食品接触过程中，抗氧化剂可能会迁移至食品中。允许使用的抗氧化剂及其特定迁移量见 GB 9685—2016。抗氧化剂在材料加工、包装食品和包装后的供应链和使用过程中，容易降解形成热解产物、氧化产物等 NIAS，它们的生成和迁移行为都值得关注。

本节主要研究抗氧化剂 168[三(2, 4-二叔丁基苯基)亚磷酸酯]、抗氧化剂 1076、2, 6-二叔丁基酚（2, 6-DTBP），以及降解产物 2, 4-二叔丁基酚（2, 4-DTBP）（DP1）的迁移，抗氧化剂及其降解产物的结构式见图 6-20。

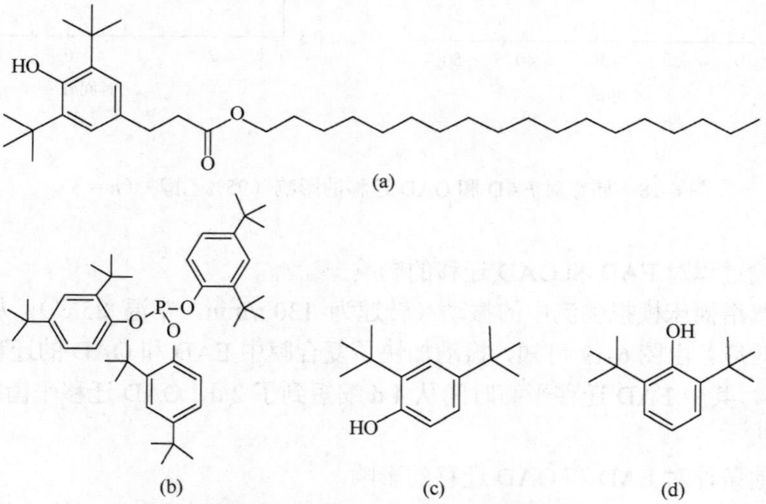

(a)

(b)　　　　　　　(c)　　　　　　　(d)

图 6-20　抗氧化剂及其降解产物的结构式

（a）抗氧化剂 1076；（b）抗氧化剂 168；（c）2, 4-二叔丁基苯酚；（d）2, 6-二叔丁基苯酚

　　抗氧化剂 168 是一种亚磷酸酯抗氧化剂，常作为辅抗氧化剂与主抗氧化剂一同使用于聚合物材料，以增强聚合物材料的抗氧化性能，其作用机理是亚磷酸酯本身被氧化成稳定的磷酸酯类，过氧化物被还原成醇类。抗氧化剂 168 毒性低，特定迁移量为 60 mg/kg，是 GB 9685—2016 许可使用的添加剂。然而食品接触材料在使用过程中，抗氧化剂 168 可能会降解生成新的物质，如 2, 4-二叔丁基苯酚、1, 3-二叔丁基苯以及三(2, 4-二叔丁基苯基)磷酸酯（DP2）等，其中 2, 4-二叔丁基苯酚（DP1）和三(2, 4-二叔丁基苯基)磷酸酯（DP2）是两种主要的降解产物，但由于其有限的毒理学研究及潜在的迁移风险，这两种物质不允许被添加到食品接触材料中，为 NIAS。

1. 复合食品包装膜袋中抗氧化剂的检测及筛查

　　建立液相色谱-串联质谱（LC-MS/MS）测定食品接触材料中的抗氧化剂向食品模拟物迁移量的检测技术。采用 ODS 色谱柱梯度洗脱分离，以甲醇和水作为流动相梯度洗脱，在正、负离子模式下以电喷雾电离多反应监测模式进行测定，外标法定量（图 6-21）。16 种目标化合物在相应的浓度范围内具有良好的线性关系，相关系数均大于 0.995，水性食品模拟物（超纯水、3%乙酸、10%乙醇）的定量限为 0.1～1.3 ng/ml，橄榄油食品模拟物的

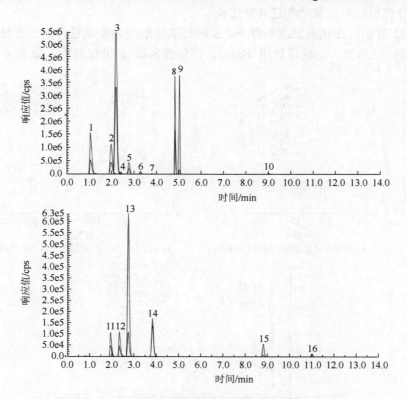

图 6-21　16 种抗氧化剂标准溶液的总离子流图（10 ng/ml）

1.BHA；2. 抗氧化剂 245；3. 抗氧化剂 300；4. 抗氧化剂 1024；5. 抗氧化剂 1098；6. 抗氧化剂 697；7. 抗氧化剂 CA；8. 抗氧化剂 CY；9. 抗氧化剂 1290；10. 抗氧化剂 1076；11. 抗氧化剂 2246；12. 抗氧化剂 425；13. 抗氧化剂 405；14. 抗氧化剂 3114；15. 抗氧化剂 DLTP；16. 抗氧化剂 168

定量限为 0.5～3.0 μg/kg。在 0.5～10.0 ng/ml 和 2.0～25.0 μg/kg 加标水平下的平均加标回收率为 81.0%～112.5%，相对标准偏差为 0.4%～9.1%[21]。

同时对市场上 12 种 PET-PE 复合膜进行筛查，含有 4 种抗氧化剂（抗氧化剂 1076、抗氧化剂 168、2,4-DTBP 和 2,6-DTBP），含量为 0.7～4.8 mg/kg，10 种复合膜同时含有这 4 种物质。为此，进一步优化建立了 LC-MS/MS 测定这 4 种抗氧化剂残留量和迁移量的方法。其中，2,4-DTBP 本身具有很好的抗氧化作用，但由于其有限的毒理学研究及潜在的迁移风险，不允许被添加到食品接触材料中。

考虑到抗氧化剂的检测较为成熟，在塑料中最大添加量和特定迁移量都较高，其向油脂类食品模拟物迁移量较高，而 2,6-DTBP 总体迁移量较低，以抗氧化剂 1076、抗氧化剂 168、2,4-DTBP 为研究对象，研究三种抗氧化剂向 95%乙醇及异辛烷迁移的规律。LC-MS/MS 检测其中的抗氧化剂 1076、2,4-DTBP 的迁移量，GC-MS 检测其中的抗氧化剂 168 的迁移量[22]。

2. 复合食品包装膜袋中抗氧化剂的迁移行为和规律

（1）时间和温度对抗氧化剂迁移的影响

时间和温度对抗氧化剂向食品模拟物迁移的影响符合一般规律。

（2）食品模拟物对抗氧化剂迁移的影响

从图 6-22 看出，在相同温度条件下，3 种抗氧化剂向异辛烷迁移的迁移量大都比向 95%乙醇迁移的迁移量大。这可以用 Hansen 溶解度参数 δ 进行分析，如表 6-8 所示。

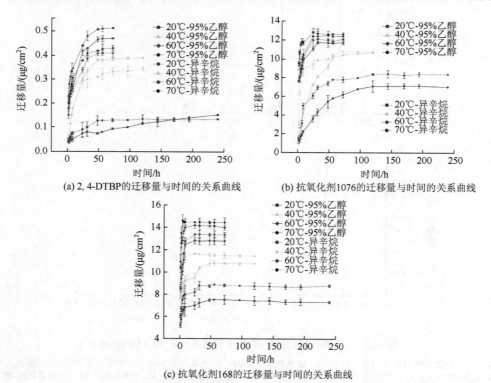

图 6-22　0.5%-PET-LDPE 复合膜中 3 种抗氧化剂在食品模拟物中的迁移量与时间的关系曲线（后附彩图）

与乙醇的 δ 值相比，异辛烷的 δ 值与 HDPE 的更接近，表明异辛烷与 HDPE 的相溶性更好，同时抗氧化剂 1076 与抗氧化剂 168 在异辛烷和 95%乙醇中的溶解度是异辛烷＞95%乙醇，因此在异辛烷中的迁移量均大于在 95%乙醇中的迁移量。

表 6-8　聚合物和溶剂的溶解度参数

物质	δ/MPa$^{1/2}$	δ_d/MPa$^{1/2}$	δ_p/MPa$^{1/2}$	δ_h/MPa$^{1/2}$
LDPE	16.3	16	0.8	2.8
异辛烷	14.3	14.3	0	0
乙醇	26.5	15.8	8.8	19.4

注：δ 表示 Hansen 溶解度参数；δ_d 表示色散力溶解度参数，δ_p 表示极性溶解度参数，δ_h 表示氢键溶解度参数[23]。

（3）PET 层对抗氧化剂迁移的影响

经检测，迁移前后复合膜的 PET 层中均未检出 3 种抗氧化剂，PET 层对 LDPE 膜中抗氧化剂的含量变化影响较小（图 6-23）。在迁移过程与食品模拟物直接接触的是 LDPE 膜，因此将 LDPE 膜与 PET 层复合，PET 层不会对 3 种抗氧化剂的迁移产生明显影响[22]。

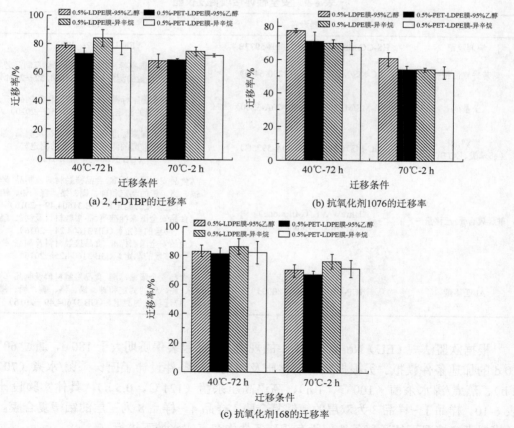

(a) 2, 4-DTBP的迁移率

(b) 抗氧化剂1076的迁移率

(c) 抗氧化剂168的迁移率

图 6-23　3 种抗氧化剂从 0.5% LDPE 膜与 0.5% PET-LDPE 膜向 95%乙醇及异辛烷迁移的迁移率

（4）减压环境对食品包装膜袋中抗氧化剂迁移的影响

在自行研制的低气压迁移测试装置中，模仿高山等低气压环境，发现低于大气压的环境不影响抗氧化剂的迁移。

6.1.5　复合食品包装膜袋中溶剂残留量等安全指标分析

目前，我国对食品包装用复合材料的食品安全标准尚未正式发布，通过对复合食品包装膜袋中溶剂残留量、重金属、邻苯二甲酸酯、芳香族伯胺和壬基酚等典型项目进行分析研究，并结合生产工艺、原材料和储存等控制要素，可以探讨产品中 5 个典型项目存在的问题及原因，提出了提高产品质量的有效措施。

镀铝/铝塑复合膜是复合膜中最常见的形式之一，综合性能优良。研究所选取的 8 种镀铝/铝塑复合膜材质不同，基本包含了目前市场上常见种类，具有代表性，所选样品都已经放置有 3 个月以上。根据复合膜种类和预期接触食品类型，参照相关标准和文献对镀铝/铝塑复合膜在食品包装应用中的安全性进行了评估（表 6-9）。

表 6-9　安全性评估项目及仪器

项目	仪器设备	参考方法
溶剂残留	HS-GC/MS（Agilengt 7890B-5977B）	EN 13628-2：2002
芳香族伯胺	LC-MS/MS（Agilengt 1290-6495）	《食品安全国家标准 食品接触材料及制品芳香族伯胺迁移量的测定》（GB 31604.52—2021）
壬基酚	LC-MS/MS（Nexera LC-20A-3200）	《食品安全国家标准 食品接触材料及制品 壬基酚迁移量的测定》（GB 31604.50—2020）
增塑剂（邻苯类、ATBC）	GC-MS（Agilengt 7890A-5975C）	《食品安全国家标准 食品接触材料及制品 邻苯二甲酸酯的测定和迁移量的测定》（GB 31604.30—2016）
重金属含量/迁移量	UltraWAVE（Milestone）ICP-OES（Optima 8000）	《食品安全国家标准 食品接触材料及制品 砷、镉、铬、铅的测定和砷、镉、铬、镍、铅、锑、锌迁移量的测定》（GB 31604.49—2016）《食品安全国家标准 食品接触材料及制品 镉迁移量的测定》（GB 31604.24—2016）《食品安全国家标准 食品接触材料及制品 铬迁移量的测定》（GB 31604.25—2016）
Al 迁移量	ICP-OES（Optima 8000）	《食品安全国家标准 食品接触材料及制品 砷、镉、铬、铅的测定和砷、镉、铬、镍、铅、锑、锌迁移量的测定》（GB 31604.49—2016）

根据欧盟法规（EU）No. 10/2011 中的规定，食品包装保质期大于 180 d，通过 60℃、10 d 的加速条件模拟。另根据复合膜材质及预期使用条件设计了巴氏杀菌/水煮（70℃、2 h）、蒸煮/沸水杀菌（100℃、1 h）、高温高压杀菌（121℃、0.5 h），具体实验设计见表 6-10。样品 1～样品 3 为双层的镀铝复合膜，样品 4～样品 8 为三层的铝塑复合膜。为了模拟真实情况下的迁移条件，所有迁移条件均在真实水域下进行。

表 6-10　镀铝/铝塑复合膜样品信息及迁移条件

序号	复合膜信息	食品模拟物选择	迁移条件设计	
			长期储存	杀菌条件（4%乙酸）
1	PET（油）/VMPE			
2	BOPP/VMCPP			70℃，2 h
3	VMPET/CPP			
4	PET/Al/PE	4%乙酸 10%乙醇 95%乙醇	60℃，10 d	100℃，1 h
5	PET（油）/Al/CPP			
6	BOPP（油）/Al/PE			121℃，0.5 h
7	PET（油）/Al/PE			
8	PET（油）/Al/PE			100℃，1 h

　　8 种复合膜中均有溶剂残留检出（表 6-11），苯类溶剂残留均未检出，样品 4、样品 7 溶剂残留总量大于 5 mg/m^2，超出标准中溶剂残留的限量值，从溶剂种类来看乙酸乙酯和乙酸丙酯是使用最多的溶剂，同一种样品检出的溶剂中，乙酸乙酯的量最大（$p<0.05$，样品 3 除外），另甲醇和正己烷是实验室常使用的溶剂，实验结果易受到影响。因此，复合膜的溶剂残留安全性值得关注。

表 6-11　8 种镀铝/铝塑复合膜样品溶剂残留结果

样品	残留量/(mg/m^2)								
	乙酸甲酯	乙酸乙酯	乙酸丙酯	乙酸丁酯	甲醇	乙醇	2-丁醇	正己烷	总量
1	0.12±0.01	1.90±0.13	0.12±0.01	0.061±0.00	—	—	—	—	2.20
2	—	—	—	—	—	—	—	0.09±0.00	0.09
3	—	0.34±0.04	0.32±0.02	—	—	—	—	—	0.66
4	1.10±0.01	8.60±0.08	0.14±0.00	0.05±0.00	—	—	—	—	9.90
5	—	1.20±0.29	0.20±0.05	—	0.53±0.01	—	0.11±0.01	—	2.00
6	—	—	—	—	—	0.11±0.00	—	0.07±0.00	0.18
7	—	4.20±0.11	0.18±0.01	—	0.30±0.00	0.50±0.03	—	—	5.20
8	—	0.92±0.14	—	—	0.10±0.04	0.11±0.01	0.11±0.016	0.05±0.00	1.30

　　8 种样品中共检测出 9 种金属（表 6-12），其中有 Zn、Cu 等 7 种重（类）金属。Ga 和 Fe 不属于重金属，其安全性不作关注。Zn 和 Cu 迁移量未检出，或其迁移量低于检出限（0.05 mg/kg）。

表 6-12 8 种镀铝/铝塑复合膜样品金属含量

样品	含量/(mg/kg)								
	Ga	Fe	Zn	Cu	Sb	As	V	Zr	Mn
1	218.70± 18.20	—	65.60± 17.90	17.10± 1.10	108.80± 4.50	—	—	—	—
2	144.30± 15.10	—	31.50± 12.10	—	—	—	—	—	—
3	433.30± 4.40	—	65.50± 13.40	—	54.10± 0.50	—	—	—	—
4	11.80± 1.80	1323.56± 4.10	65.30± 8.30	—	43.40± 0.60	26.30± 3.90	15.70± 4.70	29.30± 0.50	—
5	97.0± 6.60	764.50± 36.70	85.90± 4.20	—	35.10± 0.60	31.50± 0.80	15.20± 1.00	—	—
6	160.20± 25.90	755.5± 18.50	65.30± 9.80	22.00± 1.30	—	21.80± 7.20	—	—	—
7	76.70± 11.30	759.90± 12.70	124.20± 6.00	—	33.80± 2.70	25.10± 3.00	—	—	—
8	146.50± 27.70	2106.50± 99.50	42.80± 11.10	—	35.60± 4.80	15.10± 6.30	—	—	26.90± 2.00

As 是类金属元素,包装材料中 As 污染可能来自于黏合剂或者油墨[24]。样品 4~样品 8 为三层结构,均检测出有少量 As 残留,而样品 1~样品 3 为双层膜均未检出 As,所以镀铝/铝塑复合膜中 As 可能来自于黏合剂,样品 1~样品 8 中的 As 未检出有迁移。

Sb 是环境污染物,在包装材料中三氧化二锑是使用广泛的无机阻燃剂,而金属锑的氧化物又是聚酯工业中最常见的催化剂,目前世界上 90%以上的聚酯工业都使用锑系催化剂。发现 Sb 只在 PET 层检出。Sb 的迁移量仅样品 1 中检出约 0.067 mg/kg,在安全限量内。

V、Zr、Mn 3 种重金属迁移量均未检出。

综合来看,镀铝/铝塑复合膜中均未检出 Cd、Pb 等高关注的重金属,在检出的重(类)金属中 Sb 是镀铝/铝塑复合膜中 PET 层特有的重金属,其他重(类)金属的迁移量均未检出。因此,从重(类)金属含量/迁移量来看,镀铝/铝塑复合膜整体安全。

8 种复合膜在长期储存条件下(60℃、10 d)Al 的迁移量均小于 1 mg/kg,在杀菌条件下样品 1、样品 2、样品 3 中 Al 的迁移量显著增加($p < 0.01$),均超过 25 mg/kg 的特定迁移量。其他样品均合格,但杀菌条件(121℃、30 min)下样品 5、样品 6、样品 7 Al 的迁移量也明显增加(图 6-24)。迁移量的大小跟迁移温度、初始含量、接触层膜厚度等因素有关。内层膜具有一定的阻隔性,采用薄膜测厚仪对 8 种样品内层膜的厚度进行测量并比较了迁移量,发现厚度不是影响 Al 迁移的主要因素。由于高温蒸镀工艺下的铝蒸汽附着在膜表面,附着力不强,水热作用会使镀铝层腐蚀脱落,所以高温高湿条件促进了镀铝膜中 Al 的迁移。同时,相比于铝塑复合膜,镀铝复合膜中 Al 更容易发生迁移。因此,镀铝复合膜不适用于较高温度和湿度的包装杀菌工艺和存储条件,比如不适合用于蒸煮袋[9]。

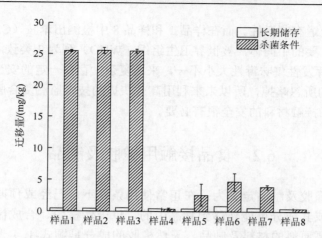

图 6-24　8 种镀铝/铝塑复合膜铝向 4%乙酸的迁移量

此外，8 种样品中均未检出邻苯类和柠檬酸酯类增塑剂，迁移量不用检测。8 种样品中均检测出含有壬基酚，在 4%乙酸、10%乙醇和 95%乙醇等 3 种食品模拟物中迁移量均未检出，活性剂壬基酚聚氧乙烯醚应用十分广泛，其降解产物壬基酚的迁移量在安全范围内。8 种复合膜在长期储存条件下（60℃，10 d）均未检出芳香族伯胺，样品 6 在 121℃、0.5 h 杀菌条件下有苯胺检出，但未超标，也可能与放置时间较长有关[9]。

6.1.6　复合食品包装膜袋中气味分析

食品包装材料要避免因本身挥发性气味迁移导致食品气味异常，引起食品感官发生劣变，美国联邦法规 21CFR 174《非直接食品添加剂》和欧盟规定，如果通过适当的测试发现食品包装材料会给所包装食品带来不可接受的气味和味道，则将被视为违反美国食品相关法案的要求。食品复合包装中挥发性气味的来源十分复杂，可能来源于生产、复合、运输、使用过程中，释放的单体、初始添加物、降解产物等产生的气味，这些挥发性物质大致可分成烷烃类、烯烃类、芳香烃类、卤代烃类、酯类、醛类和酮类等。

将复合膜样品裁成 10 cm×10 cm 大小，再裁成宽为 2 cm 的长条放入 20 ml 顶空瓶中，每组做 6 个平行实验。根据预实验结果和复合膜材质选取了气味相差较大的样品 1、样品 2、样品 4 和样品 8 进行分析。

采用气相电子鼻，筛选出区分能力强（＞0.900）且峰面积较大（＞1000）分离效果较好的色谱峰进行定性分析。4 种复合膜中的挥发性物质经正构烷烃（nC6～nC16）校准后，将保留时间换算成 Kovats 保留指数，再通过 AroChemBase 数据库进行定性，分别鉴定出 29 种、36 种、28 种、51 种物质，共 111 种，根据性质可分为烷烃类、烯烃类、芳香烃类、醇类、酯类、醛类、醚类和酮类等 9 类，其中烷烃类、烯烃类和芳香烃类是复合膜中最主要的挥发性物质，占比均超过了各自总数量的 40%[9]。

从鉴定的结果来看，挥发性气体中含有多种有毒物质，例如样品 2、样品 4 及样品 8 中均含有的正丙苯（CAS 号：103-65-1），是一种常见的有机中间体，多用于染料和印刷中，对皮肤和呼吸道有刺激性。而在样品 1 和样品 8 中检测出苯胺（CAS 号：62-53-3），苯胺是染料工业重要的中间体，被世界卫生组织（WHO）列为 3 类致癌物。由此可见，镀铝/铝塑复合膜挥发性气味毒性大小不一，来源复杂，存在一定的安全风险，而这种安全风险往往被人们所忽略掉，所以未来利用高效快捷的技术监测复合膜中的挥发性有害物质，以保障食品接触材料的安全很有必要。

6.2　食品接触用橡胶及制品

食品接触用橡胶及制品定义为：在正常使用条件下，已经或预期可能与食品或食品添加剂接触，或其成分可能转移到食品中的，以天然橡胶、合成橡胶或经硫化的热塑性弹性体为主要原料的材料及制品。天然橡胶的成分是顺式-1, 4-聚戊二烯，合成橡胶常见的有丁苯橡胶、丁二烯橡胶、氯丁橡胶、丁基橡胶、丁腈橡胶、乙丙橡胶、异戊橡胶、丁苯热塑性橡胶等。由于橡胶制品具有良好的防水性、耐腐蚀性及高弹性能，被广泛制作成食品接触材料。在生产和生活中，比较常见的食品接触用橡胶材料及制品有：密封食品用的盖子密封圈、开关的密封圈、O 型密封圈和食品饮料易拉罐盖内含水性密封胶的灰色胶圈；加工食品用的劳保用品，如橡胶手套、橡胶围裙；食品运输用的橡胶奶管、橡胶奶衬；加工食品设备中的橡胶传送带、橡胶板、橡胶衬垫等。其食品安全隐患主要来源是加工过程中添加的各种助剂、硫化过程发生的化学反应，以及使用过程中的 NIAS 等，使得橡胶制品与食品接触的过程中这些物质迁移到食品中，带来一定的食品安全风险。

GB 4806.11—2016 中并未规定芳香族伯胺、N-亚硝胺和 N-亚硝胺可生成物等新发危害物的限量。考虑到上述物质具有一定的安全风险，所以 GB 4806.11—2023 中引入上述物质的限量指标，并制定相应的检测方法标准以保证标准的落地实施。

6.2.1　食品接触用橡胶及制品中高锰酸钾消耗量及其中高关注物质的筛查

1. 食品接触用橡胶及制品中高锰酸钾消耗量

高锰酸钾消耗量是食品接触材料及制品安全国家标准中的一个重要的安全指标。高锰酸钾消耗量试验条件下溶出迁移的物质多为添加剂，可以反映可被高锰酸钾氧化的水溶性添加剂的总体情况，是总量筛查性指标，GB 4806.11—2016 指标为小于 10 mg/kg（水，60℃，0.5 h）。硫化促进剂、补强剂、填充剂、增塑剂和防护配合剂等，以及一些 NIAS，如降解产物和杂质等，会反映到此指标中。对消耗高锰酸钾物质进行筛查，有助于判断橡胶制品中的高关注物质及其迁移情况。

按照 GB 31604.1—2015 和 GB 5009.156—2016 的规定对食品接触用橡胶及制品进行迁移浸泡实验，并按照《食品安全国家标准　食品接触材料及制品　高锰酸钾消耗量的测定》（GB 31604.2—2016）滴定并分析了不同样品的 $KMnO_4$ 消耗量。以其中某批 30 个样品为例，样品信息见表 6-13，高锰酸钾消耗量见图 6-25。

表 6-13 30 种食品接触用橡胶及制品的样品信息

使用类型	样品材质	样品名称类型	数量/个	编号	预期接触食品
非重复使用制品	丁腈橡胶	丁腈橡胶手套	4	R1~R4	各类食品
重复使用制品	天然橡胶	天然橡胶密封圈	1	R5	各类食品
	丁苯橡胶 丁腈橡胶	奶衬	1	R6	水包油性的含油脂食品（脂肪含量 4.5%~5.0%）
	天然橡胶 丁苯橡胶	橡胶奶管	1	R7	
	丁腈橡胶	硫化橡胶试片	5	R8~R12	各类食品
		食品卫生级橡胶管	1	R13	各类食品
		O-型密封圈	3	R14~R16	各类食品
	氟橡胶	O-型密封圈	2	R17~R18	各类食品
	乙丙橡胶	O-型密封圈	8	R19~R26	各类食品
		垫圈	2	R27~R28	各类食品
		硫化橡胶试片	2	R29~R30	各类食品

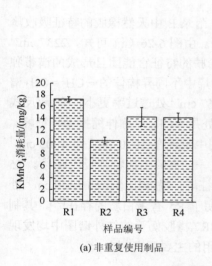

(a) 非重复使用制品

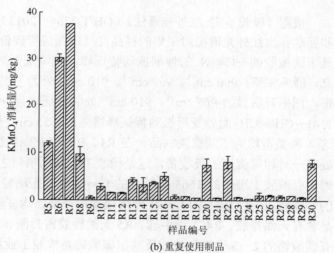

(b) 重复使用制品

图 6-25 30 种食品接触用橡胶及制品中高锰酸钾消耗量

多数情况下，迁移试验所测得物质的迁移量会随着迁移次数的增加越来越低，为了减少不必要的试验，对于非重复使用制品按照第一次滴定数据进行合规性判定；对于重复使用橡胶制品进行三次迁移试验，并以第三次迁移试验测定结果为依据进行符合性判定（见 GB 4806.11—2016）。高锰酸钾消耗量，一次性橡胶样品 R1~R4 都超过我国标准 10 mg/kg，而重复使用橡胶样品中 R5、R6、R7 超标，R8 为（9.71±1.51）mg/kg，接近标准值。

采用衰减全反射的方法，把超过限值的橡胶样品（非重复使用制品 R1~R4，重复使用制品 R5~R8），剪成薄片状并将切面朝下放在配有反射晶体附件的衰减全反射表面，调整压力板使样品和晶体表面紧贴，每次采集样品数据前需先采集背景数据，再扫描采集样品数据，扫描次数为 32 次，扫描范围 450～4000 cm^{-1}，分辨率为 4 cm^{-1}，采集增益为 8。通过红外特征吸收峰确定橡胶样品的主要材质。测试结果如图 6-26 所示。

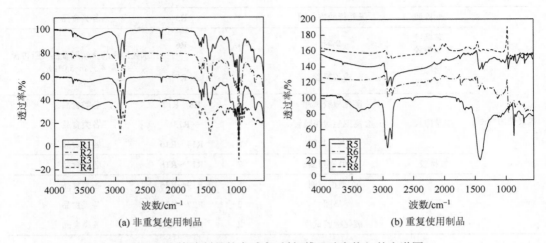

(a) 非重复使用制品　　　　　　　　　　　(b) 重复使用制品

图 6-26　橡胶制品的衰减全反射-傅里叶变换红外光谱图

根据《橡胶鉴定 红外光谱法》（GB/T 7764—2017）附录 B 中天然橡胶的特征吸收峰和标准参比红外光谱图对采集的样品红外谱图进行评价。由图 6-26（a）可知，2237 cm^{-1}是丁腈橡胶的—C≡N 的伸缩振动特征峰，该峰是丙烯腈的特征官能团且形成的谱带独立、峰形完整；990 cm^{-1}、967 cm^{-1}、910 cm^{-1} 处为丁二烯中不同异构体的—CH═CH₂ 谱带，图中有明显的 967 cm^{-1}、910 cm^{-1} 处的特征峰且 967 cm^{-1} 处透过率更小，表示(反式1, 4)—CH═CH₂ 面外变形振动特征峰增强；2855 cm^{-1} 处是—CH₂ 对称伸缩振动特征峰。这 4 种类型均为丁腈橡胶制品。在 R1、R2 和 R3 谱图中发现在 1030 cm^{-1} 和 1005 cm^{-1}处有一对相等强度的吸收带，这是橡胶工业常用填料之一的高岭土的特征吸收峰[25]。R5谱图有酰胺Ⅰ谱带的 1663 cm^{-1} 处的 C═O 伸缩振动特征峰，酰胺Ⅲ谱带的 1420 cm^{-1} 处的仲酰胺 R—CONH₂ 的 C—N 伸缩振动特征峰，均证明了 R5 有蛋白质的存在[26]，其制品含有天然橡胶。R4 丁腈手套、R5 天然橡胶密封圈和 R7 橡胶奶管的红外谱图中均发现有碳酸钙的 2～3 个特征峰，反映出碳酸钙是橡胶工业用的主要填充剂之一。

2. 食品接触用橡胶及制品的迁移物筛查

通过 GC-QTOF/MS 和 LC-QTOF/MS 筛查高锰酸钾消耗量水浸泡液中挥发性物质和非挥发性物质。使用超纯水作为食品模拟物，在 60℃迁移 0.5 h。

（1）GC-QTOF/MS

色谱条件：Agilent HP-5MS UI 色谱柱（30 m×0.25 mm×0.25 μm）；柱温 40℃，保持 3 min，以 10℃/min 升至 300℃，保持 10 min；载气为高纯氦气，纯度≥99.999%，载气流速 1.0 ml/min，恒流；进样口温度 300℃；进样量 1 μl，分流进样，分流比 5∶1。

质谱条件：电子轰击离子源，电子能量 70 eV，传输线温度 300℃，离子源温度 200℃，四极杆温度 150℃，全扫描模式，全扫描范围为 m/z 45～800，采集速率 5 spectra/s，溶剂延迟 3.5 min。

对目标峰的质谱图通过 Agilent MassHunter 软件和谱库（NIST 17.LIB）进行匹配度和图谱比较，再利用已有标准品进行质谱信息和 RT 比对。选取二氟联苯作为内标物进行半定量计算。水浸泡液中各组分化合物的含量计算如式（6-1）所示：

$$C_a = \frac{A_a \times C_s \times V_2}{A_s \times V_1} \tag{6-1}$$

式中，C_a 为水浸泡液中待测物 a 的浓度（μg/ml）；A_a 为待测物 a 的峰面积；A_s 为内标物的峰面积；C_s 为内标物的浓度（μg/ml）；V_1 为移取的水浸泡液的体积（ml），此处为 40 ml；V_2 为有机层氮吹浓缩至 1 ml 的体积（ml）。

（2）LC-QTOF/MS

色谱条件：Agilent Poroshell 120EC-C18（3 mm×50 mm×2.7 μm）；流动相：A 相为 0.1%甲酸水，B 相为甲醇；洗脱梯度：0～1.5 min，5%B；1.5～25 min，5%～98%B；25～32 min，98%B；32～32.10 min，98%～5%B；32.10～35 min，5%B；流速 0.3 ml/min，进样量 3 μl，柱温 40℃。

质谱条件：采用电喷雾离子源在正负离子模式下采集数据；毛细管电压为 3.5 kV（ESI⁺）、3.5 kV（ESI⁻）；喷嘴电压 500 V；锥孔电压 65 V；干燥气（氮气）温度 320℃；干燥气（氮气）流速 8 L/min；鞘气（氮气）温度 350℃；鞘气（氮气）流速 11 L/min。扫描模式：全一级离子扫描与全二级离子扫描，正负离子模式；扫描范围：一级离子质荷比为 100～1000；二级离子质荷比为 50～800；二级离子碰撞能量是 10 eV、20 eV 和 40 eV。

采用 LC-QTOF/MS 的数据依赖型采集模式测试，导入安捷伦 Agilent MassHunter Qualitative Analysis 数据分析软件，综合 Scifinder 数据库（https://scifinder.cas.org）文献验证和部分标准品的保留时间、质谱信息的比对，进行化合物的分析鉴定。

（3）危害分析

应用 Toxtree 软件（2.6.13 版）对所筛查化合物进行 Cramer 分类。

共筛查检出 30 种化合物，主要是醇类、酯类、胺类、噻唑类、腈类、醚类化合物和其他类化合物。噻唑类化合物的检出率最高。胺类、噻唑类和腈类化合物不仅检出率高且毒性较大，它们均被列为 Cramer Ⅲ类物质。浓度最高的是 2-巯基苯并噻唑，其次为苯并噻唑、N-甲基苯胺、邻苯二甲酰亚胺、四甲基硫脲、二苯胍（1, 3-diphenylguanidine，DPG）等。其中有法规管控的主要物质见表 6-14。

苯胺是最简单的芳香族伯胺，它主要来源于防老剂 N-(1, 3-二甲基丁基)-N'-苯基对苯二胺（防老剂 6PPD）在硫化过程中部分分解进而反应生成的降解产物[27]，也有研究发现苯胺从二苯胍硫化树脂中迁出[28]，或是 N-甲基苯胺的合成原料的残留。

N-甲基苯胺属于芳香族仲胺，主要来源于具有仲胺结构的橡胶助剂（如硫化促进剂）的分解，即橡胶助剂在高温硫化时会分解出来仲胺[29-30]。一方面仲胺可与空气或配合剂（填料）表面吸附的氮氧化物 NO_x（如炭黑从空气中吸收了 NO）反应生成致癌物亚硝胺化合物而残留在橡胶制品中[31]；另一方面，橡胶制品迁移出的仲胺也能与含有亚硝酸盐的唾液作用生成亚硝胺[32]，所以 N-甲基苯胺是 N-亚硝胺的前体物[73]。对于苯胺和 N-甲基苯胺的法规管控,欧洲委员会关于拟与食品接触的橡胶产品的 ResAP（2004）4 决议附件中规定 I 类（包括喂食奶嘴和接触婴幼儿食品的橡胶产品）中可转化为 N-亚硝胺的物质和芳香胺物质均不得检出;我国 GB 9685—2016 对芳香族伯胺的管控,根据着色剂纯度应符合芳香族伯胺（以苯胺计）≤0.05%。

二苯胍是橡胶常用的硫化促进剂之一,欧盟、德国和法国都允许其添加到食品接触用橡胶及制品中,迁移限量是 60 mg/kg。

噻唑类化合物主要有苯并噻唑（benzothiazole,BT）和 2-巯基苯并噻唑（2-mercapto-benzothiazole,MBT）。苯并噻唑在 GB 2760—2014 规定为允许使用的食品用香料添加剂,但没有出现在食品接触用橡胶及制品相关法规的肯定列表中。苯并噻唑是噻唑类硫化促进剂的降解产物,从巯基苯并噻唑类硫化促进剂[例如 2-巯基苯并噻唑（MBT）、二硫化二苯并噻唑（MBTS）、2-巯基苯并噻唑锌盐（ZMBT）]或从亚磺酰胺和硫醇降解产生[33]。2-巯基苯并噻唑主要作为硫化促进剂添加至橡胶制品中,它主要是由苯胺、硫和二硫化碳直接在高压热压釜中加热制备[34]。有研究表明 2-巯基苯并噻唑（MBT）在水中光分解直接就得到了苯并噻唑和部分 2-羟基苯并噻唑[35],故苯并噻唑和部分 2-羟基苯并噻唑可能来源于 2-巯基苯并噻唑的分解。

丙烯腈作为丁腈手套的聚合物残留单体在橡胶手套中检出,丙烯腈未出现在 GB 9685—2016 的 A.3 橡胶的肯定列表中,且因其毒性大,有法规管控的国家均要求该物质不得检出。

硫化四甲基秋兰姆是一种绿色环保性橡胶硫化促进剂,它不仅能用作硫化剂,也可用作噻唑类和次磺酰胺类促进剂的有效活化剂,因此它可能是添加剂残留。有研究表明硫化四甲基秋兰姆在橡胶硫化过程中可生成致癌的亚硝胺[36]。

在天然橡胶密封圈（R5）样品中筛查发现邻苯二甲酸酐,它是天然橡胶、异戊橡胶、顺丁橡胶、丁苯橡胶和丁腈橡胶的通用型防焦剂、阻燃剂。其他化合物可能来源于橡胶中硫化促进剂、活性剂、抗氧化剂等橡胶助剂及其降解产物等。

表 6-14 食品接触用橡胶及制品的检出化合物相关法规管控的信息

序号	名称	CAS 号	特定迁移量/(mg/kg)	可能的来源	法规管控及限量要求
1	苯胺	95-16-9	ND	添加剂（硫化促进剂原料、染料）	A. 表 A.3 橡胶制品,作为芳香胺管控,其他杂质占着色剂的质量分数应符合:芳香族伯胺（以苯胺计）≤0.05%;B. 作为芳香胺管控:迁移限量:不得检出;F. 芳香族伯胺迁移总量:ND（DL = 0.01 mg/kg）,芳香族伯胺和仲胺迁移限量:1 mg/kg
2	N-甲基苯胺	100-61-8	ND	添加剂（硫化促进剂原料）	B. 作为可转化为 N-亚硝胺的物质管控,迁移限量:不得检出;F. 芳香族伯胺迁移总量:ND（DL = 0.01 mg/kg）,芳香族伯胺和仲胺迁移限量:1 mg/kg
3	2-巯基苯并噻唑	149-30-4	2	添加剂（硫化促进剂）	B. SML = 8 mg/kg 橡胶（24 h 萃取）;D. 授权用于橡胶的硫化用物料之促进剂（总量不超过橡胶产品质量的 1.5%）;E. 规定添加量最大为总量的 0.05%或 1%且迁移限量为 2 mg/kg;F. 限量待定
4	硫化四甲基秋兰姆	97-74-5	60	添加剂（硫化促进剂）	B. 无限量要求;E. 规定添加量最大为总量的 1.2%或 3%且迁移限量为 60 mg/kg;F. 限量待定
5	二苯胍	102-06-7	60	添加剂（硫化促进剂）	B. 该物质被德国、法国、意大利、荷兰在国家层面上许可,SCF 分类已删除;E. 最大用量的 0.3%且迁移限量为 60 mg/kg;F. 限量待定

序号	名称	CAS 号	特定迁移量/(mg/kg)	可能的来源	法规管控及限量要求
6	丙烯腈	107-13-1	ND	合成单体的残留	A. 表 A.2 涂料和涂层、表 A.5 黏合剂和表 A.6 纸制品：ND（丙烯腈：SML，DL=0.01 mg/kg）；B. SML=ND（DL=0.01 mg/kg），SCF-4A；C. ND；E. ND；F. ND（丙烯腈：SML，DL=0.02 mg/kg）
7	邻苯二甲酸酐	85-44-9	60	添加剂（防焦剂/阻燃剂、染料原料）	A. 表 A.3 橡胶制品：按生产需要适量使用，使用范围为全部食品接触用橡胶及制品；B. 无限量要求，立法/许可该物质在橡胶生产中使用的国家有德国、法国、意大利、荷兰等；C. 授权使用，无限量要求；E. 作为硫化剂添加量，迁移限量为 60 mg/kg；F. 允许添加，无限量要求

注：
A. 中国 GB 9685—2016 物质清单；
B. 欧洲委员会 ResAP（2004）4 决议《拟与食品接触的橡胶产品生产中使用的清单（用于橡胶产品的单体和起始物）》；
C. 欧盟（EU）No. 10/2011 关于与食品接触的塑料法规物质清单；
D. 美国 CFR177.2600《可重复使用橡胶制品》2020 年 4 月 1 日法规；
E. 德国 BfR 针对橡胶制品制定的风险评估建议书 NO. XXI of 01 July 2021；
F. 法国（DGCCRF）2020 年 8 月 5 日法令。
SCF-4A：SCF（欧洲委员会食品科学委员会）分类表中第 4A 类物质：无法建立 ADI 或 TDI，但如检测不到其迁移量则可使用的。
ND 表示低于检出限。

6.2.2　食品接触用橡胶奶衬制品中风险物质的筛查及迁移

原料乳是乳制品的基础，有了优质安全的原料乳才能加工成高品质的乳制品。食品接触用橡胶奶衬是挤奶环节所需的部件，奶衬既直接接触奶牛乳头又直接接触原料乳。奶衬在使用过程中有可能引入食品安全风险。因此，亟须开展食品接触用橡胶奶衬中迁移的风险物质的相关研究。

1. 橡胶奶衬在 50%乙醇中的迁移物筛查

征集到 10 种市场常用的食品接触用橡胶奶衬，记为 L1~L10，其中 L1 即上述 R6，为丁腈和丁苯橡胶材质。

橡胶奶衬直接接触鲜奶，根据 GB 31604.1—2015，鲜奶选用 50%乙醇作为食品模拟物。运用 HS-GC/MS、GC-MS 和 LC-QTOF/MS 筛查从橡胶奶衬迁移到 50%乙醇的化学物质，分别筛查得到 13 种、50 种和 8 种物质，其中，经标准品确定的物质见表 6-15 和表 6-16。

表 6-15　GC-MS 法筛查从 L1~L10 迁移到 50%乙醇的物质

序号	保留时间/min	名称	CAS 号	分子量	分子式	RI$_c$	RI$_f$	TTC	检出编号	检出率/%
1	5.90	苯胺*	62-53-3	93.06	C_6H_7N	982	977	III	L1、L6	20
2	6.42	4-氰基-1-环己烯*	100-45-8	107.15	C_7H_9N	1028	—	III	L1	10

序号	保留时间/min	名称	CAS 号	分子量	分子式	RI_c	RI_f	TTC	检出编号	检出率/%
3	6.69	N-甲基苯胺*	100-61-8	107.15	C_7H_9N	1053	1062	III	L2	10
4	6.94	苯乙酮*	98-86-2	120.06	C_8H_8O	1075	1063	I	L1	10
5	7.28	壬醛*	124-19-6	142.14	$C_9H_{18}O$	1107	1081	I	L1	10
6	7.58	N-乙基苯胺*	103-69-5	121.09	$C_8H_{11}N$	1135	1128	III	L4、L8~L9	30
7	8.47	四甲基硫脲*	2782-91-4	132.07	$C_5H_{12}N_2S$	1223	无	III	L2~L3、L8、L10	40
8	8.67	苯并噻唑*	95-16-9	135.01	C_7H_5NS	1243	1220	III	L1~L3、L5~L6、L8、L10	70
9	9.70	2-叔丁基对甲苯酚*	2409-55-4	164.12	$C_{11}H_{16}O$	1352	—	I	L2、L8	20
10	11.08	抗氧化剂264*	128-37-0	220.18	$C_{15}H_{24}O$	1509	1519	II	L2、L4~L6、L8~L9	60
11	12.13	二苯胺*	122-39-4	169.09	$C_{12}H_{11}N$	1639	1634	III	L2~L4、L9~L10	50
12	16.98	防老剂4020*	793-24-8	268.19	$C_{18}H_{24}N_2$	2379	—	III	L1~L3、L5、L7~L8、L10	70
13	17.10	己二酸二(2-乙基己基)酯	103-23-1	370.31	$C_{22}H_{42}O_4$	2400	2398	I	L1~L3、L5~L6、L8、L10	70

注：*已经过标准品确证；RI_c表示实验计算的 RI 值；RI_f表示查找的参考 RI 值。

表 6-16　LC-QTOF/MS 法筛查从 L1~L10 迁移到 50%乙醇的物质

序号	保留时间/min	名称(TTC)	加荷	实际质荷比	二级碎片离子质荷比	CAS 号	分子量	分子式	检出编号	检出率/%
1	6.01	N-甲基苯胺*(III)	$[M+H]^+$	108.0809	93.0574;66.0452	100-61-8	107.15	C_7H_9N	L1~L4、L6~L9	80
2	11.62	二苯胍*(III)	$[M+H]^+$	212.1185	119.0606;94.0650;77.0380	102-06-7	211.26	$C_{13}H_{13}N_3$	L1	10
3	16.48	苯并噻唑*(III)	$[M+H]^+$	136.0216	109.0111;77.0393;65.0388	95-16-9	135.19	C_7H_5NS	L1、L3、L5~L8	60
4	17.00	2-巯基苯并噻唑*(III)	$[M+H]^+$	167.9937	136.0215;124.0212;109.0125;92.0493	149-30-4	167.25	$C_7H_5NS_2$	L1~L3、L5~L10	90
	23.10		$[M-H]^-$	165.9788	134.0068;102.0344;57.9757				L2、L8	20

注：*已经过标准品确证。

通过非靶向筛查的方法对 10 种橡胶奶衬样品的 50%乙醇迁移浸泡液筛查，共检测出 60 种化合物，主要包括 12 大类化合物，即烃类化合物 6 种、醇类化合物 1 种、酚类化合物 5 种、醛类化合物 3 种、酮类化合物 2 种、羧酸类化合物 6 种、酰胺类化合物 5 种、酯类化合物 6 种、胺类化合物 9 种、含硫化合物 9 种、硅氧烷化合物 1 种和其他类化合物 7 种。按照克拉默法则，35 种化合物属于 Cramer III 类物质，可能会给人体健康带来潜在的危害，未来需关注这些物质在橡胶奶衬实际使用中的迁移。

2. 橡胶奶衬中主要风险物质的迁移量检测

苯胺、N-甲基苯胺、DPG、MBT 和 BT 等化合物检出率高，峰面积较高。欧洲委员会 ResAP（2004）4 决议规定 MBT 的特定迁移限量为 8 mg/kg；苯胺和 N-甲基苯胺为不得检出，检出限即迁移限量为 0.01 mg/kg。德国联邦风险评估研究所（Bundesinstitut Für Risikobewertung German Federal Institute，BfR）针对橡胶制品制定的风险评估建议书（No.XXI of 01 July 2021）指出 MBT 和 DPG 的特定迁移量分别为 2 mg/kg 和 60 mg/kg。本章建立了同时测定这 5 种化合物迁移量的 LC-MS/MS 方法。

样品前处理。根据厂家提供的奶衬清洗信息，对每根奶衬在迁移试验前分别用 NaOH 溶液（pH 为 2~14）、磷酸溶液（pH 为 2~3）和自来水进行清洗。清洗后静置晾干 1 h 后再进行迁移试验。

标准储备液的配制：分别准确称取 5 种标准品 0.01 mg，以甲醇将 5 种标准品各等量配制成质量浓度为 1000 mg/L 的标准储备液。混合标准中间液的配制：分别移取 5 种标准储备液各 100 ul 于 10 ml 容量瓶中，用 50%乙醇或超纯水稀释定容后摇匀 30 s，得到浓度为 10 mg/L 的混合标准中间液，4℃冷藏保存。标准工作溶液的配制：用 50%乙醇逐级稀释混合标准中间液，得到 3.0 μg/L、5.0 μg/L、10 μg/L、20 μg/L、50 μg/L、80 μg/L、100 μg/L、200 μg/L、500 μg/L 的混合标准工作溶液，于 4℃冰箱冷藏，待测。

色谱条件：Agilent 1200-6460 型高效液相色谱-三重四极杆串联质谱仪（制造商：美国 Agilent 公司）。色谱柱：Agilent Poroshell 120EC-C18（3 mm×50 mm×2.7 μm）；流速 0.4 ml/min；柱温 40℃；进样量 1 μl；流动相：0.1%甲酸水溶液（A）-乙腈（B）。流动相梯度洗脱条件：0~0.5 min，90%A；0.5~1.0 min，90%~10%A；1.0~4.5 min，10%A；4.5~6.5 min，10%~90%A。

质谱条件：离子源为电喷雾离子源；扫描方式为正离子模式；检测方式为多反应监测（MRM）；干燥气温度 290℃；干燥气流速 5 L/min；雾化气压力 35 psi；鞘气温度 250℃；鞘气流速 11 L/min；毛细管电压 3500 V[37]。

5 种化合物的多反应监测色谱图见图 6-27，5 种化合物的线性方程等信息见表 6-17。

3. 橡胶奶衬中 5 种主要风险物质向食品模拟物的迁移

对于特定迁移限量为不得检出的苯胺和 N-甲基苯胺是根据第一次迁移试验测定结果来评判（图 6-28）。橡胶奶衬中的苯胺在 3 个迁移条件下均有检出，N-甲基苯胺仅有 R4 和 R10 未检出。根据相关法规要求，它们的检出对人体存在健康风险应引起高度关注，有必要改进配方或工艺来控制苯胺和 N-甲基苯胺物质的生成。

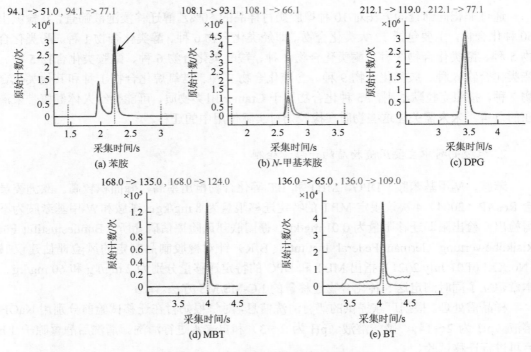

图 6-27　5 种化合物的多反应监测色谱图

表 6-17　5 种化合物的线性方程、检出限与定量限

化合物	线性方程	线性范围/(μg/L)	相关系数（R^2）	检出限/(μg/L)	定量限/(μg/L)
苯胺	$y = 46147.47x - 37033.43$	3～100	0.9999	0.8	3
N-甲基苯胺	$y = 47921.44x - 128320.30$	10～200	0.9998	1	10
DPG	$y = 47255.72x - 104413.30$	10～200	0.9994	1	10
MBT	$y = 890.27x - 3204.97$	20～500	0.9998	10	20
BT	$y = 297.59x - 62.99$	50～500	0.9966	20	50

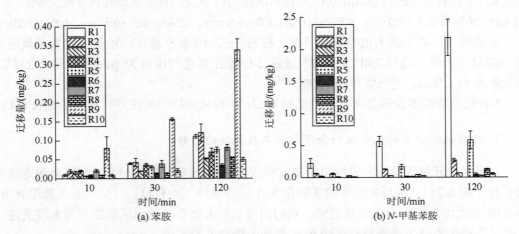

图 6-28　橡胶奶衬（R1～R10）中苯胺和 N-甲基苯胺向 50%乙醇中的迁移量

对于有特定迁移量规定的二苯胍（DPG）和 2-巯基苯并噻唑（MBT）是根据第三次迁移试验测定结果来评判（图 6-29）。DPG 仅在 R1 样品中有检出，均不超标。MBT 10 个样品均没有超过 8 mg/kg 的限值，风险较小。

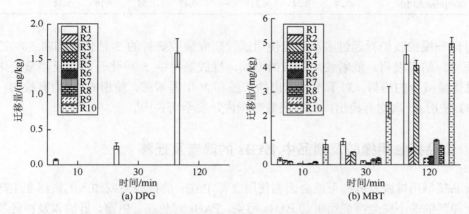

图 6-29　橡胶奶衬中 DPG 和 MBT 向 50%乙醇中的迁移量

对于 BT，三次迁移试验结果如图 6-30 所示，BT 属于 Cramer Ⅲ类物质，有 8 种橡胶奶衬制品有 BT 的迁出，相应的估计每日摄入量（estimated daily intake，EDI）均超过安全阈值[0.09 mg/(人·d)]（表 6-18），对人体健康产生危害的可能性较高，需要引起关注。

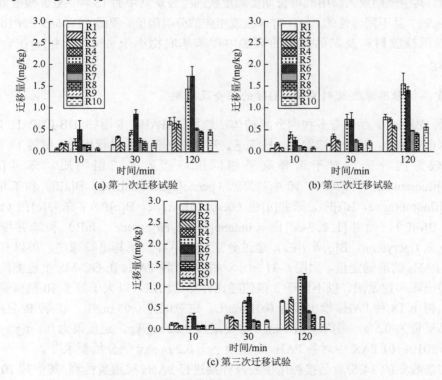

图 6-30　橡胶奶衬中 BT 向 50%乙醇中的迁移量

表 6-18　苯并噻唑的安全评估

样品	L1	L2	L3	L4	L5	L6	L7	L8	L9	L10
最大迁移量/(mg/kg)	0.79	0.73	0.71	—	1.44	1.73	0.52	0.45	—	0.56
EDI/[mg/(人·d)]	0.24	0.22	0.21	—	0.43	0.52	0.16	0.14	—	0.17

对同一根橡胶奶衬通过多次重复使用试验研究橡胶奶衬的 5 种化合物向 50%乙醇的迁移规律。结果表明，随着使用次数的增加，橡胶奶衬中 5 种化合物的迁移量变化不稳定，总体呈减少的趋势。对于不得检出的苯胺和 N-甲基苯胺，使用 60 次均有检出；DPG 和 MBT 使用 60 次均有检出，但在限量范围内，安全可控[37]。

6.2.3　食品接触用橡胶及制品中 PAHs 的筛查及迁移

食品接触用橡胶及制品可能会因为使用含有 PAHs 的橡胶油或加入的炭黑在生产过程中由于原料油的不完全燃烧而引起 PAHs 污染。PAHs 对免疫、生殖、肝脏以及神经具有毒害作用，其中许多是国际癌症研究机构列出的致癌或可能致癌物[38]。国内外许多食品和其他消费品的标准中对 PAHs 的残留量进行了限制，欧盟 REACH 法规附件 17 第 50 条对 8 种强致癌性 PAHs 作出限量，其中玩具及儿童护理产品中可接触到的橡胶部件中任何 PAHs 的残留量不得超过 0.2 mg/kg；德国 AfPS GS 2019：01 PAK[39]对不同材料中 15 种 PAHs 进行了限量，其中预期放入口中或可长期接触皮肤的橡胶玩具中的 15 种 PAHs 残留量的总限值为 1 mg/kg，且不同毒性的 PAHs 有单独或相应的分组限值。我国 GB 9685—2016 中要求食品接触用橡胶材料及制品使用的炭黑中甲苯萃取物小于 1%，苯并[a]芘含量小于 0.25 mg/kg。

1. 食品接触用橡胶及制品中 PAHs 的筛查及检测

18 种 PAHs 中存在着多种同分异构体，选用了 PAHs 专用柱 DB-EUPAH（60 m×250 μm×0.25 μm），对进样口温度、柱流速、升温程序等参数进行优化，使得 18 种 PAHs 得到了较好的分离，对于选择离子相同出峰接近的三组物质，苯并[b]荧蒽（benzo[b]fluoranthene，B[b]F）、苯并[k]荧蒽（benzo[k]fluoranthene，B[k]F）和苯并[j]荧蒽（benzo[j]fluoranthene，B[j]F），苯并[a]芘（benzo[a]pyrene，B[a]P）和苯并[e]芘（benzo[e]pyrene，B[e]P），茚并[1, 2, 3-cd]芘（indeno[1, 2, 3-cd]pyrene，InP）和苯并[g, h, i]芘（benzo[g, h, i]perylene，B[g, h, i]P），通过分别配制单标验证其出峰顺序，可以有效实现对 18 种 PAHs 的准确定量，如图 6-31 所示。根据 18 种 PAHs 在 GC-MS 上检测的灵敏度以确定检出限和定量限，以不低于 3 倍信噪比计算检出限，以大于等于 10 倍信噪比计算定量限，得出 18 种 PAHs 检出限为 0.01 mg/L，定量限为 0.05 mg/L。18 种 PAHs 在甲苯中（样品质量为 0.5 g，最终体积 1 ml）检出限为 0.02 mg/kg，定量限为 0.1 mg/kg，低于 AfPS GS 2019：01 PAK 中对各 PAHs 定量限小于 0.2 mg/kg 的分析要求[40]。

对市场收集的 34 份食品接触用橡胶及样品进行 PAHs 残留量检测，其中共 10 份样品检出不同数量的 PAHs，包括天然橡胶、氟橡胶、丁腈橡胶、三元乙丙橡胶和丁苯/天然复

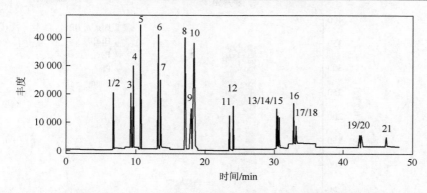

图 6-31　18 种 PAHs（0.1 mg/L）在 DB-EUPAH 色谱柱上的选择离子色谱图

1/2. Nap/Nap-d$_8$；3. Anl；4. Ane；5. Flu；6. Phen；7. An；8. Fla；9. Pyr-d$_{10}$；10. Pyr；11. B[a]A；12. Chr；13. B[b]F；14. B[k]F；15. B[j]F；16. B[a]P；17/18. B[e]P/Per-d$_{12}$；19. DahA；20. InP；21. B[g, h, i]P。其中，Nap-d$_8$、Pyr-d$_{10}$ 和 Per-d$_{12}$ 为内标物

合橡胶等橡胶（S1~S10）。在 S6 中最多同时检出 14 种 PAHs；在 S8 中检出最大总 PAHs 残留量为 16.97 mg/kg。虽然我国尚未对食品接触用橡胶及制品中的 PAHs 进行具体限制，但其中 9 份样品中 15 种 PAHs 残留量的总和超出德国 AfPS 中对类别 1 预期放入口中或可长期接触皮肤的材料的限值 1 mg/kg。

在 S2、S6 和 S8 中检出 B[a]P 等强致癌性的 PAHs，S2 号样品中 B[a]P 的残留量为 0.23 mg/kg。第 3 类致癌物菲（phenanthrene，Phen）、芘（pyrene，Pyr）和荧蒽（fluoranthene，Flt）在 10 份样品中检出率较高，残留量较大[40]。食品接触用橡胶及制品中 PAHs 残留可能带来的安全问题应引起重视。

2. 食品接触用橡胶及制品中 PAHs 的迁移行为和规律

主要样品迁移试验浸泡的条件见表 6-19。样品食品级天然橡胶挤奶衬垫（黑）（S1）、丁苯/天然橡胶挤奶机橡胶奶管（黑）（S8）、橡胶挤奶机橡胶奶管（黑，未知材质）（S9）均为挤奶机的配件部分，在接触奶制品模拟物 50%乙醇时检出 Phen、Flt 和 Pyr 等 PAHs 的迁移量。食品级丁腈橡胶 O 型圈（黑）（S6）应用于各种场合，在 50%乙醇、100℃、2 h 条件下，检出 Phen、Flt 和 Pyr 的同时还有少量的 B[e]P 和 B[g, h, i]P 迁出，PAHs 总迁移量为 345 μg/kg[40]（图 6-32）。

表 6-19　主要样品迁移试验浸泡的条件

编号	接触食品类别	重复使用	S/V	迁移条件
S1	乳制品	是	6 dm^2/L	50%，40℃，0.5 h，三次
S6	各类食品	否	6 dm^2/L	50%，回流温度，2 h
S8	乳制品	是	13 dm^2/L	50%，40℃，30 min，三次
S9	乳制品	是	14 dm^2/L	50%，40℃，30 min，三次

Toxtree 软件（2.6.13 版）判断 18 种 PAHs 均为 Cramer III 类物质，以总 PAHs 迁移量计算 EDI 值为 66.1~981.5 μg/(人·d)，因此迁移量已大于其 TTC 阈值，可能存在食品安全风险。

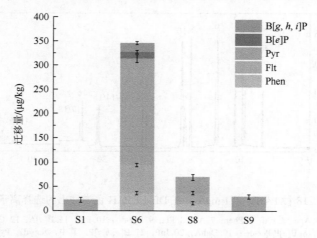

图 6-32　S1、S6、S8 和 S9 的 PAHs 迁移量（后附彩图）

以 S6 为例研究其迁移行为，在不同试验温度下均未检测到其 PAHs 向 4%乙酸和 10%乙醇等食品模拟物中的迁移。而 PAHs 向油脂类食品模拟物中迁移量大小为：异辛烷＞95%乙醇＞50%乙醇。低于大气压的环境不影响 PAHs 的迁移。

由于 Pyr 在橡胶中的残留量普遍较大，同一温度下，Pyr 的迁移量明显高于其他 PAHs；随着温度的提高，PAHs 的迁移速率和最大迁移量显著增大，PAHs 迁出种类也随着温度升高而变多，在 40℃时有 Phen、Flt 和 Pyr 迁出，PAHs 最大总迁移量为 193.3 μg/kg；在 70℃和 100℃时有 Phen、Flt、Pyr、B[e]P 和 B[g, h, i]P 等 PAHs 迁出，PAHs 最大总迁移量分别为 268.1 μg/kg 和 345.2 μg/kg（图 6-33）。所以，食品接触用橡胶及制品在接触油、奶和乙醇含量较高的食品时存在一定 PAHs 迁出的风险，而使用温度的提高会显著增大其可能带来的风险性[40]。

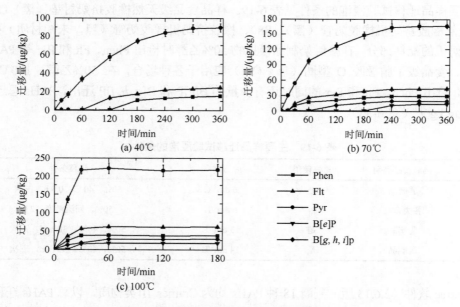

图 6-33　S6 中主要 PAHs 向 50%乙醇的迁移

6.2.4　食品接触用橡胶及制品中防老剂的筛查及迁移

在橡胶奶管的生产过程中，添加适当量和适当种类防老剂，可以抑制物理（光、热、电、机械应力）、化学（臭氧、无机酸碱盐及变价金属离子）、生物（微生物、蚂蚁）等老化因素，从而延缓橡胶使用寿命。橡胶奶管的材质一般是天然橡胶（NR）或丁苯橡胶（SBR）。分别通过乙腈、甲醇、丙酮、乙酸乙酯、正己烷等提取并优化，GC-MS 检测，结合标准品确定了多个防老剂的存在，其中防老剂 4020（6PPD）含量较多，为 Cramer III 类，具有高毒性，并且会水解产生 NIAS。建立了其高效液相色谱-串联二极管阵列检测器（HPLC-DAD）检测方法。液相色谱条件：色谱柱为 Agilent EC-C18 柱（4.6 mm×100 mm×2.7 μm）；进样量是 10 μl；流速是 0.8 ml/min；柱温 36℃；流动相 A 是 0.1%甲酸水溶液，流动相 B 是乙腈；等度洗脱（A∶B = 50%∶50%）。线性方程为 $y = 37.8628x - 1.3843$，检出限为 0.005 μg/ml，定量限为 0.01 μg/ml，样品的平均回收率在 90%～115%，平均相对标准偏差在 0.11%～8.1%，回收率高，重复性好。

防老剂 4020 的迁移行为（图 6-34）说明，温度升高其迁移更活跃，但在水性食品模拟物（10%乙醇，4%乙酸）中，甚至 50%乙醇中，会发生水解作用（图 6-35），水解产物经 HPLC-MS 分析并与标准品对照，鉴定为 4-羟基苯二胺（4-hydroxyphenylenediamine，4PAP）。

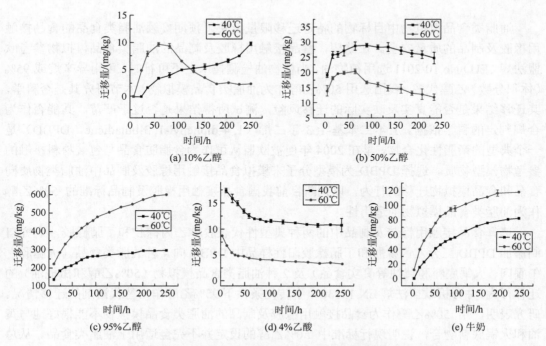

图 6-34　防老剂 4020 向食品模拟物和真实牛奶中的迁移（40℃和 60℃）

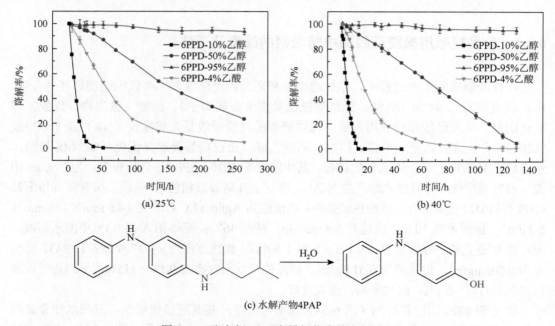

(a) 25℃　　　　　　　　　　　　　(b) 40℃

(c) 水解产物4PAP

图 6-35　防老剂 4020 在模拟物中的水解过程

6.2.5　橡胶接触油脂类食品时食品模拟物的选择

油脂类食品模拟物中目标物的特定迁移限量反映了预期接触油脂类食品的食品接触用橡胶及制品的质量安全。在欧盟，食品接触用橡胶及制品的油脂类食品模拟物参考欧盟法规（EU）No 10/2011 选用植物油，当植物油检测技术上不可行时，可用异辛烷或 95%（体积分数）乙醇代替。我国选用 50%乙醇作为油脂类食品模拟物，本节研究其是否科学，其迁移结果是否能真实反映实际的迁移风险，测试所得结果是否过于严苛，其能否作为合规判定的科学依据。1,4-二苯基-1,3-丁二烯（1,4-diphenyl-1,3-butadiene，DPBD）是一个典型的亲脂性化合物，早在 2004 年便被欧盟认可作为含脂肪食品与包装材料接触的参考物模型物质。选择 DPBD 为模型分子来模拟食品接触用橡胶及制品中油脂类物质向食品和食品模拟物迁移的行为，以判断目前我国食品接触用橡胶及制品标准的 50%乙醇作为油脂类食品模拟物的适用性。

选择食品接触用橡胶及制品中的两种典型性代表胶种乙丙橡胶和丁腈橡胶，研究自制添加 DPBD 三元乙丙橡胶和丁腈橡胶阳性样品中 DPBD 向 4 种油脂类食品（火腿肠、午餐肉、火锅底料和黄油等真实食品）及 2 种油脂类食品模拟物（50%乙醇和橄榄油）的迁移行为，并分析欧盟法规 EN 13130-1 中转化条件下 95%乙醇作为替代溶剂的迁移情况。研究表明，用 50%乙醇作为食品接触用橡胶及制品的油脂类食品模拟物不能很好地与黄油和火锅底料吻合，说明现行标准中 50%乙醇的设定并不完全适用于油脂类食品。从总体上来看，同一个迁移条件下，橄榄油校正前的 DPBD 迁移量均大于对应的四种油脂类食品中的真实迁移量；当接触食品为火锅底料或者黄油等油脂含量较高的食品时，不适合用 50%乙醇作为油脂类食品模拟物，可以选择用橄榄油作为油脂类食品模拟物且不建议对结果进行校正；当接触食品为脂肪含量较低的火腿肠和午餐肉时，可以选择用橄榄油作为食品模拟物且建议对结果进行校正，或选择 50%乙醇且不建议对结果进行校正。当替代溶剂迁移条件参照欧盟标准进行转换时，食品接触用乙丙橡胶不建议采用 95%乙醇作为油脂类食品模拟物的替代溶剂，丁腈橡胶可以采用 95%乙醇作为油脂类食品模拟物的替代溶剂[41]。

6.3　食品接触用硅橡胶及制品

硅橡胶是以线性聚有机硅氧烷为基础的聚合物，加入交联剂、补强填料及其他配合剂，经配合、硫化形成的弹性体[42]。其本质是以—Si—O—Si—为骨架的高聚物（分子量＞148000），通常由 60%～85%高聚硅氧烷、10%～35%白炭黑、3%～5%硅氧烷低聚物和 0.05%～2%功能性助剂构成[43]。硅氧烷性能稳定，其制品广泛应用于食品接触材料，如高压锅密封圈、焙烤模具、硅胶油刷、硅胶锅铲、蒸垫和婴儿奶嘴等。但其中交联剂、抑制剂以及其他小分子物质的迁移，同样会造成食品安全隐患。主要针对硅橡胶中总挥发性物质 VOC、$KMnO_4$ 消耗量、硅氧烷低聚物、2, 4-二氯苯甲酸等风险物质和油脂类食品模拟物等指标展开研究。

6.3.1　食品接触用硅橡胶及制品中挥发性物质筛查

对行业中 10 个代表性样品（表 6-20）进行筛查发现，高锰酸钾消耗量都小于 10 mg/kg。

HS-GC/MS：取 10 ml 水浸泡液于顶空瓶，用 HS-GC/MS 进行分析测定，采用峰面积归一化法进行半定量。在迁移试验结束后取样并及时加盖密封，减少挥发性物质逸出。

HS-GC/MS 条件：加热箱、定量环、传输线温度分别为 80℃、90℃、100℃，平衡时间 30 min。GC 运行时间 31.33 min，后运行时间 2 min；柱温箱在 40℃保持 3 min，并以15℃/min升温至240℃，保持 15 min；色谱柱是 DB-WAX 色谱柱（30 m×250 μm×0.5 μm），流量 1 ml/min，扫描模式为 SCAN。

GC-QTOF/MS：纯水不能直接进样到 GC-QTOF/MS，需要将水中的迁移物质使用有机溶剂提取后进行测试。先向分液漏斗中加入 50 ml 水浸泡液，再加入 10 μl 质量浓度为 100 mg/L 的内标物 4, 4-二氟联苯，用 7.5 ml 二氯甲烷进行液液萃取，合并两次萃取后的有机相，氮吹至 1 ml，用 GC-QTOF/MS 进行分析测定，参照内标物的峰面积进行半定量。

GC-QTOF/MS 条件：Agilent HP-5MS Ultra Inert（30 m×250 μm×0.25 μm）色谱柱；程序升温条件：以 40℃保持 3 min，再以 10℃/min 升至 300℃保持 5 min，后运行为 310℃保持 5 min；扫描模式为 SCAN，扫描范围为 33～900 Da。

表 6-20　食品接触用硅橡胶样品信息

样品编号	样品类型	拟接触食品	使用条件
A1	保鲜盖 6 件套（微波炉加热保鲜盖）	各类食品	材质耐温–40～230℃；实际使用最高温度 120℃，保温温度 80℃；单次加热时间 1 h，保温时长 2 h
A2	硅胶碗	各类食品	材质耐温–40～230℃；实际使用最高温度 120℃，保温温度 80℃；单次加热时间 1 h，保温时长 2 h
A3	折叠杯（蓝色）	乳制品、饮料、水等	最高使用温度 100℃，单次最长使用时间 1 h（100℃，<15 min）
A4	折叠杯（白色）	乳制品、饮料、水等	最高使用温度 100℃，单次最长使用时间 1 h（100℃，<15 min）
A5	揉面垫	各类食品	常温，单次使用时间不超过 12 h
A6	蒸笼垫 5 片装	各类食品	最高使用温度：100℃，保温 80℃；单次最长使用时间 1 h；保温 24 h
A7	香肠模具（绿色/圆形）	油脂类、肉制品等	最高温度是 230℃，保温温度 80℃；单次加热时间 1 h，保温时长 2 h
A8	油刷刮刀两件套	油脂类食品	最高使用温度 220℃；单次最长使用时间：3 min,
A9	高压锅密封圈	各类食品	最高使用温度 135℃，保温 80℃；单次加热时间 1.5 h，80℃保温时间 12 h
A10	橙色麦芬杯	各类食品	最高使用温度：230℃；单次最长使用时间：60 min，重复使用

采用 HS-GC/MS 和丙酮提取、GC-QTOF/MS 进行了挥发性物质筛查，都表明硅橡胶中检出率和含量最高的物质主要为硅氧烷低聚物，其中 HS-GC/MS 中硅氧烷低聚物 D3、D4、D5、D6 检出率 100%，相对含量在 0.71%～36.49%。丙酮提取、GC-QTOF-GC/MS 得到硅氧烷低聚物的检出率和相对含量最高（表 6-21）。其中环状硅氧烷低聚物 D3～D12 均有不同程度检出，除 D4 检出率为 90% 外，其余环状硅氧烷检出率均为 100%，此外也有一些线性的硅氧烷低聚物检出，检出率在 10%～100%[44]。

表 6-21　10 个样品半挥发性物质定性和峰面积归一化法定量结果

保留时间/min	名称	CAS 号	峰面积归一化结果/%									
			A1	A2	A3	A4	A5	A6	A7	A8	A9	A100
3.550	六甲基环三硅氧烷 D3	541-05-9	—	—	0.09	0.09	0.42	0.14	0.13	0.24	0.26	0.54
7.071	八甲基环四硅氧烷 D4	556-67-2	0.35	0.50	3.30	1.50	1.80	—	5.58	7.04	8.14	3.48
9.142	十甲基二氢五硅氧烷	995-83-5			0.11							
9.658	十甲基环五硅氧烷 D5	541-02-6	2.11	0.38	7.74	5.81	5.46	1.24	10.50	9.65	4.22	7.67
9.933	八甲基四硅氧烷	1000-05-1	—	—	—	—	—	—	—	0.13		0.19
12.112	十二甲基环六硅氧烷 D6	540-97-6	5.28	0.79	7.47	6.81	6.24	3.90	10.15	16.21	6.45	9.20
14.292	十四甲基环七硅氧烷 D7	107-50-6	5.48	0.83	5.80	5.82	5.07	7.28	8.09	11.10	5.61	5.90
16.250	十六甲基环八硅氧烷 D8	556-68-3	4.64	0.66	4.26	4.06	3.80	2.67	5.67	4.34	4.18	2.22
17.946	十八甲基环九硅氧烷 D9	556-71-8	4.42	0.85	3.87	3.71	3.67	1.68	4.53	2.69	4.00	1.36

续表

保留时间/min	名称	CAS 号	峰面积归一化结果/%									
			A1	A2	A3	A4	A5	A6	A7	A8	A9	A100
19.301	棕榈酸	57-10-3	—	—	0.74	0.21	0.57	1.19	0.28			
19.468	十六甲基八硅氧烷	19095-24-0	4.61	1.35	4.25	4.04	4.28	1.71	4.18	2.20	4.03	1.20
19.951	2, 4-二氨基-6-苯基-1, 3, 5-三嗪	91-76-9	—	—	—	—	—	0.33				
20.662	未知		—	2.34	—	—	—	—	—			
20.856	十六甲基八硅氧烷	19095-24-0	4.89	—	4.22	4.21	4.40	1.93	0.39	2.19	4.36	1.62
20.998	油酸	112-80-1	—	—	—	—	—	27.74				
21.096	硬脂酸	57-11-4	—	—	0.20	—	0.25	—	0.12			
21.293	十六酰胺	629-54-9	—	—	—	—	—	0.30				
22.123	二十甲基环十硅氧烷 D10	18772-36-6	5.42	3.98	4.76	4.80	5.09	2.26	4.10	2.24	4.85	2.56
22.238	棕榈酸缩水甘油酯	7501-44-2	—	—	—	—	—	0.29				
22.795	油酸酰胺	301-02-0	—	5.05	—	—	—	1.81				
22.996	十四甲基七硅氧烷	19095-23-9	—	—	—	—	—	0.14				
23.297	二十二甲基环十一硅氧烷 D11	18766-38-6	6.50	7.31	5.67	5.97	6.17	3.03	4.74	2.48	6.13	4.33
23.687	丙烯酸-2, 3-环氧丙酯十八烯酸	5431-33-4	—	—	—	—	—	3.54				
23.834	2, 4-双-(1-苯基乙基)苯酚	2769-94-0	—	—	—	—	—	0.14				
23.874	十四烷酸缩水甘油	7460-80-2	—	—	—	—	—	0.16				
24.248	邻苯二甲酸二辛酯	117-81-7	—	0.13	—	—	—	—				
24.403	二十四甲基环十二硅氧烷 D12	18919-94-3	7.42	9.73	6.42	6.79	6.97	3.23	5.27	2.67	6.26	6.03
28.529	亚麻醇	506-43-4	—	—	—	—	—	0.89				
29.608	L7（十六烷基七硅氧烷）	541-01-5	—	5.18	—	4.03	—	0.44	—			

6.3.2　食品接触用硅橡胶及制品中环硅氧烷低聚物的迁移行为和规律

环硅氧烷是一类由—Si—O—键组成的环状有机化合物的统称，可以用 Dn 表示（n 表示硅原子数量）[45]。环硅氧烷是生产硅橡胶制品的主要原材料和中间体，在硅橡胶生产过程中，常因未完全反应、未完全脱除而残留在硅橡胶中。其中 D4～D9 由于分子量较小，特别是 D4～D6，与食品接触后易迁移到食品从而被摄入。

1. 食品接触用硅橡胶及制品中环硅氧烷低聚物的检测及向食品模拟物迁移

开发了食品接触用硅橡胶及制品环硅氧烷残留量和迁移量 GC-MS 检测方法，该方法对环硅氧烷残留量的测定低限为 5 mg/kg，对水性食品模拟物中环硅氧烷的测定低限为 0.05～0.1 mg/kg，对化学替代溶剂中环硅氧烷的测定低限为 0.05 mg/kg。对其中 6 种经常检出的环硅氧烷迁移量建立精准定量检测方法，并对 36 个市场样品进行筛查，其在 MRM 模式下的总离子流色谱图见图 6-36[44]。

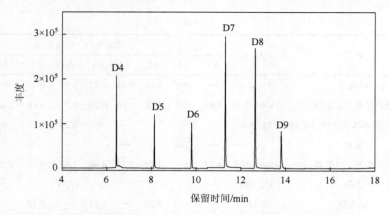

图 6-36　6 种环硅氧烷化合物的在 MRM 模式下的总离子流色谱图（0.2 ml/L）

36 个样品 4%乙酸和 10%乙醇的第 1 次和第 3 次浸泡液中均未检出 D4～D9，说明环硅氧烷低聚物很少迁移到水性食品；有 12 个样品的 50%乙醇浸泡液中有 D4～D9 检出，占 33.3%。

从表 6-22 看出，7 个安抚奶嘴样品的 50%乙醇浸泡液中均未检出 D4～D9 的迁移，安全性较高；6 个吸管样品中仅有 1 个样品的 50%乙醇浸泡液中存在少量 D7～D9 检出（A50，合计 0.25 mg/kg），整体安全性也较高；2 个厨房电器门封条的 50%乙醇浸泡液中 D4～D9 均有检出，且迁移量较大（合计 2.48～5.33 mg/kg），而实际使用时它们遇到 50%乙醇的概率较低，杜绝这种接触就能保证安全。

表 6-22　硅橡胶样品中 6 种环硅氧烷向 50%乙醇的迁移量

样品编号	样品名称	迁移条件	类别	迁移量/(mg/kg)						
				D4	D5	D6	D7	D8	D9	合计
A03	折叠杯 1	100℃ 1 h	1	0.101	0.583	0.871	0.404	0.176	0.106	2.24
			3	—	0.148	0.320	0.217	0.134	0.097	0.92
A04	折叠杯 2	100℃ 1 h	1	1.522	1.923	0.943	0.280	0.111	0.070	4.85
			3	0.166	0.232	0.147	0.067	—	—	0.61
A05	揉面垫	40℃ 24 h	1	0.342	0.311	0.162	0.050	—	—	0.87
			3	0.336	0.330	0.176	0.055	—	—	0.90
A15	牙胶	100℃ 4 h	1	0.664	0.327	0.283	0.114	0.050		1.44
			3	0.312	0.129	0.094	0.060			0.60
A16	吸盘碗垫（绿色）	100℃ 4 h	1/3	—	—	—	—	—	—	
A17	保鲜盒密封条（绿色）	100℃ 4 h	1/3	—	—	—	—	—	—	
A18	水杯密封圈	100℃ 4 h	1/3	—	—	—	—	—	—	
A19	吸管 1	100℃ 4 h	1/3							
A20	喂药器吸球（黄色）	100℃ 4 h	1/3	—	—	—	—	—	—	
A21	机械奶衬 1	40℃ 0.5 h	1/3							

续表

样品编号	样品名称	迁移条件	类别	迁移量/(mg/kg)						
				D4	D5	D6	D7	D8	D9	合计
A23	厨房电器门封条 1	100℃ 8 h	1	0.083	0.479	0.860	0.584	0.312	0.163	2.48
			3	0.102	0.595	1.012	0.450	0.450	0.450	3.06
A24	厨房电器门封条 2	100℃ 8 h	1	0.274	1.120	1.745	1.237	0.643	0.306	5.33
			3	0.184	1.246	1.835	0.967	0.454	0.243	4.93
A25	加热盘密封圈	100℃ 8 h	1	0.442	1.371	1.200	0.650	0.296	0.163	4.12
			3	0.400	1.238	1.054	0.579	0.275	0.146	3.69
A26	锅口密封圈 1	100℃ 8 h	1	—	0.095	—	—	—	—	0.09
			3	—	0.063	—	—	—	—	0.06
A27	锅口密封圈 2	100℃ 8 h	1/3	—	—	—	—	—	—	—
A28	安抚奶嘴 1	40℃ 24 h	1/3	—	—	—	—	—	—	—
A29	安抚奶嘴 2	40℃ 24 h	1/3	—	—	—	—	—	—	—
A30	安抚奶嘴 3	40℃ 24 h	1/3	—	—	—	—	—	—	—
A31	安抚奶嘴 4	40℃ 24 h	1/3	—	—	—	—	—	—	—
A32	蝶翼型乳头保护罩	40℃ 24 h	1/3	—	—	—	—	—	—	—
A33	安抚奶嘴 5	40℃ 24 h	1/3	—	—	—	—	—	—	—
A34	安抚奶嘴 6	40℃ 24 h	1/3	—	—	—	—	—	—	—
A35	密封垫 1	40℃ 24 h	1/3	—	—	—	—	—	—	—
A36	吸管 2	100℃ 1 h	1/3	—	—	—	—	—	—	—
A37	吸管 3	100℃ 1 h	1/3	—	—	—	—	—	—	—
A38	密封垫 2	100℃ 1 h	1/3	—	—	—	—	—	—	—
A39	吸管 4	100℃ 1 h	1/3	—	—	—	—	—	—	—
A40	紫色奶管	40℃ 0.5 h	1/3	—	—	—	—	—	—	—
A41	机械奶衬 2	40℃ 0.5 h	1	0.094	0.052	—	—	—	—	0.15
			3	0.089	0.083	0.057	—	—	—	0.23
A43	吸管 5	70℃ 1 h	1/3	—	—	—	—	—	—	—
A44	安抚奶嘴 7	40℃ 24 h	1/3	—	—	—	—	—	—	—
A46	复合硅胶勺	100℃ 1 h	1/3	—	—	—	—	—	—	—
A47	蛋糕盘	100℃ 24 h	1	0.116	—	—	—	—	—	0.12
			3	0.096	—	—	—	—	—	0.10
A48	玻璃盖包边	100℃ 8 h	1	0.258	—	0.188	0.271	0.154	0.079	0.95
			3	0.163	—	0.188	0.363	0.242	0.150	1.11
A50	吸管 6	100℃ 1 h	1	—	—	—	0.063	0.089	0.093	0.25
			3	—	—	—	—	—	—	—

注：浸泡液类别中 "1" 代表第一次浸泡，"3" 代表第三次浸泡。

　　表 6-23 的 10 个样品中，婴儿水杯吸管（A37）和 2 号揉面垫（A45）样品未测到 D4～D9 迁移，其余 8 个样品均有不同程度的迁移，不同样品之间迁移量相差较大，95% 乙醇和异辛烷中 D4～D9 迁移量总和最大值分别为 277.03 mg/kg（A04 蓝色折叠杯）和

237.65 mg/kg（A24 门封条）；有检出的 8 个样品中，第 1 次迁移试验中 D4～D9 的迁移量均大于第 3 次迁移，在第 1 次迁移试验中已经产生较大程度的迁移。硅氧烷聚合度越高，其迁移得越慢[44]。

表 6-23　硅橡胶样品中 D4～D9 向 95%乙醇和异辛烷的迁移结果

样品编号	样品名称	迁移条件	类别	迁移量/(mg/kg)						
				D4	D5	D6	D7	D8	D9	合计
A03	白色折叠杯	95%乙醇 60℃ 3 h	1	14.52	56.86	59.19	34.48	23.50	19.40	207.96
			3	1.26	3.96	7.26	6.87	6.18	5.60	31.14
		异辛烷 60℃ 1 h	1	8.03	31.97	36.86	22.61	16.80	15.65	131.91
			3	—	2.20	6.43	6.03	5.42	5.20	25.28
A04	蓝色折叠杯	95%乙醇 60℃ 3 h	1	39.17	78.32	71.25	40.61	26.24	21.43	277.03
			3	—	—	3.53	3.22	2.48	2.21	11.44
		*异辛烷 60 1 h	1	26.68	57.18	58.08	37.15	27.82	27.66	234.57
			3	—	—	3.32	2.71	—	—	8.19
A05	揉面垫 1	95%乙醇 60℃ 6 h	1	25.77	54.18	49.65	26.77	17.94	15.49	189.79
			3	—	—	—	—	—	—	—
		异辛烷 60℃ 4 h	1	13.44	30.61	31.33	19.50	15.36	15.87	126.11
			3	—	—	—	—	—	—	—
		95%乙醇 40℃ 10 d	1	1.01	1.66	1.92	1.24	0.84	0.73	7.41
			3	—	—	—	—	—	—	—
		异辛烷 20℃ 2 d	1	0.31	0.65	0.96	0.78	0.56	0.58	3.83
			3	—	—	—	—	—	—	—
A14	玻璃盖包边	95%乙醇 60℃ 6 h	1	4.70	3.15	4.26	3.69	4.05	5.31	25.15
			3	—	—	—	—	—	—	—
		异辛烷 60℃ 4 h	1	2.91	2.54	4.31	4.18	5.28	8.71	27.92
			4	—	—	—	—	—	—	—
A24	门封条	95%乙醇 60℃ 6 h	1	17.01	60.05	66.10	41.87	26.59	21.07	232.68
			3	2.39	13.00	17.61	13.41	10.04	9.44	65.88
		异辛烷 60℃ 4 h	1	12.87	50.97	62.74	—	34.06	32.01	237.65
			3	—	—	—	—	—	—	—
A37	婴儿吸管杯	95%乙醇 60℃ 3 h	1/3	—	—	—	—	—	—	—
		异辛烷 60℃ 1 h	1/3	—	—	—	—	—	—	—
A42	婴儿奶瓶	95%乙醇 60℃ 3 h	1	—	—	—	—	—	—	6.13
			3	—	—	—	—	—	—	—
		异辛烷 60℃ 1 h	1	—	—	2.20	—	—	—	4.39
			3	—	—	—	—	—	—	—
A45	揉面垫 2	95%乙醇 40℃ 10 d	1/3	—	—	—	—	—	—	—
		异辛烷 20℃ 2 d	1/3	—	—	—	—	—	—	—
A46	婴儿勺	95%乙醇 60℃ 3 h	1	—	—	—	—	—	2.43	2.43
			3							

续表

样品编号	样品名称	迁移条件	类别	迁移量/(mg/kg)						
				D4	D5	D6	D7	D8	D9	合计
A46	婴儿勺	异辛烷 60℃ 1 h	1	—	—	—	—	2.22	2.578	4.80
			3	—	—	—	—	—	—	
A50	婴儿吸管	95%乙醇 60℃ 3 h	1	—	—	2.86	3.47	4.65	5.96	19.11
			3	—	—	—	—	—	—	
		*异辛烷 60℃ 1 h	1	—	—	—	5.50	8.65	12.51	26.66
			3	—	—	—	—	—	—	

注: 类别中"1"和"3"代表第1次和第3次迁移所得浸泡液; *代表样品在迁移过程中发生褪色(在95%乙醇中)或溶胀(异辛烷中)。

2. 食品接触用硅橡胶焙烤模具中硅氧烷低聚物的迁移行为和规律

食品接触用硅橡胶产品丰富,以工作条件比较恶劣的硅橡胶(silicone rubber,SR)焙烤模具为例,其可用于烘箱、微波炉和冰箱等,经受高温、微波和冷冻等恶劣加工条件。在使用过程中,硅橡胶的性能发生变化,其中的硅氧烷低聚物、交联剂、抑制剂及其他小分子物质可能会更容易发生迁移。

（1）硅橡胶焙烤模具的性能变化

经焙烤与微波处理后,硅橡胶的拉伸强度(TS)和断裂伸长率(EAB)会降低,但硅橡胶焙烤模具依然满足使用要求[图 6-37（a）]。硅橡胶的分子链相当柔顺,键间相互作用力弱;温度升高使聚硅氧烷分子运动单元的热运动更加活跃,导致高聚物体积的膨胀,从而增大了高聚物的自由空间。经焙烤与微波处理后,硅橡胶焙烤模具的最大失重温度(551.2℃)和终止分解温度(665.0℃)没有发生变化[图 6-37（b）],残余量约为37.68%,说明焙烤与微波处理不会改变硅橡胶焙烤模具的热稳定性。在日常使用中,为了避免硅橡胶焙烤模具受到外力的作用而破坏其结构,不宜使用锋利的金属工具来切蛋糕或清洗模具[46]。

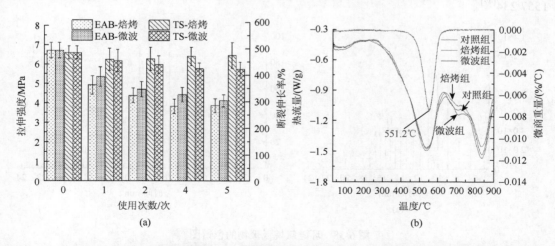

图 6-37　不同处理后的硅橡胶焙烤模具的拉伸强度和断裂伸长率（a）；不同处理后的硅橡胶焙烤模具的
差示扫描（DSC）曲线（b）（后附彩图）

（2）硅橡胶焙烤模具中环硅氧烷低聚物的筛查

参照《婴幼儿安抚奶嘴安全要求》（GB 28482—2012）对 VOC 进行测定，某焙烤模具中总挥发性有机物为 2.53%（质量分数），已超出德国联邦风险评估研究所对硅橡胶制品的总挥发性有机物的 0.5%（质量分数）限量。而焙烤和微波后再次使用可降低硅橡胶焙烤模具中的总挥发性有机物[47]。

高挥发性有机物含量为硅橡胶制品中的化学物质向食品的迁移提供了可能。预实验中发现 SR 焙烤模具中环硅氧烷低聚物向异辛烷的迁移能力大于 95%乙醇和 Tenax®，并且在异辛烷和 95%乙醇中环硅氧烷低聚物的迁出种类较多，因此这里通过 GC-MS、APGC-QTOF/MS 对硅橡胶焙烤模具中迁移到异辛烷（70℃，2 h）的化学物质进行定性分析。

GC-MS 的检测条件：采用美国 Agilent 公司制造的 6890N-5975B。色谱柱为 HP-5 MS（30 m×0.25 mm×0.25 μm）；升温程序为 40℃保持 2 min，以 20℃/min 速率升温至 315℃，维持 8 min；采用不分流进样；进样量为 1 μl；氦气气体流量为 1 ml/min；进样口温度为 250℃；采用电子轰击离子源；质量检测器设置为全扫描模式（范围为 m/z 50～800）。

APGC-QTOF/MS 检测条件：采用美国 Agilent 公司和 Waters 公司制造的 6890N-Xevo G2。色谱柱为 HP-5 MS（30 m×0.25 mm×0.25 μm）；载气为氦气，气体流速为 2 ml/min；进样口温度为 280℃；采用不分流进样；进样量为 1 μl；程序升温为 40℃保持 2 min，以 20℃/min 速率升温至 315℃，维持 8 min；APGC 接口补充气体为 N_2，气体流速为 300 ml/min；传输线温度为 300℃；采用大气压气相色谱电离源（AP）；采用 Xevo G2 型飞行时间质谱仪，采用离子化模式为 AP+；电晕针电压为 2.5 kV；锥孔气流速为 200 L/h；辅助气流速为 200 L/h；离子源温度为 150℃；采集模式为全扫描模式；低碰撞能量为 4 eV；高碰撞能量为 10～45 eV；采集质量范围为 50～1800 Da。使用 Waters 的 MassLynx 软件收集和处理获得的数据。

GC-MS、APGC-QTOF/MS 定性结果见图 6-38 及表 6-24，发现迁出的主要物质还是环硅氧烷低聚物，其分子式为[Si(CH$_3$)$_2$—O]$_n$（n = 4，5，…，21），分子量为 296.616～1557.234[47]。

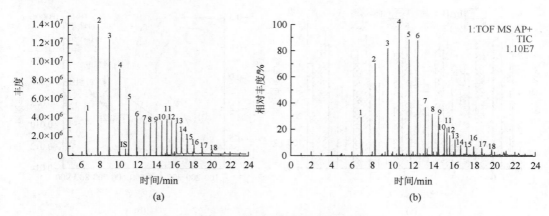

图 6-38　环硅氧烷低聚物的色谱图

（a）GC-MS；（b）APGC-QTOF/MS

表 6-24　硅橡胶焙烤模具中迁移到异辛烷（70℃，2 h）的环硅氧烷低聚物的信息

序号	出峰时间/min	名称	缩写	分子式	聚合度	分子量	CAS 号	结构式
1	6.934	八甲基环四硅氧烷	D4	$C_8H_{24}O_4Si_4$	4	296.6160	556-67-2	
2	8.255	十甲基环五硅氧烷	D5	$C_{10}H_{30}O_5Si_5$	5	370.7700	541-02-6	
3	9.526	十二甲基环六硅氧烷	D6	$C_{12}H_{36}O_6Si_6$	6	444.9240	540-97-6	
4	10.635	十四甲基环七硅氧烷	D7	$C_{14}H_{42}O_7Si_7$	7	519.0780	107-50-6	
5	11.602	十六甲基环八硅氧烷	D8	$C_{16}H_{48}O_8Si_8$	8	593.2320	556–68-3	
6	12.441	十八甲基环九硅氧烷	D9	$C_{18}H_{54}O_9Si_9$	9	667.3860	556–71-8	

序号	出峰时间/min	名称	缩写	分子式	聚合度	分子量	CAS 号	结构式
7	13.192	二十甲基环十硅氧烷	D10	$C_{20}H_{60}O_{10}Si_{10}$	10	741.5400	18772-36-6	
8	13.875	二十二甲基环十一硅氧烷	D11	$C_{22}H_{66}O_{11}Si_{11}$	11	815.6940	18766-38-6	
9	14.480	二十四甲基环十二硅氧烷	D12	$C_{24}H_{72}O_{12}Si_{12}$	12	889.8480	18919-94-3	
10	15.076	二十六甲基环十三硅氧烷	D13	$C_{26}H_{78}O_{13}Si_{13}$	13	964.0020	23732-94-7	
11	15.317	二十八甲基环十四硅氧烷	D14	$C_{28}H_{84}O_{14}Si_{14}$	14	1038.1560	149050-40-8	
12	15.618	三十甲基环十五硅氧烷	D15	$C_{30}H_{90}O_{15}Si_{15}$	15	1112.3100	23523-14-0	

序号	出峰时间/min	名称	缩写	分子式	聚合度	分子量	CAS 号	结构式
13	16.130	三十二甲基环十六硅氧烷	D16	$C_{32}H_{96}O_{16}Si_{16}$	16	1186.4640	150026-95-2	
14	16.687	三十四甲基环十七硅氧烷	D17	$C_{34}H_{102}O_{17}Si_{17}$	17	1260.6180	150026-96-3	
15	17.274	三十六甲基环十八硅氧烷	D18	$C_{36}H_{108}O_{18}Si_{18}$	18	1334.7720	23523-12-8	
16	17.967	三十八甲基环十九硅氧烷	D19	$C_{38}H_{114}O_{19}Si_{19}$	19	1408.9260	150026-97-4	
17	18.750	四十甲基环二十硅氧烷	D20	$C_{40}H_{120}O_{20}Si_{20}$	20	1483.0800	150026-98-5	
18	19.728	四十二甲基环二十一硅氧烷	D21	$C_{42}H_{126}O_{21}Si_{21}$	21	1557.2340	23523-13-9	

3. 硅橡胶焙烤模具中环硅氧烷低聚物的迁移

（1）硅橡胶焙烤模具中环硅氧烷低聚物向食品模拟物的迁移

以正十六烷烃作为内标（IS），使用十甲基环五硅氧烷（D5）在正己烷中进行了半定量分析。D5 标准溶液中 IS 的浓度为 15 μg/ml（23 μg/g）。使用标准品在 1.43～125 μg/g 范围内绘制标准曲线。以每个环硅氧烷低聚物的峰面积与 IS 的峰面积的比值在标准曲线中计算出其含量。1.88 ml 的 95%乙醇、异辛烷和正己烷的质量分别为 1.5119 g、1.3010 g 和 1.2312 g。根据欧盟法规（EU）No 10/2011 规定的每 6 dm² 的食品接触材料接触的食品模拟液的质量为 1 kg 或每 1 dm² 的食品接触材料接触的固体食品模拟物 Tenax® 的质量为 4 g，1.88 ml 的 95%乙醇、异辛烷和正己烷的质量转换因子分别为 0.786、0.690 和 1.231。所有标准品均直接注入气相色谱-质谱联用仪中，并确定 GC-MS 方法的分析参数。每种环硅氧烷低聚物的迁移量计算公式（6-2），如下：

$$M = N_i \times Q_i \tag{6-2}$$

其中，M 为每种环硅氧烷低聚物迁移至食品模拟物的含量（单位：mg/kg）；N_i 为 95%乙醇、异辛烷和正己烷对应的质量转换因子；Q_i 为每种环硅氧烷低聚物在标准曲线中计算得到的含量（单位：μg/g）。

硅橡胶制品中环硅氧烷低聚物在不同食品模拟物中的迁移能力不同。硅橡胶焙烤模具中环硅氧烷低聚物向异辛烷的迁移能力大于 95%乙醇和 Tenax®，并且在异辛烷和 95%乙醇中环硅氧烷低聚物的迁出种类比 Tenax® 多，在 4%乙酸和 10%乙醇中几乎没有迁出。模拟硅橡胶焙烤模具真实使用环境，将焙烤模具放置 175℃烤箱中加热 30 min、150 min 和 300 min；放置 800 W 微波炉中微波 5 min、25 min 和 50 min；放置−18℃冰箱中冷冻 60 min、300 min 和 600 min 后，选择异辛烷和 95%乙醇作为油脂类食品模拟物，Tenax® 作为固态食品模拟物，在 70℃条件下迁移 2 h[47]。

从图 6-39 看出，焙烤处理 300 min 后，环硅氧烷低聚物向食品模拟物迁移总体降低，其中 D7～D12、D14 的迁移量已低于检出限；微波处理 50 min 后，D4～D12 的迁移量显著下降（$p < 0.05$）；冷冻处理 600 min 后，D4～D6 的迁移量显著下降（$p < 0.05$）。

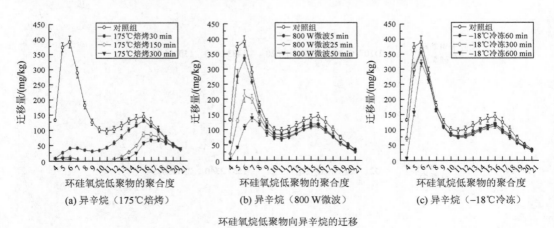

环硅氧烷低聚物向异辛烷的迁移

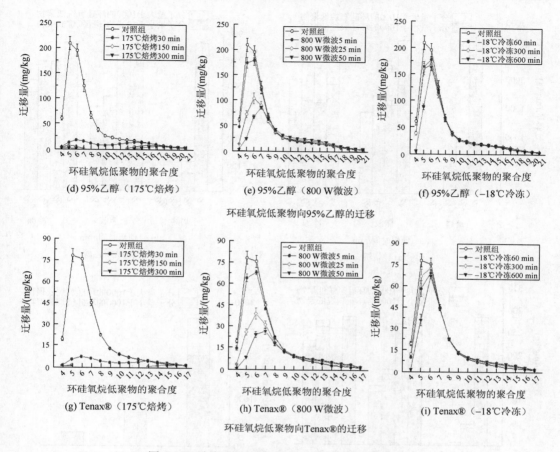

(d) 95%乙醇（175℃焙烤）

(e) 95%乙醇（800 W微波）

(f) 95%乙醇（−18℃冷冻）

环硅氧烷低聚物向95%乙醇的迁移

(g) Tenax®（175℃焙烤）

(h) Tenax®（800 W微波）

(i) Tenax®（−18℃冷冻）

环硅氧烷低聚物向Tenax®的迁移

图 6-39　硅橡胶焙烤模具中环硅氧烷低聚物的迁移

　　一般而言，监管机构最关心的是来自食品接触材料中分子量小于 1000 的化学物质，因为这些物质最可能在胃肠道中被吸收，也被认为是具有毒理学风险的物质[48]。环硅氧烷低聚物最容易向异辛烷迁移，其次是 95%乙醇和 Tenax®。SR 焙烤模具中环硅氧烷低聚物在 70℃下向食品模拟物迁移 2 h 后，食品模拟物异辛烷中分子量小于 1000 的环硅氧烷低聚物占总环硅氧烷低聚物含量的 70.7%，而 95%乙醇中占 91.8%，Tenax®中占 97.2%（图 6-40）。这表明向食品模拟物发生迁移的环硅氧烷低聚物主要是分子量小于 1000 的环硅氧烷低聚物，并且其含量高，对人体构成健康风险[49]。

　　（2）硅橡胶蛋糕焙烤模具中环硅氧烷低聚物 D4～D6 向食品的迁移

　　环硅氧烷低聚物是生产硅橡胶制品的主要原料和中间体，在硅橡胶生产过程中，常因未完全反应、未完全脱除而残留在硅橡胶中。欧洲化学品管理局（ECHA）于 2021 年建议欧盟委员会将 D4、D5 和 D6 等三种环硅氧烷低聚物列入 SVHC 清单。

　　采用溶剂提取-气质联用法，提取溶剂为正己烷，超声提取时间为 30 min，建立了对食品接触用 SR 中 D4～D6 含量的检测方法。

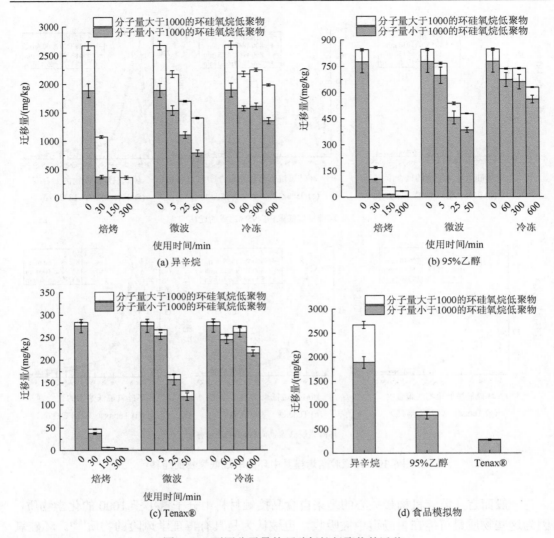

图 6-40　不同分子量的环硅氧烷低聚物的迁移

（3）GC-MS 条件[50]

HP-5 MS 色谱柱（30 m×250 μm×0.25 μm，购自美国 Agilent 公司）；载气为高纯氦气，纯度≥99.999%；载气流速为 1.5 ml/min，进样口温度为 230℃；分流比为 2∶1；升温程序为 40℃保持 1 min，以 20℃/min 速率升温至 315℃，保持 4 min。离子源为电子轰击（EI）；电子能量为 70 eV；四极杆温度为 150℃；离子源温度为 230℃，传输线温度为230℃；采用选择离子检测模式，其中 D4 的质荷比为 281.00、282.00、133.00；D5 的质荷比为 355.0、267.00、73.00；D6 的质荷比为 341.00、429.00、325.00、73.00；溶剂延迟4.5 min。

而 SR 焙烤模具中的 D4～D6 易向 60℃的 95%乙醇发生迁移，且 D4 的迁移率最大，其次是 D5 和 D6。

由于 SR 焙烤模具的使用条件比较恶劣,有必要对焙烤模具类 SR 中的 D4~D6 继续建立在真实使用条件下向油脂类食品模拟物橄榄油和固体食品模拟物 Tenax®中的迁移以及其在真实食品加工过程中的迁移检测方法。

（4）高温焙烤时 D4~D6 向橄榄油的迁移

根据欧盟法规（EU）No. 10/2011,选择橄榄油作为油脂类食品模拟物进行迁移试验。SR 焙烤模具样品放置在接触面积为 0.1256 dm^2 的单面接触的迁移试验池中,加入 21.00 ml 已预热（175℃）的橄榄油。然后将迁移装置放入 175℃的烘箱中进行 20~420 min 的迁移试验。使用铝箔代替 SR 焙烤模具作为对照组,迁移时间为 420 min。迁移试验结束后,将橄榄油转移到玻璃瓶中密封,冷却至室温,避免硅氧烷的损失。在迁移试验中需要注意避免因长时间的高温加热导致橄榄油溢出。待橄榄油冷却至室温后,取 0.5000 g 橄榄油模拟液稀释至 5.0000 g。采用顶空气相色谱-质谱联用法（HS-GC/MS）测定了迁移到橄榄油中的 D4~D6 的含量。

（5）微波焙烤时 D4~D6 向橄榄油的迁移

在一个内部表面积为 0.2463 dm^2 的玻璃培养皿中,加入 41.00 ml 橄榄油,其培养皿的表面积与橄榄油体积之比为 6 dm^2/L。将半径为 3.00 cm 的 SR 焙烤模具样品置于玻璃培养皿的液体表面,并盖上内径为 3.20 cm 的培养皿盖。在此之后,在培养皿盖的顶部放置一个实心玻璃塞,以避免橄榄油溢出,并确保样品与橄榄油充分接触,将培养皿放置微波炉中。微波炉条件设定为 800 W,迁移时间为 2.5~25 min。以加入等量的橄榄油,微波时间为 25 min,且不放 SR 焙烤模具的培养皿为对照组。此外,在加热过程中,一些橄榄油可能会溢出来。因此,为了更好地比较迁移结果,补加橄榄油到培养皿中,保持 41.00 ml 的模拟液。各次迁移试验重复三个平行样。采用 HS-GC/MS 法测定 D4~D6 的含量。

（6）高温焙烤时 D4~D6 向 Tenax®的迁移

蛋糕在焙烤的过程中会由糊状逐渐转变成固态,并具有一定的多孔性,故选择 Tenax® 作为蛋糕的固体食品模拟物。SR 焙烤模具样品置于培养皿底部,在其表面均匀铺上 0.9850 g 的 Tenax®,Tenax®质量与 SR 焙烤模具的表面积之比为 4 g/dm^2。盖好培养皿,将其放入 175℃的烤箱中,迁移试验时间为 15~420 min。以无 SR 焙烤模具且含 0.9850 g Tenax®的培养皿为对照组,迁移时间为 15 min。对于每个测试,使用三个平行的样本。迁移结束后将冷却至室温的 0.5000 g Tenax®转移到装有 5 ml 正己烷的干净玻璃瓶中密封,然后在 16℃±2℃下进行超声提取 30 min。提取后的溶液经涡旋混匀 30 s 后,再使用 0.22 μm 过滤器过滤,用 GC-MS 检测。

（7）微波焙烤时 D4~D6 向 Tenax®的迁移

SR 焙烤模具样品置于培养皿底部,在其表面均匀铺上 0.9850 g Tenax®,盖上另一块培养皿,然后将其放入 800 W 的微波炉中进行迁移。以无 SR 焙烤模具样品且含 0.9850 g Tenax®的培养皿为对照组,迁移时间为 25 min。对于每个测试,重复三个平行样。Tenax® 中的 D4~D6 的提取方法同上。

（8）HS-GC/MS 操作条件

顶空瓶在 90℃中平衡 30 min。随后,1 ml 顶空样品被吸入 GC 注射器端口,通过

HP-5MS 色谱柱（30 m×250 μm×0.25 μm）。在 70 eV 下进行电子碰撞电离，转移线温度和离子源温度保持在 250℃。

（9）质谱仪及 GC-MS 的分析条件与步骤

同 D4～D6 的含量和迁移测定。

由图 6-41 可知，SR 焙烤模具中 D4～D6 在 175℃高温和 800 W 微波使用条件下会向油脂类食品模拟物橄榄油和固体食品模拟物 Tenax®发生迁移，且 D4～D6 向橄榄油的迁移能力大于向 Tenax®的迁移能力。由于 GB 4806.11—2016 尚未明确 SR 焙烤模具中环硅氧烷低聚物的特定迁移温度和时间，且 SR 焙烤模具在实际情况下是可重复在高温和微波条件下使用的，对比了模具中 D4～D6 在真实使用条件下的迁移量和最大迁移量，SR 焙烤模具中 D4～D6 在实际使用条件分别为 175℃焙烤 30 min 和 800 W 微波 5 min 时向橄榄油的迁移量均小于其参照标准时的最大迁移量[50]。因此进一步研究 SR 焙烤模具用于焙烤真实食品蛋糕时，D4～D6 向蛋糕迁移的状况。

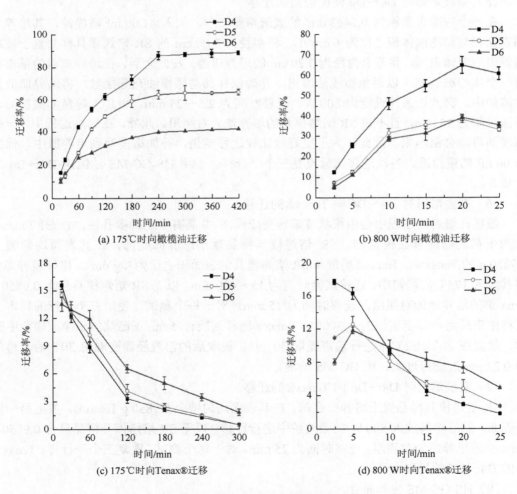

图 6-41　D4～D6 向食品模拟物的迁移

　　制备蛋糕，SR 模具和铝合金焙烤模具中不抹油。烤箱的温度设置为上火温度 180℃，下火温度 175℃。以铝合金焙烤模具作为焙烤对照，SR 模具作为试验组，均焙烤 3 份[47,51]。

　　取离蛋糕边缘 1.00 cm 宽的部分蛋糕作为边缘的蛋糕样品；将蛋糕中间位置的底部高 1.00 cm 处的蛋糕作为底部的蛋糕样品；取蛋糕中间长 24.00 cm、宽 1.00 cm 位置作为整体蛋糕样品，分别使用料理机快速粉碎，存放离心管中，拧紧盖子，待用。

　　建立蛋糕中 D4～D6 含量的检测方法。用乙腈作为溶剂，20 min 超声辅助 3 次提取蛋糕的 D4～D6。GC-MS 的分析条件与步骤同上[51]。

　　焙烤用油的种类可影响蛋糕中 D4～D6 的含量。使用花生油或玉米油焙烤的蛋糕中 D4～D6 的含量明显大于使用橄榄油焙烤的蛋糕中的含量（图 6-42）。因此橄榄油不适合作为食品模拟物，尤其是使用玉米油和花生油焙烤蛋糕时。同时，即使是同一种焙烤用油，D4～D6 的迁移行为也不相同，这可能是不同品牌的焙烤用油的脂肪酸组成和含量不同。随着重复焙烤次数的增加，模具中 D4～D6 迁移到蛋糕中的含量显著地下降（$p < 0.05$）（图 6-43）。所以

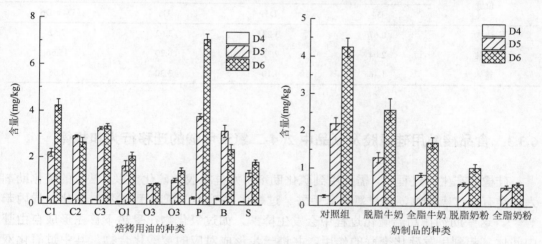

图 6-42　焙烤用油种类、奶制品种类对硅橡胶焙烤模具中 D4～D6 迁移到蛋糕的影响

C：玉米油；O：橄榄油；P：花生油；S：葵花籽油；B：黄油

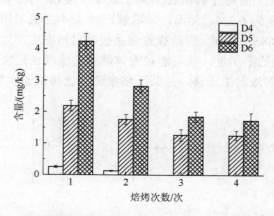

图 6-43　硅橡胶焙烤模具重复焙烤次数对 D4～D6 迁移至蛋糕的影响

当使用新的硅橡胶焙烤模具时，最好将第一次焙烤的蛋糕舍弃，可以降低健康风险。而在蛋糕配方中添加牛奶或奶粉可以显著（$p<0.05$）降低蛋糕中 D4～D6 的含量（图 6-42），这可能与蛋糕中含有蛋白质、脂质和水分有关[46]。

4. 硅橡胶焙烤模具中环硅氧烷低聚物的安全评估

使用硅橡胶焙烤模具焙烤蛋糕时，蛋糕被检出环硅氧烷低聚物，并且不同位置的蛋糕中 D4～D6 的含量不同，在蛋糕底部含量最高（表 6-25），与它不能及时挥发有关。D4～D6 均为 Cramer Ⅲ类物质，其毒理学关注阈值为 90 μg/(人·d)。蛋糕中 D4～D6 总 EDI 合规，但底部的 EDI 达到 115.14 μg/(人·d)，高于阈值[51]。

表 6-25　不同位置的蛋糕中 D4～D6 的含量　　　　（单位：mg/kg）

位置	含量			
	D4	D5	D6	D4～D6
边缘	0.67	3.23	3.62	7.52
底部	2.04	7.32	6.20	15.56
整体	1.16	4.10	3.30	8.56

6.3.3　食品接触用硅橡胶及制品中 2, 4-二氯苯甲酸的迁移行为和规律

硅橡胶在生产过程中，需要用到硫化助剂引发硅橡胶的硫化交联。常见的硫化助剂为各类有机过氧化物，如过氧化苯甲酰、过氧化双(2, 4-二氯苯甲酰)和过氧化二异丙苯等[52]。这些助剂在高温硫化过程中会发生降解，如过氧化物在受热下首先形成自由基中间体，起到引发硫化交联的作用，并进一步形成对应的羧酸化合物。其中过氧化双(2, 4-二氯苯甲酰)具有不稳定的 O—O 键，在硫化过程中易形成对应的降解产物 2, 4-二氯苯甲酸（图 6-44）[53]。虽然过氧化双(2, 4-二氯苯甲酰)是一种被批准使用的硅橡胶硫化助剂，其允许添加量为 0.2%，然而，其降解产物 2, 4-二氯苯甲酸作为一种 NIAS 物质，却未被纳入 GB 9685—2016。若硅橡胶食品接触材料在生产过程中未合理控制过氧化双(2, 4-二氯苯甲酰)的添加量，就可能对人体健康造成潜在危害。硅橡胶中 2, 4-二氯苯甲酸易向 50%乙醇溶液发生迁移，且其迁移量随着迁移试验次数的增加而减少[54]。

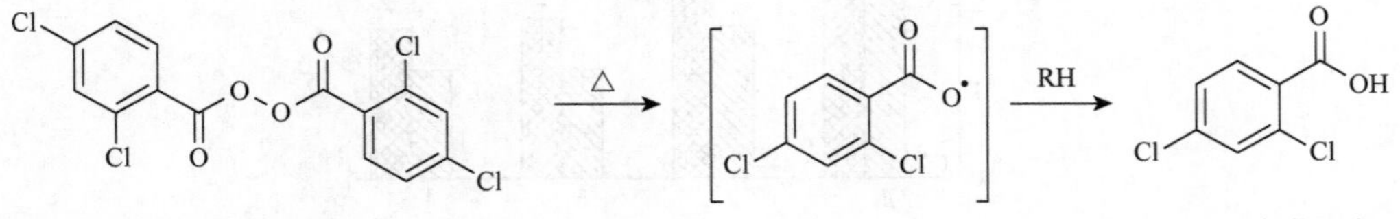

图 6-44　过氧化双(2, 4-二氯苯甲酰)的降解过程

1. 食品接触用硅橡胶及制品中 2,4-二氯苯甲酸的检测及筛查

采用 HPLC-DAD 建立了食品模拟物中 2,4-二氯苯甲酸的定量检测方法，检测波长为 238 nm（图 6-45）。水、4%乙酸、10%乙醇、20%乙醇和 50%乙醇这 5 种食品模拟物与 HPLC 兼容性良好，因此迁移试验所得的浸泡液过滤后可直接进样测试；橄榄油作为模拟液时，以乙腈：水（体积比为 3：1）作为提取溶剂进行进样前处理[54]。

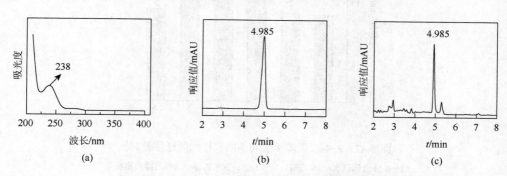

图 6-45　2,4-二氯苯甲酸的紫外吸收光谱及色谱图

（a）2,4-二氯苯甲酸的紫外吸收光谱（10 mg/L）；（b）为在 50%乙醇中，添加水平为 0.1 mg/L；（c）为在橄榄油中，添加水平为 1 mg/kg

2. 食品接触用硅橡胶及制品中 2,4-二氯苯甲酸的迁移

（1）迁移试验次数对 2,4-二氯苯甲酸迁移的影响

由图 6-46 可知，食品接触用硅橡胶产品中常见的焙烤模具、餐厨用具等均为重复使用制品，在 100℃、0.5 h 的迁移试验条件下，2,4-二氯苯甲酸向 6 种模拟物的迁移量均随着迁移试验次数的增加而减少。

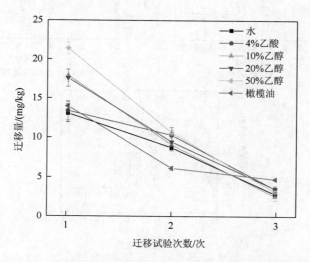

图 6-46　2,4-二氯苯甲酸向食品模拟物的 3 次迁移结果（后附彩图）

（2）食品模拟物种类对 2,4-二氯苯甲酸迁移的影响

由图 6-47 可知，在 100℃、0.5 h 的条件下，2,4-二氯苯甲酸在 50%乙醇中迁移量最大。

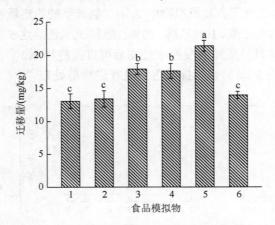

图 6-47　2,4-二氯苯甲酸向不同模拟物的迁移量对比

1~6 分别代表水、4%乙酸、10%乙醇、20%乙醇、50%乙醇和橄榄油

（3）迁移温度、时间对 2,4-二氯苯甲酸迁移的影响

迁移试验温度对 2,4-二氯苯甲酸迁移平衡时最大迁移量的影响并不显著（图 6-48）。一般在 4 d 以内达到迁移平衡[44, 54]。

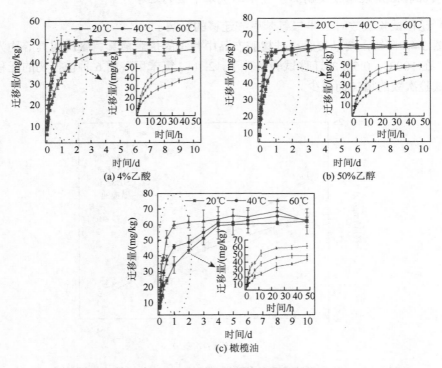

图 6-48　2,4-二氯苯甲酸向模拟物的长期迁移

6.3.4 食品接触用硅橡胶及制品中 *N*-亚硝胺及其前体物的迁移

N-亚硝胺是含有—N—N═O 官能团结构的强致癌化合物总称，橡胶制品中会含有 *N*-亚硝胺。鉴于 *N*-亚硝胺的危害，欧盟指令 93/11/EEC 将橡胶奶嘴和安抚剂的 *N*-亚硝胺总迁移量限制在 10 μg/kg 或以下，*N*-亚硝基物质总迁移量限制在 100 μg/kg 或以下，美国测试与试验协会（ASTM）F1313-90 允许每种化合物的 *N*-亚硝胺含量不超过 10 μg/kg，总含量不超过 20 μg/kg。《橡胶及弹性体材料 *N*-亚硝基胺的测定》（GB/T 24153—2009）给出了橡胶及弹性体材料中 *N*-亚硝胺的检测方法，但并未提出限量要求。

国内硅橡胶制品中 *N*-亚硝胺及其前体物的检出率较高。硅橡胶在生产时由于加入不同基团的硫化助剂，导致硅橡胶制品中含有不同种类的亚硝胺。戚冬雷等[55]通过超声辅助溶剂萃取–气相色谱–串联质谱对 29 种奶嘴和 27 种模具中的 *N*-亚硝胺的前体物质 *N*-甲基苯胺和 *N*, *N*-二甲基苯胺进行分析，发现其检出率为 100%，97.8%的样品超出欧盟对 *N*-亚硝胺总迁移量限制要求。

硅橡胶制品中 *N*-亚硝胺及其前体物可向人工唾液发生迁移。Park 等[56]采用液相色谱–质谱法分析了韩国 30 种婴儿奶嘴和 45 种硅橡胶厨房用具中 *N*-亚硝胺和 *N*-亚硝基物质向人工唾液的迁移，发现亚硝基二甲胺、*N*-亚硝基哌啶和 *N*-硝基吗啡在婴儿奶嘴中的迁出量小于 3.67 μg/kg，亚硝基二甲胺和 *N*-硝基吗啡在 45 种橡胶厨房用具中的迁出量小于 1.72 μg/kg，而婴儿奶嘴中 *N*-亚硝基物质的迁出量为未检出至 42.16 μg/kg，橡胶厨房用具则未检出 *N*-亚硝基物质。*N*-亚硝胺及其前体物的检出率较高，虽很少硅橡胶制品中 *N*-亚硝胺及其前体物的迁移量超过相关法规，但也不能因此而忽视其安全性。

6.3.5 硅橡胶及制品中金属元素的筛查及迁移

为提高硅橡胶制品的性能和外观，金属单质和金属氧化物常被单一或复合添加于硅橡胶制品，以被消费者认可[57]。GB 9685—2016 附录 C 中对钡、钴、铜、铁、锂、锰、锌 7 种金属元素特定迁移限量进行了特别限制规定。

60℃、2 h 和 60℃、0.5 h 下重复 3 次后向 4%乙酸的重金属迁移量（以铅计）均小于 1 mg/kg。另外发现个别样品的第 1 次和第 3 次的浸泡液有金属元素铝检出，浓度为 0.19～0.67 mg/L，可能是来源于填充料，并未超过国外铝元素的迁移限量值（欧盟和比利时迁移限量为 5.0 mg/kg）[44]。

6.3.6 食品接触用硅橡胶及制品中 DPBD 向含油脂食品和油脂类食品模拟物的迁移

食品接触用硅橡胶及制品广泛用于接触各种含油脂食品，其中环硅氧烷低聚物等易向高油脂含量的食品中迁移，因此选择适用于硅橡胶的油脂类食品模拟物来保障食品接触用硅橡胶材料及制品的食品安全至关重要。参考现行标准 GB 4086.11—2016 橡胶的油脂类食品模拟物应为 50%乙醇,而参考 GB 31604.1—2015 则应该选择植物油(如橄榄油)作为油脂类食品模拟物。

DPBD 作为含脂肪食品与包装材料接触的参考物模型物质。按照 GB 4806.11—2016 和 GB 31604.1—2015 选择 50%乙醇和橄榄油作为油脂类食品模拟物。基于 HPLC 建立了沙拉酱、香肠、蛋糕、黄油等 4 种含油脂食品在 50%乙醇(体积分数,下同)和橄榄油两种食品模拟物中 DPBD 含量的检测方法。50%乙醇的实验条件设置为回流温度下加热 2 h。按照 GB 5009.156—2016 的要求进行制样,采用全浸没的方式进行实验(图 6-49)。

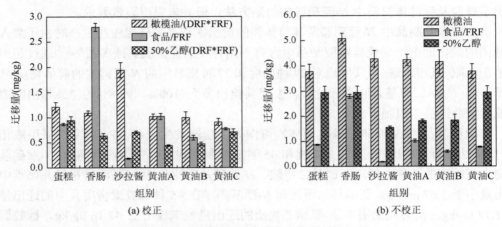

图 6-49　硅橡胶的油脂类食品模拟物的选择

基于本实验结果,橄榄油或 50%乙醇作为食品模拟物时,经校正后的 DPBD 迁移量无法完全涵盖食品中 DPBD 的迁移量,使用校正后的迁移结果进行迁移合规判定均可能会低估食品中 DPBD 迁移风险;而若不对食品模拟物的结果进行校正,此时所得到橄榄油中的迁移结果相较于真实情况将过于严苛,而 50%乙醇相对于橄榄油更适合作为硅橡胶的油脂类食品模拟物[44]。

6.4　食品接触用生物基/可降解材料

在减碳和实现碳中和的全球趋势中,食品接触用生物基/可降解材料将得到很大发展,但是它们作为食品接触材料使用,还没有法规等管控。本节选择了餐盒(已有一定市场占有率的淀粉基/PP 餐盒和正在兴起的植物基餐盒)及烧烤用竹签作为对象,筛查其中高关注物质,并针对其真实使用情况研究迁移行为,进行安全评价。

6.4.1　淀粉基/PP 餐盒中化学物质的筛查及迁移

淀粉作为一种天然的可再生资源,具有其来源丰富、可再生、成本低和可完全生物降解等优点,已被广泛用于制备淀粉基塑料。其中一次性餐具等生活快速消费产品已具有成熟的应用。目前生产淀粉的作物主要有玉米、木薯、马铃薯、小麦等。

1. 主要物质筛查

主要利用气相色谱-质谱联用仪、高效液相色谱仪、电感耦合等离子体质谱仪等对市售淀粉基餐盒中潜在的风险物质进行系统筛查[58]。

（1）GC-MS 检测淀粉基/PP 餐盒中的化合物筛查

对所收集的淀粉基/PP 餐盒通过 FTIR 和 DSC 分析，证明了是玉米淀粉/PP 材质发生物理混合而成[59]。进一步筛查其主要成分。粉碎淀粉/PP 餐盒，准确称取 2 g 于带塞锥形瓶中，分别加入 15 ml 甲醇、15 ml 二氯甲烷、15 ml 正己烷，混匀，超声 40 min，涡旋 3 min，过 0.22 μm 有机滤膜后，取 1 ml，上机待测。

淀粉基餐盒提取溶剂中被 GC-MS 检测出与谱库 NIST 11 匹配度达到 80%的物质。主要包括有：硬脂酸异丙酯、棕榈酸异丙酯、烷烃类、三(2,4-二叔丁基苯基)亚磷酸酯（抗氧化剂 168）和其氧化产物三(2,4-二叔丁基苯基)磷酸酯（抗氧化剂 168-ox，I168O）等物质[58]。其中硬脂酸异丙酯、十六烷酸、棕榈酸异丙酯通常作为润滑剂注入塑料配方中，以改善聚合物的润滑性，降低聚合物表面的摩擦系数，加强淀粉和聚丙烯之间的相容性和兼容性，以提高材料的加工和使用性能。烷烃类可能是来自有利于产品脱模具的石蜡等。与传统材料相比，淀粉基材料更容易被氧化和分解，添加抗氧化剂有助于延缓其分解。抗氧化剂 168 就是常用抗氧化剂之一。

（2）抑霉剂筛查结果

淀粉基/PP 餐盒具有一定的吸湿性，容易生长霉菌，参考《一次性筷子 第 2 部分：竹筷》（GB/T 19790.2—2005）中一次性筷子 4 种抑霉剂（噻苯咪唑、邻苯基苯酚、苯酚、抑霉唑）的检测方法对 6 种淀粉基/PP 餐盒进行筛查，4 种抑霉剂均未检出[58]。

（3）农药残留筛查结果

淀粉原料属于植物类，在其生长过程中，为了产量和质量的保证，农药的使用是不可避免的。采用生物基材料中农药残留筛查方法对淀粉基/PP 餐盒进行了农药残留的筛查，在 6 种样品中与农药谱库匹配出 4 种农药，即马拉硫磷、噻唑磷、恶草酮和恶醚唑[58]，但含量低。

（4）重金属筛查结果

根据 GB 9685—2016 中的金属元素限定，对淀粉基/PP 餐盒的迁移液进行了筛查。钡、钴、铜、铁、锂、锰、锌，都有检出但迁移量均未超过其限量标准。除此之外，考虑到土壤因重金属污染导致重金属在植物中的累积，以及材料在加工过程中使用的添加剂和仪器设备都有重金属污染的可能，因此对铬、砷、镉、铅、镍 5 种重（类）金属离子的浓度和迁移量进行了监测。结果分别如表 6-26 和图 6-50 所示，6 种淀粉基/PP 餐盒的 5 种重（类）金属离子的浓度均小于 40 μg/kg，而其在更严苛的条件下（100℃，2 h）的迁移量更是小于 10 μg/kg[58]。

表 6-26　淀粉基/PP 餐盒中铬、砷、镉、铅、镍 5 种重（类）金属离子的浓度　（单位：μg/kg）

样品	^{52}Cr	^{75}As	^{111}Cd	^{208}Pb	^{60}Ni
S-A	35.27±4.73	3.78±0.85	0.16±0.05	8.30±1.19	8.84±1.08
S-B	12.55±1.02	3.04±0.02	1.59±0.04	10.036±0.71	5.53±0.86

样品	^{52}Cr	^{75}As	^{111}Cd	^{208}Pb	^{60}Ni
S-C	37.28±1.06	0.44±0.08	0.033±0.04	4.47±0.98	16.36±0.06
S-D	18.40±0.23	1.75±1.89	0.14±0.01	2.42±3.26	7.63±1.58
S-E	4.16±0.63	0.39±0.35	0.18±0.23	4.43±1.38	2.12±0.44
S-F	4.49±0.11	0.79±0.19	0.081±0.00	17.34±4.00	3.38±1.06

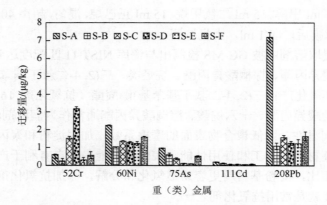

图 6-50　淀粉基/PP 餐盒中铬、砷、镉、铅、镍 5 种重（类）金属离子的迁移量

2. 抗氧化剂 168、I168O 的检测和迁移

参考抗氧化剂 168 和 I168O 检测方法和迁移研究[60-61]，建立了抗氧化剂 168 及其降解产物 I168O 两种抗氧化剂的残留量和迁移量的 GC-MS 检测方法。色谱柱：DB-35 ms 石英毛细管柱（30 m×0.25 mm×0.25 μm）；升温程序：从 100℃以 30℃/min 升至 320℃，保持 10 min；载气（高纯度氦气，纯度≥99.999%）流速 1.5 ml/min，压力 2.4 kPa，进样量 1 μl；不分流。质谱：溶剂延迟 3 min。采用电子电离方式，电子能量 70 eV；离子源温度 280℃，传输线温度 250℃；采集模式为选择离子检测。抗氧化剂 168 检测参数：保留时间为 10.83 min，定量离子 m/z 为 441，定性离子 m/z 为 147、441、646。I168O 检测参数：保留时间为 12.83 min，定量离子 m/z 为 316，定性离子 m/z 为 316、647、662。

抗氧化剂 168 和 I168O 属于亲脂类物质，其在水性食品模拟物几乎不发生迁移，主要对抗氧化剂 168 和 I168O 向油脂类食品模拟物中的迁移进行研究。根据餐盒预期实际使用情况参考 GB 31604.1—2015，选取异辛烷为油脂类食品模拟物，迁移温度和时间为 70℃、2 h。同时为方便进行迁移试验和分析对比，参考 GB 5009.156—2016，根据 6 dm^2 食品接触材料接触 1 kg 的食品或食品模拟物，采取全浸没进行迁移试验，即把剪成 3 cm×3 cm 餐盒碎片放入干净的烧杯，加入对应 30 ml 异辛烷食品模拟液后用铝箔封盖好，放入温度为 70℃的烘箱中。平行试验 3 次，同时进行溶剂空白试验。取 1 ml 的迁移液于 0.22 μm 有机滤膜后，置于进样小瓶中，待 GC-MS 检测。样品选择抗氧化剂 168 和 I168O 含量较高的 4 个淀粉基/PP 餐盒产品：S-B，S-D，S-E，S-F（图 6-51）。

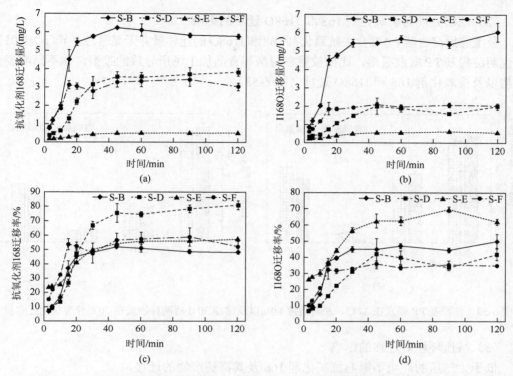

图 6-51　淀粉基/PP 餐盒中抗氧化剂 168 及其氧化产物向异辛烷的迁移（70℃，2 h）

（1）微波和紫外处理对抗氧化剂 168、I168O 迁移的影响

紫外杀菌会显著加速抗氧化剂 168 的氧化分解；微波对于两种物质的迁移影响主要发生在 1 min 之内，但在微波 3 min 后，抗氧化剂 168 和 I168O 的迁移量有所下降（图 6-52）。随着微波时间的延长，微波对表面多孔洞的餐盒中抗氧化剂 168 和 I168O 的氧化分解就会越明显，使得其迁移量减少。进一步证实了杨岳平和严炎等人的研究结果[61-62]。

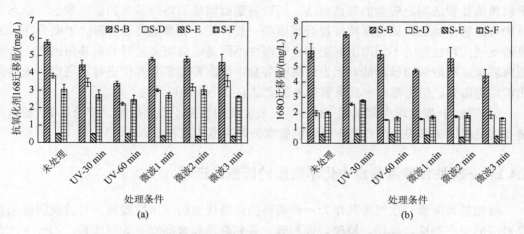

图 6-52　紫外和微波处理条件下抗氧化剂 168 和 I168O 的迁移量

（2）高湿处理对抗氧化剂 168 和 I168O 迁移的影响

吸湿前后淀粉基/PP 餐盒中抗氧化剂 168 和 I168O 的迁移量并无显著性差异（$p>0.05$），这说明淀粉基/PP 餐盒吸湿，比如放置在厨房等食品加工场所导致的吸湿，并不影响餐盒结构以及抗氧化剂 168 和 I168O 迁移（图 6-53）。

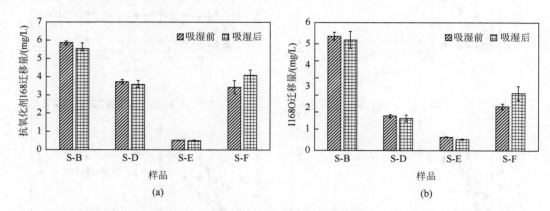

图 6-53　淀粉基/PP 餐盒在 37℃、相对湿度 80%以及储存 30 d 后两种物质在 70℃异辛烷的迁移量

（3）减压环境对迁移的影响

低于大气压的环境不影响抗氧化剂 168 及其降解产物的迁移。

（4）淀粉基/PP 餐盒中抗氧化剂 168 和 I168O 迁移的安全性

抗氧化剂 168 的迁移量小于其特定迁移量（60 mg/kg）。经 TTC 判定，其降解产物 I168O 属于 Cramer Ⅲ类物质，根据其最大迁移量对应的估计每日摄入量为 14～151.5 μg/kg，已超过 90 μg/kg，因此，为确保淀粉基/PP 餐盒的使用安全性，需适当关注 I168O 的生成和迁移。

（5）淀粉基/PP 餐盒霉变和降解对安全的影响[58, 63]

淀粉基/PP 餐盒在一定温湿度条件下储放，表面都有不同程度的青色霉斑。结合传统平板菌落计数法测定餐盒的霉菌菌落，马铃薯葡萄糖琼脂培养基上的菌落颜色、形态、质地可以初步鉴别，该菌落特征符合霉菌的一般特征。餐盒的淀粉含量、表面分布以及直链支链淀粉比例的不同而引起的餐盒吸湿性不同是造成霉变差异的重要原因之一。利用酶联免疫吸附快速检测法对已发生霉变餐盒中黄曲霉毒素总残留进行了测定，未检测出黄曲霉毒素，但因霉菌和其毒素带来的食品安全仍需加以关注。

淀粉基/PP 餐盒堆肥菌填埋 180 d 后，表面淀粉发生了部分分解，淀粉基/PP 餐盒直链支链淀粉比例和表面淀粉分布是影响餐盒分解速度的重要原因。

6.4.2　一次性甘蔗浆餐盒中化学物质的筛查及迁移

植物基可降解一次性餐具作为一种新兴的可替代塑料一次性餐具，目前我国尚未建立对应的生产制造、标识、检验、评判等一系列规范和食品安全管理体系。部分生产企业仅按照《食品安全国家标准 消毒餐（饮）具》（GB 14934—2016）进行生产。因此，目前我国市场上的植物基可降解一次性餐具质量参差不齐,食品安全问题也欠研究。

目前针对植物基材料用于制作一次性餐具的食品安全性研究并不多。Nerín 等采用固相微萃取–气相色谱联用技术对木制餐盘、麦浆餐盘进行迁移后的非挥发性化合物进行了分析,共鉴定出 67 个化合物,其中大部分与造纸过程中所需的添加剂和黏合剂吻合,其中甲醛和二氧化硫来源于对植物纤维进行漂白和除菌的漂白剂。Zimmermann 等对市场上淀粉、纤维素、竹子等 16 种植物基材料的提取物进行体外生物测定和非靶向高分辨质谱分析,发现所有纤维素基和淀粉基的材料都抑制了生物发光并产生抗雌激素作用,约 85.7%纤维素基材料和 50%淀粉基材料产生了氧化应激反应,结合非靶向高分辨质谱的分析结果,认为材料表现出的体外毒性可能是由提取物中的化学物质引起的。

基于对植物基可降解一次性餐具的文献分析、生产过程调研和我们的预实验,总结其潜在危害主要在微颗粒溶出、农药及重金属、制造和运输过程中的污染物等。在一次性玉米秸秆餐盒、小麦秸秆餐盒、竹粉淀粉餐盒和甘蔗浆餐盒中,以一次性甘蔗浆餐盒作为研究对象。

1. 一次性甘蔗浆餐盒的总迁移量

选购了市场 15 家企业的一次性甘蔗浆餐盒。

在干净的铝箔上,使用干净的陶瓷刀将植物基餐盒裁切成约为 1 cm×1 cm 小块,混匀,分别加入提前预热至 70℃的去离子水、4%乙酸、50%乙醇,并设置空白,每组三个平行。再置于 70℃的烘箱中迁移 2 h。GC-MS 检测。质谱:溶剂残留 3 min;电离方式为电子电离;电子能量为 70 eV;传输线温度 250℃;离子源温度 280℃;采集方式选择全扫描检测(full scan),扫描范围为 m/z 50～800。

严格按照接触面积与食品模拟物体积(1 kg/L 计)的比值为 6 dm²/kg,即 6 块面积为 1 cm² 的餐盒,采用双向迁移的面积 12 cm²,并在 20 ml 的食物模拟物中进行迁移。总迁移量见表 6-27。

表 6-27　15 家企业的一次性甘蔗浆餐盒总迁移数据

样品	企业	不同食品模拟物中的迁移量/(mg/dm²)		
		水	50%乙醇	4%乙酸
S-1	广州某环保科技有限公司	18.89±2.19[b]	11.11±1.04[c]	33.33±1.18[a]
S-2	苏州某包装科技有限公司	14.44±1.71[a]	6.94±0.79[b]	13.61±2.19[a]
S-3	山东某包装制品有限公司	14.72±1.42[a]	5.83±0.68[b]	14.72±0.79[a]
S-4	四川省某有限公司	11.11±1.42[b]	7.78±0.39[b]	14.72±0.79[a]
S-5	金华市某纤维制品有限公司	14.72±1.42[a]	9.44±1.71[b]	14.17±0.68[a]
S-6	浙江某科技有限公司	13.33±1.80[ab]	10.28±0.39[b]	16.67±1.80[a]
S-7	上海某有限公司	13.61±1.57[a]	9.27±2.58[b]	11.39±0.39[ab]
S-8	安徽某科技有限公司	11.39±0.39[b]	8.33±1.36[b]	16.04±1.42[a]
S-9	上海某制品有限公司	9.17±2.04[b]	7.22±1.04[b]	18.61±1.04[a]
S-10	上海某用品有限公司	10.56±0.39[b]	8.33±1.36[c]	14.44±0.79[a]

续表

样品	公司	不同食品模拟物中的迁移量/(mg/dm²)		
		水	50%乙醇	4%乙酸
S-11	上海市某有限公司	11.39±0.39[b]	5.28±0.79[c]	25.83±1.36[a]
S-12	宿迁市某有限公司	10.56±0.79[b]	8.33±1.36[b]	14.72±1.42[a]
S-13	某花有限公司	6.11±0.39[b]	2.78±0.39[c]	10.28±0.39[a]
S-14	天津某塑料制品有限公司	4.44±0.39[c]	10.38±0.79[b]	23.06±1.57[a]
S-15	金华某股份有限公司	10.00±1.18[b]	0.56±0.39[c]	15.00±1.18[a]
	平均值	11.72±3.81	7.31±2.99	17.41±5.91

注：a、b、c 表示对每一种样品在不同食品模拟物中的迁移量的统计学差异（$p < 0.05$）。

乙酸在一定温度下可以将甘蔗浆餐盒中的纤维素和木质素降解，导致更多的物质溶出，因此除 S-13 外的其他样品在 4%乙酸和水中的总迁移量都超过了 10 mg/dm² 的总迁移限量。但植物基材料的总迁移量贡献应该一部分来自材料本身。餐盒不渗油水但是并不能防止乙醇渗漏，预判餐盒表面没有防乙醇的涂层。

2. 甘蔗浆餐盒混合微颗粒的提取和筛查

在干净的铝箔上，使用干净的陶瓷刀将 15 家企业的甘蔗浆餐盒剪成 2 mm×2 mm 的碎片，混匀备用。称取 8.0 g 的剪碎的碎片于 250 ml 的三角锥形瓶中，加入提前预热好的 250 ml 的 4%乙酸，再置于 70℃的烘箱中迁移 2 h。收集到 15 种蒸发残渣。

采用扫描电子显微镜对 4%乙酸提取物的粒径进行分析（图 6-54），加速电压为 5 kV。样品用导电双面胶粘贴安装在铜载物台，然后喷涂上一层金（40～50 nm），使样品可视化。混合微颗粒中的纤维长度范围＜1000 μm。

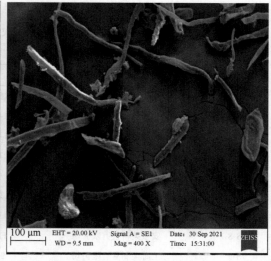

图 6-54 4%乙酸提取的蒸发残渣 SEM 分析图

　　GC-MS 对混合微颗粒进行挥发性物质筛查，初步结论认为主要成分包括材料本身的烷烃、烷醇、脂肪酸、酯类、烯烃等，以及防油防水的一些氟化物、丙烯酸等物质。这些物质可能来自甘蔗本身，如植物甾醇、二十碳烷醇和不饱和脂肪酸等一些可能对心血管健康有益的脂质成分[66]。S-10 还检测出含氟的酯类物质，可能是作为施胶剂添加到甘蔗浆中以提高餐盒的耐油性，其防护机制是氟碳链中的亲水基团与纸纤维表面的羟基结合，疏水基团三氟甲基向外取向形成防油膜，使餐盒能有效抵抗油脂的渗入。同时发现餐盒影响所盛放米饭的口味，我们正进一步研究影响其口味的物质。

　　参考 GB 31604.49—2016，用 ICP-MS 检测 70℃的 4%乙酸中浸泡 2 h 后迁移液残渣。发现有多种金属包括危害重金属（表 6-28），其中 Al 含量相对较高。这些金属可能会对餐盒的性能产生影响，也可能存在安全隐患。

表 6-28　甘蔗渣餐盒 4%乙酸 70℃浸泡 2 h 后迁移液残渣中金属含量 （单位：mg/kg）

样品	Al	Fe	Zn	Sr	Mn	B	Ti	Ba	Pb
S-1	1244.04	398.52	12.23	7.25	13.01	0.89	15.05	3.32	2.60
S-2	133.26	44.71	3.30	5.13	2.57	—	3.89	1.64	0.56
S-3	35.16	50.78	1.29	6.66	1.78	1.17	3.29	0.63	0.61
S-4	91.74	135.84	8.00	5.81	2.90	0.00	9.58	1.50	1.96
S-5	195.24	160.26	2.30	2.71	5.49	0.00	7.94	1.32	0.60
S-6	46.00	169.84	0.00	4.60	3.00	0.00	6.44	0.68	0.27
S-7	37.38	75.32	0.71	5.59	2.37	1.57	5.17	1.41	0.09
S-8	152.89	96.58	—	2.44	5.55	0.73	7.69	1.41	0.24
S-9	105.02	177.52	0.58	5.11	3.62	—	3.62	2.12	0.44
S-10	37.44	94.42	0.29	3.75	1.94	0.43	6.06	3.37	0.54
S-11	38.11	48.62	0.31	4.30	2.03	0.85	5.13	1.80	136.43
S-12	74.49	86.43	0.00	4.74	4.86	0.74	6.85	1.01	0.67
S-13	48.34	127.29	3.78	2.51	2.55	—	10.16	1.21	1.25
S-14	650.85	54.00	0.66	2.74	1.79	—	3.29	0.66	1.71
S-15	541.97	69.54	0.99	3.03	2.71	—	7.93	0.	0.20
蒸发残渣	21779.86	3320.18	508.72	478.50	363.19	151.02	189.87	129.10	57.98

样品	Cr	Cu	Ni	Li	Zr	Ce	Sc	La	V
S-1	4.70	1.01	—	0.56	0.11	0.93	0.01	0.44	0.60
S-2	—	—	—	0.11	2.81	0.08	—	0.04	0.05
S-3	2.16	0.15	—	0.86	0.04	—	0.02	0.03	
S-4	—	0.39	—	0.10	0.58	0.18	—	0.09	0.15
S-5	0.93	—	—	0.18	1.04	—	0.18	0.15	
S-6	0.97	—	—	0.04	0.40	0.12	—	0.06	0.25

样品	Cr	Cu	Ni	Li	Zr	Ce	Sc	La	V
S-7	—	—	—	0.04	0.34	0.07	—	0.03	0.04
S-8	—	—	—	0.11	3.53	0.11	0.01	0.05	0.14
S-9	—	0.27	—	0.06	4.09	0.10	—	0.05	0.04
S-10	—	0.29	—	0.05	1.49	0.07	—	0.03	0.05
S-11	—	—	—	0.06	0.93	0.06	—	0.06	0.05
S-12	0.80	—	1.05	0.03	0.44	0.11	—	0.05	0.08
S-13	—	0.98	—	0.06	0.43	0.11	—	0.06	0.07
S-14	0.52	0.00	—	0.01	0.33	0.09	—	0.05	0.06
S-15	1.57	0.71	0.48	0.08	—	0.47	—	0.25	0.09
蒸发残渣	54.31	23.04	14.65	4.38	4.15	4.00	1.76	2.05	1.69

样品	Co	Y	Sn	Nd	Cd	As	Se	Sb
S-1	0.06	0.20	—	0.34	0.07	0.09	0.01	0.02
S-2	—	0.02	—	0.03	0.02	0.01	—	—
S-3	0.01	0.02	—	0.02	—	0.01	0.14	0.01
S-4	0.02	0.06	—	0.07	0.02	0.04	0.03	—
S-5	0.02	0.05	—	0.07	0.01	0.03	0.11	—
S-6	—	0.04	—	0.06	—	0.08	—	0.01
S-7	0.02	0.03	—	0.03	—	0.00	—	—
S-8	—	0.03	—	0.05	0.01	0.02	—	0.02
S-9	0.01	0.03	—	0.05	0.01	0.01	0.05	—
S-10	0.01	0.03	—	0.03	—	0.01	—	—
S-11	0.01	0.02	—	0.03	0.01	—	—	—
S-12	0.04	0.04	—	0.04	—	0.01	—	—
S-13	0.01	0.05	—	0.05	0.01	0.02	—	—
S-14	0.02	0.03	0.00	0.03	0.01	0.04	—	—
S-15	0.02	0.09	—	0.19	0.01	0.01	—	—
蒸发残渣	1.79	1.69	1.12	1.27	1.16	0.58	0.29	0.13

3. 甘蔗浆餐盒混合微颗粒对人体外消化影响

餐盒在 4% 乙酸条件下总迁移量最大,情况最恶劣,所以选用 3% 迁移液和蒸发残渣进行后续试验,研究在此种情况下甘蔗浆餐盒溶出的微颗粒对人体消化的影响。α-淀粉酶是参与人体淀粉消化的一种重要酶,存在于人体的唾液、肠液和胰液中,作用于淀粉时可从分子内部随机地切开淀粉链的 α-1,4 糖苷键,生成糊精和还原糖,是控制人体血糖的重要酶类。

　　一次性植物基餐盒的微颗粒对食品风味和人体健康的影响等，我们正在进一步研究中。随着添加的混合微颗粒的质量的增大，大米淀粉的消化率也逐渐升高（图 6-55）。混合微颗粒中含有淀粉或者可以和 PAHBAH 显色的二糖；混合微颗粒中含有小分子物质，这种小分子物质可以在 37℃平衡阶段或消化阶段抑制淀粉回生；混合微颗粒中含有金属元素酶促进剂，从而导致酶活性提高、大米淀粉的消化率也提高。因此，一方面，对于混合微颗粒促进人体外消化的机制需要进一步深入研究；另一方面，这种微颗粒被人体摄入后除了影响人体的消化，是否还有其他方面的影响特别是在人体内是否有积累效应及毒性，值得关注。

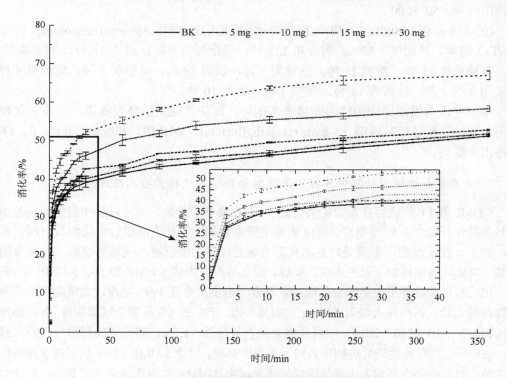

图 6-55　一次性甘蔗浆餐盒残渣对人体消化的影响

6.4.3　食品接触用竹签中化学物质的筛查及迁移

　　竹木材料来自天然，在温暖潮湿的环境下易腐易受虫蛀，为增强竹木制品的耐久性和使用性，加工过程中可能会添加一些化学防腐杀菌剂，其往往具有一定的生物毒性如造成肝肾损伤，甚至致癌致畸。目前，我国已有《食品安全国家标准　食品接触用竹木材料及制品》（GB 4806.12—2022），我们这部分工作在标准之外提出了新的物质，而且是在某些工况会不断变化的 NIAS，值得关注。

1. 食品接触用竹签危害物筛查

　　采用万能粉碎机将竹签粉碎，过 60 目筛子，准确称取 0.5 g（精确至 0.0001 g）于 50 ml 具塞玻璃试管中，加入 10.0 ml 甲醇超声提取 30 min，为避免在持续超声下引起温度升高，通过添加冰袋使超声温度控制在 25℃±1℃以下，超声后转移提取液至干净玻璃试管，向样品试管再加入 10.0 ml 甲醇，重复上述步骤，将所有提取液氮吹浓缩至 1 ml，过 0.22 μm 有机滤膜后置于气质进样小瓶待测。

色谱柱为 HP-5MS（30 m×0.25 mm×0.25μm）；升温程序为 50℃保持 5 min，以 10℃/min 升至 300℃，保持 5 min；载气为氦气（纯度＞99.999%）；不分流进样，溶剂延迟 2.5 min；流速为 1.0 ml/min；进样量为 2 μl；进样口、离子源、接口温度分别为 280℃、300℃、290℃；采用电子电离方式，电子能量为 70 eV；质量检测器设置为全扫描模式（扫描范围为 m/z 50～500）。

GC-MS 筛查（7890B-5977B 气相色谱-质谱联用仪，美国 Agilent Technologies 公司），NIST17 谱库，匹配度＞80%的物质共 125 种，包括醇类 6 种，醛类 14 种，脂肪族类 13 种，芳香族类 11 种，酯类 21 种，呋喃类 5 种，酮类 19 种，吡嗪类 3 种，烯烃类 4 种，含硫化合物 1 种，羧酸类 14 种，胺类 4 种，其他 10 种。

本书并没有发现原来关注的防腐杀菌剂等，而是发现了糠醛类物质。在关东煮和烧烤用竹签中，5-羟甲基糠醛（5-hydroxymethylfurfural，5-HMF）和糠醛（furfural，FF）的检出率很高。

2. 关东煮和烧烤用竹签中 5-羟甲基糠醛和糠醛的迁移量检测及迁移

5-HMF 和 FF 广泛存在富含糖类食品中，其主要来源于食品加工过程中发生的美拉德反应与焦糖化反应[67]。而对于富含纤维素与半纤维素等多糖的食品接触用生物质材料，在储存、加工、使用过程，多糖受外界因素影响等会降解生成己糖、戊糖等单糖，而后单糖在受热、氧化或酸性环境下发生水解、裂解、脱水等反应生成 5-HMF 和 FF。5-HMF 和 FF 具有一定的毒性，世界卫生组织食品添加剂联合专家委员会在 1996 年通过大量急性和亚急性动物毒理实验，得到每人每天 540 μg 的限量标准。FF 在《食品安全国家标准 食品添加剂使用标准》（GB 2760—2014）中可作为食品香料使用，EFSA 确定了其每日允许摄入量为 0.5 mg/kg[68]，国际癌症研究机构将其归为 3 类致癌物。尽管 5-HMF 和 FF 的毒理学相关性尚不清楚，目前也还没有对人类进行确凿的研究证实 5-HMF 体内遗传毒性的数据，但在食品安全方面，降低食品中 5-HMF 和 FF 的含量以进一步降低消费者的健康风险已成为重要趋势。

建立了竹签中 GC-MS 检测 5-HMF 和 FF 含量及残留量的方法，以跟踪其含量的变化。色谱条件：色谱柱 HP-INNOWax（30 m×0.25 mm×0.5um）；程序升温是在初温 50℃保持 1 min，以 25℃/min 的速率升温到 250℃保持 7 min；进样口温度为 230℃；载气为氦气（纯度≥99.999%）；流速 1.0 ml/min；不分流进样；进样量 1.0 μl。质谱条件：采用电子电离方式，电子能量为 70 eV；四极杆温度：150℃；离子源温度 230℃，传输线温度 250℃；溶剂延迟 4.5 min；采用选择离子检测模式，其中 5-HMF 的质荷比为 97、126（定量离子）、69、41；FF 的质荷比为 96（定量离子）、95、39。

5-HMF 和 FF 均在质量浓度为 0.5～10.0 mg/L 范围内与其峰面积呈线性关系，以不低于 3 倍信噪比计算检出限，以大于等于 10 倍信噪比计算定量限。5-HMF 和 FF 的加标回收率在 99.9%～104.9%，相对标准偏差为 2.71%～6.43%，表明该方法对食品接触用竹签中的 5-HMF 和 FF 的定量具有良好的精密度和准确性。

建立了竹签中 5-HMF 和 FF 在食品模拟液中迁移量的测定方法。竹签在实际使用中接触的食品类别多为谷类、豆类及其制品、蔬菜及肉制品，分别属于水性食品及油脂类食品。水性食品模拟物选用蒸馏水、10%乙醇、4%乙酸在较严苛条件（100℃、4 h）下进行迁移试验；选用 95%乙醇作为食品模拟物替代油脂类食品，按照欧盟标准 BS EN 1186-1-2002 与 BS EN13130-1：2004 规定的食品包装材料迁移条件推算油脂类食品模拟物在蒸煮条件下（100℃，4 h）相当于 95%乙醇（60℃，4 h），使用 95%乙醇替代油脂类食品模拟物时选择 60℃、4 h 进行试验。考虑到所采用的现代仪器分析的适应性，分别采用高效液相色谱法检测竹签中 5-HMF 和 FF 在不同水性食品模拟物中的迁移量，采用气相色谱-质谱法检测 5-HMF 和 FF 在油脂类食品模拟物中的迁移量。

收集市场上 10 种关东煮竹签、10 种烧烤竹签，测得这些实际样品中 5-HMF 和 FF 向食品模拟物的迁移量（表 6-29）。

表 6-29 实际样品中 5-HMF 和 FF 向食品模拟物（100℃、4 h）的迁移量（$n = 3$）

样品编号	5-HMF 迁移量/(mg/kg)				SD/%				FF 迁移量/(mg/kg)				SD/%			
	蒸馏水	10%乙醇	4%乙酸	95%乙醇	蒸馏水	10%乙醇	4%乙酸	95%乙醇	蒸馏水	10%乙醇	4%乙酸	95%乙醇	蒸馏水	10%乙醇	4%乙酸	95%乙醇
G1	6.58	1.89	8.75	2.76	14.7	1.2	9.5	31.0	1.20	0.87	1.29	0.23	19.8	1.2	3.9	1.29
G2	10.50	5.59	10.42	2.04	32.3	17.7	5.2	7.7	1.16	0.98	1.58	0.12	19.8	5.4	4.8	0.6
G3	15.58	6.42	13.86	1.24	4.2	14.3	5.8	25.8	1.17	0.98	1.67	0.06	4.2	2.5	1.6	0.2
G4	5.75	5.41	15.67	0.72	4.2	25.7	5.8	12.4	1.05	0.91	1.34	0.06	6.4	1.9	6.5	2.6
G5	10.66	6.48	14.73	1.40	43.8	18.5	5.8	8.7	0.64	0.59	1.17	0.09	17.6	1.3	0.3	0.3
G6	7.96	5.20	16.52	1.31	14.1	18.3	25.6	9.9	0.77	0.58	0.98	0.09	15.5	1.3	3.9	0.8
G7	14.80	5.40	20.43	1.67	34.6	0.5	54.7	10.6	0.96	0.90	1.27	0.12	10.2	2.4	3.3	1.2
G8	10.88	8.22	11.79	2.45	14.1	18.6	1.5	5.1	0.80	0.91	1.31	0.15	5.6	2.8	3.2	4.3
G9	7.14	6.23	11.07	0.99	35.5	30.6	16.8	18.7	0.74	0.82	1.05	0.12	16.4	7.1	3.9	0.6
G10	6.42	3.40	11.67	0.91	29.0	10.6	23.8	8.5	0.86	0.76	1.09	0.06	13.8	3.0	0.2	0.6
K1	2.79	4.70	17.98	1.15	18.4	28.3	24.0	3.6	0.82	0.92	1.63	0.11	1.9	0.9	1.5	2.2
K2	6.69	11.49	15.10	1.29	6.2	8.1	9.2	31.8	0.91	0.89	1.15	0.06	2.4	1.5	2.4	1.9
K3	4.39	1.27	13.08	0.52	4.8	9.9	32.0	5.3	1.06	0.87	1.44	0.05	0.2	1.4	14.3	1.2
K4	3.76	1.73	4.86	0.51	44.8	0.7	22.9	17.6	0.91	1.04	1.47	0.10	11.0	1.9	0.7	1.3
K5	12.65	6.27	20.34	1.01	24.7	65.8	18.4	12.0	1.47	1.26	1.80	0.11	4.3	1.1	1.2	2.6
K6	7.60	4.09	9.18	0.92	11.3	13.0	17.6	15.4	0.74	0.94	1.17	0.07	0.3	2.6	0.4	1.2
K7	4.88	2.05	15.40	1.04	4.9	19.9	13.3	1.2	0.96	0.98	1.25	0.08	0.3	6.1	3.6	2.1
K8	0.67	0.36	2.88	0.44	0.5	2.1	8.1	3.5	0.86	1.00	1.32	0.04	8.9	6.8	10.0	0.4
K9	2.65	2.74	3.73	1.54	4.6	22.2	7.9	5.5	0.91	1.38	1.70	0.09	0.7	12.5	2.4	1.6
K10	5.90	3.67	8.85	1.07	19.7	10.6	22.3	4.0	1.09	1.21	1.41	1.51	5.4	4.2	1.4	16.3

总的来说，5-HMF 与 FF 向 4%乙酸迁移最多，向蒸馏水和 10%乙醇中最高迁移量没有显著性差异，而向 95%乙醇代表的油脂类食品迁移相对较少。欧盟对儿童果汁中 5-HMF

含量的限量为 20 mg/kg，而在 4%乙酸中最高迁移量（20.43 mg/kg）已可能有风险，因此值得引起关注。

由于 5-HMF 与 FF 会在竹签使用过程中生成和迁移，利用上述竹签中残留量和迁移量检测方法，可以进一步研究 5-HMF 与 FF 生成和迁移的影响因素和规律，更安全地使用竹签。

6.5　食品接触用活性纳米材料

纳米材料是指在三维空间中至少有一维处于 1～100 nm 的纳米尺度范围或者由它们作为单元构成的材料。由于特殊的结构，纳米材料有着特殊的效应，比如量子尺寸效应、小尺寸效应、表面与界面效应等。在包装材料中加入纳米金属或纳米金属氧化物，起到抗氧化、抗菌和紫外阻隔作用，保持食品的新鲜度，延长食品的保质期。但是纳米尺度的物质具有特殊的毒性，研究表明当纳米颗粒的粒径小于 300 nm 时，纳米颗粒可以进入细胞内，当粒径尺寸小于 70 nm 时可能会对人体细胞核造成损害，而纳米复合薄膜包装材料在与食品接触过程中可能会出现纳米物质向食品中迁移从而导致食品安全隐患，因此在安全评价还不够充分的情况下，目前原则上还不能直接接触食品。先前研究了纳米银、纳米氧化锌、纳米二氧化钛等 PP/PE 复合膜中纳米成分的迁移，这里基于文献[62]、[69]～[71]，重点阐述纳米铜/PP、纳米铜/PE 中铜的迁移行为，以及安全评价。

铜具有广谱的抗菌性，它的合金、盐和氧化物对多种食源性细菌、霉菌、酵母菌等都具有抑制作用，抑菌效果主要取决于铜离子的大小和浓度。纳米铜结合了铜的特征和纳米结构的大小，增强了铜的氧化，使释放的铜离子具有更高的环境流动性，并使其与细胞膜紧密接触，增强了消毒和抑菌作用[72]。

偶联剂能增加纳米颗粒在高分子树脂中的界面相容性，提高纳米颗粒在介质中的分散性，因此本节将硅烷偶联剂 3-氨丙基三乙氧基硅烷（KH550）溶于无水乙醇中，在磁力搅拌器上均匀搅拌 5 min，加入纳米铜粉后再搅拌 1 h，搅拌物 80℃下烘干，处理后的纳米铜粉密封保存，待用于制备均匀的纳米铜/PE 或纳米铜/PP 复合膜。

实验采用自制复合膜。按实验需要将纳米金属（或已含偶联剂的）与 PE 或 PP 母粒根据质量比例进行混合均匀后通过造粒机进行造粒，按 PE 和 PP 性能分别合理设计造粒时模头温度，重复造粒三次后得到纳米金属复合母粒。然后将空白母粒与复合母粒分别用小型流延膜机进行流延成膜，得到所需空白膜或纳米金属复合膜[73]。

6.5.1　纳米铜/LDPE 复合膜中铜向奶制品迁移的行为和规律

采用微波消解-ICP-MS 法检测纳米铜/LDPE 复合膜中铜向奶制品的迁移。检出限为 8.42 μg/kg，定量限为 28.06 μg/kg，方法的加标回收率为 97.46%～107.30%，精密度为 1.98%～6.06%。实验对比了复合膜中铜向奶制品及其对应食品模拟物的迁移，并研究了紫外杀菌对铜向奶制品中的迁移影响以及蒸煮条件下铜在纯奶中的迁移量[74]。

1. 纳米铜/LDPE 复合膜中铜在乳制品和食品模拟液中的迁移对比

纳米铜/LDPE 复合膜中铜在纯乳中的迁移量比向 50%乙醇溶液中的迁移量高且存在显著差异（$p<0.05$）；纳米铜在酸乳中的迁移量小于在 3%和 4%乙酸溶液中的迁移量（$p<0.05$）（图 6-56）。这说明，用 50%乙醇溶液模拟牛乳，以及用 3%和 4%乙酸模拟酸乳进行纳米复合膜中纳米金属的迁移试验都并不合适，需要选择更为合适的食品模拟液代替真实食品进行迁移研究。

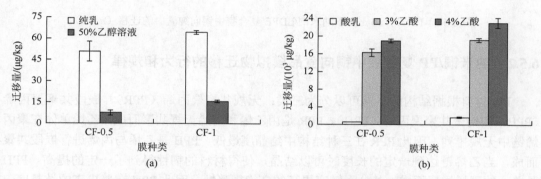

图 6-56　纳米铜/LDPE 复合膜中铜向乳制品及食品模拟物中的迁移（$n=3$）

2. 紫外照射处理的纳米铜/LDPE 复合膜中铜在乳制品中的迁移

紫外照射对纳米铜/LDPE 复合膜中铜的迁移没有影响（$p>0.05$）（图 6-57）。

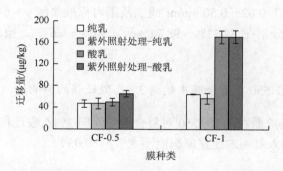

图 6-57　紫外照射处理的纳米铜/LDPE 复合膜中铜向乳制品中的迁移（$n=3$）

3. 蒸煮处理的纳米铜/LDPE 复合膜中铜向乳制品中的迁移

综上，纳米铜/LDPE 复合膜中铜在酸乳中的迁移量比在纯乳中的迁移量高，当纳米铜/LDPE 复合膜中铜的添加量为 1%时，在相同的迁移条件下，铜在酸乳中的迁移量显著大于纯乳的迁移量；铜在 50%乙醇中的迁移量显著小于在纯乳中的迁移量，在 3%乙酸和 4%乙酸中的迁移量显著大于在酸乳中的迁移量；紫外照射对复合膜中铜向乳制品中的迁移无影响；蒸煮条件下，铜的迁移量也远小于法规中对金属元素迁移量的限定（图 6-58）。现行标准中对纯乳和酸乳的食品模拟物的设定不适用于纳米铜。

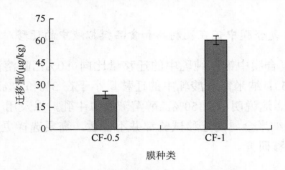

图 6-58　100℃，15 min 下纳米铜/LDPE 复合膜中铜向纯乳中的迁移（$n = 3$）

6.5.2　纳米铜/PP 复合膜中铜向食品模拟物迁移的行为和规律

PP 材料根据结构的不同可以分为三类：无规共聚聚丙烯（PPR）、嵌段共聚聚丙烯（PPB）和均聚共聚聚丙烯（PPH）。PPR 是由乙烯和丙烯无规共聚而成，乙烯单体在聚丙烯链中无规排列，因此 PPR 在三种结构中结晶度最低。PPB 是乙烯与丙烯进行嵌段共聚而成，当乙烯链达到一定的长度时可以结晶，使得材料的韧性得到了一定的提高。PPH 是单一的丙烯均聚而成，其分子链有更高的立构规整性，因此 PPH 有着更高的结晶度。其晶型为 α 晶型，由于 α 晶型晶粒界面分界明显且晶粒较大，容易导致材料沿着晶粒界面发生裂痕扩展，因此 PPH 材料更容易发生脆性断裂。纳米金属/金属氧化物向酸性食品迁移更多。

采用微波消解-电感耦合等离子体发射光谱仪（THERMO iCAP6500）检测纳米铜/PP复合膜中铜的迁移。在 0.02～0.50 μg/ml 线性范围内标准曲线 $y = 6493x + 516.2$，加标回收率和相对标准偏差分别在 84.11%～98.71% 和 1.34%～8.67%。检出限为 0.68 μg/L，定量限 2.27 μg/L[71]。

1. 硅烷偶联剂 KH550 对复合膜中铜向 3%乙酸迁移的影响

图 6-59 反映了硅烷偶联剂 KH550 对复合膜中铜向 3%乙酸迁移的影响。当迁移达到平衡时，KH550 的加入对铜的迁移率影响不大（$p > 0.05$）[76]。

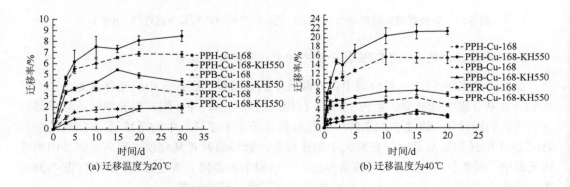

(a) 迁移温度为20℃　　　　　　　　　(b) 迁移温度为40℃

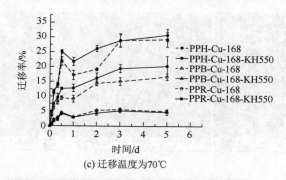

(c) 迁移温度为70℃

图 6-59　纳米铜/PP 复合膜中铜向 3%乙酸中的迁移（$n=3$）

2. 抗氧化剂 168 对复合膜中铜向 3%乙酸迁移的影响

对于 PPR 和 PPH 的复合膜来说，抗氧化剂 168 促进了铜的迁移（$p<0.05$）（图 6-60）。由于铜在环境中容易被氧化，膜内氧化形成的铜离子或附着在膜表面上的铜离子可以与抗氧化剂 168 反应形成相对稳定的结构，促进铜离子的迁出，从而导致铜的迁移率比不含抗氧化剂 168 的膜中铜的迁移率大。但对 PPB 复合膜中铜的迁移影响相反。这可能是由于 PPB 的海岛型结构引起的，迁移前后膜的扫描电子显微镜 SEM 图（图 6-61）可以明显看出铜被包裹在 PPB 内部[70, 77]，这种结构使铜不易迁出，导致其迁移率降低。

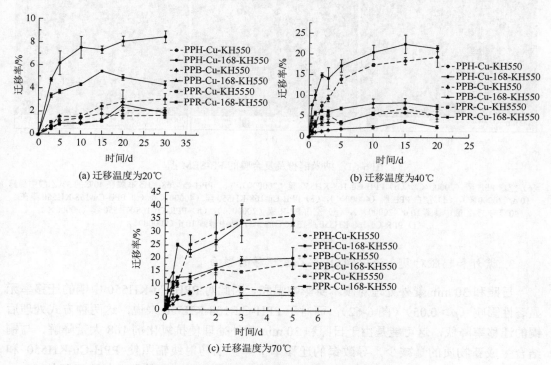

图 6-60　纳米铜复合膜中铜向 3%乙酸中的迁移（$n=3$）

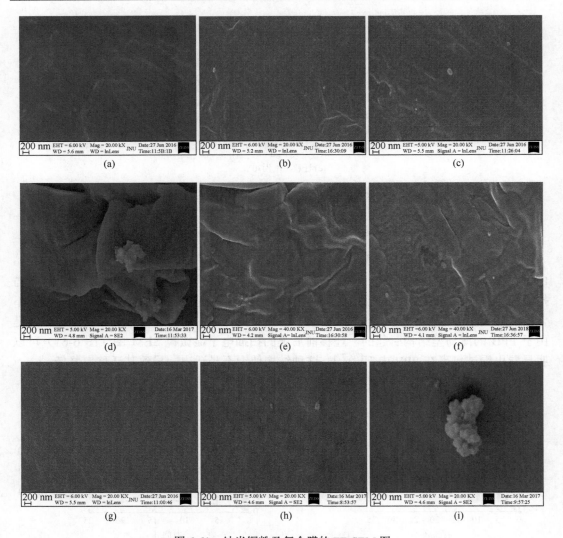

图 6-61　纳米铜粉及复合膜的 FE-SEM 图

（a）空白 PPH 膜（20000×），（b）PPH-Cu-168-KH550 膜（2000×），（c）PPH-Cu-168-KH550 膜在 40℃的 3%乙酸中暴露
10 d（20000×），（d）空白 PPB 膜（40000×），（e）PPB-Cu-168-KH550 膜（40000×），（f）PPB-Cu-168-KH550 膜在
40℃的 3%乙酸中暴露 10 d（20000×），（g）空白 PP-R 膜（20000×），（h）PPR-Cu-168-KH550 膜（20000×），
（i）PPR-Cu-168-KH550 膜在 40℃的 3%乙酸中暴露 10 d（20000×）

3. 紫外和辐照对复合膜中铜向 3%乙酸迁移的影响

日照和 30 min 紫外处理对膜本身影响温和，因此对 PPH-Cu-KH550 中铜的迁移率无显著性影响（$p > 0.05$）（图 6-62）；而对于 PPH-Cu-168-KH550 来说，这两种方式处理后铜的迁移率降低，这可能是由于日照和 30 min 紫外处理使抗氧化剂 168 大量降解，与铜结合生成新物质的量减少，导致铜的迁移率下降。伽马射线辐照使 PPH-Cu-KH550 和 PPH-Cu-168-KH550 中铜的迁移率明显增加（$p < 0.05$），这可能是伽马射线辐照使 PP 内部结构发生变化，导致铜大量迁出[75]。

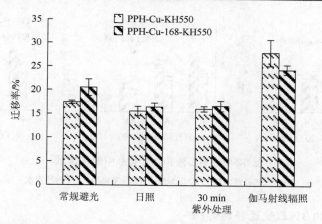

图 6-62　40℃ 10 d 时避光、日照、30 min 紫外处理和伽马射线辐照时纳米铜/PP 复合膜中铜向 3%乙酸中的迁移（$n = 3$）

4. 酸度对复合膜中铜的迁移的影响

由图 6-63 可知，在 70℃下迁移 2 h，随着乙酸食品模拟物质量百分浓度的增大，铜的迁移量显著增加（$p < 0.05$）；在同一乙酸浓度下，复合膜中纳米铜的含量越多，铜的迁移量越大（$p < 0.05$）。CF-0.5 指复合膜中 0.5%（质量分数）铜添加量[78]。

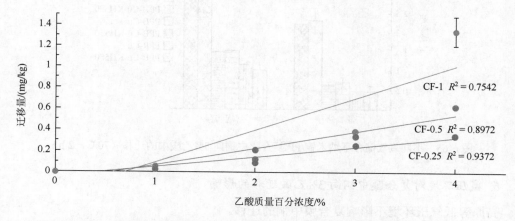

图 6-63　纳米铜/PPH 复合膜中的铜向不同质量百分浓度乙酸的迁移量（70℃，2 h）

同时选取了 4 类真实食品，这些食品有不同的 pH：食用米醋（RV）＜3%乙酸（AC）＜苹果醋（AV）＜柠檬汁（LN）。由图 6-64 可知，相同条件下，食用米醋中铜的迁移量大于 3%乙酸、苹果醋和柠檬汁（$p < 0.05$）。食用米醋的 pH 较低，其乙酸含量（5.00 g/100 ml）大于 3%乙酸中的含量（3.00 g/100 ml），复合膜中的铜更容易向酸性溶液中释放，说明食品的 pH 会加速铜向食品的迁移，柠檬汁和苹果醋虽具有一定酸性，但其糖分含量较高，影响了铜的迁出，且经酸化预处理后存在一定误差[71]。

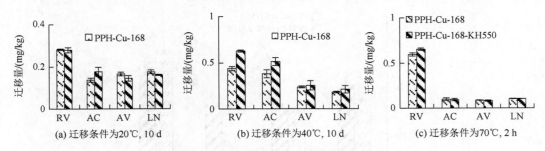

图 6-64　3%乙酸和真实食品中的铜含量

AC 为 3%乙酸，RV 为食用米醋，AV 为苹果醋，LN 为柠檬水

5. 氧气对铜向 3%乙酸迁移的影响

纳米铜尺寸小，表面活性高，易氧化。低氧储存条件下纳米铜/PP 复合膜中铜的迁移率均低于常规储存下铜的迁移率（70℃，2 h，3%乙酸，$p < 0.05$）。常规储存时复合膜中的铜容易氧化成铜离子，铜离子会和水性酸性食品模拟液发生化学反应而溶于其中，使铜的迁移率增大（图 6-65）。

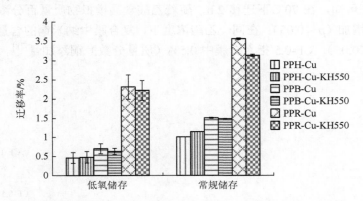

图 6-65　不同氧气储存下纳米铜/PP 复合膜中铜向 3%乙酸中的迁移（70℃，2 h）

6. 减压环境对复合膜中铜向 3%乙酸迁移的影响

高原等低气压环境不影响复合膜中铜的迁移。

6.5.3　食品模拟液中铜的存在形态探索[75]

当复合膜中纳米铜和食品接触时，迁移到食品中的铜是离子形态还是纳米粒子形态，一直是个关注的焦点。选用了迁移条件 60℃、10 d，通过 ICP-MS 的单粒子模式（single particle mode）来判断特定温度和时间后模拟物（3%的乙酸和 10%的乙醇）中铜的存在形式，将迁移后的模拟液滴在 0.5 cm×0.5 cm 的硅片上（先用二氯甲烷清洗，以除去任何有机物质），并在空气中干燥。JSM-6360 LV 扫描电子显微镜（含 EDX 能谱仪），扫描电子显微镜（SEM）的图像在 Merlin Zeiss 场发射扫描电子显微镜上采集，用来表征迁移液中纳米铜的形态。通常

5 kV 的加速电压用于辅助电源电子检测器或镜头内检测器。EDX 用于表征单个颗粒的元素组成。ICP-MS 中单粒子模式的工作参数：积分间隔 0.005 s；采集时间 300 s；重复 1 次。

60℃下迁移 10 d 后可以看出三种结构的复合膜在 3%乙酸中均不显示任何尖峰，即没有发现纳米颗粒的存在（图 6-66），10%乙醇中显示尖峰表明存在纳米铜颗粒（图 6-67），说明当迁移条件为 60℃、10 d 时，水性非酸性食品模拟物中可以检测到纳米铜颗粒，而水性酸性食品模拟液中铜以离子形态迁出，或迁出即发生置换反应。

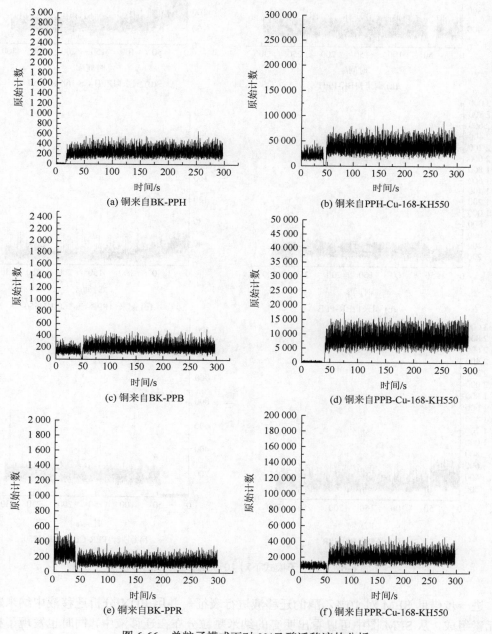

图 6-66　单粒子模式下对 3%乙酸迁移液的分析

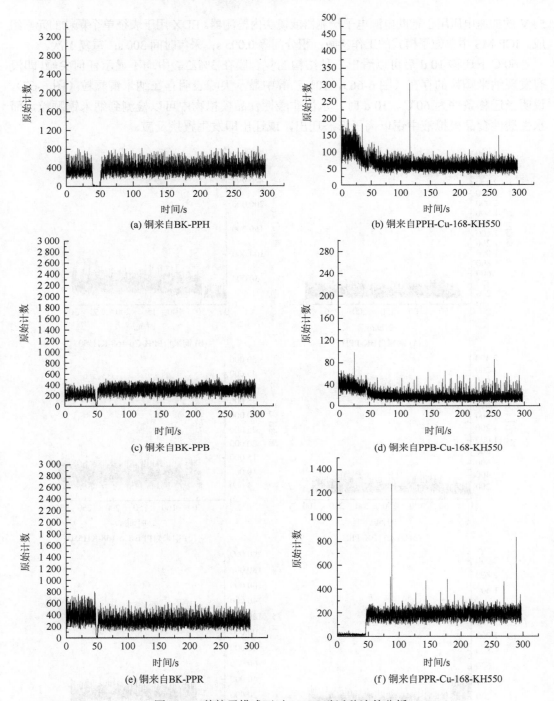

图 6-67　单粒子模式下对 10%乙醇迁移液的分析

　　进一步借助 SEM 对 10%乙醇的迁移液进行表征，并用 EDX 分析迁移液中纳米颗粒的元素组成，从 SEM 图中可以看出明亮的纳米颗粒分布在迁移液中，同时也发现了棒状的纳米颗粒[图 6-68（A）]和六边形[图 6-68（B）]。结合 EDX 分析图解推断六边形的纳米颗粒是溶液中的铜离子重结晶形成的纳米铜晶体或者纳米氧化铜晶体。而棒状的纳米颗粒可能是纳米铜在模拟液中聚集产生的。在相对应的 EDX 分析图解中，铜元素的峰是清晰存在的，其中的铝元素来源于平台自身。

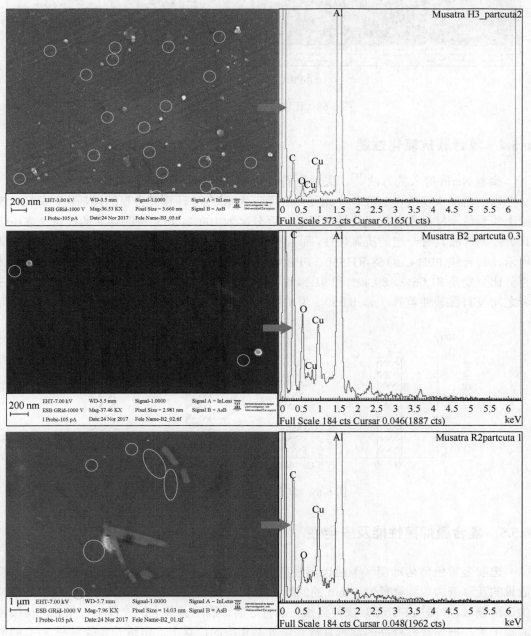

(a) 迁移液的SEM图以及对应的纳米铜的EDX分析

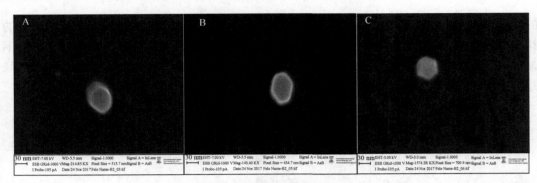

(b) 10%乙醇的SEM图

图 6-68　迁移液中纳米铜形貌分析

6.5.4　复合膜抗氧化性能

参考 Nerín 等人的方法[79]，采用他们自制的装置检测复合膜的抗氧化性能。

以空白的水杨酸在 HPLC 中测得的峰面积为 100%，计算复合膜的羟基化百分比。理论上倘若待测样品没有抗氧化性则羟基化百分比为 100%，如果待测样品的抗氧化率小于100%，则样品具有一定的抗氧化性，而且样品抗氧化性越强羟基化百分比越低，如图 6-69所示，复合膜 PPH-Cu-168-KH550、PPB-Cu-168-KH550 和 PPR-Cu-168-KH550 的羟基化百分比分别是 81.06%、89.40%和 91.14%，表明这几种复合膜都有一定的抗氧化效果，三者之间没有显著性差异（$p > 0.05$），说明纳米铜/PP 复合膜具有一定的抗氧化性。

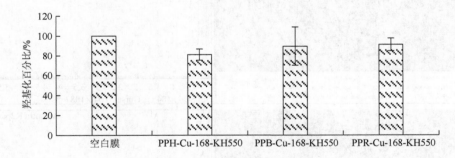

图 6-69　复合膜的羟基化百分比

6.5.5　复合膜抑菌性能及安全性

选取金黄色葡萄球菌（革兰氏阳性菌）和志贺菌（革兰氏阴性菌）作为供试菌。将适量的迁移液加载到直径为 6 mm 的滤纸片上，等待其被滤纸片吸附。用棉签蘸取适量的供试菌液（1×10^8 CFU/ml）接种到预先准备好的琼脂培养基上，放置 3～5 min，待接种液晾干后，把加载过样品的滤纸片放到培养基相应的位置上，将培养皿放置在 37℃的恒温培养箱中培养 24 h，测量其抑菌圈的直径。每个样品 3 个平行，同时做空白实验。

选择了自制的铜添加量为 1.25%的 PPH 复合膜，在 60℃、10 d 的条件下在 3%乙酸和 10%乙醇中进行迁移，测试迁移液的抑菌性，实验结果如表 6-30 所示，当铜达到一定的浓度时，铜的加入会增强对金黄色葡萄球菌和志贺菌的抑制，抑菌效果明显[79]。

表 6-30　含有 1.25%纳米铜的 PPH 复合膜的抑菌性

膜的种类	食品模拟物	抑菌圈的直径/mm	
		金黄色葡萄球菌	志贺菌
PPH	3%乙酸	12.10 ± 0.02^b	13.11 ± 0.01^b
PPH-1.25%Cu-168-KH550	3%乙酸	22.31^a	25.10 ± 0.02^a
PPH	10%乙醇	0.00 ± 0.00^b	0.00 ± 0.00^b
PPH-1.25%Cu-168-KH550	10%乙醇	17.12 ± 0.02^a	22.21 ± 0.03^a

扩展选取大肠杆菌、金黄色葡萄球菌、志贺菌、枯草芽孢杆菌 4 种常见于食物的细菌进行抑菌实验。

使用在 70℃迁移平衡时的食品模拟物浸泡的滤纸片进行抑菌实验的结果见图 6-70，含铜迁移液的滤纸片对大肠杆菌、志贺菌、金黄色葡萄球菌、枯草芽孢杆菌均有抑制效果，抑菌效果与铜含量正相关。总体上革兰氏阳性菌对铜的敏感度大于革兰氏阴性菌（$p < 0.05$）[78, 80]。

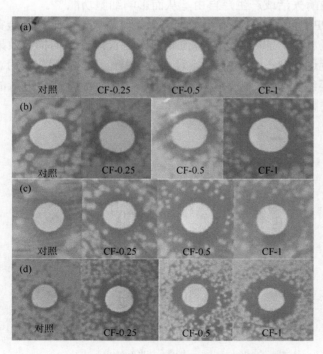

图 6-70　不同铜含量 PPH 膜的迁移液对微生物的抑菌

（a）大肠杆菌；（b）志贺菌；（c）金黄色葡萄球菌；（d）枯草芽孢杆菌

采用 MTT 法进行细胞毒性评价。收集对数期的人正常肝细胞，用胰酶消化后计数，调整细胞悬液浓度后，均匀接种于 96 孔板，每孔 100 μg/ml，37℃，5%CO_2 培养箱中培养 12 h 待细胞贴壁后将原培养基吸弃，加入 2.5 μg/ml、3.0 μg/ml、3.5 μg/ml、4.0 μg/ml、4.5 μg/ml、5.0 μg/ml、10.0 μg/ml、20.0 μg/ml、40.0 μg/ml、60.0 μg/ml、80.0 μg/ml 的含铜离子溶液，同时设不含铜离子的无菌超纯水组（对照组），每组 5 个复孔。培养 24 h 后，每孔加入 5 mg/ml 的 MTT 溶液 20 μl，继续培养 4 h，终止培养，吸弃上清液。每孔加入 150 μl 二甲基亚砜（DMSO），低速振荡 10 min，使结晶物充分溶解。用酶标仪在 570 nm 波长处测定其吸光度。

铜离子对人正常肝细胞活力存在着剂量效应关系（图 6-71），当铜离子浓度达到 4.5 μg/ml 时，细胞活力为对照组的 92.22%（$p < 0.05$），开始影响人正常肝细胞活力；达到 10.0 μg/ml 时，铜离子对细胞活力的抑制作用极显著（$p < 0.001$），如图 6-71 所示。细胞形态与铜离子的浓度密切相关，可进一步反映细胞活力。对照组人正常肝细胞多呈现不规则状，有较好的贴壁能力，密集成片生长，细胞间相互接触，细胞活力好；当铜离子浓度为 4.5 μg/ml 时，部分人正常肝细胞发生皱缩呈圆形，触角减少，贴壁能力下降，细胞间隙增大；当铜离子浓度为 10.0 μg/ml 时，细胞形态明显变化，细胞间几乎不接触，大量细胞皱缩成圆形，并有少量细胞脱落（图 6-72）。这是由于纳米铜粒子比表面积小且表面活性高，可能破坏人细胞内的氧化平衡，进而导致细胞内出现大量的活性氧[82]，过量的活性氧在诱导肝脏等器官产生病变中起重要作用[83]或置换了细胞内重要离子而干扰官能团，使细胞内酶失活或产生羟自由基从而影响细胞功能[84]。

综上纳米铜/PPH 复合膜具有一定的抑菌效果，能够有效地抑制金黄色葡萄球菌、枯草芽孢杆菌、大肠杆菌、志贺菌，总体上铜对革兰氏阳性菌的抑菌效果大于革兰氏阴性菌；当铜离子浓度达到 4.5 μg/ml，开始对人体的肝细胞具有损伤作用。所以，在复合膜制备的过程中，要综合考虑，选择适当的纳米铜的添加量，避免过量的铜迁移进入食品对人体健康造成伤害。

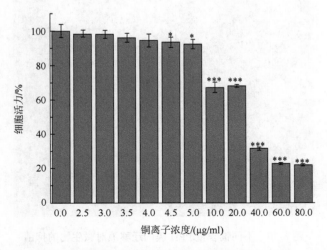

图 6-71　铜离子浓度对人正常肝细胞活力的影响

图 6-72　不同浓度的铜离子对人体肝细胞形态的影响（200×）

6.5.6　辐照对复合膜中纳米成分及 NIAS 迁移的影响

辐照会影响纳米金属/金属氧化物-聚烯烃复合膜中纳米成分的迁移，同时，辐照会产生较多的 NIAS，导致迁移进入食品的物质增多。详见第 5 章。

研究了与辐照对纳米金属迁移影响有关的因素。辐照类型选择了伽马射线辐照和电子束辐照，复合膜选择了以纳米银为金属模型，聚合物基底分别为 LDPE 和 PP 的 Ag-LDPE-1 和 Ag-PP-1 复合膜。结果发现：通过室温条件下 30 d 的迁移试验，在相同的辐照条件下，Ag-LDPE-1 中的纳米银迁移量比 Ag-PP-1 高；伽马射线辐照和电子束辐照对纳米银迁移的影响与食品模拟液有关，在水和 3%乙酸的迁移中，最高迁移量出现在电子束溶剂接触辐照组，而在 95%乙醇中，伽马射线溶剂接触辐照对纳米银迁移促进作用最大。结果表明辐照对纳米金属迁移的影响与辐照类型、聚合物类型以及接触的溶剂有关。

参 考 文 献

[1]　Perez M A F，Daniel D，Padula M，et al. Determination of primary aromatic amines from cooking utensils by capillary electrophoresis-tandem mass spectrometry[J]. Food Chemistry，2021，362：129902.

[2]　官铃淇，蔡翔宇，陈璐，等. 聚酰胺/聚丙烯蒸煮袋中 2,4-二氨基甲苯和 4,4′-二氨基二苯甲烷向酸性食品模拟物的迁移分析[J]. 食品科学，2021，42（20）：292-298.

[3]　官铃淇，蔡翔宇，陈璐，等.PA/CPP 蒸煮袋中初级芳香胺迁移量的测定及其影响因素[J]. 分析测试学报，2021，40（11）：1604-1610.

[4]　Mattarozzi M，Lambertini F，Suman M，et al. Liquid chromatography-full scan-high resolution mass spectrometry-based method towards the comprehensive analysis of migration of primary aromatic amines from food packaging[J]. Journal of Chromatography A，2013，1320：96-102.

[5]　Pezo D，Fedeli M，Bosetti O，et al. Aromatic amines from polyurethane adhesives in food packaging：The challenge of identification and pattern recognition using Quadrupole-Time of Flight-Mass Spectrometry[E][J]. Analytica Chimica Acta，2012，756：49-59.

[6]　Campanella G，Ghaani M，Quetti G，et al. On the origin of primary aromatic amines in food packaging materials[J]. Trends in Food Science & Technology，2015，46（1）：137-143.

[7]　马俊杰. 复杂工况下食品复合袋中初级芳香胺迁移规律研究[D]. 广州：暨南大学，2022.

[8]　Ma J J，Wang Z W，Xu J，et al. Effect of autoclave sterilization，gamma irradiation and high-pressure processing on the migration of 4,4′-MDA and its isomers in laminated food packaging bags[J]. Food Packaging and Shelf Life，2022，33，100875.

[9]　张勤军. 镀铝/铝塑复合膜用黏合剂中有害物质向食品模拟物的迁移研究[D]. 广州：暨南大学，2021.

[10]　Haugen H J，Brunner M，Pellkofer F，et al. Effect of different γ-irradiation doses on cytotoxicity and material properties of porous polyether-urethane polymer[J]. Journal of Biomedical Materials Research Part B: Applied Biomaterials，2007，80（2）：415-423.

[11]　Zygoura P D，Paleologos E K，Kontominas M G. Migration levels of PVC plasticisers: Effect of ionising radiation treatment[J]. Food Chemistry，2011，128（1）：106-113.

[12]　Song Y S，Koontz J L，Juskelis R O，et al. Effect of high pressure processing on migration characteristics of polypropylene used in food contact materials[J]. Food Additive and Contaminant: Part A，2021，38（3）：513-531.

[13]　Tsochatzis E D，Mieth A，Lopes J A，et al. A Salting-out Liquid-Liquid extraction（SALLE）for the analysis of caprolactam and 2, 4-di-tert butyl phenol in water and food simulants. Study of the salinity effect to specific migration from food contact materials[J]. Journal of Chromatography B，2020，1156：122301.

[14]　马俊杰，胡长鹰，王志伟. 盐和糖含量对食品复合袋中二氨基二苯甲烷迁移的影响[J]. 食品科学，2022，44（2）：337-344.

[15]　王钰熙. 盐水体系的微观结构和离子聚集[D]. 合肥：中国科学技术大学，2016.

[16]　Copolovici L，Niinemets Ü. Salting-in and salting-out effects of ionic and neutral osmotica on limonene and linalool Henry's law constants and octanol/water partition coefficients[J]. Chemosphere，2007，69（4）：621-629.

[17]　Machotová J，Podzimek Š，Zgoni H，et al. Determination of molar mass of structured acrylic microgels: Effect of molar mass on coating properties of self-crosslinking latexes[J]. Journal of Polymer Research，2016，23（2）：1-10.

[18]　张勤军，贝荣华，张泓，等. 气相色谱-质谱联用法检测食品复合包装材料中 17 种丙烯酸酯类单体的残留量及迁移量[J]. 食品科学，2020，41（24）：287-294.

[19]　蒙芳玲，胡长鹰，黎梓城，等. 液相色谱串联质谱法测定铝塑复合膜中芥酸酰胺和油酸酰胺[J]. 食品与发酵工业，2020，46（20）：208-213.

[20]　蒙芳玲. 复合包装膜中芥酸酰胺和油酸酰胺迁移的实验研究与分子动力学模拟[D]. 广州：暨南大学，2021.

[21]　蔡翔宇，陈璐，吴玉杰，等. 高效液相色谱-串联质谱法同时测定聚对苯二甲酸乙二醇酯/聚乙烯复合食品接触材料中 16 种抗氧化剂特定迁移量[J]. 食品安全质量检测学报，2021，12（15）：5974-5982.

[22]　吕晓敏，蔡翔宇，陈璐，等. PET/LDPE 复合膜中三种抗氧剂向脂性食品模拟物的迁移研究及扩散系数估算[J]. 食品与发酵工业，2021，47（18）：46-53.

[23]　吕晓敏. PET/PE 复合膜中抗氧剂迁移的实验研究及分子动力学模拟[D]. 广州：暨南大学，2021.

[24]　Hagiwara K，Inui T，Koike Y，et al. Speciation of inorganic arsenic in drinking water by wavelength-dispersive X-ray fluorescence spectrometry after *in situ* preconcentration with miniature solid-phase extraction disks[J]. Talanta，2015，134：739-744.

[25]　王正熙. 高分子材料剖析实用手册[M]. 北京：化学工业出版社，2016.

[26]　陈旭辉. 天然橡胶与合成聚异戊二烯橡胶的红外光谱鉴定[J]. 光谱实验室，2001，18（3）：314-316.

[27]　Krüger R H，Boissiere C，Klein-Hartwig K，et al. New phenylenediamine antiozonants for commodities based on natural and synthetic rubber[J]. Food Additives and Contaminants，2005，22（10）：968-974.

[28]　Novitskaia L P，Dukhovnaia I S，Senenko L G. Aniline migration from resin vulcanized with diphenylguanidine[J]. Gigiena i Sanitariia，1990（4）：40-41.

[29]　Schenten J，Fuehr M. SVHC in imported articles: REACH authorisation requirement justified under WTO rules[J]. Environmental Sciences Europe，2016，28（1）：21.

[30]　Li L，Xu F，Sun G，et al. Identification of N-methylaniline based on azo coupling reaction by combining TLC with SERRS[J]. Spectrochimica Acta Part A: Molecular and Biomolecular Spectroscopy，2021，252：119490.

[31]　张刚刚，梁宽，史金炜，等. 橡胶制品生产过程低 VOCs 技术进展：从材料到工艺[J]. 高分子通报，2019（2）：81-89.

[32]　Feng D，Yang H，Qi D，et al. Extraction, confirmation, and screening of non-target compounds in silicone rubber teats by purge-and-trap and SPME combined with GC-MS[J]. Polymer Testing，2016，56：91-98.

[33]　Barnes K A，Castle L，Damant A P，et al. Development and application of an LC-MS method to determine possible migration of mercaptobenzothiazole，benzothiazole and related vulcanization residues from rubber used in contact with food and drink[J].

Food Additives and Contaminants，2003，20（2）：196-205.

[34] Wu F，Hussein W M，Ross B P，et al. 2-mercaptobenzothiazole and its derivatives：Syntheses，reactions and applications[J]. Current Organic Chemistry，2012，16（13）：1555-1580.

[35] 朱继琴，李景宁. 2-巯基苯并噻唑衍生物的合成进展[J]. 化学通报，2009，72（8）：681-686.

[36] 荣杰峰，毛树禄，李军法，等. 超高效液相色谱-串联质谱法测定橡胶产品中 5 种秋兰姆类硫化促进剂[J]. 理化检验（化学分册），2016，52（7）：750-755.

[37] 陈银卿，黎梓城，童星，等. 高效液相色谱-串联质谱法测定食品接触用橡胶奶衬制品中 5 种化合物的迁移量[J]. 分析测试学报，2022，41（6）：865-872.

[38] World Health Organization. IARC Monographs on the Identification of Carcinnogenic Hazards to Human[Z]. Agents Classified by the IARC Monographs，2020，（1）：125. https://monographs.iarc.who.int/agents-classified-by-the-iarc/.

[39] GS-Spezifikation AfPS GS 2019：01 PAK. Testing and validation of Polycyclic Aromatic Hydrocarbons（PAH）in the course of GS-Mark Certification. Ausschuss fuer Produktsicherheit，Bundesanstalt fuer Arbeitsschutz und Arbeitsmedizin[S]. German，2019.

[40] 童星. 食品接触用橡胶中多环芳烃迁移实验及分子动力学模拟[D]. 广州：暨南大学，2022.

[41] 陈银卿，刘桂华，商贵芹，等. 橡胶接触油脂类食品时食品模拟物的选择[J]. 包装工程，2021，42（17）：20-28.

[42] 张天萍，甄卫军，赵玲. 配方对有机硅橡胶非等温硫化动力学的影响[J]. 高校化学工程学报，2020，34（1）：222-229.

[43] 王凯，范襄，陈萌炯. 白炭黑增强型硅橡胶的组成及抗原子氧性能分析[J]. 高等学校化学学报，2020，41（3）：548-555.

[44] 葛丹阳. 食品接触用硅橡胶材料及制品安全指标设置及风险物质迁移[D]. 广州：暨南大学，2022.

[45] 秦培山，赵志恒，漆刚，等. 硅橡胶及氟硅橡胶的研发现状[J]. 有机硅材料，2022，36（1）：74-78.

[46] Liu Y Q，Yu W W，Jiang H，et al. Variation of baking oils and baking methods on altering the contents of cyclosiloxane in food simulants and cakes migrated from silicone rubber baking moulds[J]. Food Packaging and Shelf Life，2020，24：100505.

[47] Liu Y Q，Wrona M，Su Q Z，et al. Influence of cooking conditions on the migration of silicone oligomers from silicone rubber baking molds to food simulants[J]. Food Chemistry，2021，347：128964.

[48] Ibarra V G，Sendon R，Garcia-Fonte X X，et al. Migration studies of butylated hydroxytoluene，tributyl acetylcitrate and dibutyl phthalate into food simulants[J]. Journal of the Science of Food and Agriculture，2019，99（4）：1586-1595.

[49] 刘宜奇. 食品加工条件对硅橡胶焙烤模具的性能及硅氧烷低聚物迁移的影响 [D]. 广州：暨南大学，2020.

[50] 刘宜奇，胡长鹰，商贵芹，等. 食品接触用硅橡胶中 3 种环硅氧烷的测定及迁移规律[J]. 食品工业科技，2020，41（11）：245-250.

[51] 刘宜奇，胡长鹰，商贵芹，等. 硅橡胶模具中三种环硅氧烷迁移到蛋糕中的检测方法及安全评估[J]. 食品与发酵工业，2019，45（18）：228-233.

[52] 王文志，涂春潮，钱黄海，等. 硫化剂种类对阻燃硅橡胶性能的影响[J]. 有机硅材料，2008（3）：129-133.

[53] 吕家育，陈网桦，陈利平，等. 2,4-二氯过氧化苯甲酰的热分解及等温动力学模型[J]. 化工学报，2013，64（11）：4054-4059.

[54] 葛丹阳，刘桂华，姜欢，等. 高效液相色谱法检测食品接触用硅橡胶制品中 2,4-二氯苯甲酸的迁移量[J]. 食品安全质量检测学报，2022，13（2）：435-442.

[55] 戚冬雷，张喜荣，王文娟，等. 食品接触硅橡胶制品中 5 种高关注物质的分析[J]. 食品科学，2018，39（20）：294-301.

[56] Park S J，Jeong M J，Park S R，et al. Release of N-nitrosamines and N-nitrosatable substances from baby bottle teats and rubber kitchen tools in Korea[J]. Food Science and Biotechnology，2018，27（5）：1519-1524.

[57] 刘宜奇，胡长鹰，商贵芹，等. 食品接触用硅橡胶中危害物迁移的研究进展[J]. 包装工程，2020，41（13）：48-55.

[58] 黄鑫茜. 一次性淀粉基餐具的鉴定和安全性分析[D]. 广州：暨南大学，2021.

[59] 黄鑫茜，余稳稳，姚皓程，等. 淀粉基餐勺表征及总迁移检测分析[J]. 食品与发酵工业，2020，46（12）：225-230.

[60] 杨岳平，胡长鹰，钟怀宁，等. 抗氧剂 168 的降解及其降解产物的测定[J]. 现代食品科技，2016，32（6）：304-309.

[61] Yang Y P，Hu C Y，Zhong H N，et al. Effects of ultraviolet（UV）on degradation of irgafos 168 and migration of its degradation products from polypropylene films[J]. Journal of Agricaltural and Food Chemistry，2016，64（41）：7866-7873.

[62] Yan Y，Hu C Y，Wang Z W，et al. Degradation of irgafos 168 and migration of its degradation products from PP-R composite

films[J]. Packaging Technology and Science，2018，31（10）：679-688.

[63] 黄鑫茜，余稳稳，胡长鹰. 淀粉基餐盒的霉变和堆肥菌填埋降解分析[J]. 包装工程，2021，42（17）：39-46.

[64] Asensio E，Montañés L，Nerín C. Migration of volatile compounds from natural biomaterials and their safety evaluation as food contact materials[J]. Food and Chemical Toxicology，2020，142：111457.

[65] Zimmermann L，Dombrowski A，Völker C，et al. Are bioplastics and plant-based materials safer than conventional plastics？ *In vitro* toxicity and chemical composition[J]. Environment International，2020，145：106066.

[66] Calixto G Q，Melo D M A，Melo M A F，et al. Analytical pyrolysis（Py–GC/MS）of corn stover，bean pod，sugarcane bagasse，and pineapple crown leaves for biorefining [J]. Brazilian Journal of Chemical Engineering，2022，39（1）：137-146.

[67] Petisca C，Henriques A R，Pérez-Palacios T，et al. Assessment of hydroxymethylfurfural and furfural in commercial bakery products[J]. Journal of Food Composition and Analysis，2014，33（1）：20-25.

[68] EFSA Panel on Food Contact Materials，Enzymes，Flavourings and Processing Aids（CEF）. Scientific opinion on flavouring group evaluation 13rev1：Furfuryl and furan derivatives with and without additional side-chain substituents and heteroatoms from chemical group 14[J]. EFSA Journal，2010，8（4）：1403.

[69] Liu F，Hu C Y，Zhao Q，et al. Migration of copper from nanocopper/LDPE composite films[J]. Food Additives and Contaminants：Part A，2016，33（11）：1741-1749.

[70] Chen H B，Hu C Y. Influence of PP types on migration of zinc from nano-ZnO/PP composite films[J]. Packaging Technology and Science，2018，31（11）：747-753.

[71] 刘芳，胡长鹰，石玉杰，等. 纳米铜/低密度聚乙烯复合膜中铜向食品模拟物迁移量的测定[J]. 食品与发酵工业，2017（1）：199-203.

[72] Conte A，Longano D，Costa C，et al. A novel preservation technique applied to fiordilatte cheese[J]. Innovative Food Science & Emerging Technologies，2013，19：158-165.

[73] 卢珊. 辐照对纳米金属复合包装材料中纳米成分向食品/食品模拟物迁移的影响[D]. 广州：暨南大学，2020.

[74] 卢珊，胡长鹰，张勤军，等. 纳米铜/低密度聚乙烯复合膜在乳制品中的铜迁移[J]. 食品科学，2020，41（14）：321-326.

[75] Shi Y J，Wrona M，Hu C Y，et al. Copper release from nano-copper/polypropylene composite films to food and the forms of copper in food simulants[J]. Innovative Food Science & Emerging Technologies，2021，67：102581.

[76] 石玉杰，胡长鹰，姜紫薇，等. 不同结构纳米铜/PP 复合膜中铜向食品模拟物的迁移[J]. 食品与发酵工业，2018，41（1）：92-97.

[77] 石玉杰. 纳米铜/聚丙烯膜中铜向食品/食品模拟物的迁移研究[D]. 广州：暨南大学，2018.

[78] 姜紫薇. 纳米铜/聚丙烯复合膜中铜的迁移及复合膜的性能研究[D]. 广州：暨南大学，2019.

[79] Pezo D，Salafranca J，Nerín C. Determination of the antioxidant capacity of active food packagings by *in situ* gas-phase hydroxyl radical generation and high-performance liquid chromatography-fluorescence detection[J]. Journal of Chromatography A，2008，1178（1-2）：126-133.

[80] Jiang Z W，Yu W W，Li Y，et al. Migration of copper from nanocopper/polypropylene composite films and its functional property[J]. Food Packaging and Shelf Life，2019，22：100416.

[81] 姜紫薇，胡长鹰，石玉杰，等. 纳米铜/聚丙烯复合膜中铜向食品模拟物的迁移及其对膜性能的影响[J]. 食品与发酵工业，2019，45（5）：68-74.

[82] Chen Z，Meng H A，Xing G M，et al. Acute toxicological effects of copper nanoparticles in vivo[J]. Toxicology Letters，2006，163（2）：109-120.

[83] Christen V，Camenzind M，Fent K. Silica nanoparticles induce endoplasmic reticulum stress response and activate mitogen activated kinase（MAPK）signaling[J]. Toxicology Reports，2016，1：1143-1151.

[84] Gautam G，Mishra P. Development and characterization of copper nanocomposite containing bilayer film for coconut oil packaging[J]. Journal of Food Processing and Preservation，2017，41（6）：e13243.

第 7 章 食品接触材料中危害物迁移机制

在食品的加工、包装和储运过程中，食品与接触材料间存在双向传质和传热相互作用。迁移本质上是食品接触材料中小分子物质从材料相向食品相的传质过程，受到迁移物（分子、结构、极性等）、接触材料（结构、极性等）、食品（性质、特性等）和环境（温度、压力、微波、杀菌、振动等）等多种因素的制约。

7.1 迁移的扩散模型

扩散理论认为，食品接触材料中小分子物质迁移是从高浓度区域的材料相向低浓度区域食品相转移直到平衡分布的现象，是分子热运动的结果。

在大多数情况下，迁移遵循菲克定律。由于食品接触材料面内尺寸比厚度大得多，迁移可简化为沿厚度方向的一维扩散，其扩散方程为

$$\frac{\partial C_p(x,t)}{\partial t} = D_p \frac{\partial^2 C_p(x,t)}{\partial x^2} \tag{7-1}$$

式中，$C_p(x,t)$ 为材料中迁移物的浓度（质量/体积，下同）；D_p 为扩散系数。扩散方程结合相应的边界条件和初始条件，就形成了对迁移问题的数学描述。

7.1.1 单面接触模型

如图 7-1 所示，迁移物从材料单面向食品迁移。包装食品时，包装材料一面与食品接触，另一面与空气接触，若认为迁移物迁入空气的量可以忽略，则这种情况可视为单面接触迁移。设材料的体积和厚度分别为 V_p 和 l_p，食品的体积和等效厚度分别为 V_f 和 l_f，材料中迁移物的起始浓度为 $C_{p,0}$，均匀分布，食品中化学物质起始浓度为 0。

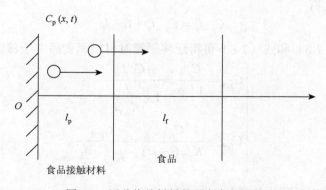

图 7-1 迁移物从材料单面向食品迁移

由于迁移物在食品中的扩散系数一般要远大于在材料中的扩散系数，可认为迁移物进入食品后即刻达到浓度均匀。迁移平衡时，材料与食品中迁移物的分配系数 $K_{p,f}$ 为

$$K_{p,f} = \frac{C_{p,\infty}}{C_{f,\infty}} \tag{7-2}$$

式中，$C_{p,\infty}$ 和 $C_{f,\infty}$ 分别为迁移平衡时材料和食品中迁移物的浓度。

该问题的扩散方程和相应的初始条件、边界条件为

$$\begin{cases} \dfrac{\partial C_p(x,t)}{\partial t} = D_p \dfrac{\partial^2 C_p(x,t)}{\partial x^2} \\ C_p = C_{p,0}, 0 < x < l_p, t = 0 \\ \dfrac{\partial C_p}{\partial x} = 0, x = 0, t \geq 0 \\ D_p \dfrac{\partial C_p}{\partial x} = -\dfrac{l_f}{K_{p,f}} \dfrac{\partial C_p}{\partial t}, x = l_p, t \geq 0 \end{cases} \tag{7-3}$$

求解式（7-3），可得时刻 t 材料中迁移物的浓度 $C_p(x,t)$ 为[1-3]

$$\frac{C_{p,0} - C_p(x,t)}{C_{p,0} - C_{p,\infty}} = 1 + \sum_{n=1}^{\infty} \frac{2(1+\alpha)\exp(-D_p q_n^2 t / l_p^2)}{1 + \alpha + \alpha^2 q_n^2} \frac{\cos(q_n x / l_p)}{\cos q_n} \tag{7-4}$$

时刻 t 食品中的迁入量 $M_{f,t}$ 和平衡时的迁移量 $M_{f,\infty}$ 的比为

$$\frac{M_{f,t}}{M_{f,\infty}} = 1 - \sum_{n=1}^{\infty} \frac{2\alpha(1+\alpha)}{1+\alpha+\alpha^2 q_n^2} \exp(-D_p q_n^2 t / l_p^2) \tag{7-5}$$

式（7-4）和式（7-5）中，α 为迁移平衡时食品中迁移物质量 $M_{f,\infty}$ 与材料中迁移物质量 $M_{p,\infty}$ 之比，与分配系数 $K_{p,f}$ 有关。

$$\alpha = \frac{M_{f,\infty}}{M_{p,\infty}} = \frac{V_f}{K_{p,f} V_p} = \frac{l_f}{K_{p,f} l_p} \tag{7-6}$$

q_n 为式（7-7）的正根。

$$\tan q = -\alpha q \tag{7-7}$$

通过式（7-5），即可计算迁移量。

迁移平衡时，有

$$C_{p,0} l_p = C_{p,\infty} l_p + C_{f,\infty} l_f \tag{7-8}$$

由式（7-2）、式（7-6）和式（7-8）可得迁移平衡时材料和食品中迁移物的浓度为

$$\begin{cases} C_{p,\infty} = \dfrac{C_{p,0}}{1+\alpha} = \dfrac{C_{p,0}}{1 + \dfrac{l_f}{K_{p,f} l_p}} \\ C_{f,\infty} = \dfrac{C_{p,0}}{K_{p,f}(1+\alpha)} = \dfrac{C_{p,0}}{K_{p,f} + \dfrac{l_f}{l_p}} \end{cases} \tag{7-9}$$

平衡时材料和食品中迁移物的量为

$$M_{p,\infty} = C_{p,\infty}V_p, \quad M_{f,\infty} = C_{f,\infty}V_f \tag{7-10}$$

对于食品包装而言，食品与包装材料的体积比通常很大。当食品体积远大于材料体积（$l_f/l_p \to \infty$），或化学物能全部迁移（$K_{p,f} \to 0$）时，式（7-7）的根为

$$q_n = \left(n + \frac{1}{2}\right)\pi \tag{7-11}$$

式（7-5）成为

$$\frac{M_{f,t}}{M_{f,\infty}} = 1 - \sum_{n=0}^{\infty} \frac{8}{(2n+1)^2 \pi^2} \exp\left[-D_p(2n+1)^2 \pi^2 t / \left(4l_p^2\right)\right] \tag{7-12}$$

上式还可写成以下形式[2]：

$$\frac{M_{f,t}}{M_{f,\infty}} = 2\frac{\sqrt{D_p t}}{l_p}\left[\frac{1}{\sqrt{\pi}} + 2\sum_{n=1}^{\infty}(-1)^n \mathrm{ierfc}\left(\frac{nl_p}{\sqrt{D_p t}}\right)\right] \tag{7-13}$$

式（7-12）适合于长时迁移（$M_{f,t}/M_{f,\infty} > 0.6$），取级数的第一项就有较高的精度，该式可近似为

$$\frac{M_{f,t}}{M_{f,\infty}} = 1 - \frac{8}{\pi^2}\exp\left[-\pi^2 D_p t / \left(4l_p^2\right)\right] \tag{7-14}$$

而式（7-13）适合于短时迁移（$M_{f,t}/M_{f,\infty} < 0.6$），可近似为

$$\frac{M_{f,t}}{M_{f,\infty}} = \frac{2}{\sqrt{\pi}}\frac{\sqrt{D_p t}}{l_p} \tag{7-15}$$

式（7-10）成为

$$M_{p,\infty} = 0, \quad M_{f,\infty} = C_{p,0}V_p \tag{7-16}$$

特别注意，上述迁移物浓度指的是质量浓度。迁移试验时，用质量分数比较方便，材料和食品中迁移物的质量浓度 C_p 和 C_f 与相应的质量分数 c_p 和 c_f 有如下关系

$$C_p = \rho_p c_p, \quad C_f = \rho_f c_f \tag{7-17}$$

式中，ρ_p 和 ρ_f 分别为材料和食品的密度。

7.1.2　双面接触模型

在浸泡迁移试验中，材料双面接触食品，迁移物从材料双面向食品迁移。如图 7-2 所示，设材料的体积和厚度分别为 $2V_p$ 和 $2l_p$，食品的体积和等效厚度分别为 $2V_f$ 和 $2l_f$，

由于对称，双面接触迁移可转化为单面接触迁移问题进行求解，时刻 t 食品中迁入量 $M_{f,t}$ 和平衡时的迁移量 $M_{f,\infty}$ 的比仍然可用式（7-5）、式（7-12）～式（7-15）表达，但公式中 l_p 需理解为材料厚度的一半，α 和 q_n 不变。

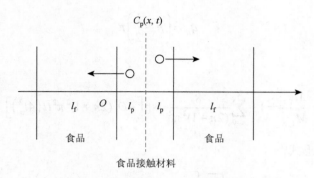

图 7-2　迁移物从材料双面向食品迁移

上述迁移模型是针对单层材料的。对于多层复合材料的迁移问题，在数学本质上是一样的，它们都由扩散方程及其初始条件和边界条件所描述，但模型和分析更为复杂。Spencer 等系统研究了多层材料在有限溶液和无限溶液中的吸附问题[4-6]，其模型和解析结果可应用于分析多层材料单面/双面接触食品时的迁移。

欧盟委员会在 2015 年发表了《应用迁移模型估算特定迁移的实用指南》（*Practical guidelines on the application of migration modelling for the estimation of specific migration*），为塑料食品包装在何种情况下以何种方式进行迁移建模提供了详细的帮助和信息。

7.1.3　多层材料迁移分析的数值方法

数值方法常用于分析多层材料中化学物质的迁移，最为常用的是差分法和有限元法。

迁移问题的差分区域为一矩形区域，差分法分析特别方便。国内外开发了迁移模型的在线和离线差分法数值分析软件[7-8]，它们都基于不断强大的迁移物扩散系数和分配系数数据库。Laoubi 和 Vergnaud 采用差分法研究了多层包装薄膜回收层中污染物越过功能阻隔层向食品的迁移[9]；Brandsch 等采用差分法评估了单层、二层和三层材料单面接触迁移模型数值解的有效性[10]；本书作者团队建立了单层和多层塑料食品包装材料中化学物质在各类初始条件和边界条件下向食品迁移的 Crank-Nicolson 差分格式，开发了迁移分析软件 MigraSoft 2006，模拟了各参数对迁移的影响及迁移物在食品中的不稳定性[11-14]。

有限元法也非常适用于多层材料迁移问题的分析[15]。由于多层材料各层浓度之间存在分配系数，导致层间浓度不连续；食品体积有限及材料与食品间的浓度分配，导致边界条件的特殊性。所以，与一般传质传热工程问题相比，迁移问题的有限元分析有其特殊性，需从有限元原理出发，构建相对应的泛函，推导迁移问题的有限元方程。值得注意的是，在扩散开始时，多层材料的各层间浓度及材料与食品界面浓度并不符合分配条件，是奇异的。因此，单元划分和时间步长选择很重要，在材料表面和层间这些高浓度梯度区域应加密有限元网格，时间步长应可变，且在扩散的初期应足够小。Roduit 等采用有限元法研究了多层包装材料在等温和变温条件下的迁移问题[16]，并对有限元模拟结果与实验进行了比较，表明了迁移问题中有限元分析的有效性。

食品接触材料中化学物质迁移会经历食品供应链的复杂环境过程，如变温、溶胀、盐雾、辐照、振动等，模拟真实环境下的迁移问题无疑具有重要的现实意义，有限元法可以发挥重要作用。

7.2　扩散系数和分配系数

从迁移模型可以看出，影响迁移过程的因素有：迁移物初始浓度分布、材料和食品几何尺寸、扩散系数和分配系数。扩散系数和分配系数是迁移动力学的两个重要参量，扩散系数控制迁移速率，分配系数控制迁移过程和迁移平衡后的浓度分配。

7.2.1　扩散系数

扩散系数是指单位时间单位浓度梯度下，垂直通过单位面积的物质质量或摩尔数，它表征物质扩散能力，是决定迁移物传质速率的重要物理参数。影响迁移扩散系数的因素很多，可分为四个方面：一是迁移物本身的化学结构和特性；二是食品接触材料的性质和特性；三是迁移历程中的外界环境，如温度、压力等；四是食品的性质和特性。

与迁移相关的扩散系数的确定有多种方法，可分为实验测定法、理论模型法、经验和半经验模型法、原子模型法等。

由于影响因素众多，目前，较为可靠的扩散系数值主要来自实验测定。吸附/解吸法结合现代仪器测定是最为常用的实验测定法。理论模型法是基于若干假设和简化，将扩散系数与迁移物和聚合物基体的某些微观结构或能量参数相联系并给出数学量化表达，目前常用的有分子模型[17-19]和自由体积模型[20-22]。理论模型一般较为复杂，包含了大量的参数，部分参数可从第一性原理出发获得，但有些参数仍须通过实验获得[23-27]。经验模型是直接由经验或实验结果总结的模型。半经验模型是指在一定理论指导下，利用经验或实验结果进行修正和参数识别而得到的模型。经验和半经验模型往往既能反映迁移的主要规律和特征，又能结合实验进行灵活的参数调整，适合于一定结构类型材料中一定类型迁移物的迁移扩散计算，如 Piringer-Baner 模型[28-30]、Limm-Hollifield 模型[31]、Brandsch 模型[10, 32]、Helmroth 随机模型[33-34]和描述符模型[35-37]。由于该类扩散模型的简洁性，在食品包装质量保证和监管方面得到了广泛的应用。随着实验数据的累积和分类，基于大数据的人工智能算法必将在迁移扩散系数计算方面发挥重要作用。原子模型法基于量子力学的第一性原理，通过计算机建立含迁移分子的聚合物结构，然后模拟迁移分子在聚合物基体中的运动，计算扩散系数并表征扩散机理，包括分子动力学模拟法和过渡态法。

7.2.2　分配系数

分配系数定义为迁移平衡时迁移分子在基体材料和食品两个接触相之间的浓度之比，是描述迁移分子在两相中行为的重要物理化学特征参数，反映迁移分子在材料和食品两相中的迁移能力及分离效能。

分配系数的确定也有多种方法，包括实验测定法、热力学理论模型法、经验和半经验模型法等。

目前，直接实验测定是较为可靠的确定分配系数的方法。同扩散系数一样，吸附/解吸平衡法也是主要的实验测定法。食品包装和医药包装中分配系数可查阅文献[38]。基于热力学理论模型，分配系数的估计可转变为迁移分子在聚合物和液相食品中的活度系数估计。在此基础上，建立和发展了基团贡献法[39-45]、QSAR 和 QSPR 模型[46]等经验和半经验模型法。

7.3　迁移的自由体积模型

自由体积模型是应用最为广泛的解释和预测聚合物中迁移物扩散的模型。自由体积模型认为聚合物链段和迁移分子的移动性主要由体系中的可用自由体积决定。迁移分子在聚合物中的扩散取决于两个因素：一是周围出现可以容纳它的自由体积，二是迁移分子获得足够的能量来克服邻近分子对它的作用。

橡胶态聚合物中扩散的大多数自由体积模型遵循 Cohen 和 Turnbull 设定的现象学基础[20]，Fujita 将自由体积模型应用于迁移分子-聚合物体系的传质过程，提出的扩散系数为[21-22]

$$D_p = A_d RT \exp(-B_d / V_T) \tag{7-18}$$

式中，V_T 为平均自由体积分数；参数 A_d 主要取决于迁移分子的大小和形状；参数 B_d 与温度和迁移分子浓度无关。

Vrentas 和 Duda 对聚合物-溶剂体系中扩散的自由体积模型进行了系统研究[23-27]，提出了橡胶态聚合物-溶剂体系中溶剂自扩散系数 D_1 的表达式。

$$\begin{cases} D_1 = D_0 \exp\left(-\dfrac{E^*}{RT}\right) \exp\left(-\dfrac{\omega_1 V_1^* + \xi \omega_2 V_2^*}{V_{FH} / \gamma}\right) \\ \dfrac{V_{FH}}{\gamma} = \omega_1 \dfrac{K_{11}}{\gamma}(K_{21} + T - T_{g1}) + \omega_2 \dfrac{K_{12}}{\gamma}(K_{22} + T - T_{g2}) \end{cases} \tag{7-19}$$

式中，D_0 为指前因子；E^* 为克服分子间引力所需的临界能量；ξ 为溶剂分子和聚合物分子跳跃单元的临界摩尔体积之比；γ 是一个描述相同的自由体积可用于多个分子跳跃的重叠因子；ω_1 和 ω_2 分别为溶剂分子和聚合物分子的质量分数；V_1^* 和 V_2^* 分别为溶剂分子和聚合物分子跳跃所需的临界自由体积；K_{11} 和 K_{21} 为溶剂分子的自由体积参数，K_{12} 和

K_{22} 为聚合物的自由体积参数；T_{g1} 和 T_{g2} 分别为溶剂分子和聚合物的玻璃化转变温度。扩散对体系自由体积的依赖通过 V_{FH}/γ 表示。式中共有 11 个参数（D_0、E^*、ξ、ω_1、ω_2、V_1^*、V_2^*、K_{11}/γ、$K_{21}-T_{g1}$、K_{12}/γ、$K_{22}-T_{g2}$），每一个都有精确的物理意义，而且可以界定其中的一些常数。

7.4　迁移的分子动力学模拟技术

7.4.1　分子动力学模拟的原理和方法

分子模拟基于经典力学、量子力学、统计力学等原理，通过计算技术和计算机模拟技术，研究分子体系的结构、性质与演化。分子动力学模拟主要基于牛顿力学，以分子力场为基础，利用计算机数值求解分子体系运动方程，模拟分子体系的结构、性质与动力学过程。

分子动力学模拟可追溯到 20 世纪 50 年代末 Alder 和 Wainwright 的硬球模型研究 [47-48]，Rahman 基于 Lennard-Jones 势函数，研究了液态氩原子体系，得到了自扩散系数[49]，Lees 和 Edwards 扩展分子动力学模拟到非平衡态系统，研究了液体在高剪切力作用下的行为[50]。此后，分子动力学模拟在分子模型、势函数描述、分子力场、模拟算法、商用软件等方面取得了飞速发展，应用领域也不断拓展，已成为物质微观研究以及从微观层面揭示宏观性质和过程的一种重要的方法和工具。随着计算技术和计算机软硬件的发展，分子动力学模拟已广泛应用于化学、化工、材料、生物、医药、环境等领域，在宏观过程的微观设计方面发挥了重要作用。

分子动力学模拟的可靠性取决于所采用的分子力场模型的精度，为此，基于第一性原理的分子动力学即从头算分子动力学（*ab initio* molecular dynamics，AIMD）采用薛定谔方程或密度泛函理论计算原子间的相互作用力。原子核的运动仍采用经典力学方法处理，或还考虑其量子效应，采用 Feynman 路径积分计算[51]。

以下简要介绍分子动力学模拟的原理和方法。

1. 分子力场模型

分子动力学模拟的核心是准确描述体系中分子内和分子间的相互作用力场。分子内相互作用包括成键相互作用和非键相互作用，分子内成键相互作用分别用键伸缩势、键角弯曲势、二面角扭曲势及离面弯曲势等表达，分子内非键相互作用与分子间相互作用相同，主要包括库仑作用和范德瓦尔斯作用。通常可忽略具有成键相互作用的原子对间的非键相互作用。

分子间相互作用包括未发生分子间电子转移的物理相互作用和发生电子转移的弱化学相互作用。物理相互作用主要包括库仑作用、偶极或多极矩作用、分子间排斥作用等，弱化学相互作用主要有氢键作用和缔合作用。分子间相互作用使用较为常见的 Lennard-Jones12-6 势函数表达。

在分子内和分子间各种相互作用势模型的基础上，针对不同领域分子体系的特点，分子动力学模拟发展了对应的力场，包括全原子力场、联合原子力场、粗粒度力场、反应性分子力场等。COMPASS 为分子动力学模拟常用的力场，广泛应用于高分子体系的模拟。

分子动力学模拟的大量计算是花在力场计算上的。针对特定的分子体系或特定的研究目标，常常对分子（原子）的运动进行简化或约束，以提高分子动力学模拟的计算效率和实用性。

2. 分子体系的运动方程及数值解

原子核集中了原子的主要质量，所以分子中各原子可近似为位于各原子核位置的一组质点，分子体系可近似为质点体系，分子体系的运动可用牛顿运动方程或哈密顿方程描述。

用时间差分求解分子体系的运动有多种算法，常用的为 Verlet 算法及其改进算法[52-53]。

3. 周期性边界条件与非周期性边界条件处理

分子动力学模拟中通常引入周期性边界条件，即将所模拟的分子体系单元向四周进行周期性延拓，形成周期性镜像单元系统，以大幅减少计算量，消除因单元的尺寸限制而引起的边界效应。但有些系统需用非周期性边界条件，如原子团簇、表面等，需根据具体的分子体系和模拟目的选择适合的边界条件。

周期性边界条件引入后，采用最近邻像约定，只计算"最邻近"的粒子或像粒子间的作用势。对于非键近程作用，只计算与粒子相距小于截断半径（cut-off radius）球内粒子的贡献。截断近似处理后，需将势函数用开关函数（switching function）修正，使势函数保持连续。

4. 平衡系综

平衡状态的分子动力学模拟是在一定系综下进行的。系综指大量具有相同宏观状态但处于不同微观状态的热力学体系的集合。根据宏观约束条件，平衡系综主要有微正则系综、正则系综、等温等压系综、等压等焓系综和巨正则系综等。

分子动力学模拟时，需对系综的温度、压力和焓进行调节。调控系统温度的方法主要有比例系数法、Berendsen 热浴法、Gaussian 热浴法和 Nosé-Hoover 恒温扩展法等。压力的调控方法主要有比例系数法、Anderson 恒压法、Parrinello-Rahman 法[51-52]等。

5. 宏观目标量的分析

分子动力学模拟得到分子体系中各粒子的位形后，应用统计物理就可对系统的宏观目标量进行统计结构分析，如径向分布函数、静态结构因子、压力、扩散系数、局部晶序分析、配位数等。

7.4.2　聚合物材料中小分子物质迁移的模拟

聚合物材料中小分子物质向食品中的迁移是一个复杂的过程，受到多种因素的影响。随着计算技术和能力的不断提升，分子动力学模拟技术为研究迁移过程提供了新的途径。

自开展聚乙烯材料中惰性气体氩原子扩散的研究以来[54]，小分子物质在固体聚合物中扩散的分子动力学模拟取得了令人瞩目的进展[55]。分子动力学模拟已应用于气体和水在纯聚合物[56-57]、共混聚合物[58-59]中的扩散模拟，小分子和添加剂在天然橡胶[60]、聚丙烯（PP）[61-62]和聚对苯二甲酸乙二醇酯（PET）[63-64]、聚合物膜（PVA、PVC、PMA、PMMA）中的扩散模拟[65]，以及聚乙烯多层膜的界面扩散和键合模拟[66]。这些扩散过程都是在材料相内模拟的，在材料相内有效。

迁移涉及小分子物质在固态聚合物与食品两相之间的扩散，而且受到食品相性质的显著影响。为表征食品相对迁移的影响，提出了两相分子动力学模型，模拟小分子物质从聚烯烃和聚酯材料中向食品的迁移过程[67-69]。

7.5　PBAT 膜中添加剂迁移的分子动力学模拟

聚己二酸-对苯二甲酸丁二酯［poly(butyleneadipate-co-terephthalate)，PBAT］是己二酸丁二醇酯（butyleneadipate，BA）和对苯二甲酸丁二醇酯（butyleneterephthalate，BT）的共聚物，兼具 PBA 和 PBT 的特性，具有较好的延展性、断裂伸长率、耐热性和优良的生物降解性。但其分子链中含有大量容易水解的酯基，在紫外照射下也容易发生光降解。为改善 PBAT 制品的加工和使用性能，加工工程中往往需加入助剂、填料或与其他材料共聚共混。

生物可降解材料的基体结构与传统塑料不同，其制品用于食品接触材料时，添加剂分子向食品迁移也会表现出不同的迁移规律，所以，生物可降解材料中小分子化学物质的迁移已成为全社会关注的课题。应用分子动力学模拟技术，研究了 PBAT 膜中抗氧化剂 BHT 和紫外吸收剂 UV-P 向食品模拟物 50%乙醇的迁移行为[70]。

7.5.1　模拟方法

分子动力学模拟在 Materials Studio（7.0 版，Accelrys Software Inc.，USA）平台上完成。采用 COMPASS Ⅱ 力场进行模拟，非键相互作用通过范德瓦尔斯作用和静电作用表示，范德瓦尔斯作用采用 atom based 法计算（样条宽度为 1 Å，缓冲宽度为 0.5 Å，截断距离设置为不超过元胞尺寸的一半），静电作用采用 Ewald 法，温度和压力分别采用 Andersen 法和 Berendsen 法控制。

为反映 PBAT 膜中添加剂在不同位置的扩散能力差别，采用单相模型模拟 PBAT 膜中间区域 1 内添加剂的扩散，采用两相模型模拟 PBAT 膜与 50%乙醇接触边界区域 2 内添加剂的扩散，如图 7-3 所示。

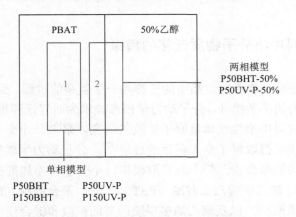

图 7-3　PBAT 膜中不同位置的分子动力学模型

模拟过程包括添加剂分子和 PBAT 链的构建、单相单元和两相单元的构建和结构优化、动力学模拟及数据分析，具体建模过程如图 7-4 所示，单相模型和两相模型参数见表 7-1。

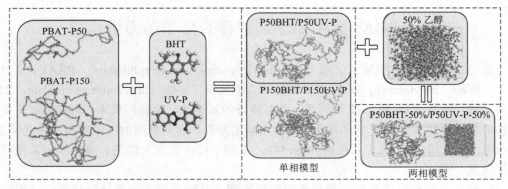

图 7-4　分子动力学建模过程

表 7-1　PBAT 膜中添加剂迁移的单相模型和两相模型参数

模型	名称	单元组成	原子数	单元尺寸
单相模型	P50BHT	3P50 + 1BHT	4408	36.21Å×36.21Å×36.21Å
	P150BHT	1P150 + 1BHT	4482	36.82Å×36.82Å×36.82Å
	P50UV-P	3P50 + 1UV-P	4490	36.52Å×36.52Å×36.52Å
	P150UV-P	1P150 + 1UV-P	4370	36.16Å×36.16Å×36.16Å
两相模型	P50BHT-50%	3P50 + 1BHT + 215 乙醇 + 698H$_2$O	8467	30.92Å×30.92Å×136.69Å
	P50UV-P-50%	3P50 + 1UV-P + 215 乙醇 + 698H$_2$O	8395	30.18Å×30.18Å×112.34Å

构建添加剂分子 BHT 和 UV-P 以及 PBAT 分子链，进行能量最小化和几何结构优化。PBAT 分子链中 BA 与 BT 的比例为 1∶1。为研究聚合链长对添加剂扩散的影响，单相模型中 PBAT 分子链长设置了 50 和 150 两种，分别表示为 P50 和 P150。两相模型中 PBAT 分子链长设置为 50 一种，表示为 P50。

　　建立分别含有 BHT 和 UV-P 的具有三维周期结构的 PBAT 元胞，即单相模型单元，分别表示为 P50BHT、P50UV-P 和 P150BHT、P150UV-P。对单元进行能量最小化和几何结构优化。单元参数设置尽量与同时进行的实验部分的参数一致，添加剂含量设置为 0.7%，单元的初始密度为 1.3 g/cm^3。

　　构建食品模拟物 50%乙醇元胞，与单相模型单元结合形成具有三维周期结构的两相模型单元，分别表示为 P50BHT-50%和 P50UV-P-50%。对两相模型单元进行能量最小化和几何结构优化。

　　对单相模型和两相模型进行退火处理，从 300 K 以 30 K 的温度间隔升温到 600 K，再以同样的间隔降温至 300 K，每个温度下进行 20 ps 的等温等压系综（NPT，粒子数 N、压力 P 和温度 T 保持不变）模拟，循环 5 次。

　　对单相模型和两相模型在每个模拟温度下进行 2 ns 的正则系综（NVT，粒子数 N、体积 V 和温度 T 保持不变）模拟，使模型的结构和能量更稳定。

　　对平衡好的模型进行 5 ns 的 NVT 模拟，模拟结束后进行数据分析。

7.5.2　迁移试验

1. PBAT 膜制备

　　分别将 PBAT 母粒与质量分数为 1%的 BHT 和 UV-P 混匀，通过双螺杆挤出造粒机造粒，然后通过双螺杆挤出流延机制得分别含 BHT 和 UV-P 的 PBAT 膜，同时制得不含 BHT 和 UV-P 的空白膜。膜厚度为 0.25 mm，密度为 1.3 g/cm^3。

2. 迁移试验过程

　　首先检测 PBAT 膜中 BHT 和 UV-P 的初始含量。将 PBAT 膜洗净晾干剪碎，称取 0.1 g 置于 30 ml 玻璃储液瓶中，加入 20 ml 乙醇，拧紧瓶盖，超声 1 h，然后将储液瓶置于 70℃的电热鼓风干燥箱中，24 h 后取样，经 0.22 μm 有机滤膜过滤，使用 HPLC 检测。

　　选择 50%乙醇为食品模拟物，检测 PBAT 膜中 BHT 和 UV-P 向 50%乙醇的迁移量。根据 0.6 dm^2 的塑料与 100 g 或 100 ml 食品模拟物接触的规则，将膜用超纯水洗净晾干，剪成 2 cm×3 cm 大小，将其完全浸泡于装有 10 ml、50%乙醇的储液瓶中，旋紧盖子，将储液瓶置于电热鼓风干燥箱中进行迁移试验。按时取样，过 0.22 μm 滤膜，使用 HPLC 检测。

　　使用安捷伦 1260 高效液相色谱法仪分析。色谱柱为 Agilent EC-C18（4.6 mm× 100 mm×2.7 μm），检测器为二极管阵列检测器，进样量为 10 μl。BHT 洗脱程序：等梯度洗脱，0～6 min，90%甲醇、10%水，检测波长为 278 nm，流动相流速为 0.6 ml/min；UV-P 洗脱程序：等梯度洗脱，0～7 min，100%甲醇，检测波长为 280 nm，流动相流速为 0.3 ml/min。

　　PBAT 膜中 BHT 和 UV-P 的初始含量分别为 5.91 mg/g 和 8.57 mg/g。2 种添加剂的迁

移曲线如图 7-5 所示，图中显示的为添加剂/食品模拟物（mg/kg）即迁移量与时间的关系。采用短时迁移公式（7-15）拟合，可得实验扩散系数 $D_{\exp}$，列在表 7-2 中。

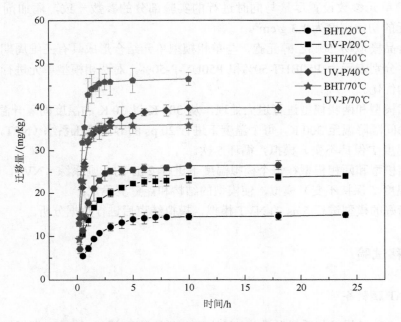

图 7-5　PBAT 膜中 BHT 和 UV-P 向 50%乙醇的迁移

7.5.3　分子动力学模拟结果与分析

1. 模型的热力学平衡

分子动力学模拟需建立在体系达到热力学平衡的基础上。以两相模型 P50BHT-50%为例，图 7-6 给出了 293 K 时 2 ns NVT 模拟过程中的能量和温度与时间的关系，显示体

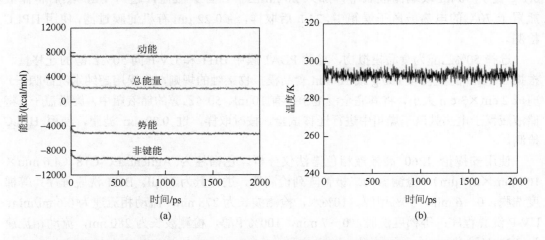

图 7-6　两相模型 P50BHT-50%在 2 ns NVT 模拟过程中的能量-时间曲线（a）和温度-时间曲线（b）

系的能量和温度在稳定值附近小范围波动，表明体系达到了热力学平衡。在此基础上，再进行 5 ns NVT 模拟，并进行数据分析。

2. 均方位移

在 5 ns NVT 模拟结束后，可以得到添加剂的均方位移曲线。利用爱因斯坦关系式（7-20），可以计算得到添加剂的扩散系数。

$$D = \frac{1}{6N_a} \lim_{t \to \infty} \frac{\mathrm{d}}{\mathrm{d}t} \sum_{i=1}^{N_a} \left\langle \left| r_i(t) - r_i(0) \right|^2 \right\rangle \qquad (7\text{-}20)$$

式中，N_a 是添加剂分子总数；$r_i(t)$ 和 $r_i(0)$ 分别为添加剂分子 i 在 t 时刻和初始时刻的位置矢量。

由于计算机计算能力的制约，PBAT 元胞中的添加剂分子数量和模拟时间有限，添加剂初始位置会给结果带来一定的随机性。因此，对每种模型都进行了多次建模和模拟，以消除这一影响。以单相模型 P50BHT 为例，图 7-7 给出了温度为 293 K 时 6 次建模模拟得到的扩散系数以及逐次累计平均值。每次模拟的结果均在一定范围内波动，随着模拟次数的增加，平均值趋于稳定。综合考虑计算成本和可靠性，每种模型重复建模和模拟 3 次，结果取平均。

图 7-8 给出了单相模型和两相模型中 BHT 和 UV-P 在不同温度下的均方位移曲线（3 次结果平均）。曲线保持了较好的线性段，末端出现较大的波动是由计算误差累计造成的。温度升高对均方位移曲线影响显著，使其线性段的斜率升高。高温条件下，两相模型中添加剂分子的运动范围更广。

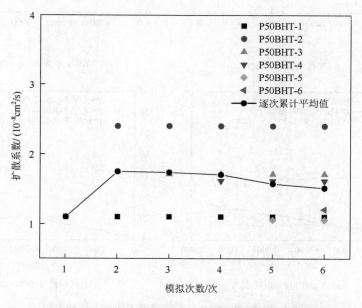

图 7-7 温度为 293 K 时 6 次建模模拟得到的扩散系数和逐次累计平均值

3. 扩散系数

表 7-2 给出了 BHT 和 UV-P 扩散系数的模拟结果。为评估分子动力学模拟扩散系数

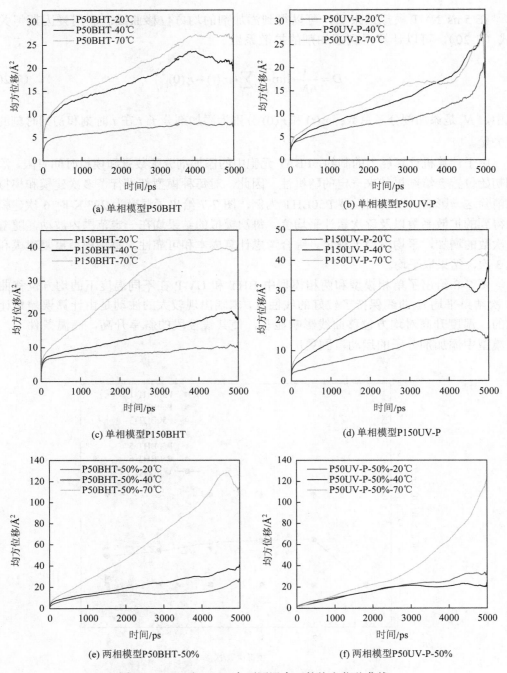

图 7-8　BHT 和 UV-P 在不同温度下的均方位移曲线

的准确性，表 7-2 列出了由短时迁移公式（7-15）拟合的扩散系数实验值 $D_{\exp}$。表中，D_{P50} 和 D_{P150} 分别代表 PBAT 分子链长为 50 和 150 的单相模型中添加剂的扩散系数，$D_{P50-50\%}$ 代表 PBAT 分子链长为 50 的两相模型中添加剂的扩散系数。

　　从实验和模拟两方面看，PBAT 膜中 BHT 和 UV-P 的扩散系数较为接近，前者总体略小于后者。在膜的中间区域（单相模型），扩散系数的模拟值与实验值总体处于 10^{-8} 量级，两者较为接近，两者之比介于 1.66～5.80。在膜与 50%乙醇的接触区域（两相模型），扩散系数的模拟值总体处于 10^{-7} 量级，比膜中间区域扩散系数要大，两者之比介于 1.99～6.36。PBAT 分子链长对添加剂扩散有一定程度的影响。

表 7-2　PBAT 膜中 BHT 和 UV-P 扩散系数的模拟和实验结果

添加剂	温度/K	$D_{\exp}$	D_{P50}	D_{P150}	$D_{P50-50\%}$	$D_{P50} / D_{\exp}$	$D_{P150} / D_{\exp}$	$D_{P50-50\%} / D_{P50}$
BHT	293	7.28×10^{-9}	1.39×10^{-8}	1.21×10^{-8}	8.84×10^{-8}	1.91	1.66	6.36
	313	1.47×10^{-8}	5.52×10^{-8}	4.58×10^{-8}	1.10×10^{-7}	3.76	3.12	1.99
	343	2.45×10^{-8}	6.70×10^{-8}	1.42×10^{-7}	3.61×10^{-7}	2.73	5.80	5.39
UV-P	293	1.34×10^{-8}	2.75×10^{-8}	5.30×10^{-8}	1.00×10^{-7}	2.05	3.96	3.64
	313	2.29×10^{-8}	5.35×10^{-8}	1.04×10^{-7}	1.26×10^{-7}	2.34	4.54	2.36
	343	3.14×10^{-8}	5.83×10^{-8}	1.60×10^{-7}	2.75×10^{-7}	1.86	5.10	4.72

　　扩散系数与温度之间关系通常可用阿伦尼乌斯方程（7-21）描述。

$$D = D_0 \exp\left(-\frac{E_a}{RT} \right) \qquad (7-21)$$

式中，D_0 是指前因子；E_a 为扩散活化能（J/mol）；R 是气体常数[8.314 J/(mol·K)]；T 是温度（K）。扩散活化能涉及聚合物分子和扩散分子之间的相互作用。

　　为研究 PBAT 膜中 BHT 和 UV-P 扩散系数与温度的关系，作 $\ln D$-$1/T$ 图，见图 7-9。实验和单相模型模拟的 $\ln D$ 与 $1/T$ 线性关系良好，相关系数 R^2 均大于 0.9，但两相模型模拟的 $\ln D$ 与 $1/T$ 线性关系吻合度较差。

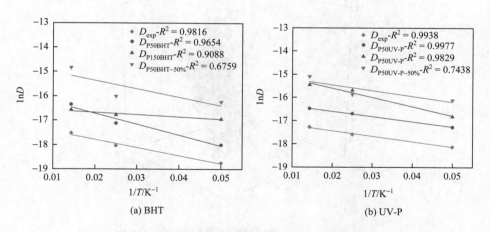

图 7-9　PBAT 膜中 BHT 和 UV-P 的 $\ln D$-$1/T$ 关系

4. 添加剂分子与聚合物链的相互作用能

使用分子动力学模拟可计算添加剂分子 BHT 和 UV-P 与聚合物 PBAT 之间的相互作用能。表 7-3 给出了单相模型中添加剂与 PBAT 的相互作用能（单位：kcal/mol），同时，也列出了单相模型中添加剂与 PET 和 PP 的相互作用能[64, 68]。从相互作用能看，BHT 和 UV-P 在 PBAT 中扩散应较为接近，但比其在 PET 和 PP 中的扩散要快得多[64, 68]。相互作用能是控制添加剂在聚合物中扩散的重要参数。

表 7-3　单相模型中添加剂与聚合物的相互作用能　　　　　　（单位：kcal/mol）

添加剂	聚合物			
	P50	P150	PET	PP
BHT	332.56	244.37	3027.9	765.27
UV-P	227.87	266.41	3581.2	774.79

5. 运动轨迹

图 7-10 给出了单相模型和两相模型中 BHT 的运动轨迹。在运动轨迹中，可明显看到 BHT 分子运动轨迹的团簇，表明在较长时间内 BHT 分子在某一空穴来回振动或蠕动。添加剂分子振动或蠕动一段时间后，随着聚合物链的运动和自由体积的再分配，在其邻近位置形成了一个足够大的空穴，添加剂分子从当前位置跳跃进入邻近空穴。所以，运动轨迹表明 BHT 分子在膜中主要处于振动或蠕动状态，偶尔发生跳跃运动。BHT 在膜与 50%乙醇的接触区域（两相模型）的扩散运动范围比膜中间区域（单相模型）的要广，这一结果与扩散系数值一致。

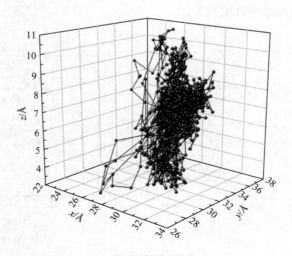

(a) P50BHT, 293 K

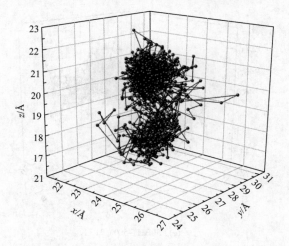

(b) P50BHT, 313 K

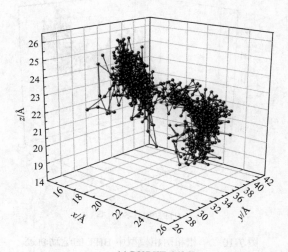

(c) P50BHT, 343 K

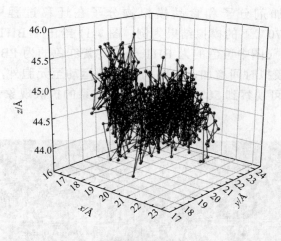

(d) P50BHT-50%, 293 K

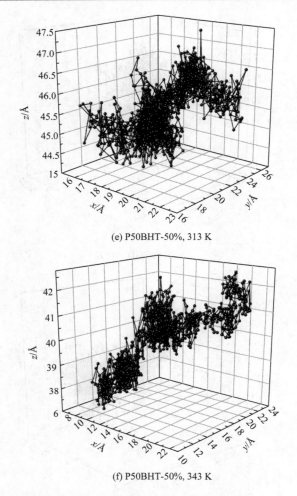

(e) P50BHT-50%, 313 K

(f) P50BHT-50%, 343 K

图 7-10　单相和两相模型中 BHT 的运动轨迹

为具体观察添加剂分子和食品模拟物分子在迁移过程中的运动情况，以 P50BHT-50%模型在 70℃下的模拟结果为例，图 7-11 给出了 BHT 分子和 50%乙醇在不同模拟时刻的位置（图中黄色的为 BHT 分子，紫红色的为 PBAT 分子链，绿色的为 50%乙醇）。随着模拟时间增加，BHT 分子不断运动至元胞外，但其仍未摆脱聚合物链的束缚。从图中可观察到 50%乙醇向聚合物体系的扩散现象十分明显，使界面区域 PBAT 溶胀。

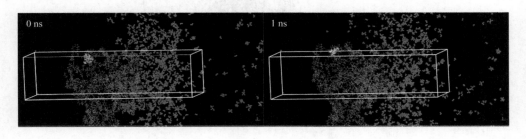

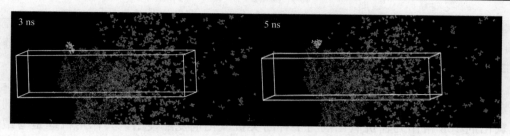

图 7-11　两相模型 P50BHT-50%中 BHT 和 50%乙醇的扩散运动（后附彩图）

6. PBAT 链中 BA 与 BT 比例的影响

以上分子动力学模拟中，PBAT 链中 BA 与 BT 的比例为 1∶1。为进一步分析聚合物结构本身对添加剂迁移的影响，建立 BA 与 BT 的比例分别为 2∶8 和 8∶2、链长为 50 的 PBAT 共聚物，分别命名为 2P50 与 8P50，再建立单相模型，模拟方法同前，进行 343 K 温度下的分子动力学模拟，得到均方位移曲线见图 7-12。三种 BA 与 BT 不同比例模型中，BA 与 BT 比例为 8∶2 和 1∶1 模型模拟得到的均方位移相差不大，而 BA 与 BT 比例为 2∶8 模型模拟得到的均方位移明显低，表明 PBAT 链中 BA 与 BT 的比例对添加剂扩散有一定程度的影响。

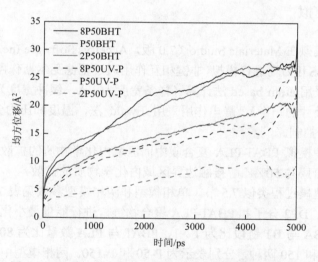

图 7-12　PBAT 中 BA 与 BT 的比例对添加剂迁移的影响

7.6　PBAT-PLA 复合膜中抗氧化剂及其降解产物迁移的分子动力学模拟

聚己二酸-对苯二甲酸丁二醇酯（PBAT）和聚乳酸（polylactic acid，PLA）是可降解塑料的代表，两者占据了市场生物降解塑料的近半壁江山，最具发展前景。PBAT 具有良好的延展性、断裂伸长率、耐热性和抗冲击性能，PLA 具有良好的硬度、拉伸强度、拉伸模量和阻隔性能，两者可通过共混制成复合材料，以合理利用各自性能优点。

　　PBAT-PLA 复合膜的 PLA 质量含量一般为 15%～85%。由于两种材料溶解度相差较大，两相聚合物界面黏附性能差。为得到性能优良的共混复合膜，会添加少量扩链剂（0.2%～1%）与塑料母粒共混挤出。

　　为延缓可降解材料在使用过程中的老化速率，PBAT-PLA 复合膜在生产时会添加一定量的抗氧化剂，抗氧化剂 BHT 和抗氧化剂 168 为两种使用较广泛的抗氧化剂。抗氧化剂 168 常作为辅抗氧化剂与多种酚类抗氧化剂复配使用，其作用机理是与塑料老化产生的过氧化物发生氧化还原反应。抗氧化剂 168 的三价 P 被氧化为五价 P 会生成三(2, 4-二叔丁基苯基)磷酸酯［tris(2, 4-di-tert-butylphenyl)phosphate，DP2］，抗氧化剂 168 酯键水解会产生 2, 4-二叔丁基苯酚（DP1）和亚磷酸，同时可能生成双(2, 4-二叔丁基苯基)磷酸酯（DP3）。抗氧化剂 168 的降解产物属于 NIAS，根据 Cramer 法则，DP1 属于 Cramer Ⅰ类，DP2 和 DP3 属于 Cramer Ⅲ类。DP2 为抗氧化剂 168 的主要降解产物，随着抗氧化剂 168 被消耗，DP2 的生成量越来越高，对食品包装安全构成潜在威胁。

　　应用分子动力学模拟技术，研究了 PBAT-PLA 复合膜中抗氧化剂 BHT 和抗氧化剂 168 的降解产物 DP2 向食品模拟物 50%乙醇的迁移行为[71]。

7.6.1　建模和模拟

　　分子动力学模拟在 Materials Studio（7.0 版，Accelrys Software Inc.，USA）平台上完成。采用 COMPASS Ⅱ 力场进行模拟，非键相互作用通过范德瓦尔斯作用和静电作用表示，范德瓦尔斯作用采用 atom based 法计算（样条宽度为 1 Å，缓冲宽度为 0.5 Å，截断距离设置不超过元胞尺寸的一半），静电作用采用 Ewald 法，温度和压力分别采用 Andersen 法和 Berendsen 法控制。

　　采用单相模型模拟 PBAT-PLA 复合膜中间区域内化学物质的扩散，采用两相模型模拟 PBAT-PLA 复合膜与 50%乙醇接触边界区域内化学物质的扩散。

　　分子动力学建模过程类似 7.5 节，单相模型和两相模型参数见表 7-4。

　　①构建 BHT、DP2 分子和 PBAT-PLA 聚合物链，进行能量最小化和几何结构优化。设置 PBAT 链中 BA 与 BT 链段比为 1∶1，PBAT 与 PLA 数量比为 80∶20，在单相模型中设置链长为 50 和 150 两种，分别表示为 P-50 和 P-150。两相模型中链长设置为 150 一种，表示为 P-150。

　　②建立分别含有 BHT 和 DP2 的具有三维周期结构的 PBAT-PLA 元胞，即单相模型单元，分别表示为 P-50-nBHT、P-50-nDP2 和 P-150-nBHT、P-150-nDP2。对单元进行能量最小化和几何结构优化。

　　③构建 50%乙醇元胞，与链长为 150、含 BHT 的单相模型单元结合形成两相模型单元，表示为 P-150-nBHT-F。对两相模型单元进行能量最小化和几何结构优化。

　　④对单相模型和两相模型进行退火处理，从 300 K 以 60 K 的温度间隔升温到 600 K，再以同样的间隔降温至 300 K，循环 5 次。在 298 K 下进行 200 ps 的 NPT 模拟，步长设置为 1 fs。

⑤对单相模型和两相模型在每个模拟温度下进行 2 ns 的 NVT 模拟,步长设置为 1 fs,使模型的结构和能量更稳定。

⑥对平衡好的模型进行 5 ns 的 NVT 模拟,步长设置为 1 fs,模拟结束后进行数据分析。

表 7-4　PBAT-PLA 复合膜中化学物质迁移的单相和两相模型参数

模型	名称	单元组成	原子数	单元尺寸
单相模型	P-150-2BHT	1P-150 + 2BHT	4185	35.22 Å×35.22 Å×35.22 Å
	P-150-3BHT	1P-150 + 3BHT	4225	35.49 Å×35.49 Å×35.49 Å
	P-50-2BHT	3P-50 + 2BHT	4001	34.65 Å×34.65 Å×34.65 Å
	P-50-1BHT	3P-50 + 1BHT	3961	34.61 Å×34.61 Å×34.61 Å
	P-150-1DP2	1P-150 + 1DP2	4215	35.42 Å×35.42 Å×35.42 Å
	P-50-1DP2	3P-50 + 1DP2	4031	35.43 Å×35.43 Å×35.43 Å
两相模型	P-150-2BHT-F	1P-150 + 2BHT + 201 乙醇 + 651H_2O	7947	24.92 Å×24.92 Å×134.49 Å
	P-150-3BHT-F	1P-150 + 3BHT + 201 乙醇 + 651H_2O	7987	26.40 Å×26.40 Å×120.52 Å

7.6.2　分子动力学模拟结果与分析

1. 模型的热力学平衡

以两相模型 P-150-2BHT-F 为例,图 7-13 给出了 313 K 时 2 ns NVT 模拟过程中的能量和温度随时间变化的曲线,模型的温度和能量在一个固定值附近波动,表明体系达到了热力学平衡。

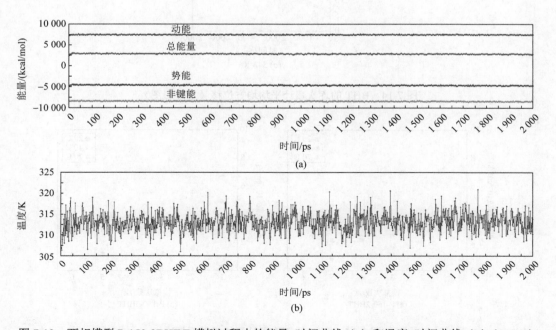

图 7-13　两相模型 P-150-2BHT-F 模拟过程中的能量-时间曲线(a)和温度-时间曲线(b)(313 K)

2. 均方位移

以单相模型 P-150-3BHT 为例，图 7-14 给出了 3 种温度下 6 次建模模拟得到的 BHT 的逐次累计平均均方位移，图中数字 n 代表 n 次模拟结果后得到的平均均方位移曲线。随着建模模拟次数的增加，逐次累计平均均方位移曲线趋于收敛，同时曲线越趋平滑。图 7-15 给出了由式（7-20）计算得到的单相模型 P-150-2BHT 和 P-150-3BHT 中 BHT 的逐次累计平均扩散系数。随着建模模拟次数的增加，各温度下逐次累计平均扩散系数趋于一个稳定值，3 次及以上建模模拟即可得到较为可靠的扩散系数。

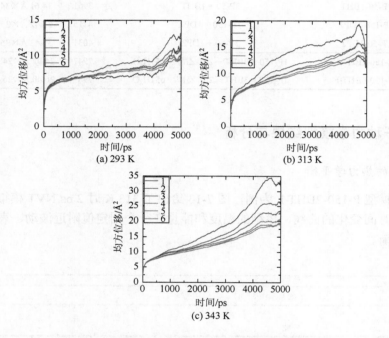

图 7-14　BHT 的逐次累计平均均方位移（后附彩图）

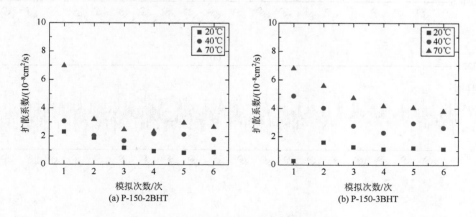

图 7-15　BHT 的逐次累计平均扩散系数

表 7-4 中各模型经 6 次建模模拟后 BHT 和 DP2 的平均均方位移曲线如图 7-16 所示。曲线保持了较好的线性段，温度升高对均方位移曲线影响显著，使其线性段的斜率升高。两相模型中 BHT 的均方位移曲线斜率比单相模型的大得多。

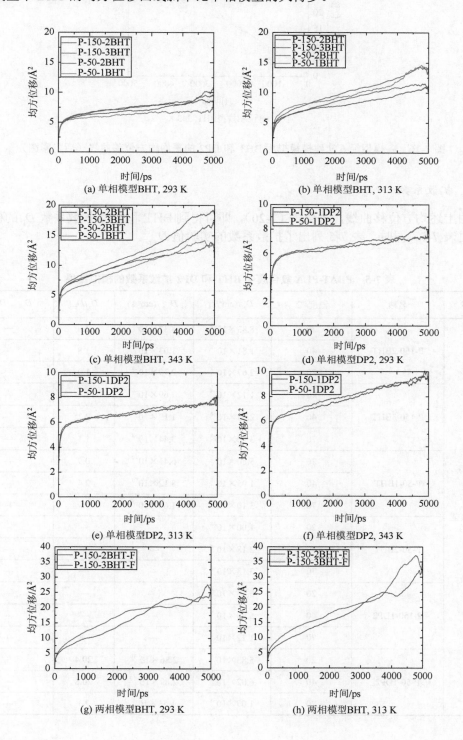

(a) 单相模型BHT, 293 K

(b) 单相模型BHT, 313 K

(c) 单相模型BHT, 343 K

(d) 单相模型DP2, 293 K

(e) 单相模型DP2, 313 K

(f) 单相模型DP2, 343 K

(g) 两相模型BHT, 293 K

(h) 两相模型BHT, 313 K

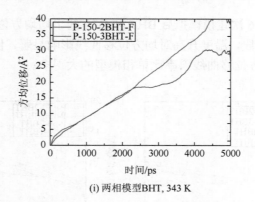

(i) 两相模型BHT, 343 K

图 7-16　各模型经 6 次建模模拟后 BHT 和 DP2 的平均均方位移曲线（后附彩图）

3. 扩散系数

由上述均方位移曲线，结合式（7-20），即可得到 BHT 和 DP2 扩散系数 D_p 的模拟结果，见表 7-5。同时，表 7-5 列出了扩散系数的实验值 D_{exp}。

表 7-5　PBAT-PLA 复合膜中 BHT 和 DP2 扩散系数的模拟结果

模型	名称	温度/℃	D_p /(cm²/s)	D_{exp} /(cm²/s)	D_p/D_{exp}	$D_{p两相}/D_{p单相}$
单相模型	P-150-2BHT	20	8.83×10^{-9}	4.37×10^{-9}	2.0	—
		40	1.81×10^{-8}	1.03×10^{-8}	1.8	—
		70	2.67×10^{-8}	2.79×10^{-8}	1.0	—
	P-150-3BHT	20	1.12×10^{-8}	7.69×10^{-9}	1.5	—
		40	2.63×10^{-8}	1.19×10^{-8}	2.2	—
		70	3.80×10^{-8}	3.44×10^{-8}	1.1	—
	P-50-1BHT	20	5.80×10^{-9}	6.41×10^{-9}	0.9	—
		40	1.95×10^{-8}	8.12×10^{-9}	2.4	—
		70	3.10×10^{-8}	1.64×10^{-8}	1.9	—
	P-50-2BHT	20	1.00×10^{-8}	—	—	—
		40	2.18×10^{-8}	—	—	—
		70	3.13×10^{-8}	—	—	—
	P-150-1DP2	20	5.15×10^{-9}	—	—	—
		40	5.68×10^{-9}	—	—	—
		70	1.22×10^{-8}	—	—	—
	P-50-1DP2	20	5.83×10^{-9}	2.86×10^{-10}	20.4	—
		40	6.02×10^{-9}	2.89×10^{-10}	20.8	—
		70	1.09×10^{-8}	1.53×10^{-9}	7.1	—

续表

模型	名称	温度/℃	D_p /(cm²/s)	D_{exp} /(cm²/s)	D_p/D_{exp}	$D_{p两相}/D_{p单相}$
两相模型	P-150-2BHT-F	20	4.67×10^{-8}	4.37×10^{-9}	10.7	5.3
		40	5.10×10^{-8}	1.03×10^{-8}	5.0	2.8
		70	9.97×10^{-8}	2.79×10^{-8}	3.6	3.7
	P-150-3BHT-F	20	5.12×10^{-8}	7.69×10^{-9}	6.7	4.6
		40	7.43×10^{-8}	1.19×10^{-8}	6.2	2.8
		70	1.09×10^{-7}	3.44×10^{-8}	3.2	2.9

在单相模型中，BHT 扩散系数的模拟结果与实验结果十分接近，前者与后者的比值范围为 0.9～2.4，但 DP2 扩散系数的模拟结果比实验结果要大一个量级，前者与后者的比值范围为 7.1～20.8。两相模型的模拟结果为单相模型的 2.8～5.3 倍，表明复合膜与 50%乙醇接触边界区域 BHT 的扩散比膜中间区域的扩散要快得多，迁移受 50%乙醇影响明显。

对比模型 P-150-2BHT 和 P-150-3BHT、P-50-1BHT 和 P-50-2BHT、P-150-2BHT-F 和 P-150-3BHT-F 的模拟结果及实验结果，发现扩散系数随 BHT 浓度的增加略有增加。对比模型 P-150-2BHT 和 P-50-2BHT、P-150-1DP2 和 P-50-1DP2 的模拟结果，链长 150 与 50 对 BHT、DP2 的扩散有一定影响。

由于 DP2 的分子量是 BHT 的 3 倍左右，且结构更为复杂，分子动力学模拟结果表明 DP2 的扩散系数比 BHT 的扩散系数小。

对照表 7-2 和表 7-5 可以发现，PBAT 膜中 BHT 的扩散系数要大于 PBAT-PLA 复合膜中 BHT 的扩散系数，表明 PLA 的加入有效提高了膜的阻隔性。

为研究 PBAT-PLA 复合膜中 BHT 和 DP2 扩散系数与温度的关系，图 7-17 给出了单

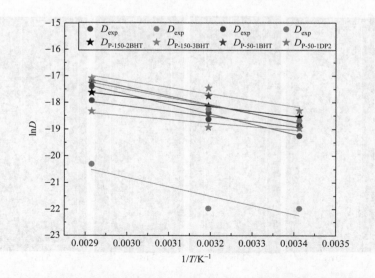

图 7-17　PBAT-PLA 复合膜中 BHT 和 DP2 的 ln$D$-1/T 关系（后附彩图）

相模型中化学物质扩散的若干 $\ln D$-$1/T$ 关系。可以看出，扩散系数与温度之间遵循阿伦尼乌斯方程，BHT 的模拟结果与实验结果吻合良好，但 DP2 的模拟结果与实验结果吻合度较差。

4. 迁移分子与聚合物链的相互作用能

表 7-6 给出了各单相和两相模型中迁移分子与聚合物链的相互作用能。两相模型 P-150-2BHT-F、P-150-3BHT-F 的相互作用能小于对应的单相模型，说明 BHT 在聚合物与食品界面处更易扩散。模型中 DP2 的相互作用能与 BHT 的相差并不大。

表 7-6 　迁移分子与聚合物链的相互作用能 　　　　　　　（单位：kcal/mol）

单相模型						两相模型	
P-150-2BHT	P-150-3BHT	P-50-2BHT	P-50-1BHT	P-150-1DP2	P-50-1DP2	P-150-2BHT-F	P-150-3BHT-F
1019.9	792.6	732.9	685.1	757.5	819.2	949.1	358.7

5. 界面处双向扩散现象

在 PBAT-PLA 复合膜与 50%乙醇接触边界区域内，PBAT-PLA 复合膜中 BHT 向 50%乙醇扩散的同时，乙醇分子和水分子也向聚合物中扩散。图 7-18 给出了两相模型 P-150-3BHT-F 中发生的双向微观扩散运动，图中黄色部分为 BHT 分子，绿色部分为 50%乙醇，其余为聚合物链。从图中可以直观看出，模型 P-150-3BHT-F 在 5 ns 的模拟过程中乙醇分子和水分子会不断进入 PBAT-PLA 中，使界面区域 PBAT-PLA 发生溶胀，造成两相模型中 BHT 的扩散系数更大。由于模拟时间的限制以及 BHT 分子比乙醇分子和水分子大得多，BHT 并没有从聚合物中扩散到 50%乙醇中去，而是较长时间处于振动和蠕动状态。

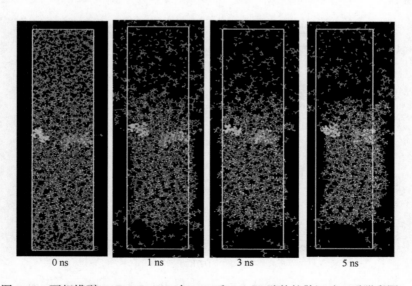

0 ns 　　　　　 1 ns 　　　　　 3 ns 　　　　　 5 ns

图 7-18 　两相模型 P-150-3BHT-F 中 BHT 和 50%乙醇的扩散运动（后附彩图）

7.7　丁腈橡胶中多环芳烃迁移的分子动力学模拟

丁腈橡胶（nitrile butadiene rubber，NBR）是丙烯腈和丁二烯的共聚物，主要采用低温乳液聚合法生产，具有良好的弹性和耐油性、较好的耐磨性和耐热性，黏结力强。丁腈橡胶在食品接触材料领域主要用于制造耐油橡胶制品，如 O 型圈、油封、胶管、软管、垫圈、输送带等。

实验表明食品接触用丁腈橡胶中有多种 PAHs 残留量检出，对食品安全构成潜在威胁。

应用分子动力学模拟技术，研究了丁腈橡胶中 PAHs 向不同食品模拟物 50%乙醇、95%乙醇和异辛烷的迁移[72]。

7.7.1　建模和模拟

从微观上看，PAHs 在丁腈橡胶中不同位置的迁移行为是不一样的，所以建立两种模型来描述 PAHs 在橡胶中不同位置的迁移机制。采用单相模型模拟 PAHs 在橡胶中的扩散，采用两相模型模拟橡胶层与食品接触界面处 PAHs 的迁移。

实际应用中丁腈橡胶丙烯腈含量有 42%~46%、36%~41%、31%~35%、25%~30%、18%~24%五种，丙烯腈中的氰基是丁腈橡胶呈极性的主要来源。分子动力学模拟过程中，为了描述丁腈橡胶中不同 PAHs 的迁移情况，建立了丙烯腈含量低（25%）、中（35%）和高（45%）三种丁腈橡胶中三种不同苯环数的 PAHs，萘（napthalene，Nap）、芘（pyrene，Pyr）和苯并[g, h, i]芘（benzo[g, h, i]perylene，B[g, h, i]P）迁移的单相模型，分别记为 N25、N35 和 N45。同时，建立了 45%丙烯腈含量的丁腈橡胶中芘向 50%乙醇、95%乙醇和异辛烷迁移的两相模型，分别记为 N45-50%乙醇、N45-95%乙醇和 N45-异辛烷。单相和两相模型参数见表 7-7。

表 7-7　丁腈橡胶中 PAHs 迁移的单相和两相模型参数

模型	名称	单元组成	原子数	单元尺寸
单相模型	N25	2NBR25 + 1NaP + 1Pyr + 1B[g, h, i]P	1914	26.6 Å×26.6 Å×26.6 Å
	N35	2NBR35 + 1NaP + 1Pyr + 1B[g, h, i]P	1878	26.6 Å×26.6 Å×26.6 Å
	N45	2NBR45 + 1NaP + 1Pyr + 1B[g, h, i]P	1818	26.6 Å×26.6 Å×26.6 Å
两相模型	N45-50%乙醇	2NBR45 + 1Pyr + 501H_2O + 154C_2H_6O	4653	24.9 Å×24.9 Å×90 Å
	N45-95%乙醇	2NBR45 + 1Pyr + 400H_2O + 300C_2H_6O	4584	24.5 Å×24.5 Å×90 Å
	N45-异辛烷	2NBR45 + 1Pyr + 65C_8H_{18}	3454	24.8 Å×24.8 Å×90 Å

利用 Materials Studio（7.0 版，Accelrys Software Inc.，USA）平台，采用 COMPASS II 力场进行模拟。非键相互作用通过范德瓦尔斯作用和静电作用表示，范德瓦尔斯作用

采用 atom based 法计算（样条宽度 1 Å，缓冲宽度 0.5 Å，截断距离 12.5 Å），静电作用采用 Ewald 法。温度和压力分别采用 Andersen 法和 Berendsen 法控制。

分子动力学建模过程如下：

①构建丙烯腈、丁二烯和萘、芘、苯并[*g, h, i*]芘的分子结构。构建 25%、35% 和 45% 丙烯腈含量的丁腈橡胶分子链，链长为 100，分别表示为 NBR25、NBR35 和 NBR45。对丁腈橡胶分子链进行能量最小化和几何结构优化。

②建立含丁腈橡胶分子链和萘、芘、苯并[*g, h, i*]芘的元胞，即单相模型单元，分别表示为 N25、N35 和 N45。对单元进行能量最小化和几何结构优化。

③分别构建 50%乙醇、95%乙醇和异辛烷元胞，与单相模型单元 N45 结合形成两相模型单元，分别表示为 N45-50%乙醇、N45-95%乙醇和 N45-异辛烷。对两相模型单元进行能量最小化和几何结构优化，直至能量稳定。

④对单相模型和两相模型进行退火处理，依次选择 NPT、NVT 对系统进行预平衡。

⑤对单相模型和两相模型在 298 K 温度下执行 200 ps 的 NVT 模拟，步长 1 fs。模拟过程中温度和能量在一个固定值附近波动，表明系统已达到了热力学平衡。

⑥对平衡好的模型进行 5 ns 的 NVT 模拟，步长设置为 1 fs。单相模型温度选择为 313 K、343 K 和 373 K，两相模型温度选择为 333 K。模拟结束后进行数据处理和分析。

7.7.2　分子动力学模拟结果与分析

1. 扩散系数

在 5 ns NVT 模拟结束后，可以得到 PAHs 的均方位移曲线，利用爱因斯坦关系式（7-20），可以计算得到 PAHs 的扩散系数。图 7-19 给出了单相模型 N45 在 373 K 温度下 6 次建模模拟得到的芘的逐次累计平均扩散系数。随着建模模拟次数的增加，逐次累计平均扩散系数趋于一个稳定值。

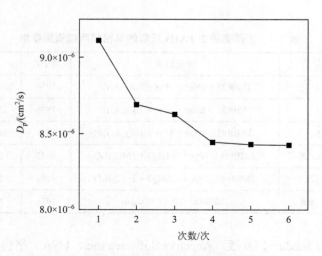

图 7-19　芘的逐次累计平均扩散系数（373 K）

表 7-8 给出了 3 次建模模拟得到的萘、芘和苯并[*g*, *h*, *i*]芘的扩散系数 D_p。

表 7-8　丁腈橡胶中萘、芘和苯并[*g*, *h*, *i*]芘扩散系数的模拟结果

模型	多环芳烃	分子量	温度/K	D_p /(cm^2/s)
N25	NaP	128.2	313	1.81×10^{-6}
			343	5.58×10^{-6}
			373	8.35×10^{-6}
	Pyr	202.3	313	4.18×10^{-8}
			343	8.09×10^{-8}
			373	5.45×10^{-7}
	B[*g*, *h*, *i*]P	276.3	313	6.90×10^{-9}
			343	8.46×10^{-8}
			373	1.05×10^{-7}
N35	NaP	128.2	313	3.27×10^{-6}
			343	7.48×10^{-6}
			373	9.47×10^{-6}
	Pyr	202.3	313	6.22×10^{-8}
			343	1.59×10^{-7}
			373	7.13×10^{-6}
	B[*g*, *h*, *i*]P	276.3	313	8.26×10^{-9}
			343	1.14×10^{-7}
			373	4.50×10^{-7}
N45	NaP	128.2	313	4.60×10^{-6}
			343	8.88×10^{-6}
			373	2.12×10^{-5}
	Pyr	202.3	313	8.35×10^{-8}
			343	3.71×10^{-7}
			373	8.43×10^{-6}
	B[*g*, *h*, *i*]P	276.3	313	9.58×10^{-8}
			343	8.07×10^{-7}
			373	4.74×10^{-6}
N45-50%乙醇	Pyr	202.3	333	6.25×10^{-7}
N45-95%乙醇	Pyr	202.3	333	4.12×10^{-6}
N45-异辛烷	Pyr	202.3	333	7.26×10^{-6}

　　PAHs 的迁移与分子量和苯环数有关，总体上，萘的扩散系数最大，芘其次，苯并[*g*, *h*, *i*]芘的扩散系数最小。

在单相模型中，随着丁腈橡胶链丙烯腈含量的增加，丁腈橡胶的极性变大，萘、芘和苯并[g, h, i]芘的扩散系数均增大。温度 333 K 下两相模型的模拟结果均比 343 K 下单相模型的模拟结果要大，表明芘在丁腈橡胶与食品模拟物接触区域的扩散比在丁腈橡胶中间区域的扩散要快。与 50%乙醇相比，95%乙醇和异辛烷对丁腈橡胶中芘的迁移有十分明显的促进作用。

2. 自由体积

图 7-20 给出了 313 K 下单相模型 N25 中可访问的自由体积，探针分子半径分别为 0.5 Å、1.0 Å、1.5 Å 和 2.0 Å。探针半径为 0.5 Å 时，自由体积数量多，分布广，甚至连成片；探针半径为 2 Å 时，可访问的自由体积大幅下降。PAHs 的分子量和环数越大，可访问的自由体积就越少，扩散系数就越小。

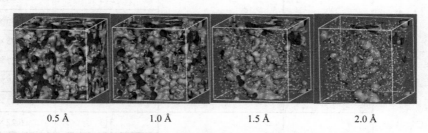

0.5 Å　　　　　　1.0 Å　　　　　　1.5 Å　　　　　　2.0 Å

图 7-20　313 K 下单相模型 N25 中自由体积分布（后附彩图）

3. PAHs 与丁腈橡胶链的相互作用能

建立单独含有萘、芘和苯并[g, h, i]芘的丁腈橡胶分子链元胞，采用分子动力学模拟可计算出 PAHs 与丁腈橡胶链的相互作用能。由于元胞中 PAHs 与丁腈橡胶分子链之间仅是物理混合，相互作用能只需考虑它们间的非键相互作用能。表 7-9 给出了 PAHs 与丁腈橡胶链的相互作用能，表征了 PAHs 运动需要克服的能量壁垒。可以看出，PAHs 的苯环数和丁腈橡胶链丙烯腈含量对相互作用能有着重要影响。相互作用能与 PAHs 的苯环数有关，丁腈橡胶链对苯并[g, h, i]芘的约束最大，芘其次，对萘的约束最小。相互作用能也与丁腈橡胶链丙烯腈含量有关，随着丙烯腈含量的增高，PAHs 与丁腈橡胶链的相互作用能减小。相互作用能结果与扩散系数结果一致。

表 7-9　PAHs 与丁腈橡胶链的相互作用能　　　　　　　（单元：kcal/mol）

	N25	N35	N45
萘	631.2	365.4	112.2
芘	846.9	655.2	318.5
苯并[g, h, i]芘	1012.1	834.1	529.2

4. 运动轨迹

分子动力学模拟可给出各模型中 PAHs 的运动轨迹。图 7-21 给出了不同温度下单相

模型 N25 中萘的运动轨迹，随着温度的上升，萘的运动范围扩大。图 7-22 给出了 373 K
下单相模型 N25 中 PAHs 的运动轨迹，随着 PAHs 苯环数的增加，PAHs 的运动范围变小，
重叠轨迹明显，说明苯环数越少分子量越低的 PAHs 运动更为活跃。图 7-23 给出了不同
单相模型中萘的运动轨迹，随着丁腈橡胶链丙烯腈含量的增高，萘的运动范围扩大，从
当前位置跳跃进入邻近空穴的频率加快。PAHs 的运动轨迹与扩散系数结果一致。

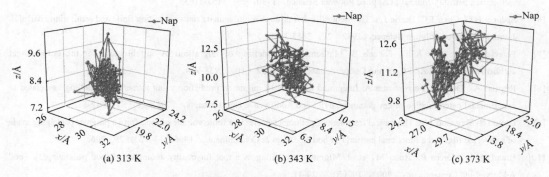

(a) 313 K　　　　　(b) 343 K　　　　　(c) 373 K

图 7-21　不同温度下单相模型 N25 中萘的运动轨迹

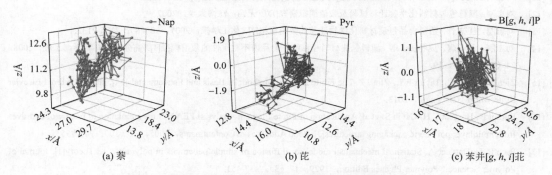

(a) 萘　　　　　(b) 芘　　　　　(c) 苯并[*g*, *h*, *i*]芘

图 7-22　373 K 下单相模型 N25 中 PAHs 的运动轨迹

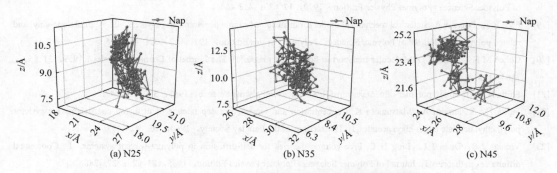

(a) N25　　　　　(b) N35　　　　　(c) N45

图 7-23　343 K 下不同单相模型中萘的运动轨迹

参 考 文 献

[1]　Carslaw H S，Jaeger J C. Conduction of Heat in Solids[M]. 2nd ed. Oxford：Clarendon Press，1959.

[2]　Crank J. The Mathematics of Diffusion[M]. 2nd ed. Oxford: Clarendon Press, 1975.

[3]　Wilson A H. A diffusion problem in which the amount of diffusing substance is finite[J]. Philosophical Magazine, 1948, 39: 48-58.

[4]　Spencer H G, Barrie J A. Transient sorption by symmetrical multilaminate slabs in well-stirred semiinfinite and finite baths[J]. Journal of Applied Polymer Science, 1980, 25: 2807-2814.

[5]　Spencer H G, Barrie J A. Sorption kinetics for asymmetric binary and ternary laminate slabs in finite and semi-infinite well-stirred baths[J]. Journal of Applied Polymer Science, 1980, 25: 1157-1163.

[6]　Spencer H G, Chen T C, Barrie J A. Transient diffusion through multilaminate slabs separating finite and semiinfinite baths[J]. Journal of Applied Polymer Science, 1982, 27: 3835-3840.

[7]　Petersen J H, Trier X T, Fabech B. Mathematical modelling of migration: A suitable tool for the enforcement authorities?[J]. Food Additives and Contaminants, 2005, 22 (10): 938-944.

[8]　Reynier A, Dole P, Feigenbaum A. Integrated approach of migration prediction using numerical modelling associated to experimental determination of key parameters[J]. Food Additives & Contaminants, 2002, 19 (S1): 42-55.

[9]　Laoubi S, Vergnaud J M. Theoretical treatment of pollutant transfer in a finite volume of food from a polymer packaging made of a recycled film and a functional barrier[J]. Food Additives & Contaminants, 1996, 13 (3): 293-306.

[10]　Brandsch J, Mercea P, Ruter M, et al. Migration modelling as a tool for quality assurance of food packaging[J]. Food Additives and Contaminants, 2002, 19 (S1): 29-41.

[11]　刘志刚, 胡长鹰, 王志伟. 3 种聚烯烃抗氧剂迁移的试验分析及数值模拟[J]. 包装工程, 2007, 28 (1): 1-3, 9.

[12]　刘志刚. 塑料包装材料化学物迁移试验及数值模拟研究[D]. 无锡: 江南大学, 2007.

[13]　刘志刚, 王志伟. 塑料食品包装材料化学物迁移的数值模拟[J]. 化工学报, 2007, 58 (8): 2125-2132.

[14]　刘志刚, 胡长鹰, 庞冬梅, 等. 塑料包装材料迁移物在食品内不稳定性的数值模拟[J]. 高分子材料科学与工程, 2008, 24 (5): 11-14, 19.

[15]　Zienkiewicz O C, Taylor R L, Zhu J Z. The Finite Element Method: Its Basis and Fundamentals[M]. 7th ed. Oxford: Elsevier Butterworth-Heinemann, 2013.

[16]　Roduit B, Borgeat C H, Cavin S, et al. Application of Finite Element Analysis (FEA) for the simulation of release of additives from multilayer polymeric packaging structures[J]. Food Additives & Contaminants, 2005, 22 (10): 945-955.

[17]　Pace R J, Datyner A. Statistical mechanical model for diffusion of simple penetrants in polymers. Ⅰ. Theory[J]. Journal of Polymer Science: Polymer Physics Edition, 1979, 17 (3): 437-451.

[18]　Pace R J, Datyner A. Statistical mechanical model for diffusion of simple penetrants in polymers. Ⅱ. Applications[J]. Journal of Polymer Science: Polymer Physics Edition, 1979, 17 (3): 453-464.

[19]　Pace R J, Datyner A. Statistical mechanical model for diffusion of simple penetrants in polymers. Ⅲ. Applications-vinyl and related polymers[J]. Journal of Polymer Science: Polymer Physics Edition, 1979, 17 (3): 465-476.

[20]　Cohen M H, Turnbull D. Molecular transport in liquids and glasses[J]. The Journal of Chemical Physics, 1959, 31 (5): 1164-1169.

[21]　Fujita H. Diffusion in polymer-diluent systems[J]. Advances in Polymer Science, 1961, 3 (1): 1-47.

[22]　Fujita H, Kishimoto A, Matsumoto K. Concentration and temperature dependence of diffusion coefficients for systems polymethyl acrylate and n-alkyl acetates[J]. Transactions of the Faraday Society, 1960, 56: 424-437.

[23]　Vrentas J S, Duda J L, Ling H C. Free-volume theories for self-diffusion in polymer-solvent systems. Ⅰ. Conceptual differences in theories[J]. Journal of Polymer Science: Polymer Physics Edition, 1985, 23 (2): 275-288.

[24]　Vrentas J S, Duda J L, Ling H C, et al. Free-volume theories for self-diffusion in polymer-solvent systems. Ⅱ. Predictive capabilities[J]. Journal of Polymer Science: Polymer Physics Edition, 1985, 23 (2): 289-304.

[25]　Vrentas J S, Duda J L. Diffusion in polymer-solvent systems. Ⅰ. Reexamination of the free-volume theory[J]. Journal of Polymer Science: Polymer Physics Edition, 1977, 15 (3): 403-416.

[26]　Vrentas J S, Duda J L. Diffusion in polymer-solvent systems. Ⅱ. A predictive theory for the dependence of diffusion

coefficients on temperature, concentration, and molecular weight[J]. Journal of Polymer Science: Polymer Physics Edition, 1977, 15 (3): 417-439.

[27]　Vrentas J S, Vrentas C M. Solvent self-diffusion in rubbery polymer-solvent systems[J]. Macromolecules, 1994, 27 (17): 4684-4690.

[28]　Piringer O G. Evaluation of plastics for food packaging[J]. Food Additives and Contaminants, 1994, 11 (2): 221-230.

[29]　Baner A L, Franz R, Piringer O G. Alternative methods for the determination and evaluation of migration potential from polymeric food contact materials[J]. Deutsche Lebensmittel-Rundschau, 1994, 90 (6): 181-185.

[30]　Baner A, Brandsch J, Frantz R, et al. The application of a predictive migration model for evaluating the compliance of plastic materials with European food regulations[J]. Food Additives and Contaminants, 1996, 13 (5): 587-601.

[31]　Limm W, Hollifield H C. Modelling of additive diffusion in polyolefins[J]. Food Additives and Contaminants, 1996, 13 (8): 949-967.

[32]　Brandsch J, Mercea P, Piringer O. Modelling of additive diffusion coefficients in polyolefins[C]//Risch S J. Food Packaging: Testing Methods and Applications. Washington, DC: ACS, 2000: 27-36.

[33]　Helmroth E, Rijk R, Dekker M, et al. Predictive modelling of migration from packaging materials into food products for regulatory purposes[J]. Trends in Food Science and Technology, 2002, 13 (3): 102-109.

[34]　Helmroth E, Varekamp C, Dekker M. Stochastic modelling of migration from polyolefins[J]. Journal of the Science of Food and Agriculture, 2005, 85 (6): 909-916.

[35]　Vitrac O, Lézervant J, Feigenbaum A. Decision trees as applied to the robust estimation of diffusion coefficients in polyolefins[J]. Journal of Applied Polymer Science, 2006, 101 (4): 2167-2186.

[36]　Lohmann R. Critical review of low-density polyethylene's partitioning and diffusion coefficients for trace organic contaminants and implications for its use as a passive sampler[J]. Environmental Science & Technology, 2012, 46 (2): 606-618.

[37]　Zhu T, Jiang Y, Cheng H, et al. Development of pp-LFER and QSPR modes for predicting the diffusion coefficients of hydrophobic organic compounds in LDPE[J]. Ecotoxicology and Environmental Safety, 2020, 190: 110179.

[38]　Piringer O G, Baner A L. Plastic Packaging Materials for Food: Barrier Function, Mass Transport, Quality Assurance, and Legislation[M]. Weinheim: Wiley-VCH Verlag GmbH, 2000.

[39]　Baner A L. The estimation of partition coefficients, solubility coefficients, and permeability coefficients for organic molecules in polymers[C]//Risch S J. Food Packaging: Testing Methods and Applications. Washington, DC: ACS, 2000: 37-55.

[40]　Fredenslund A, Jones R L, Prausnitz J M. Group-contribution estimation of activity coefficients in nonideal liquid mixtures[J]. AICHE Journal, 1975, 21 (6): 1086-1099.

[41]　Flory P J. Fifteenth spiers memorial lecture. Thermodynamics of polymer solutions[J]. Discussions of the Faraday Society, 1970, 49: 7-29.

[42]　Oishi T, Prausnitz J M. Estimation of solvent activities in polymer solutions using a group-contribution method[J]. Industrial & Engineering Chemistry Process Design and Development, 1978, 17 (3): 333-339.

[43]　Chen F, Fredenslund A, Rasmussen P. Group-contribution Flory equation of state for vapor-liquid equilibria in mixtures with polymers[J]. Industrial & Engineering Chemistry Research, 1990, 29 (5): 875-882.

[44]　Bogdanic G, Fredenslund A. Revision of the group-contribution Flory equation of state for phase equilibria calculations in mixtures with polymers. 1. Prediction of vapor-liquid equilibria for polymer solutions[J]. Industrial & Engineering Chemistry Research, 1994, 33 (5): 1331-1340.

[45]　Elbro H S, Fredenslund A, Rasmussen P. A new simple equation for the prediction of solvent activities in polymer solutions[J]. Macromolecules, 1990, 23 (21): 4707-4714.

[46]　Tehrany E A, Fournier F, Desorbry S. Simple method to calculate partition coefficient of migrant in food stimulant/polymer system[J]. Journal of Food Engineering, 2006, 77 (1): 135-139.

[47]　Alder B J, Wainwright T E. Phase transition for a hard sphere system[J]. Journal of Chemical Physics, 1957, 27 (5):

1208-1209.

[48] Alder B J，Wainwright T E. Studies in molecular dynamics. Ⅰ. General method[J]. Journal of Chemical Physics，1959，31（2）：459-466.

[49] Rahman A. Correlations in the motion of atoms in liquid argon[J]. Physical Review，1964，136（2A）：A405-A411.

[50] Lees A W，Edwards S F. The computer study of transport processes under extreme conditions[J]. Journal of Physics C：Solid State Physics，1972，5（15）：1921-1929.

[51] 严六明，朱素华. 分子动力学：模拟的理论与实践[M]. 北京：科学出版社，2013.

[52] 文玉华，朱如曾，周富信. 分子动力学模拟的主要技术[J]. 力学进展，2003，33（1）：65-73.

[53] Hockney R W. The potential calculation and some applications[J]. Methods in Computational Physics，1970，9：136-211.

[54] Jagodic F，Borstnik B，Azman A. Model calculation of the gas diffusion through the polymer bulk[J]. Die Makromolekulare Chemie，1973，173（1）：221-231.

[55] 王平利. 塑料包装材料中迁移物扩散系数的分子动力学研究[D]. 广州：暨南大学，2010.

[56] Mozaffari F，Eslami H，Moghadasi J. Molecular dynamics simulation of diffusion and permeation of gases in polystyrene[J]. Polymer，2010，51（1）：300-307.

[57] Ostwal M M，Sahimi M，Tsotsis T T. Water harvesting using a conducting polymer：A study by molecular dynamics simulation[J]. Physical Review E，2009，79（6）：061801.

[58] Pavel D，Shanks R. Molecular dynamics simulation of diffusion of O_2 and CO_2 in blends of amorphous poly（ethylene terephthalate）and related polyesters[J]. Polymer，2005，46（16）：6135-6147.

[59] Salehi A，Jafar S H，Khonakdar H A，et al. Temperature dependency of gas barrier properties of biodegradable PP/PLA/nanoclay films：Experimental analyses with a molecular dynamics simulation approach[J]. Journal of Applied Polymer Science，2018，135：46665.

[60] Li Y，Wu Y，Zhang L，et al. Molecular dynamics simulation of diffusion behavior of cyclohexane in natural rubber during reclamation[J]. Journal of Applied Polymer Science，2014，131（11）：40347.

[61] Wang Z W，Li B，Lin Q B，et al. Molecular dynamics simulation on diffusion of five kinds of chemical additives in polypropylene[J]. Packaging Technology and Science，2018，31（5）：277-295.

[62] Wang Z W，Wang P L，Hu C Y. Investigation in influence of types of polypropylene material on diffusion by using molecular dynamics simulation[J]. Packaging Technology and Science，2012，25（6）：329-339.

[63] Wang Z W，Wang P L，Hu C Y. Molecular dynamics simulation on diffusion of 13 kinds of small molecules in polyethylene terephthalate[J]. Packaging Technology and Science，2010，23（8）：457-469.

[64] Li B，Wang Z W，Lin Q B，et al. Molecular dynamics simulation of three plastic additives' diffusion in polyethylene terephthalate[J]. Food Additives & Contaminants：Part A，2017，34（6）：1086-1099.

[65] Ling C J，Liang X Y，Fan F C，et al. Diffusion behavior of the model diesel components in different polymer membranes by molecular dynamic simulation[J]. Chemical Engineering Science，2012，84：292-302.

[66] Shi M，Zhang Y，Cheng L，et al. Interfacial diffusion and bonding in multilayer polymer films：A molecular dynamics simulation[J]. The Journal of Physical Chemistry B，2016，120（37）：10018-10029.

[67] Wang Z W，Li B，Lin Q B，et al. Two-phase molecular dynamics model to simulate the migration of additives from polypropylene material to food[J]. International Journal of Heat and Mass Transfer，2018，122：694-706.

[68] 李波. PET 和 PP 材料中添加剂向食品迁移的分子动力学模拟及实验研究[D]. 广州：暨南大学，2017.

[69] 蒙芳玲. 复合包装膜中芥酸酰胺和油酸酰胺迁移的实验研究与分子动力学模拟[D]. 广州：暨南大学，2021.

[70] 谭靓. 复杂供应链下 PBAT 膜中化学物质迁移实验及分子动力学模拟[D]. 广州：暨南大学，2022.

[71] 葛梦涵. 复杂供应链下 PBAT/PLA 复合膜中抗氧剂迁移实验及分子动力学模拟[D]. 广州：暨南大学，2022.

[72] 童星. 食品接触用橡胶中多环芳烃迁移实验及分子动力学模拟[D]. 广州：暨南大学，2022.

第8章 食品接触材料风险评估

8.1 国内外食品接触材料膳食暴露评估方法现状及比较

1. 美国

美国食品药品监督管理局（FDA）建立食品接触材料的膳食暴露评估方法和其审批过程是相关联的。在美国，生产新的食品接触材料（FCM）需向美国 FDA 提交申请资料，申请资料中必须包括该食品接触材料中所含聚合物、添加剂或单体的膳食暴露评估资料，同时规定了申请资料中人群膳食暴露量计算的方法，其中引入了消费因子（CF）和食物分配因子（f）的概念。

（1）基本原理

美国食品接触材料膳食暴露评估方法是通过目标物质在各种性质食品（分为水性食品、酸性食品、脂肪性食品和酒精性食品）中的迁移量和各种性质食品的 f 相乘得到食品接触材料中迁移物的总迁移量，再将总迁移量和 CF 相乘得到膳食中迁移物的浓度，该浓度与每人每天膳食摄入量的乘积即迁移物的 EDI。

CF 指某种特定食品接触材料接触的食品重量占所有食品接触材料接触的食品重量的比例。随着各种材料在食品包装领域的应用推广，其市场占有率在不断变化，势必影响从材料中迁移出的物质的安全性评价。因此，美国 FDA 会定期对 CF 值进行修订，同时根据材料类型的增多，进一步细分 CF，使其能够更准确地反映消费者对某种材料的实际暴露水平。

f 为食品接触材料接触的某类型食品重量占该食品接触材料接触的所有食品重量的比例，每种食品接触材料有一套 f 值。美国食品接触材料根据各种材料所包装的水性、酸性、酒精性和脂肪性四类性质食品的重量，计算出各种食品接触材料的 f 值[1]。

（2）所需资料

美国 FCM 的膳食暴露评估方法需要以下几方面资料：①某种材料用于食品接触材料的年销售量（单位：g）；②材料平均密度（单位：g/cm^3）；③材料平均厚度（单位：cm）；④默认食品和食品接触材料的质量面积比（单位：g/cm^2）；⑤所有食品接触材料接触的食品日消费量（单位：g/d）；⑥某种食品接触材料接触的各种性质食品的销售量（单位：g）；⑦此种食品接触材料接触的所有食品销售量（单位：g）；⑧目标物质的迁移量（单位：mg/dm^2）。以上基础数据可以从不同的渠道获得，如某种食品接触材料用于食品接触的年销售量、食品接触材料接触的各种性质食品的销售量可以由相关调查机构、研究机构等的调查数据获得，迁移量数据通过部分迁移试验检测结合数学迁移模型获得。

2. 欧盟

（1）传统方法

20 世纪 60 年代，欧盟食品接触材料的膳食暴露评估思路采用的是保守假设，即假设 FCM 中的某物质迁移到食品中的量全部由人体通过膳食摄入这一极端情况。此方法假设体重 60 kg 的人一生中每天均摄入 1 kg 由含有目标迁移物的 FCM 接触的食品，食品和材料的接触面积为 6 dm^2，食品始终和含有目标迁移物的相同食品接触材料相接触，且食品中目标迁移物的含量为特定迁移限量允许的最高限量[2]。

欧盟传统膳食暴露评估方法中还引入了脂肪转换因子（fat reduction factor，FRF）的概念[3]，即考虑到食品接触材料和脂肪性食品接触时目标迁移物的迁移量较高，当与脂肪含量高于 20% 的食品（婴幼儿食品除外）接触时，检测的迁移量需要通过除以 FRF（通常为 1～5）进行校正。引入 FRF 的方法使膳食暴露评估结果更接近实际暴露水平，可避免过高估计脂肪类食品中目标物的暴露量。

（2）接触面积法

接触面积法是由欧洲塑料协会（Plastics Europe）、欧洲塑料加工商协会（European Plastics Converters，EuPC）和欧洲化学工业理事会食品接触材料添加剂小组（Food Contact Additives Panel of European Chemical Industry Council，CEFIC-FCA）等联合开展塑料食品接触材料中非有意添加物（NIAS）的风险评估项目而开发的工具[4]。该项目收集各欧盟成员国的各类食品接触材料接触食品的相关数据，需耗费大量人力和时间。

接触面积法主要针对食品接触材料中的 NIAS，方法设定了关注水平（level of interest，LOI）。迁移量高于此阈值的物质需要进行评估；低于此阈值的则认为迁移量可以忽略，不需要进行评估。迁移试验方法假设食品和食品接触材料完全接触，在最严苛的条件下（选择能够使食品接触材料中的物质最大程度迁移到食品中的溶剂，以及能代表实际接触条件的接触温度和接触时间）检测食品接触材料中的物质迁移到食品中的量。

接触面积法是一种全新的方法，将目标食品接触材料占所有食品接触材料接触食品的比例和接触材料接触的各种类型食品所占市场份额结合起来，用统计模型的方法将两方面因素融入接触面积中，充分考虑了不同食品接触材料和不同食品类型对接触材料中目标物质摄入量的贡献率。

3. 日本

日本食品接触材料膳食暴露评估方法基本参考美国 FDA 的方法，但与美国 FDA 方法有所不同的是，日本进行了全国范围的食品和食品接触材料使用情况调查，利用这些覆盖全国范围涉及各类食品接触材料和接触食品的统计数据，计算形成了日本特色的消费因子和分配因子。

日本聚烯烃卫生协会利用一年左右的时间对日本全国不同种类树脂材料所接触的各

类食品的情况进行了详细调查，调查内容包括接触食品的生产量、各种食品的接触形态以及接触各种食品的树脂的使用量[5]。日本聚烯烃卫生协会根据日本食品的消费情况，首先选择了食品接触材料使用量较大的食品类别，参考美国农业部及调查公司的资料，将食品细分为 105 种，并将这些食品类别归纳为脂肪性食品、酒精性食品、水性食品和酸性食品四类，食品生产量参考了日本农林水产省的统计数据及各行业公布的数据。树脂的调查范围限定在常用的聚乙烯（PE）、聚丙烯（PP）、聚苯乙烯（PS）、聚对苯二甲酸乙二醇酯（PET）、聚酰胺（PA）、聚氯乙烯（PVC）、乙烯-乙烯醇共聚物（EVOH）、聚偏二氯乙烯（PVDC）和聚乙烯醇（PVA）这九种树脂上。暴露量计算基于两个假设：①食品接触材料和食品每日接触面积为 6 dm^2；②每人体重为 50 kg。具体公式如下：

$$EDI = Q \times (S/W) \times CF = Q \times (6/50) \times CF = 0.12 \times Q \times CF$$

其中，EDI 为估计每日摄入量[单位：mg/(人·d)]；Q 为物质在最保守情况下的迁移量（mg/dm^2）；S 为食品接触材料和食品每天接触的面积，默认为 6 dm^2；W 为体重，默认为 50 kg；CF 为消费因子，对于新塑料和使用量较少的材料，考虑其很难达到 5%的市场占有率，CF 推荐使用 0.05。

日本基本参考的是美国 FDA 的方法，但建立的消费因子和分配因子是基于全国性调查的数据，具有代表性。

4. 加拿大

加拿大卫生部建立的食品接触材料膳食暴露评估方法同样基于美国 FDA 的方法，假定每人每天摄入食品接触材料接触的食品质量为 2 kg，根据测定的从食品接触材料迁移到食品中目标物的浓度，估算出目标物的可能每日摄入量（probable daily intake，PDI）。具体公式如下：

$$PDI = [(C_{水性} \times F_{水性}) + (C_{酸性} \times F_{酸性}) + (C_{酒精性} \times F_{酒精性}) + (C_{脂肪性} \times F_{脂肪性})] \times D_p \times M_p / BW$$

式中，PDI 为可能每日摄入量（μg/kg bw）；$C_{水性}$、$C_{酸性}$、$C_{酒精性}$、$C_{脂肪性}$ 分别为水性食品、酸性食品、酒精性食品和脂肪性食品模拟物中的迁移物的浓度（μg/kg bw），通常假设接触比例为 5 g/in^2；$F_{水性}$、$F_{酸性}$、$F_{酒精性}$、$F_{脂肪性}$ 分别为每日膳食中水性食品、酸性食品、酒精性食品和脂肪性食品的摄入量（假设为 2 kg）；D_p 为总膳食中可能由含有迁移物的特定材料 p 接触的食品比例；M_p 为 p 类食品接触材料实际可能含有迁移物的比例；BW 为以 kg 为单位的平均成年人体重（默认为 60 kg）。

加拿大的方法原理和美国的方法类似，只是加拿大直接用每日膳食中各种性质食品的摄入量与迁移量相乘即为每日膳食中各类食品的摄入量，而美国的方法则默认每人每天摄入 3 kg 食品，将此食品摄入量与各类食品接触材料的分配因子相乘得到每日膳食中各类食品的摄入量[6]。另外，加拿大的方法中引入了 M_p，为 p 类食品接触材料实际可能含有迁移物的比例，而美国的方法默认此比例为 100%。

5. 中国

随着我国食品接触材料标准新体系[7]以及食品接触材料安全性评估体系[8]的构建，有必要构建食品接触材料膳食暴露评估基础参数数据库，目前我国已完成水果制品[9]、饮料酒[10]和饮料[11]等食品接触材料膳食暴露评估基础参数数据库的构建。在缺乏完整基础参数数据库的情况下，我国目前开展的膳食暴露评估主要是参考欧盟传统的膳食暴露评估方法，假设每人每天摄入 1 kg 由含有目标物质的食品接触材料接触的食品，并选取四种食品模拟物中迁移试验结果的最高值进行评估。这种方法不能反映食品接触材料中目标物的实际暴露水平，易高估暴露量。而相比国外研究与管理现状，我国相关研究明显起步较晚，基础数据缺乏，因此迫切需要开展相关的风险评估研究工作，而其中的关键就是通过开展食品接触材料产品调查和数据采集工作，构建完善的膳食暴露评估基础参数数据库。

6. 不同膳食暴露评估方法和基础参数调查方法的比较

通过对各个国家/地区食品接触材料膳食暴露评估方法的分析，目前食品接触材料膳食暴露评估方法共分为 3 种：传统方法、双因子法和接触面积法。将 3 种方法在所需资料、评估方法、数据调查方法和准确度四个方面进行比较。比较结果显示，传统方法易偏离实际膳食暴露水平，双因子法的数据大部分是从行业企业调查中得到，这部分数据是生产数据，有些产品是为了出口产品设计，不用于我国国内食品，不能够反映我国食品接触材料的真实使用情况，导致膳食暴露评估结果有很大的不确定性。另外应用双因子法需要得到行业企业的大力支持，但实际工作中行业企业配合度比较差，很难获得全面的数据。接触面积法获得的是实际消费数据，该方法的工作量相对比较大，但是得到的数据更加准确，更能反映真实的水平。

8.2　食品接触材料膳食暴露评估基础数据调查

食品接触材料膳食暴露评估采用接触面积法[12]开展。接触面积法对食品接触材料膳食暴露评估方法需要获得三个参数：①人群食物消费量数据[单位：kg/(人·d)]；②食品接触材料与单位质量食品的接触面积（单位：dm²/kg）；③物质迁移量（mg/dm²）。接触面积法是通过每日膳食暴露于某种食品接触材料的接触面积[单位：dm²/(人·d)]与迁移量相乘得到食品接触材料中某种物质的暴露量。

$$\frac{每人每天摄入的某种食品接触材料接触的食品}{某种食品接触材料和单位质量食品的接触面积} \xrightarrow{数学概率模型模拟} 每人每天摄入的某种食品接触材料的接触面积$$

接触面积法涉及的三个参数获得途径：
①人群食物消费量由食物消费量调查工作获得。
②全食品类别食品接触材料与单位质量食品的接触面积通过行业调查和市场采样获得。
③物质迁移量通过迁移测试等方法获得[13]。
针对人群食物消费量和全食品类别食品接触材料接触面积（S）与食品质量或体积（V）的比（S/V）数据分别开展调查，主要内容如下。

8.2.1　人群食物消费量调查

1. 调查目的

食物消费状况调查的目的是通过各种不同方法对食物消费量进行估计，从而了解一定时间内人群各类食物消费数量、频率以及人群食物消费习惯，借此来估计经食物摄入的有害因素、营养素及相关物质的暴露量或摄入量，为食品安全风险评估以及人群膳食营养状况评价提供必要数据。调查同时获得预包装食品摄入情况与其食品接触材料的相关信息，以与食品接触材料 S/V 数据相结合，建立食品接触材料膳食暴露评估基础参数数据库。

2. 调查对象

本次调查借助我国食物消费量调查工作平台，在中部某省开展。调查对象的人群特征符合我国居民食物消费量调查手册中年龄和性别比例要求，具有人群代表性。

3. 调查内容

（1）家庭及个人基本信息调查

家庭基本信息包括家庭人口数、年人均收入等，个人基本信息包括性别、年龄、民族、教育、职业等。在家庭和个人信息的调查中要以真实、准确为原则，保证各信息之间的逻辑正确。

（2）个人食物消费量调查

针对被调查人群开展两次个人食物消费量调查，每个调查对象进行两次非连续的 24 h 回顾调查。调查内容包括，调查对象在调查期间各类食物的消费量、消费频率、加工方式、包装材料及调味品消费量等内容。具体包括：

①调查期间所食用的预包装食品包装收集、整理、保存。

②对应预包装食品的消费量。

③预包装食品的主体包装材料、覆盖物包装材料。

④预包装食品的产地、品牌、商品名称、规格、口味。

⑤预包装食品的食品标签、营养成分表。

4. 调查方法

前期准备工作手册等；收集调查点人口信息，确定调查户和调查对象；宣传、动员调查对象参与并支持调查工作；通过人员培训对入户调查人员开展相关技术培训，保证调查结果的可靠性。由培训合格的调查员面对面询问每位调查对象开展调查。

8.2.2　全食品类别食品接触材料 S/V 数据调查

1. 调查目的

此部分主要是完成膳食暴露评估所需的第二个参数：食品接触材料与单位体积（质

量）食品的接触面积。该参数的获得需要对我国市场上居民消费的主要大类食品对应的食品接触材料开展调查。为了保证调查范围能够覆盖我国常用食品与食品接触材料，需要将食品与食品接触材料进行分类。

2. 用于食品接触材料标准的食品分类体系

（1）分类原则

在食品分类体系构建上，我们重点是制定统一的分类原则。本食品分类体系是为更好地开展食品接触材料膳食暴露评估基础数据调查，保证所调查的食品尽可能覆盖同一大类食品不同包装类型、包装材质、包装规格、食品性质。总的原则是根据 GB 2760—2014[14]、GB 31604.1—2015[15]、相关行业标准和相关指南等对食品进行初步分类，同时考虑包装类型、材质、规格、所接触食品的性质几个关键因素，并充分兼顾市场现状，再进行进一步具体细分。需要说明的是，本食品分类体系涉及的定义及分类仅适用于本次食品接触材料膳食暴露评估基础数据的调查。

（2）具体食品类别的分类方法

考虑到某些食品小类分类仅是口味上的差别，包装上无区别，比如乳制品中发酵乳及风味发酵乳就可以合并到一起；考虑到某些食品小类包装类型相同，但食品性状不同，就以举例的形式放到上一级分类中，比如熟肉干制品中肉松、肉脯、肉干；部分品类去掉以种类划分的小类，比如豆类食品中具体豆的种类；参考相关行业标准进行重新分类，比如把食糖类合并到调味品中；去掉营养补充品及特医食品、微生物原料、保健食品，因为不属于生活中经常食用的常规食品。其他食品类别（比如坚果类食品）与 GB 2760—2014 和相关行业标准基本相同或者改动不大。

（3）分类结果

将食品分为 19 大类，分级为树状结构，大类下设子类，子类下设亚类，最多分至 3 级，采用英文字母加阿拉伯数字方式进行编码。根据需要，参照我国现有分类方式对各大类下的子类或亚类包括的范围进行描述和解释。分类首先考虑的是预包装食品，无包装或者散装的生鲜食品由于其食品接触材料和食品接触时间非常短暂，有很大的不确定性，因此不纳入调查范围。

3. 调查内容

为了得到某种食品接触材料单位质量食品的接触面积，我们需要得到相关材质、面积等方面数据，建立食品接触材料基础参数数据库。为确保采样能涵盖该类食品的所有类型，并充分兼顾市场现状，调查表设置了食品大类、食品小类、样品名称以及同类产品涵盖的商品名称四列内容；同时为了后续数据使用方便并保证样品的独立性，对所调查样品进行唯一识别号编号。食品属性对于迁移试验中食品模拟物的选择至关重要，因此在调查中需明确食品的特性（脂肪含量、酒精含量及 pH）。不同食品接触材料的 S/V 是构建膳食暴露评估基础参数数据库的关键参数，旨在通过调查获得 S/V，结合我国居民食物消费量调查数据获得的每人每天摄入的不同食品接触材料所接触食品的消费量，获得每人每天摄入的某种 FCM 的接触面积这一关键参数，最终结合目标物的迁移量，获得我国人群对来源于食品接触材料的某种目标物质的膳食摄入量，因此调查中需收集食品规格、与食品接触的包装材料的面积信息来获得 *S/V* 比值。考虑到不同食品可能采用不同材质的多种包装结构，调查表中将材质和接触面积参数进一步细分为主体、封口、外盖和内衬托盘四个部分。具体内容见图 8-1 食品包装材质使用情况调查表。

XX食品包装材质使用情况调查表

1. 工作开展前准备

1) 市场调查：对拟调音的食品先进行市场调查，充分了解市场销量情况，再制定采样方案和采样方式；

2) 食品类型：查阅相关标准，对拟调查食品进行科学合理分类；

3) 基础知识：充分理解每个参数，各参数的解释说明详见表格抬头各单元格批准，特别是食品属性分类、包装材质结构，否则无法准确识别这些信息；

2. 调查工作及数据记录

1) 样品数量：每批次样品至少购买2份样品，分别用于测试和查样；

2) 包装内表面积：所有可能接触到食品的包装的内表面积，面积计算方式：规则形状包装根据其形状，以计量校准过的纲尺测量边长、直径等参数采用相关规则几何图形和立体结构表面积的计算公式计算，非规则形状的包装、如异形的酒瓶等，采用3D面积测定仪进行测定

3) 材质：玻璃、陶瓷、铝、不锈钢、竹木、橡胶材质特性非常鲜明，直接目视进行材质判定，对于外观为金属，纸张的包装，一定要准确识别是否有涂层和塑料，准确界定食品接触面的材质，技术上可行的界定到具体的塑料材质，如PC，PP等

4) 其它：调查过程中需要根据调查结果动态调整参数的类别；

3. 数据审核校正

在调查科过程中以及完成后，必须根据各参数的相关性，分析数据的正确性，进行审核校正。

样本编号	食品类型大类	食品类型小类	样品的食品名称	同类产品涵盖的商品名称	食品特性			食品属性分类	规格(g)		包装类型	与食品接触的包装材质主体结构	与食品接触的材质				与食品接触的面积(cmZ)				面积计算具体(cm)				接触面积/质量(体积)比(cmZ/g)				样品照片	是否为婴幼儿食品	是否进口产品
					脂肪含量(g)/100g	酒精含量，%	pH值		总含量(g/mL)	单个小包装标称量(g/mL)			喜好主体	封口	外盖	内衬托盘	喜好主体	封口	外盖	内衬托盘	长	宽	高	直径	喜好主体	封口	外盖	内衬托盘			

图 8-1　食品包装材质使用情况调查表

调查表填写内容包括某种食品的食品类型大类和食品类型小类、食品特性、食品接触材料的材质类型、面积大小等 15 大类数据，共计 32 小类参数。这些数据调查一部分可以从食品包装材料外包装上获得，一部分需要进行仪器测量

4. 调查方法

调查方法采取行业调查和市场采样两种方式。行业调查充分发动行业协会以及企业填写上报相关数据。市场采样针对选定的食品类型，通过超市购买与网络平台购买两种方式进行采样。

（1）采样要求

①线上和线下商超购买。

②样品数量：每批次样品至少购买 2 份样品（大包装，只买 1 份即可，如一盒饼干或糖果里面有多个独立的小包装），分别用于测试和留样，但要保证食品测量需求的数量。

③接触食品性质相同，采用相同包装类型、包装材质、包装规格的同一类型食品作为同类产品，不需要重复采样。

（2）采样流程

根据不同调查内容的性质可分为两部分，一部分是不需要采样就可以获得的数据，另一部分是需要进行市场采样才能获得的数据。

（3）材质确认

采用目视法和红外光谱法结合的分级确认方法。对于塑料、玻璃、陶瓷和不锈钢等材质特性鲜明、易于判定的，采用目视法进行材质判定。对于单一树脂聚合物材质，采用红外光谱佐证确认。另外，对于金属涂层罐，鉴于部分金属涂层罐只有铝涂层罐一种，而涂

层则多数为多种聚合物混合的复杂体系,采用目视法进行材质判定,界定为铝(涂层)。对于复合材料,因材质结构较为复杂,且混料较多,因此只分析复合材料的主要材质。

8.3　食品接触材料膳食暴露评估基础参数数据库

8.3.1　人群食物消费量数据库

1. 覆盖对象

调查选取我国中部某省某市的 12 个社区,共计 60 户、181 人作为调查对象。收集到食物消费量数据 6810 条。经整理后,与预包装食品相关的消费量数据共 1048 条,占比15.4%;其中预包装调味品消费量数据 559 条。预包装食品消费量数据包括被调查人群非连续 2 天 24 小时内摄入的全部预包装食品种类、质量、品牌、包装类型、包装材质、包装面积等信息。

2. 数据来源

数据通过调查人员入户调查,对个人采用面对面询问的方式,引导被调查者尽可能回忆出所摄入食品的信息。入户正式调查之前提前与被调查沟通,请对方尽量留存预包装食品包装,并在正式调查时由调查人员收集,无法确定材质的包装统一交试验室进行材质鉴定。

3. 结论

本次调查借助我国食物消费量调查工作平台,为我国首次将食品包装材料与居民膳食摄入量相结合的调查。本次调查涵盖了 12 个社区、60 户、181 位居民的膳食摄入情况,被调查人群年龄分布、性别分布合理。所获得的数据包含 17 大类食品,基本涵盖我国居民日常食物消费。本次调查难度较大且流程复杂,相关数据存在一定的局限性。但相关数据的获得对于了解我国居民预包装食品摄入水平以及食品接触材料的安全性评估均具有重要意义。

8.3.2　全食品类别食品接触材料 *S/V* 数据库

1. 覆盖对象

选取我国居民消费的主要类别食品,共完成了乳粉、乳制品、肉与肉制品、蛋与蛋制品、动物性水产及其制品、昆虫制品、谷物及其制品、豆类及其制品、蔬菜及其制品、水果及其制品、食用菌和藻类及其制品、坚果与籽类及其制品、饮料、酒类、油脂及其制品、糖果巧克力和果冻、茶和代茶制品、调味品、焙烤食品、特殊膳食食品 20 类食品的调查。利用上述方法建立了涵盖 20 类食品及其对应的 30 种食品接触材料的 *S/V*数据库。

2. 数据来源

通过行业调查与市场采样两种方式开展数据调查。通过中国焙烤食品糖制品工业协会、中国肉类协会、中国罐头工业协会、中国食品工业协会坚果炒货专业委员会等多家协会收集相关参数，同时通过多家大型综合超市，以及电商平台采集我国市场上常见预包装食品，对其食品特性、所用包装材质、食品质量、接触面积等数据进行测量后汇总分析。

3. 数据分析

（1）坚果与籽类及其制品

在中国食品工业协会坚果炒货专业委员会等的协助下，通过行业调查获得 29 种坚果与籽类及其制品的相关信息，通过市场采样，共获得 85 种坚果与籽类及其制品的相关信息。共计获得 114 种种坚果与籽类及其制品信息。

根据食品分类体系，坚果类食品分为带壳熟制坚果与籽类、脱壳熟制坚果与籽类、坚果与籽类的泥（酱）和其他坚果与籽类制品。114 种坚果与籽类及其制品涵盖带壳熟制坚果与籽类等全部 4 个亚类，食品接触材料涉及铝（涂层）等 6 类材质，获取相关数据 3648 个，基本可以覆盖市面上同类材质坚果与籽类食品。

调查得到 S/V 数据共计 190 个，其中 185 个有效数据，5 个无效数据，这 5 个数据是由于不能确定其具体材质，所以视为无效数据。经计算 S/V 平均值为 2.1288 cm^2/g，中位数为 1.3397 cm^2/g，P5 为 0.1106 cm^2/g，P95 为 6.7458 cm^2/g。

（2）肉与肉制品

在中国肉类协会的协助下，通过行业调查共获得 10 种肉与肉制品的相关信息。通过市场采样，共获得 137 种肉与肉制品的相关信息。共计获得 147 种肉与肉制品的相关信息。

根据食品分类体系，肉与肉制品分为即食生肉与肉制品（包括副产品）、预制肉与肉制品（包括副产品）和熟肉与肉制品（包括副产品）三大类，每一大类下面又分若干小类。本调查共获得 147 种肉与肉制品，涵盖熟肉干制品等 9 个亚类，包装材料涉及涂层、聚乙烯等 8 类材质，获取相关数据 4704 个。调查样品基本涵盖目前市售商品。

本次调查得到 S/V 数据共计 166 个。经计算 S/V 平均值为 2.1408 cm^2/g，中位数为 1.7805 cm^2/g，P5 为 0.2224 cm^2/g，P95 为 5.5006 cm^2/g。

（3）茶和代茶制品

通过市场购买共收集 426 份样品。市场采购包含电商平台，结合品牌和地域等方面进行购买，确保收集到的产品能够覆盖我国居民日常消费的主要茶和代茶制品的类型，涵盖茶（绿茶、红茶、黄茶、白茶、乌龙茶、黑茶）和代茶制品两个亚类。

茶和代茶制品包装材料涉及纸、PE、PP 和金属 4 类材质，获取相关数据 6816 个。调查得到 S/V 数据共计 416 个。经计算 S/V 平均值为 9.2444 cm^2/g，中位数为 5.2900 cm^2/g，P5 为 1.8070 cm^2/g，P95 为 32.6875 cm^2/g。

（4）饮料

通过市场购买共收集 267 份样品。市场采购包含电商平台，结合品牌和地域等方面进行购买，确保收集到的产品能够覆盖我国居民日常消费的主要饮料的类型。参考《饮料通则》（GB/T 10789—2015）[16]，将我国居民主要消费的饮料分为固体饮料、茶类饮料、咖啡饮料、果蔬汁饮料、含乳饮料、水、植物蛋白饮料和水基调饮料八个类别。

饮料类食品包装材料涉及 HDPE、LDPE、PE、PVC 和涂层等 7 类材质，获取相关数据 5347 个，基本可以覆盖市面上同类材质饮料类食品。

调查得到 S/V 数据共计 512 个。经计算 S/V 平均值为 1.1811 cm^2/g，中位数为 0.8493 cm^2/g，P5 为 0.434 cm^2/g，P95 为 3.3047 cm^2/g。盖子材质 S/V 平均值为 0.8196 cm^2/g，中位数为 0.7719 cm^2/g，P5 为 0.3899 cm^2/g，P95 为 1.1760 cm^2/g。

（5）酒类

通过企业征集和市场购买共收集 1196 份样品。市场购买涵盖电商平台，结合地域和品牌等方面进行采购，确保收集到的样品能够代表我国居民日常消费的主要酒类类型。结合我国《饮料酒术语和分类》（GB/T 17204—2021）[17]，以及国家食品安全风险评估中心 2013 年 9 省（市）酒类的消费状况调查数据对饮酒者饮酒类型的分析，将我国居民消费的主要酒类分为白酒、果酒、黄酒、啤酒、葡萄酒及其他酒 6 类。鉴于主要目的是构建饮料酒不同接触材料的 S/V 数据库，因此，酒精含量、包装类型、包装材质、接触材料、包装规格均相同的同一类酒类算作一份样品。

通过对酒类的主体接触材料分析发现，97.4%的酒类接触材料为单一材质，主要为玻璃和陶瓷，2.6%为复合材质，主要是塑料和含涂层的铝罐。

本调查收集的 1196 份酒类中，白酒最多，为 835 份，占酒类总样品份数的 69.8%，其次为黄酒和葡萄酒，分别占 13.2%和 10.5%。通过对酒类的接触材料分析发现，玻璃材质涉及的酒类种类最广，占总样品份数的 52.2%；塑料材质仅占 1.9%，主要涉及白酒、黄酒和其他酒。对不同类型酒类的分析发现，白酒和黄酒的主要接触材料均为玻璃和陶瓷，果酒和啤酒的主要接触材料为玻璃和带涂层的铝罐。

不同类型酒类、不同接触材料的 S/V 平均值最小为 4.79 dm^2/kg，最大为 11.03 dm^2/kg。除接触材料为塑料材质的白酒平均 S/V 低于 6 dm^2/kg 外，其他各种类型酒类的平均 S/V 均高于 6 dm^2/kg。

（6）油脂及其制品

通过市场购买共收集 614 份样品。市场采购包含电商平台，结合品牌和地域等方面进行购买，确保收集到的产品能够覆盖我国居民日常消费的主要油脂及其制品的类型。参考相关标准，将我国居民消费的主要油脂及其制品分为大豆油、玉米油、葵花籽油、油茶籽油、花生油等五个类别。

共收集 614 份油脂及其制品样品，对其主体的接触材料分析发现，油脂及其制品的主体材料接触材质均为单一材质，包括 PET、PP、玻璃和涂层。

收集到的油脂及其制品样品中，油茶籽油占比最多，占油脂及其制品总样品份数的 20.7%，其次为芝麻油和花生油，分别占 13.5%和 10.3%。通过对油脂及其制品的接触材料分析发现，PET 所涉及的油脂及其制品种类最广，占总样品份数的 58.5%。对不同类型油脂及其制品的分析发现，12 类油脂及其制品主要接触材质均为 PET，其中玉米油的接触材质全部为 PET。

不同类型油脂及其制品的 S/V 的范围为 1.95～24.09 dm^2/kg。S/V 均值最小为 1.95 dm^2/kg，最大为 24.09 dm^2/kg。

（7）动物性水产及其制品

通过市场购买共收集 458 份样品。市场采购包含电商平台，结合品牌和地域等方面进行购买，确保收集到的产品能够覆盖我国居民日常消费的主要动物性水产及其制品的类型。水产品是指海洋或淡水渔业生产的鱼类、甲壳类、软体动物类、藻类和其他水生生物的统称。本次调研将我国居民消费的主要动物性水产及其制品分为冷冻水产品、冷冻水产制品、熟制水产品、腌制水产品、干制水产品和水产调味品六个类别。鉴于本次调研的主要目的为构建不同动物性水产及其制品接触材料的 S/V 数据库，因此水产品种类、包装材料、包装材质、包装规格等参数均为同一类别的水产品视为一份样品。

本调研共收集了 458 份动物性水产及其制品，分析发现 60.6%样本的主体接触材料为单一材质，且主要为塑塑复合材料，24.9%的样本主体接触材料为复合材质，14.2%为内包装及内托盘组成的组合材质，且均为塑料与塑料的组合。

本次调研收集的动物性水产及其制品中，熟制水产品占比最多，占动物性水产及其制品总样品份数的 49.8%，其次为干制水产品和冷冻水产制品，分别占 17.9%和 13.3%。通过对动物性水产及其制品的接触材料分析发现，塑料单一材质所涉及的水产品种类最广，占总样品份数的 52.3%，主要涉及冷冻水产品、冷冻水产制品、熟制水产品、腌制水产品和干制水产品；其次是铝塑复合材料，占总样品份数的 19.0%。对不同类型动物性水产及其制品的分析发现，除了腌制水产品的主要接触材质为铝塑复合材料，以及水产调味品的主要接触材质为玻璃材质外，其他类型的动物性水产及其制品主要接触材质均为塑料单一材质。

不同类型动物性水产及其制品的 S/V 的范围为 3.5～2006.7 dm^2/kg。S/V 均值最小为 6.8 dm^2/kg，最大为 193.6 dm^2/kg。所有动物性水产及其制品的 S/V 均值都大于 6 dm^2/kg。

（8）乳粉

通过市场购买共收集 95 份样品。市场采购包含电商平台，结合品牌和地域等方面进行购买，确保收集到的产品能够覆盖我国居民日常消费的主要乳粉的类型。

乳粉类食品接触材料的主体材料涉及 PE、马口铁和镀锡马口铁 3 类材质，包装盖子的材料涉及铝箔、铝和镀锡马口铁 3 类材质，获取相关数据 1746 个，基本可以覆盖市面上同类材质乳粉类食品。

本次调查得到 S/V 数据共计 138 个。经计算主体 S/V 平均值为 1.3438 cm^2/g，中位数为 1.1000 cm^2/g，P5 为 0.8200 cm^2/g，P95 为 2.0400 cm^2/g；盖子的 S/V 平均值为 0.1079 cm^2/g，中位数为 0.1000 cm^2/g，P5 为 0.8000 cm^2/g，P95 为 0.1980 cm^2/g。

（9）乳制品（乳粉除外）

通过市场购买共收集 133 份样品。市场采购包含电商平台，考虑品牌和地域等方面的代表性，确保收集到的产品能够覆盖我国居民日常消费的主要乳制品的类型，将我国居民主要消费的乳制品分为液态乳、发酵乳和干酪三个类别。乳制品的食品接触材料涉及 PP、PE 和纸 3 类材质，获取相关数据 957 个，基本可以覆盖市面上同类材质乳制品。

本次调查得到 S/V 数据共计 184 个。经计算主体材质 S/V 平均值为 1.1842 cm^2/g，中位数为 1.1032 cm^2/g，P5 为 0.549 cm^2/g，P95 为 1.8777 cm^2/g。盖子材质 S/V 平均值为 0.1425 cm^2/g，中位数为 0.1399 cm^2/g，P5 为 0.002 cm^2/g，P95 为 0.3642 cm^2/g。

（10）特殊膳食食品

通过市场购买共收集 106 份样品。市场采购包含电商平台，考虑品牌和地域等方面的代表性，确保收集到的产品能够覆盖我国居民日常消费的主要特殊膳食食品的类型，涵盖婴幼儿辅助食品、谷物辅助食品、生制类谷物辅助食品 3 个类别。

特殊膳食食品的食品接触材料涉及 PE、玻璃和塑料 3 类材质，获取相关数据 2229 个。本次调查得到 S/V 数据共计 120 个。经计算 S/V 平均值为 5.806 cm^2/g，中位数为 6.305 cm^2/g，P5 为 1.1635 cm^2/g，P95 为 10.286 cm^2/g。

（11）蛋及蛋制品

通过市场购买共收集 150 份样品。市场采购包含电商平台，考虑品牌和地域等方面的代表性，确保收集到的产品能够覆盖我国居民日常消费的主要蛋及蛋制品的类型，涵盖再制蛋（卤蛋、糟蛋、皮蛋、咸蛋和其他再制蛋）和蛋制品（脱水蛋制品、热凝固蛋制品、冷冻蛋制品、液蛋制品和其他蛋制品）两大类。

蛋及蛋制品的食品接触材料涉及纸、玻璃和塑料 3 大类材质，获取相关数据 2348 个。本次调查得到的 S/V 数据共计 150 个。调查结果显示，被调查的蛋与蛋制品中卤蛋占比最大；按与食品接触材质来划分，PA 占比最大。S/V 最大值是 313.0286 cm^2/g，最小值是 0.6009 cm^2/g。

（12）昆虫制品

昆虫制品的食品接触材料涉及玻璃和塑料 2 大类材质，获取相关数据 3469 个。本次调查得到 S/V 数据共计 182 个。调查结果显示，被调查的昆虫制品中蜂蜜占比最大；按与食品接触材质来划分，PET 占比最大。S/V 最大值是 5.1375 cm^2/g，最小值是 0.2380 cm^2/g。

（13）谷物及其制品

谷物及其制品的食品接触材料涉及金属、纸、竹制品和塑料 4 大类材质，获取相关数据 8074 个。本次调查得到 S/V 数据共计 238 个。

调查结果显示，被调查的谷物及其制品中谷物初级加工品和方便食品占比较大；按与食品接触材质来划分，PE 占比最大。S/V 最大值是 59.3 cm^2/g，最小值是 0.06 cm^2/g。

（14）豆类及其制品

豆类及其制品的食品接触材料涉及金属、玻璃、陶瓷和塑料 4 大类材质，获取相关数据 8806 个。本次调查得到 S/V 数据共计 238 个。根据调查结果显示，被调查的豆类及其制品中豆干再制品和干豆及其研磨制品占比较大；按与食品接触材质来划分，PE 和 PP 占比较大。S/V 最大值是 17.5 cm^2/g，最小值是 0.2909 cm^2/g。

（15）蔬菜及其制品

蔬菜及其制品的食品接触材料涉及金属、玻璃、纸和塑料 4 大类材质，获取相关数据 6654 个。本次调查得到 S/V 数据共计 406 个。根据调查结果显示，被调查的蔬菜及其制品中干制蔬菜和腌渍、发酵蔬菜占比较大；按与食品接触材质来划分，PE 占比最大。S/V 最大值是 58.6989 cm^2/g，最小值是 1.2 cm^2/g。

（16）水果及其制品

水果及其制品的食品接触材料涉及金属、玻璃、纸和塑料 4 大类材质，获取相关数据 7977 个。本次调查得到 S/V 数据共计 432 个。根据调查结果显示，被调查的水果及其制品中蜜饯凉果占比最大；按与食品接触材质来划分，PE 和 PP 占比较大。S/V 最大值是 253 cm^2/g，最小值是 0.3 cm^2/g。

（17）食用菌和藻类及其制品

食用菌和藻类及其制品的食品接触材料涉及玻璃、陶瓷和塑料 3 大类材质，获取相关数据 4603 个。本次调查得到 S/V 数据共计 253 个。根据调查结果显示，被调查的食用菌和藻类及其制品中干制食用菌和藻类占比最大；按与食品接触材质来划分，PP 占比最大。S/V 最大值是 1726.4 cm^2/g，最小值是 0.3631 cm^2/g。

（18）糖果、巧克力和果冻

糖果、巧克力和果冻的食品接触材料涉及金属、纸和塑料 3 大类材质，获取相关数据 8337 个。本次调查得到 S/V 数据共计 699 个。根据调查结果显示，被调查的糖果、巧克力和果冻中除胶基糖果以外的其他糖果占比最大；按与食品接触材质来划分，PP 所占百分比最大。S/V 最大值是 28.2833 cm^2/g，最小值是 0.1493 cm^2/g。

（19）调味品

调味品的食品接触材料涉及玻璃、金属、陶瓷、纸、布袋和塑料 6 大类材质，获取相关数据 11195 个。本次调查得到 S/V 数据共计 827 个。根据调查结果显示，被调查的调味品中其他调味品占比最大；按与食品接触材质来划分，PP 所占百分比最大。S/V 最大值是 33.8667 cm^2/g，最小值是 0.0089 cm^2/g。

（20）焙烤食品

焙烤食品的食品接触材料涉及涂层、金属、纸和塑料 4 大类材质，获取相关数据 19 615 个。本次调查得到 S/V 数据共计 613 个。根据调查结果显示，被调查的焙烤食品中糕点占比最大；按与食品接触材质来划分，PP 和 PE 所占百分比最大。S/V 最大值是 61.5457 cm^2/g，最小值是 0.1636 cm^2/g。

4. 结论

调查基本覆盖我国市场上的各类食品对应的食品接触材料的 S/V，能够涵盖我国居民日常消费的主要食品类别，构建了较为完整的食品接触材料膳食暴露评估基础参数数据库。根据调查结果，本次调查共涉及 20 大类、126 小类食品，覆盖 30 类食品接触材料材质，共收集 161 925 条数据，其中 S/V 数据 12 748 条。调查所得数据为食品接触材料膳食暴露评估工作提供了关键参数。

8.4　基于 TTC 原理的 FCM 中非有意添加物定量风险评估模型

8.4.1　TTC 方法

1. 基于 TTC 原理的非有意添加物定量风险评估方法

越来越多的研究表明食品接触材料的安全风险除了来自材料中已知被批准使用化学物质（如起始物、单体、添加剂等）向食品的迁移外，来自 NIAS 的迁移污染也日益成为主要的风险来源。NIAS 包括杂质、反应副产物、降解产物和来源于原料、生产过程的污染物等物质。由于 NIAS 来源复杂且很多物质不可预测，使得对 NIAS 的评估成为目前食品接触材料风险评估的难点之一。

TTC 方法首先是建立已知毒性化学物质毒性数据库（如慢性毒性终点值），然后进行统计分析并按概率方法学估算出某类化学物质的特定风险水平上的人体暴露阈值。TTC 方法主要参照欧洲食品安全局（EFSA）建立的决策树[18]，建立了适用于 FCM 中 NIAS 筛选和评估的模型。在实施评估之前，需尽量收集有关待评估样品的信息，包括法规限量、组分、预期使用条件等，通过分析和文献检索的方式对 FCM 可能产生的 NIAS 进行预评估，考察和准备适用的筛选方法和评估手段。

2. 确定适用的 TTC 安全阈值

选择合适的通用 TTC 安全阈值是开展 NIAS 筛查与评估的基础。世界卫生组织（WHO）和 EFSA 确定的 Cramer Ⅰ、Cramer Ⅱ、Cramer Ⅲ类物质的 TTC 安全阈值分别为 30 μg/(kg bw·d)、9 μg/(kg bw·d)、1.5 μg/(kg bw·d)[19]。考虑 TTC 安全阈值为 1.5 μg/(kg bw·d)（Cramer Ⅲ）可以涵盖 Cramer Ⅰ、Cramer Ⅱ类物质的暴露水平，现行分析手段可实现筛查与确证分析。从保护消费者健康角度和风险评估的保守原则考虑，只要能够排除不适用于 TTC 安全阈值为 1.5 μg/(kg bw·d)的物质，就可以选择 Cramer Ⅲ类物质的 TTC 安全阈值［1.5 μg/(kg bw·d)］作为食品接触材料中 NIAS 的通用安全暴露阈值[20]，之后根据后续步骤开展筛查评估。

3. 排除不适用于 TTC 方法的 NIAS

TTC 方法有其适用范围，不适用于高潜能致癌物（如黄曲霉毒素化合物、氧偶氮基化合物、N-亚硝基化合物、联苯胺、肼类化合物）、无机物、金属和有机金属化合物、蛋白质、类固醇、已知或预测有生物蓄积性的物质、纳米材料、放射性物质以及含有未知化学结构的混合物等[21]。对于全扫描色谱图上出现的 NIAS 色谱峰，需要确定其不属于 TTC 方法不适用的物质才能用 TTC 的方法进行进一步的安全性评估。可通过文献分析、样品制备技术、色谱分析等手段来分析确认色谱图上的 NIAS 是否属于不适用于 TTC 方法的物质。

4. 筛选大于 1.5 μg/(kg bw·d)安全阈值的 NIAS

根据 FCM 的预期用途选择合适的食品模拟物和模拟条件，通过迁移试验对待测浸泡液进行全扫描分析，得到全面谱图信息。注意需要使用不同的分析扫描技术。在获取全扫描谱图后，选取 1.5 μg/(kg bw·d)暴露阈值（相当于每人每天 90 μg）对应的色谱响应值作为基准值，将 NIAS 色谱响应值与其进行比较，对于小于 TTC 基准值的色谱峰可忽略，对高于基准值的色谱峰需进行进一步的定性定量分析，并依据传统安全评估模式进行安全性评估。全扫描色谱图中对应每人每天 90 μg 暴露阈值的基准响应值可通过加入定量内标物的方式来确定。基于欧盟（EU）No.10/2011 法规[3]规定，假定体重 60 kg 的人，每人每天消费 1 kg 由目标 FCM 包装的食品，每 1 kg 食品与 6 dm^2 的 FCM 接触。从而获得所添加内标物参比物浓度为 90 μg/kg 食品或食品模拟物。

5. 安全评价

将扫描所得 NIAS 色谱响应值与对应 1.5 μg/(kg bw·d)安全阈值的色谱响应值进行比较分析，如检出的迁移物为不适用于 TTC 方法的物质，则应对该物质进行进一步确证和安全性评估[22]。如暴露水平高于 1.5 μg/(kg bw·d)，但进一步分析发现该物质属于 Cramer Ⅰ 或 Cramer Ⅱ类化合物，且其暴露水平低于对应的 TTC 阈值，则可忽略健康风险，否则应使用传统的分析手段和风险评估技术对该物质进行定性定量分析及安全性评价。如物质暴露水平低于 1.5 μg/(kg bw·d)，而被检出的迁移物具有遗传毒性警示结构或属于有机磷和氨基甲酸酯类物质，且其暴露水平低于 0.0025 μg/(kg bw·d)或 0.3 μg/(kg bw·d)，则可忽略健康风险，否则，应使用传统的分析方法和风险评估技术对该物质进行定性定量分析和安全性评价。其他暴露量低于 1.5 μg/(kg bw·d)的物质，健康风险可忽略。

8.4.2　风险评估模型

风险评估是风险分析中最重要的科学组成部分，包括危害识别、危害特征描述、膳食暴露评估、风险特征描述四个步骤[23]。

1. 危害识别

2004 年，国际化学品安全规划署对危害识别定义为 "确定一种因素能引起生物、系统或人群发生不良作用的类型和属性的过程"。目的是根据所有现有毒性和作用模式数据的评估结果，对不良健康效应进行证据权重评价。危害因素的种类繁多，危害识别可识别潜在的有害作用，确定产生有害作用所必需的暴露条件。

2. 危害特征描述

危害特征描述是对一种因素或状况引起潜在不良作用的固有特性进行定性和定量描述，应包括剂量-反应评估及其伴随的不确定性。"危害特征描述"描述了某种化学物给予剂量或暴露量与某种不良健康效应发生率之间的关系。需要确定临界效应——随着剂量或暴露量增加首先观察到的不良效应。可以利用动物试验、临床研究、流行病学研究确定危害与各种不良健康作用之间的剂量-反应关系、作用机制等。

3. 膳食暴露评估

暴露评估是指对于通过食品可能摄入的和其他有关途径暴露的化学因素的定性或定量评价。膳食暴露评估是食品安全风险评估的核心步骤，主要根据膳食调查和各种食品中化学物质暴露水平计算人体对该种化学物质的暴露量。暴露评估分为短期急性暴露和长期慢性暴露。暴露评估模型主要包括点评估模型和概率评估模型。点评估模型是将食品消费量（如平均的或较高的消费量数据）和固定的残留物质含量或浓度（通常是平均残留量水平或耐受或法规允许值的上限）这两个量相乘。概率评估模型是对人群潜在暴露更为真实的估计，它可用来描述食品化学物的暴露风险分布。蒙特卡罗模拟法是目前应用于定量风险评估中最为广泛的概率评估法，利用@Risk 软件在膳食消费数据的调查及残留数据支持下，对人体暴露污染物实施蓄积性和累积性暴露风险评估。

在分析美国、日本、加拿大、欧盟等的食品接触材料膳食暴露评估方法现状的基础上，与我国目前食品接触材料膳食暴露评估基础参数数据库构建情况相结合，考虑我国食品接触材料膳食暴露评估相关基础参数的可获得性，构建了适合我国现阶段发展情况的膳食暴露评估模型，分别采用点评估和概率评估的方式开展膳食暴露评估，具体方法如下。

（1）基本原理

膳食暴露评估模型通过每日膳食暴露于某种食品接触材料的面积（接触面积）与迁移量相乘得到食品接触材料中某种物质的暴露量。每人每天摄入的某种食品接触材料的接触面积（dm^2）是核心参数。迁移试验方法是假设食品和食品接触材料完全接触，在最严苛的条件下（选择能够使食品接触材料中的物质最大程度迁移到食品中的食品模拟物，以及能代表实际接触条件的接触温度和接触时间）检测食品接触材料中的物质迁移到食品中的量。

（2）所需资料

膳食暴露评估模型需要以下数据：

①食品分类和食品接触材料分类；

②每人每天摄入的某种 FCM 接触的食品量（kg）；

③食品接触材料与单位质量食品的接触面积（dm^2/kg）；

④迁移量（mg/dm^2）。

该方法通过每日膳食暴露于某种食品接触材料的面积（接触面积）与迁移量相乘得到食品接触材料中某种物质的暴露量。

（3）模型建立

该膳食暴露评估模型首先基于两个假设：一是所有消费食品均是有包装的；二是食品包装有效接触率为 100%。具体步骤为：①根据 FCM 接触食品的情况，结合居民饮食特点，建立食品和 FCM 一一对应的分类体系；②特定人群的膳食摄入量[kg/(人·d)]，与FCM 和单位质量食品的接触面积（dm^2/kg），进行数学概率模型模拟得到接触面积

[dm^2/(人·d)]；③将物质迁移量（mg/dm^2）与相应的接触面积相乘即可得到物质的暴露量 EDI[mg/(人·d)]。

4. 风险特征描述

风险特征描述是指"对一种因素对特定生物、系统或（亚）人群在具体确定的暴露条件下所产生的已知或潜在不良健康影响的可能性及其相关的不确定性进行定性、并尽可能定量的描述"。风险特征描述给出不同暴露情形下可能发生的人类健康风险的估计值，描述任何人类健康风险的特性、相关性和程度。风险评估流程图如图 8-2 所示。

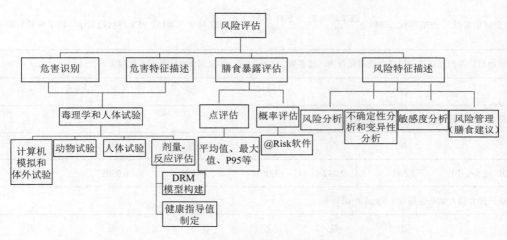

图 8-2　风险评估流程图

8.5　食品接触材料的风险评估实例

8.5.1　食品接触材料中新发危害物的风险评估——TTC 方法的应用

1. 评估对象

对基于迁移试验发现的水果罐头食品和饮料的覆膜铁和覆膜铝金属罐中迁移出的聚对苯二甲酸乙二醇酯（PET）环状二聚体、PET 环状三聚体、PET 环状四聚体、PET 环状五聚体和 PBT 环状二聚体、PBT 环状三聚体 6 种低聚物开展评估。

2. 主要方法

采用 TTC 方法开展评估，通过接触面积法获得膳食暴露量。

迁移试验针对水果罐头食品和饮料接触和包装的覆膜铁和覆膜铝金属罐进行，迁移试验条件参考 GB 31604.1—2015 的规定。根据食品类别选取酸性食品模拟物（4%乙酸），进行三组平行迁移测试。根据实际产品的杀菌温度杀菌后，在 60℃、10 d 条件下进行迁移试验，用高效液相色谱关联紫外检测。

3. 评估过程和结果分析

（1）水果罐头中 PBT 和 PET 低聚物的 TTC 评估

运用 TTC 方法对接触水果罐头食品的覆膜铁金属罐中的 PBT 低聚物和 PET 低聚物等 6 种物质进行评估，结果如表 8-1 所示。

表 8-1　水果罐头用覆膜铁金属罐中的 PBT 低聚物和 PET 低聚物评估结果

TTC 评估问题	PET 环状二聚体	PET 环状三聚体	PBT 环状二聚体	PBT 环状三聚体	PET 环状四聚体	PET 环状五聚体
1. 该物质是否为非必需金属或含金属化合物，或多氯二氧化二苯、多氯二苯并呋喃或多氯联苯？						
	否	否	否	否	否	否
2. 是否有能引起遗传毒性关注的警示性结构？						
	否	否	否	否	否	否
EDI/[μg/(人·d)]	5.395	2.242	1.057	4.906	0.05035	0.0396
3. 估计膳食摄入量是否超过 1.5 μg/(人·d)？						
	是	是	否	是	否	否
4. 物质是否是一种有机磷化合物？						
	否	否	—	否	—	—
5. 物质是否是 Cramer Ⅲ类物质？						
	是	是		是	—	—
6. 估算的摄入量是否超过 90 μg/(人·d)的 TTC 值？						
	否	否		否		
7. 结论	该物质健康风险可接受	该物质健康风险可接受	该物质健康风险可接受	该物质健康风险可接受	该物质健康风险可接受	该物质健康风险可接受

（2）饮料中 PBT 和 PET 低聚物的 TTC 评估

根据调查结果，运用 TTC 方法对接触饮料食品的覆膜铝金属罐中的 PBT 低聚物和 PET 低聚物等 6 种物质进行评估，结果如表 8-2 所示。

表 8-2　饮料用覆膜铝金属罐中的 PBT 低聚物和 PET 低聚物评估结果

TTC 评估问题	PET 环状二聚体	PET 环状三聚体	PBT 环状二聚体	PBT 环状三聚体	PET 环状四聚体	PET 环状五聚体
1. 该物质是否为非必需金属或含金属化合物，或多氯二氧化二苯、多氯二苯并呋喃或多氯联苯？						
	否	否	否	否	否	否
2. 是否有能引起遗传毒性关注的警示性结构？						
	否	否	否	否	否	否
EDI[μg/(人·d)]	18.031	1.887	6.349	16.396	0.168	1.416
3. 估计膳食摄入量是否超过 1.5 μg/(人·d)？						
	是	是	是	是	否	否
4. 物质是否是一种有机磷化合物？						
	否	否	否	否		
5. 物质是否是 Cramer Ⅲ类物质？						
	是	是	是	是		
6. 估算的摄入量是否超过 90 μg/(人·d)的 TTC 值？						
	否	否	否	否		
7. 结论	该物质健康风险可接受	该物质健康风险可接受	该物质健康风险可接受	该物质健康风险可接受	该物质健康风险可接受	该物质健康风险可接受

8.5.2　复合材料中芳香族伯胺的风险评估

1. 基本情况

芳香族伯胺（PAA）是食品接触材料及制品中广泛存在的一类有害物质，可能存在于塑料、黏合剂、纸和纸板、金属等多种材质中。多种材料和加工环节都可能引入芳香族伯胺污染，如偶氮染料生产过程中的分解产物、耐高温尼龙中添加的功能性助剂和复合软包装中使用的聚氨酯黏合剂等。尤其对于食品接触用复合材料及制品，该类材料涉及多种材质且加工工艺复杂，容易引入芳香族伯胺的污染。

（1）芳香族伯胺的产生途径

食品接触用塑料材料及制品中可迁移进入食品的 PAA 主要来源于合成聚氨酯类高分子材料的芳香族二异氰酸酯、芳香族偶氮染料等次级反应产物；其次来源于聚合物单体或其他起始物的残留，如合成 PEI 的单体 1, 3-苯二胺，合成热塑性聚氨酯弹性体的 4, 4′-亚甲基双(3-氯-2, 6-二乙基苯胺)；此外，还可能来自起始物中的 PAA 杂质，如单体 3, 3-双(4-羟基苯基)-2-苯基丙-1-酮可能含有杂质苯胺。

染料按结构分类有偶氮染料、硝基染料、硫化染料、蒽醌染料等，其中偶氮染料所占比例最大，它经还原可裂解出一种或多种致癌芳香族伯胺；食品接触材料表面常会涂覆偶氮染料作为着色剂，分解后产生的有害芳香族伯胺物质可达二十多种，如 4, 4′-二氨基二苯甲烷(4, 4′-MDA)、2, 4′-二氨基二苯甲烷(2, 4′-MDA,)、2, 2′-二氨基二苯甲胺(2, 2′-MDA,)、2, 4-二氨基甲苯和 2, 4-二甲基苯胺等；此外，市场上的黑色尼龙餐具如塑料勺、塑料铲等也是芳香族伯胺的潜在来源[24]。

复合包装用的芳香族聚氨酯黏合剂、使用了胺类固化剂的环氧型黏合剂、聚酰亚胺黏合剂等产品在固化反应过程中容易产生芳香族伯胺，迁移到环境或食品中，引发食品安全问题。除此之外，在产品杀菌等热处理过程中，聚氨酯主链上置换的一些次级键（即脲基甲酸酯和缩二脲键）可能会被破坏，形成异氰酸酯单体，遇水后会继续反应生成 PAA，生成的芳香族伯胺通过吸收、溶解、扩散等过程迁移到食品中，导致食品污染从而进入人体产生危害[25]。

（2）RASFF 通报情况

2000 年，欧盟在《食品安全白皮书》中指出需建立一个快速预警系统，之后，欧盟发布的 178/2002 号《食品基本法》中建立了欧盟食品和饲料快速预警系统（rapid alert system for food and feed，RASFF）[26]。一直以来，RASFF 关于食品接触材料中芳香族伯胺超标的通报从未间断，因此食品接触材料中芳香族伯胺的安全风险备受关注。另外，文献[27]显示尼龙厨具中的 4, 4′-MDA、苯胺和 2, 4-二氨基甲苯(2, 4′-TDA)等芳香族伯胺迁移量较高。

根据调研和通报情况，选择 4, 4′-MDA、2, 4′-MDA 和 2, 2′-MDA 三种芳香族伯胺类物质进行迁移量检测，并对其进行膳食暴露评估。

（3）国内外法规情况

欧盟指令规定对于已列入 REACH 法规（EC）No.1907/2006 附录 XVII 第 43 条的附录 8 中的 PAA，如果在法规（EU）No.10/2011 附件 1 的表 1 中未规定其迁移限值，则不得检出（对每种单独的 PPA，检出限为 0.002 mg/kg）[3]；对于未列入 REACH 法规（EC）No.1907/2006 附录 XVII 第 43 条附录 8 中的 PAA，如果在法规（EU）No.10/2011 附件 1 的表 1 中未规定其迁移限值，则这些 PAA 的总和不得超过 0.01 mg/kg[28]。

美国联邦法规对芳香族伯胺要求相对较为宽松，21CFR177.1500 是针对尼龙树脂的要求，其对苯取物和密度熔点有限制要求，但是并未对成型品中的芳香族伯胺有限制要求。美国加州法案 65-County of Alameda Case no. RG14750998[29]对尼龙烹饪器皿中 4, 4′-二氨基二苯甲烷(4, 4′-MDA)含量要求为 200 mg/kg，迁移量要求为 10 μg/L。

2014 年德国联邦风险评估研究所（BfR）建议将《欧盟物质和混合物的分类、标签和包装法规》（CLP）[30]中列为致癌物的四种芳香族伯胺的检出限降低至 0.002 mg/kg[31]，以加强对芳香族伯胺迁移的管控。

日本修订的《食品卫生法》于 2020 年 6 月 1 日正式生效，此次修订是一次重大变革，制定了合成树脂及添加剂的正面清单，采用正面清单的管理模式。其中，添加剂使用正面清单中限制了偶氮类染料的使用，从源头管控芳香族伯胺[32]。

韩国的食品餐具、容器和包装标准[33]中对塑料尼龙制品中芳香族伯胺（苯胺，4, 4'-二氨基二苯甲烷和 2, 4-二氨基甲苯之和）的限值要求为 0.01 mg/L。

目前，我国新发布的 GB 4806.7—2023《食品国家安全标准 食品接触用塑料材料及制品》、GB 4806.11—2023《食品安全国家标准 食品接触用橡胶材料及制品》、GB4806.14--2023《食品安全国家标准 食品接触材料及制品用油墨》以及 GB 4806.15—2024《食品安全国家标准 食品接触材料及制品用黏合剂》等标准中均新增了芳香族伯胺迁移总量的限制性要求，且在 GB 9685 —2016[34]中限制了可裂解为芳香族伯胺的偶氮染料的使用。

2. 材料和方法

（1）PAA 迁移量的检测

迁移试验样品采集。PAA 迁移量检测采用的样品来源于市场采购，包括高温蒸煮袋、冷冻冷藏袋和真空袋等三类复合塑料，复合材质（与食品接触的顺序由外层到内层）包括 PA/PP、PET/AL/PA/PP、PET/AL/PP、PA/PE、PET/PE、PET/AL/PE、VMPET/PE 等，每种复合材料采集样品 30 个，共计 270 个样品。

PAA 迁移试验食品模拟物和迁移试验条件的选择，如表 8-3 所示。根据食品接触材料的用途和材质，参考 GB 31604.1—2015 选择合适的食品模拟物和迁移试验条件，采用液相色谱-质谱联用仪进行检测。

表 8-3 芳香族伯胺迁移试验食品模拟物和迁移试验条件的选择

食品模拟物	4%乙酸、水、95%乙醇	4%乙酸、水、95%乙醇	4%乙酸	水	95%乙醇
迁移试验条件	121℃、15 min，60℃、10 d	5 kGy 辐照、60℃、10 d	60℃、10 d	60℃、10 d	60℃、10 d
食品接触层材质	PP	PP	PE、PP	PE、PP	PE、PP

表 8-3 中，4%乙酸代表食品接触材料及制品预期接触酸性食品时的食品模拟物，水和 95%乙醇代表接触非酸性食品时的食品模拟物。121℃、15 min 和 5 kGy 辐照条件分别代表样品实际使用情形时的高温蒸煮和辐照条件的灭菌，60℃、10 d 代表样品室温长期储存条件。由于食品接触层为 PE 材质的复合膜不能用于高温用途，因此迁移试验条件仅选择常温下长期储存，即 60℃、10 d；而食品接触层为 PP 材质的复合膜均可用于高温蒸煮和常温条件等用途，因此迁移试验条件选择 121℃、15 min 再 60℃、10 d 和 60℃、10 d 两种条件。

（2）食品接触材料 S/V 数据选择

根据 PAA 迁移试验的食品模拟物和迁移试验条件，为覆盖全食品类别的风险评估，将食品属性划分为酸性食品和非酸性食品。由于复合塑料的复合材质类型复杂多变，不仅限于试验样品中的不同材质复合顺序，且不同层的迁移物可通过直接食品接触层迁移到食品中，因此采用保守的统计方法，分别选取直接接触食品层材质为 PE 和 PP 的 S/V 数据进行评估。

（3）人群食物消费量调查

根据人群食物消费量调查结果，分别筛选出直接接触食品层材质为 PE 和 PP 的食物消费量数据，并根据食品属性再进行划分，用于进一步的风险评估。

（4）评估方法

第一种是点评估。点评估是膳食暴露评估的一种模式，是将食品消费量和化学物的浓度相乘。食品消费量根据人群食用量和频率，可以选择平均值、最大值或 P95 水平值代表普通消费人群、高消费人群等的膳食暴露情况；化学物浓度可以选择最高值、平均值或最小值等对急性中毒和慢性中毒暴露情况进行评估。

EFSA 提出对具有遗传毒性和致癌性的物质的风险描述采用暴露边界值（margin of exposure，MOE）法，MOE 是对动物或者人产生很小但可衡量作用的剂量与人或者动物的暴露量的比值。若物质导致不良作用的剂量与人群的摄入量越接近，即 MOE 越低，表明对人群健康的危害越大[35]。基于芳香族伯胺类物质具有致癌性以及潜在的遗传毒性，且毒理学没有参考阈值，因此按照 MOE 法进行风险评估，公式为

$$MOE = BMDL_{10}/EDI$$

式中，MOE 为暴露边界值；$BMDL_{10}$ 为某种物质使 10%的受试动物发生不良反应的剂量（统计数据）；EDI 为某有害物质估计每日暴露量。

点评估采用的数据分别为人群食物摄入量、单位质量食品与 FCM 的接触面积和 PAA 的迁移量数据，根据公式 EDI = 物质迁移量×接触面积 进行计算。

第二种是概率评估。利用@Risk 8.0 软件，分别对膳食摄入量数据、食品接触材料 S/V 数据和 PAA 的迁移量数据进行定义分布，并根据 EDI 评估模型，参考国际健康指导值，对三个变量进行概率拟合，对人体暴露化学污染物情况进行暴露概率风险评估。

3. 风险评估结果

（1）危害识别和危害特征描述

芳香族伯胺是一类典型的有毒有害物质，通过呼吸道、胃肠道和皮肤进入人体，被人体吸收后经过生物学活化作用可导致人体 DNA 结构与功能改变[36]，引发病变甚至诱发恶性肿瘤[37]。许多 PAA 被归类为人类致癌物，其中 2, 4-二氨基甲苯(2, 4-TDA)和 4, 4′-二氨基二苯甲烷(4, 4′-MDA)被国际癌症机构公认为可疑致癌物[38]。

（2）膳食暴露评估

点评估结果。根据人群膳食摄入量、S/V 以及物质的迁移量结果，对包装为 PP 和 PE 材质中 4, 4′-MDA 和 2, 4′-MDA 的迁移进行膳食暴露评估，其中，4, 4′-MDA、2, 4′-MDA 和 2, 2′-MDA 迁移量选择各类食品模拟物及迁移试验条件中平均值最大的组合，膳食消费量采用平均值代表普通人群摄入量，S/V 采用平均值。

基于 PAA 具有致癌性以及潜在的遗传毒性，按照国际通用的 MOE 法进行风险评估。根据计算的 4, 4′-MDA 的估计膳食暴露量，参考丹麦国家食品局确定的 4, 4′-MDA 的

$BMDL_{10}$ 为 1700 μg/(kg bw·d)，计算获得其 MOE 均大于 10 000，因此认为我国居民普通人群通过食品接触复合膜（PP 和 PE 材质）摄入的 4, 4′-MDA 的健康风险可接受。

根据计算的 2, 4′-MDA 的估计膳食暴露量，参考德国 BfR 计算的 HT25（T25：对自发肿瘤发生率进行校正后，25%的实验动物的某部位发生肿瘤的剂量。HT25：由动物试验获得的 T25 转换的人 T25）为 0.5 mg/(kg bw·d)，计算获得 PP 材质中 2, 4′-MDA 的 MOE 均小于 10 000，当 PE 接触非酸性食品时 2, 4′-MDA 的 MOE 小于 10 000，当 PE 接触酸性食品时 2, 4′-MDA 的 MOE 大于 10 000，因此认为我国居民普通人群通过 PP 材质包装的酸性和非酸性食品、PE 材质包装的非酸性食品摄入的 2, 4′-MDA 可能会引起健康风险；通过 PE 材质包装的酸性食品摄入 2, 4′-MDA 引起的健康风险较低。由于目前国际上没有 2, 2′-MDA 相关的毒理学阈值，无法进行评估，但可根据其他国家设定的限制进行比较。2, 2′-MDA 在欧盟法规中没有单独指出迁移限制，以 PAA 总迁移限量 0.01 mg/kg 以及致癌类芳香族伯胺 0.002 mg/kg 特定迁移限量为参考限量。结果显示，PP 和 PE 材质中 2, 2′-MDA 的迁移量均不超标，提示通过食品接触复合膜（PP 和 PE 材质）摄入的 2, 2′-MDA 的健康风险可以接受。

概率评估结果。根据人群膳食摄入量、S/V 以及物质的迁移量结果，利用@Risk 8.0 软件对三个变量进行概率拟合，对数据进行迭代 10 000 次模拟，根据膳食暴露概率模拟结果显示，95%置信区间内 PP 接触酸性和非酸性食品时 4, 4′-MDA 的估计膳食暴露量分别分布在 0～0.166 μg/kg、0～0.076 μg/kg；95%置信区间内 PE 接触非酸性食品时 4, 4′-MDA 的估计膳食暴露量分布在 0～0.069 μg/kg，其 MOE 均大于 10 000。参考丹麦国家食品局确定的 4, 4′-MDA 的 $BMDL_{10}$ 为 1700 μg/(kg bw·d)，计算获得其 MOE 均大于 10 000，因此认为我国居民普通人群通过食品接触复合膜（PP 和 PE 材质）摄入的 4, 4′-MDA 的健康风险可以接受。

根据膳食暴露概率模拟结果显示，95%置信区间内 PP 接触酸性和非酸性食品时 2, 4′-MDA 的估计膳食暴露量分别分布在 0～0.473 μg/kg、0～0.67 μg/kg；95%置信区间内 PE 接触酸性和非酸性食品时 2, 4′-MDA 的估计膳食暴露量分别分布在 0～0.196 μg/kg、0～1.32 μg/kg。参考德国 BfR 计算的 HT25 为 0.5 mg/(kg bw·d)，计算获得接触 PP 和 PE 材质时 2, 4′-MDA 的 MOE 均小于 10 000，当 PE 接触酸性和非酸性食品时 2, 4′-MDA 的 MOE 小于 10 000，因此认为我国居民普通人群通过食品接触 PP 材质以及 PE 接触酸性和非酸性食品时摄入的 2, 4′-MDA 存在健康风险，建议采取相应管理措施。

（3）评估模型及评估结果的不确定性分析

膳食暴露风险评估模型具有变异性和不确定性[39]。由于点评估模型是基于"最坏情况假设"的确定性估计，仅对确定的数值进行相乘并与参考值比较，因此可能会存在一定程度高估暴露风险。而概率估计是基于模型模拟通过多次样本抽样，有效量化变异性，更接近真实值，最终形成概率分布，但由于模拟次数以及参数的差异，因此从概率统计学上分析，概率模拟也存在一定的不确定性。

在评估 PAA 对人体暴露风险时，存在很多差异性，如不同人群（普通人群和敏感人群，如老年人、孕妇、儿童、婴幼儿以及病人等）对食品接触材料包装的食品消费量和消费频率不同，同时对危害物的耐受也有所差异，研究未对不同人群进行分类评估，因此存在不确定性。另外，食物消费量调查时只采用夏季的数据，忽略由于季节原因导致的消费习惯和膳食摄入种类和数量的差别，在后续工作中还需进一步对秋季、冬季及春季的数据综合进行膳食暴露评估。

4. 供应链下风险来源分析

基于复杂供应链下食品接触材料风险涉及多个环节、多因素影响的特点，根据开展的典型食品接触材料风险评估结果，对生产工艺过程（原料种类、重点加工工艺环节、质量关键控制点等）等全生产链的关键环节进行分析，找出相应的关键控制点并制定质量控制措施。

原料种类：多层复合材料的原料包括塑料、金属、纸、黏合剂、油墨等多种材质。不同或相同材质通过黏合、热熔或其他方式复合成两层或两层以上的结构。其食品接触面多为塑料材质，外层多有印刷油墨层。因此，危害物迁移物、NIAS 等可能来源于原料本身代入。

重点加工工艺环节：多层复合材料主要采用干式复合法进行加工。聚氨酯黏合剂具有优良的综合性能，其柔韧性、透明性、耐低温性、耐蒸煮性、强度等性能好，对各种材料均具有优良的黏结力，是复合薄膜生产的主要胶种。目前，世界上几乎所有干式复合法均采用聚氨酯黏合剂，聚氨酯黏合剂在软包装行业的使用占有率超过 90%。双组份聚氨酯黏合剂由主剂和固化剂组成，主剂是聚醚或聚酯多元醇经异氰酸酯改性后含羟基的聚氨酯多元醇，固化剂是异氰酸酯与三羟甲基丙烷的加成物，使用时先将两组分按一定比例混合均匀，再用溶剂稀释到一定浓度后施胶涂布，两组分发生交联反应。

质量关键控制点：复合食品接触材料中的芳香族伯胺可能有多种来源，部分来源与生产过程控制密切相关。一是当芳香族伯胺作为复合材料中环氧树脂涂料固化剂使用时，如固化剂未完全反应，其残留可能引起芳香族伯胺迁移超标；二是使用含芳香族异氰酸酯的聚氨酯类塑料、胶黏剂、涂料和油墨生产的复合材料及制品，固化不完全时残留的芳香族异氰酸酯会水解产生芳香族伯胺；三是使用了某些偶氮染料作为着色剂的复合材料及制品，在一定条件下，也会因偶氮染料的降解或还原而产生芳香族伯胺。此外，还发现，复合材料及制品生产完成后的熟化过程以及储放时间对于控制芳香族伯胺的残留与迁移也具有重要影响，高温蒸煮工况会促进芳香族伯胺的迁移，这些都是生产和使用环节的质量控制点，需要引起关注。

8.5.3 金属罐内壁涂层中双酚 A 及其环氧衍生物的风险评估

1. 基本情况

目前，食品用涂层罐的内层涂料通常采用环氧树脂或乙烯基有机溶胶（聚氯乙烯，PVC）作为主要原料。环氧树脂的合成通常以双酚类环氧衍生物作为中间体或原料，如 4, 4′-二羟基二苯基丙烷（BPA）或 2, 2-双(4-羟基苯基)丙烷-双(2, 3-环氧丙基)醚（又名双酚 A 二缩水甘油醚，BADGE）等[40]。在生产有机溶胶树脂的制品过程中，通常加入 BADGE、双酚 F 二缩水甘油醚（BFDGE）等作为添加剂。上述双酚类物质及其环氧衍生物可能作为单体残留在涂层中，也可能产生多种单氯、二氯羟基混合物，如 BADGE·HCl 和 BADGE·2HCl 等；此外，残留的环氧树脂混合物发生水解，可生成 BADGE·H$_2$O 和 BADGE·2H$_2$O 等水解产物[41]。在涂层罐接触食品时，这些物质均可能迁移到食品中引发安全问题，相关安全风险需要进行安全性评估。双酚类物质在人体内累积后能产生毒副作用，还与肥胖、糖尿病、心脏病、哮喘等疾病相关[42]。目前，很多国家已采取相应措施限制双酚类环氧衍生物的使用。

自 2002 年以来，欧盟委员会不断出台或修订相关法规来加强对食品接触材料中双酚类环氧衍生物的管理。自 2006 年 1 月 1 日起，实行了（EC）No.1895/2005《关于在预期接触食品材料和制品中使用某些环氧衍生物的限制》[43]。

根据 EFSA 对双酚 A 的评估报告（Scientific opinion on the risks to public health related to the presence of bisphenol A（BPA）in foodstuffs，2015），将双酚 A 的暂定每日耐受摄入量（t-TDI）由原来的 50 μg/kg bw 降低到 4 μg/kg bw，因双酚 A 的估计膳食暴露量在不同年龄组均未超过 t-TDI，贡献率按 20% 计，标准人体重按 60 kg 计，将特定迁移限量由原来 0.6 mg/kg 修改为 0.05 mg/kg。

我国对于环氧树脂中使用的双酚 A 及其环氧衍生物也规定了相应的限制要求，对于双酚 A、BADGE、BADGE·H$_2$O、BADGE·2H$_2$O、BADGE·HCl、BADGE·2HCl、BADGE·H$_2$O·HCl 等物质的迁移限量要求与欧盟一致。

2. 危害识别和危害特征描述

（1）BPA

双酚 A 的分子式为 C$_{15}$H$_{16}$O$_2$，其化学名称为 2, 2-二(4-羟基苯基)丙烷，又名 4, 4′-二羟基二苯基丙烷，简称双酚基丙烷。

双酚 A 的分子量为 228.3，熔点 155~156℃，密度为 1.195 g/cm^3（25℃，水的密度为 1 g/cm^3），沸点 250~252℃（1.773 kPa），外观为白色针晶或片状粉末，微溶于水、脂肪烃，溶于丙酮、乙醇、甲醇、乙醚、乙酸及稀碱液，微溶于二氯甲烷、四氯化碳、甲苯等。动物试验表明，该物质是一种中等毒性的化学物质，作为一种内分泌干扰素，具有雌激素的作用，可以直接跟雄激素受体结合，也可作为抗雄激素阻断内源性雄激素。相关研究显示，双酚 A 对其他的器官以及系统也会产生作用，包括中枢神经系统、胰腺内分泌以及免疫系统等。

双酚 A 进入人体的途径有多种，包括皮肤直接接触和经口吸入，也可通过食源性摄入，如直接摄入含有双酚 A 的食品、食品接触材料中双酚 A 迁移到食品中等间接摄入。双酚 A 主要通过尿液和粪便排出体外，只有游离于血液中的双酚 A 才具有生物活性结构，这部分未被转化的对人体健康会产生影响。

（2）BADGE 及其衍生物

体外实验表明 BADGE 及其衍生物具有细胞毒性和遗传毒性。BADGE 能对人体产生致敏反应。有报道称 BADGE 是一种环境激素，又称外源性内分泌干扰物，即使摄入量极低也会给人类健康造成危害，并且会危及生态环境[44-47]。Olea 等的体外研究表明[48]，BADGE 的雌二醇受体结合能力很低。Hanaoka 等通过调查研究处理环氧树脂的工人发现，

BADGE 在体内能够生成双酚 A，食品加工、储运过程中 BADGE 会形成水合物、氯代物等衍生物。

EFSA 经研究认为，BADGE 及其水合衍生物对人体致癌性及基因遗传毒性的影响不大，每人每天耐摄入量（TDI）为 0.15 mg/kg。BADGE 的氯化衍生物基因遗传毒性数据尚不明确，其特定迁移量（T）设置为 1 mg/kg 或 1 mg/6 dm^2。

3. 膳食暴露评估

（1）评估方法

考虑到酸性条件下，双酚类物质及其环氧衍生物的迁移量较高，因此选取接触酸性食品的涂层金属罐作为典型性样品进行迁移试验，所接触食品类别主要包括水果罐头及饮料等。根据所接触食品类别，选取酸性食品模拟物（4%乙酸），进行三组平行迁移测试。根据实际产品的杀菌温度杀菌后，在 60℃、10 d 条件下进行迁移试验。用高效液相色谱关联紫外检测双酚 A、BADGE 及其水合衍生物和氯合衍生物的迁移量。人群膳食摄入量、S/V 参数调查方法见 8.2 节。

（2）评估结果

采用食品接触面积法对包装为金属材质中的双酚 A、BADGE、BADGE·H_2O、BADGE·$2H_2O$ 总量和 BADGE·HCl、BADGE·2HCl、BADGE·H_2O·HCl 迁移总量进行膳食暴露量评估。考虑到迁移试验对象为酸性食品金属罐包装，已经代表较为严苛的暴露情况，且暴露人群为普通人群，因此评估采用迁移量平均值代表食品中的污染水平，膳食消费量采用平均值代表普通人群摄入量，S/V 采用平均值；假设成年人平均体重为60 kg。

由结果可知，罐头食品中双酚 A、BADGE 及其水合衍生物和 BADGE 及其氯合衍生物的迁移量平均值分别为 0.047 67 mg/kg、0.125 81 mg/kg、0.086 39 mg/kg，参考双酚 A 的特定迁移量为 0.05 mg/kg，BADGE、BADGE·H_2O、BADGE·$2H_2O$ 在食品或食品模拟物中的迁移总量不得超过 9 mg/kg 或 9 mg/6 dm^2；BADGE·HCl、BADGE·2HCl、BADGE·H_2O·HCl 的迁移总量不得超过 1 mg/kg 或 1 mg/6 dm^2，上述物质的平均迁移水平均不超标。

参考 EFSA 对双酚 A 的最新评估报告中双酚 A 的暂定每日耐受摄入量（t-TDI）0.004 mg/kg bw，罐头食品中双酚 A 的 EDI 为 0.000 113 mg/(人·d)，占 TDI 的 2.8%。BADGE 及其水合衍生物（TDI）为 0.15 mg/kg bw，罐头食品中该类物质的 EDI 为 0.000 299 mg/(人·d)，占 TDI 的 0.2%。上述两类物质的暴露水平相比于 TDI 均远低于 20% 的贡献率水平，提示其健康风险可接受。BADGE 及其氯合衍生物缺乏体内遗传毒性数据，因此并无明确的毒理学阈值。

饮料食品中双酚 A、BADGE 及其水合衍生物和 BADGE 及其氯合衍生物的迁移量分别为 0.001 26 mg/kg、0.024 17 mg/kg、0.024 53 mg/kg，参考上述物质的迁移限量要求，其平均迁移水平均不超标。参考双酚 A 和 BADGE 及其水合衍生物的 TDI 值，其 EDI 分别为 0.000 008 9 mg/(人·d) 和 0.000 172 0 mg/(人·d)，分别占其 TDI 的 0.2% 和 0.1%。上述两类物质的暴露水平相比于 TDI 均远低于 20% 的贡献率水平，提示其健康风险可接受。

BADGE 及其氯合衍生物缺乏体内遗传毒性数据，因此并无明确的毒理学阈值。

综上所述，来源于金属罐涂层中的双酚 A 及其环氧衍生物对普通人群的暴露水平极低，其安全风险较小，而对于婴幼儿、孕妇等特殊人群的暴露风险仍需进一步研究和系统评估。

4. 供应链下风险来源分析

基于复杂供应链下食品接触材料风险涉及多个环节、多因素影响的特点，根据开展的典型食品接触材料风险评估结果，对金属罐（铝板和制罐）的生产工艺过程（原料种类、重点加工工艺环节、质量关键控制点等）等全生产链的关键环节进行分析，找出相应的关键控制点并制定质量控制措施。

喷涂过程指的是在罐内表面涂上一层涂料，使得灌装的饮料和罐内表面完全隔离。目前易拉罐使用比较普遍的内壁涂层主要有环氧酚醛树脂、环氧胺基树脂、水基改性环氧树脂、有机溶胶等。用于罐装啤酒、碳酸饮料、茶饮料、咖啡及运动饮料的铝质易拉罐，与内容物直接接触的内壁涂层主要为水基改性环氧树脂。铝质易拉罐中的内壁涂层大大降低了铝基材发生腐蚀及有害物质向内容物迁移的风险，从而保障铝质易拉罐内容物的食品安全。但涂层中双酚类物质及其环氧衍生物可能作为单体残留在涂层中，也可能产生多种单氯、二氯羟基混合物，可能迁移到食品中引发安全问题，因此，喷涂的涂料及过程是控制铝罐安全的关键控制环节。为控制双酚 A、BADGE、BADGE·H_2O、BADGE·$2H_2O$ 和 BADGE·HCl、BADGE·2HCl、BADGE·H_2O·HCl 等双酚类物质及其环氧衍生物的迁移，应对涂料原料的种类、喷涂过程等进行重点关注，并采取相应措施控制其可能引发的风险。

8.5.4　其他新发危害物

1. 橡胶中的芳香族伯胺、N-亚硝胺和 N-亚硝胺可生成物

（1）芳香族伯胺

橡胶常用于食品的加工和运输，除卫生要求外，还应具备抗机械应力和抗老化性能。食品接触用橡胶材料中广泛使用防老剂以保护橡胶分子中的游离双键，防止橡胶老化、延长使用寿命。研究发现，部分胺类防老剂在硫化反应中会部分分解并进一步反应形成芳香族伯胺。此外，橡胶中使用的偶氮类着色剂在一定条件下也可分解产生芳香族伯胺。

欧洲委员会 ResAP（2004）4 决议[49]中，规定Ⅰ类与Ⅱ类橡胶的芳香族伯胺迁移量为不得检出（1 号技术文件中规定的特定迁移量除外）。法国 2020 年 8 月 5 日法令中，规定芳香族伯胺的迁移总量为不得检出（检出限≤0.01 mg/kg），其中芳香族仲胺和伯胺的迁移量不得超过 1 mg/kg。德国 BfR XXI 章节[31]中，规定橡胶制品中橡胶乳头罩杯和挤奶管的芳香族伯胺迁移总量不得超过 50 μg/L。

对食品接触用橡胶制品进行迁移试验研究后发现，苯胺、4,4′-二氨基二苯甲烷、邻甲苯胺、4,4′-二氨基二苯硫醚等 4 种芳香族伯胺有不同程度的检出，45 批代表性样品中有 64.3%的样品芳香族伯胺迁移量超过 0.01 mg/kg，提示橡胶材料及制品中的芳香族伯胺存在一定的安全风险。

（2）N-亚硝胺和 N-亚硝胺可生成物

橡胶制品在硫化过程中可能会产生各种类型的亚硝胺，食品接触用橡胶材料中残留的 N-亚硝胺和 N-亚硝胺可生成物可能迁移到食品中从而产生安全问题。有研究表明，多种 N-亚硝胺类化合物均具有致癌作用，致癌对象为包括灵长类动物在内的许多水生或陆生动物，致癌部位涉及肝、食管、肺、胃、肾等主要脏器，而且能通过胎盘对动物后代诱发肿瘤或导致畸形；N-二甲基亚硝胺、N-亚硝基-N-甲基乙胺、N-亚硝基二乙胺、N-亚硝基哌啶、N-亚硝基吗啉、N-亚硝基-N-甲基苯胺等 N-亚硝胺具有较大的急性经口毒性，二丙胺、二丁胺、二异丁胺等 N-亚硝胺可生成物具有较大的急性经口毒性。

欧盟 93/11/EEC《关于弹性体或橡胶奶嘴和安抚奶嘴中释放的 N-亚硝胺和 N-亚硝胺可生成物》[50]规定了弹性体或橡胶奶嘴和安抚奶嘴中 N-亚硝胺和 N-亚硝胺可生成物的迁移量分别不得超过 0.01 mg/kg 和 0.1 mg/kg，欧洲委员会 ResAP（2004）4 决议[49]规定Ⅰ类与Ⅱ类橡胶中 N-亚硝胺和 N-亚硝胺可生成物的迁移量均为不得检出，检出限分别为 0.01 mg/kg 和 0.1 mg/kg。德国 BfR XXI 章节[31]规定第 1、2、3 类产品中 N-亚硝胺的迁移量不得超过 1.0 $\mu g/dm^2$。法国 2020 年 8 月 5 日法令规定橡胶中 N-亚硝胺和 N-亚硝胺可生成物的迁移量分别不得超过 1 $\mu g/dm^2$ 和 10 $\mu g/dm^2$（对于弹性体或橡胶制的婴幼儿奶嘴，N-亚硝胺迁移量和 N-亚硝胺可生成物迁移量均为不得检出，检出限分别为 0.01 mg/kg 和 0.1 mg/kg）。我国《食品安全国家标准 奶嘴》（GB 4806.2—2015）[51]中也对 N-亚硝胺迁移量和 N-亚硝胺可生成物的释放量进行了规定，分别为 0.01 mg/kg 和 0.1 mg/kg。

对食品接触用橡胶制品进行迁移试验研究后发现，有 10 种 N-亚硝胺及 9 种 N-亚硝胺可生成物被检出，17.5%的样品中 N-亚硝胺迁移量超过 0.01 mg/kg，4.9%的样品中 N-亚硝胺可生成物迁移量超过 0.1 mg/kg。

2. 着色剂中的 PAHs

PAHs 是一大类化学相关的物质，在欧盟法规（EC）No.1272/2008[30]附件Ⅵ中，苯并[a]芘（CAS 号：50-32-8）、苯并[e]芘（CAS 号：192-97-2）、苯并[a]蒽（CAS 号：56-55-3）、屈（CAS 号：218-01-9）、苯并[b]荧蒽（CAS 号：205-99-2）、苯并[j]荧蒽（CAS 号：205-82-3）、苯并[k]荧蒽（CAS 号：207-08-9）、二苯并[a, h]蒽（CAS 号：53-70-3）8 种 PAHs 被归类为 1 B 类致癌物。PAHs 的主要来源为添加剂炭黑（CAS 号：1333-86-4）。在炭黑生产过程中，烃类物质在高温下裂解，产生微量的 PAHs（包括气态 PAHs 和吸附结合在炭黑粒子上的 PAHs），作为杂质残留在炭黑中。2018 年 JRC 研究报告 *Migration of Polycyclic Aromatic Hydrocarbons from plastic and rubber articles* 也提出炭黑中的 PAHs 会被炭黑紧密吸附，可融入橡胶、尼龙等多种材料的配方并存在于终产品中。

欧盟 REACH 法规附件 17[52]第 50 条对 8 种强致癌性 PAHs 规定限量：其中玩具及儿童护理产品中可接触到的橡胶部件中任何 PAHs 的残留量不得超过 0.2 mg/kg；德国 AfPS GS 2019：01 PAK 对不同材料中 15 种 PAHs 进行了限量，其中预期放入口中或可长期接触皮肤的橡胶玩具中的 15 种 PAHs 残留总限量为 1 mg/kg，且不同毒性的 PAHs 有单独或相应的分组限量。我国 GB 9685—2016 批准炭黑用于多种食品接触材料及制品,并规定限制性要求为"按生产需要适量使用,甲苯萃取物小于 1%,苯并[a]芘含量小于 0.25 mg/kg;应符合着色剂纯度要求"。

3. 植物纤维基材料及制品中的 5-羟甲基糠醛与糠醛

在循环经济和可持续发展的大背景下,世界各国都在寻求更为环保和经济的新型材料替代传统的石化基塑料。植物纤维作为生物基材料的一种,属于可再生资源,具有成本低、易加工、密度低、可降解等特点,适宜与淀粉、甲壳素及其他可降解材料共混生产可降解食品接触材料。目前以竹木、秸秆、稻壳、甘蔗渣、咖啡渣等含植物纤维的天然材料和合成树脂为主要原料制得的塑料/植物纤维复合材料广泛用于食品接触材料的生产,包括很多婴幼儿餐饮具。

然而,植物纤维可能引入多种潜在安全风险,包括植物毒素、致敏蛋白、微生物生长、重金属及农药残留等。此类安全风险不同于传统塑料材料,应在风险评估及风险管控中重点考虑。

研究发现,富含纤维素与半纤维素等多糖的植物纤维材料,在储存、加工、使用过程,多糖受外界因素影响等会降解生成己糖、戊糖等单糖,而后单糖在受热、氧化或酸性环境下发生水解、裂解、脱水等反应生成 5-羟甲基糠醛(5-HMF)与糠醛(FF)。5-HMF 与 FF 具有一定的毒性,虽然 5-HMF 的急性毒性较低(半致死剂量检出限为大鼠口服 3100 mg/kg,小鼠口服 1910 mg/kg),但 5-HMF 可作为间接诱变剂,转化为基因毒性化合物磺酸氧甲基糠醛(sulfoxymethylfurfural,SMF)。此外高浓度的 5-HMF 会刺激黏膜、皮肤、眼睛和上呼吸道,具有细胞毒性作用。

此外,由于植物纤维的亲水特性和合成树脂的疏水特性,两相共混时需要借助各种小分子化合物改善相容性,该类小分子物质也易通过迁移或扩散进入食品中。而随着添加剂物质不断迁移,植物纤维与合成树脂之间的相容性是否会再次降低而出现两相分离的情况仍未可知。此外,由于植物纤维吸水会发生膨胀,而脱水后会再次恢复原状,在长期、多次接触食品时,这种现象也可能对两相之间的相容性造成一定的影响,继而对材料整体的迁移造成影响。

(1)危害识别

由前述可知,食品接触材料及制品中的 5-HMF 和 FF 主要来源于天然植物纤维。选取竹签作为典型样品,根据其预期使用条件(高温蒸煮或油炸)开展迁移试验。试验发现所选 20 个样品均有不同程度的检出情况,其中 5-HMF 的迁移水平高于 FF,且均在接触酸性食品(4%乙酸作为食品模拟物)时具有较高的迁移量。5-HMF 和 FF 的迁移量最高值分别为 20.43 mg/kg 和 1.8 mg/kg,平均值分别为 6.37 mg/kg 和 0.85 mg/kg。

(2)危害特征描述

FF 可迅速从胃肠道吸收,也可通过肺部和皮肤有效、迅速地吸收糠醛,FF 可在体内代谢为 2-呋喃酸的甘氨酸偶联物和 2-呋喃丙烯酸,并主要通过尿液排出,游离性的 FF 可通过脱羧作用形成二氧化碳后经肺部呼出。5-HMF 的吸收、分布、排泄与 FF 类似,5-HMF 可在体内代谢为 5-羟甲基-2-糠酸(HMFA)及其甘氨酸缀合物[N-(5-羟甲基-2-糠酰基)甘氨酸，HMFG]经尿液排泄。除上述途径外，5-HMF 已被证明在体外生物活化为磺酸氧甲基糠醛，通过磺基转移酶催化其烯丙基羟基官能团的磺化。在生成的酯中，硫酸盐是一个很好的离去基团，因此产生了一个高度亲电的烯丙基碳正离子，它可以通过电荷分布在呋喃环上稳定下来。该反应中间体随后与细胞的关键亲核试剂（即 DNA、RNA 和蛋白质）的相互作用可能导致毒性和诱变效应。但硫酸盐结合物在体内还没有被观察到。

5-HMF 的硫酸盐偶联物具有基因毒性潜力，一定剂量可诱导大鼠结肠异常隐灶，诱发小鼠皮肤乳头状瘤。AFC 小组评估糠醛不会在体内诱导基因突变。由于目前没有可靠的体内遗传毒性的数据，根据目前可用的数据无法确定 5-HMF 每日耐受摄入量。但欧盟食品安全委员会食品添加剂、香料、加工助剂及食品接触材料科学小组以修正理论加权最大日摄入量法为基础进行研究，认为每人每天摄入的 5-HMF 的上限为 1.6 mg。

FF 急性毒性为大鼠的口服半数致死量为 65 mg/kg bw，国际癌症研究机构将其归为 3 类致癌物。EFSA 于 2010 年确定了 FF 的每日允许摄入量（allowable daily intake，ADI）为 0.5 mg/kg bw。

（3）膳食暴露评估

考虑到蜂蜜、果汁等食物中均天然含有 5-HMF，且 FF 可作为食品香料使用，因此在风险评估中设定来源于食品接触材料的贡献率为 10%，即来源于食品接触材料的 5-HMF 的膳食暴露量每人每天不超过 0.16 mg，FF 的膳食暴露量每人每天不超过 3 mg。假设 60 kg 体重的人每天摄入 1 kg 竹签接触的食品，则 5-HMF 和 FF 的平均膳食暴露量分别为每人每天 6.37 mg 和 0.85 mg，最保守情况下的膳食暴露量分别为每人每天 20.43 mg 和 1.8 mg。

（4）风险特征描述

由简单暴露评估结果可知，5-HMF 具有较高的风险；而 FF 在最保守情况下仍未超过毒理学阈值，安全风险极低。然而，考虑到简单暴露评估是基于最保守的假设条件，会高估暴露风险，因此需要根据人群实际膳食摄入量进行更为详细的风险评估。但是该结果仍提示对于高温使用下的竹木制品及含植物纤维的制品，需要考虑 5-HMF 的暴露风险。

8.6　食品接触材料安全信息查询系统

为提升食品接触材料风险评估与标准管理工作效率，解决目前食品接触材料新品种评审和风险评估工作中基础数据获得难、处理难、标准限量指标与历史信息查询难以及膳食暴露评估结果统计、对比分析难等问题，通过集成膳食暴露评估基础参数数据库、风险评估模型以及食品安全国家标准，打通风险评估和合规判定的融合渠道，构建了"食品接触材料安全信息查询系统"，实现对人群膳食暴露评估、风险评估和产品合规情况的智能化、便捷化查询与判定。食品接触材料安全信息查询系统共包括四个模块，分别为食品接触材料基础信息数据库、食品接触材料批准物质数据库、食品接触材料危害物信息谱库、食品接触材料危害物毒性危害初筛分级数据库。

1. 食品接触材料基础信息数据库

构建基于市场调研的、融合食品分类与食品接触材料产品分类的食品接触材料基础信息数据库，并通过构建基础信息标签信息库，结合实验室对食品接触材料材质、规格以及危害物迁移试验数据等信息，搭建可通过食品分类、食品接触材料材质以及产品类别等主题开展食品接触材料相关信息的快速查询、结果汇总计算及比对的功能模块。在功能上实现可查询食品大类、小类对应的食品接触材料的类型和 S/V 等数据，将调查所得 161 925 条食品接触材料基础数据与此系统实现对接。

构建基于食品分类，考虑食品接触材料材质分类、食品接触材料产品分类的食品接触材料基础信息数据库，包含食品名称、食品编码、食品类别、保质期、食品属性分类、规格、包装材质、接触食品特性、接触面积体积比、实物照片等基础信息。同时预留信息接口，兼顾食物消费量调查与风险评估的需求。

2. 食品接触材料批准物质数据库

数据库包含 GB 9685—2016 等食品安全国家标准与国家卫健委公告中批准的物质相关信息，包括物质名单、使用范围、限量指标、使用限制条件等。拆解现行 GB 9685—2016 等食品接触材料相关食品安全国家标准和国家卫健委公告中的物质及其指标。构建物质名单与限量指标相关联的食品接触材料批准物质数据库，并进一步对接食品接触材料基础信息数据库，可实现基于食品接触材料产品类别、食品接触材料材质类别和食品类别的标准内容、物质名单及限量指标的快速查询与合规性判定。

3. 食品接触材料危害物信息谱库

构建基于材质类别检测以及危害物（含 IAS、NIAS）识别、迁移试验数据的食品接触材料危害物信息谱库，包含食品接触材料危害物名称、种类、CAS 号、mol 文件、危害物基本化学属性、迁移试验条件、前处理方法、仪器参数设置（包含色谱条件、质谱条件等）以及质谱特征碎片等，能够为食品接触材料危害物迁移试验条件、前处理方法、仪器参数设置以及谱图解析提供方法学建议，能够实现试验结果（主要基于质谱特征碎片）的在线比对及相似度计算，为食品接触材料中已知或未知成分的识别与筛查、迁移量检测及安全性评估提供基础数据支持，数据源查询实现与国外信息及公开网站对接。

4. 食品接触材料危害物毒性危害初筛分级数据库

引入定量结构-活性关系理念，借助国际成熟的危害物健康危害初筛技术，构建对接成熟软件的 API 自动危害初筛模块，实现健康危害物 Cramer 自动风险分级，为食品接触材料及其产品的单一危害物与综合性风险评估提供信息支持。

按照满足危害物健康危害风险评估要求，基于危害物类别、mol 文件信息等，构建食品接触材料危害物的毒性危害初筛分级数据库，包括基本毒性分级信息、物质 mol 文件信息等，预留满足进一步风险评估需求的毒性数据补充功能。该数据库能够实现食品接触材料危害物的系统毒性分级, 实现数据的格式化显示, 并能够自动添加、补充至毒性危害分级数据库中。

参 考 文 献

[1] U.S. Food and Drug Administration. Guidance for industry: Preparation of premarket submissions for food contact substances (chemistry recommendations) [EB/OL]. (2007-12-01) [2023-04-20].https://www.fda.gov/regulatory-information/search-fda-guidance-documents/guidance-industry-preparation-premarket-submissions-food-contact-substances-chemistry.

[2] International Life Sciences Institute. Food consumption and packaging usage factors[EB/OL]. (1996-07-15) [2023-04-21]. https://ilsi.eu/wp-content/uploads/sites/3/2016/06/R1997Food_Con.pdf.

[3] The European Commission. Commission Regulation (EU) No.10/2011/EC of 14 January 2011 on plastic materials and articles intended to come into contact with food[EB/OL]. (2011-12-15) [2023-04-21]. https://eur-lex.europa.eu/eli/reg/2011/10/oj.

[4] Ralf Eisert, EU Exposure Matrix Project-Results. PIRA Global Food Contact[R]. Frankfurt: PIRA International, 2011: 1-20.

[5] 聚烯烃卫生协会. 日本食品包装材料各种用途使用实况调查报告书[R]. 东京: 聚烯烃卫生协会, 2006: 1-8.

[6] 朱蕾, 樊永祥, 徐海滨, 等. 欧美和日本等国食品包装材料膳食暴露评估方法的比较分析[J]. 中国食品卫生杂志, 2012, 24 (5): 479-484.

[7] 朱蕾. 我国食品接触材料标准新体系构建[J]. 中国食品卫生杂志, 2017, 29 (4): 385-392.

[8] 隋海霞, 刘兆平. 我国食品接触材料安全性评估体系构建[J]. 中国食品卫生杂志, 2018, 30 (6): 551-557.

[9] 李倩云, 张泓, 蔡月洁, 等. 我国水果制品食品接触材料膳食暴露评估基础参数数据库构建研究[J]. 中国食品卫生杂志, 2022, 34 (1): 11-16.

[10] 隋海霞, 王彝白纳, 李建文, 等. 我国饮料酒食品接触材料暴露评估参数构建研究[J]. 中国食品卫生杂志, 2019, 31 (1): 71-74.

[11] 隋海霞, 刘兆平, 商贵芹, 等. 我国市售饮料与包装接触面积/体积比调查[J].中国食品卫生杂志, 2019, 31 (6): 555-558.

[12] 姜楠, 朱蕾, 张泓, 等. 我国坚果籽类食品接触材料膳食暴露评估基础参数市场调查[J]. 中国食品卫生杂志, 2020, 32 (5): 535-538.

[13] 寇海娟, 商贵芹, 邵晨杰. 我国和欧盟食品接触材料迁移试验方法的分析比较[J]. 包装工程, 2012 (3): 35-38.

[14] 中华人民共和国国家卫生和计划生育委员会. 食品安全国家标准 食品添加剂使用标准: GB 2760—2015[S]. 北京: 中国标准出版社, 2015.

[15] 中华人民共和国国家卫生委员会. 食品安全国家标准 食品接触材料及制品迁移试验通则: GB 31604.1—2015[S]. 北京: 中国标准出版社, 2015.

[16] 全国饮料标准化技术委员会. 饮料通则: GB/T 10789—2015[S]. 北京: 中国标准出版社, 2016.

[17] 全国酿酒标准化技术委员会. 饮料酒术语和分类: GB/T 17204—2021[S]. 北京: 中国标准出版社, 2021.

[18] Cramer G M, Ford R A, Hall R L, et al. Estimation of toxic hazard-a decision tree approach[J]. Food and Cosmetics Toxicology, 1978, 16 (3): 255-276.

[19] European Food Safety Authority, World Health Organization. Review of the threshold of toxicological concern (TTC) approach and development of new TTC decision tree[J]. EFSA Supporting Publications, 2016, 13 (3): 1006E.

[20] Nerín C, Alfaro P, Aznar M, et al. The challenge of identifying non-intentionally added substances from food packaging materials: A review[J]. Analytica Chimica Acta, 2013, 775 (7): 14-24.

[21] EFSA Scientific Committee. Scientific opinion on exploring options for providing advice about possible human health risks based on the concept of threshold of toxicological concern (TTC) [J]. EFSA Journal, 2012, 10 (7): 2750.

[22] 钟怀宁, 陈俊骐, 冯婕莉, 等. 食品接触材料中非有意添加物的安全评估[J]. 中国食品卫生杂志, 2017, 29 (2): 238-243.

[23] 刘兆平, 李凤琴, 贾旭东, 等. 食品中化学物风险评估原则和方法[M]. 北京: 人民卫生出版社, 2012.

[24] 孙利, 陈志峰, 储晓刚. 浅析食品接触材料中的芳香族伯胺问题[J]. 食品与机械, 2006, 22 (6): 121-126.

[25] 许德珍, 贺一训. 偶氮染料分解产物微量芳香胺类分析方法现状[J]. 现代商检科技, 1996, 6 (3): 50-54.

[26] Angelopoulou D J, Naska E J, Paplomatas E J. European policy on food safety, comments and suggestions on the white paper on food safety[J]. Trends in Food Science & Technology, 2000, 11 (12): 458-466.

[27] Simoneau C, Hoekstra E, Bradley E, et al. Technical guidelines on testing the migration of primary aromatic amines from polyamide kitchenware and of formaldehyde from melamine kitchenware[R]. Ispra: Publications Office of the European Union, 2012.

[28] Commission Regulation (EU) 2020/1245 of 2 September 2020 amending and correcting Regulation (EU) No.10/2011 on plastic materials and articles intended to come into contact with food[Z/OL]. (2020-09-03) [2023-06-30]. https://eur-lex.europa.eu/ legal-content/EN/TXT/?uri = CELEX%3A32020R1245&qid = 1701086193587.

[29] Superior court of the state of California (County of Alameda) unlimited civil jurisdiction: RG14750998[Z]. (2016-02-10) [2023-06-30].

[30] European Commission (EC) No.1272/2008 of the European Parliament and of the Council on classification, labelling and packaging of substances and mixtures by adding an Annex on harmonised information relating to emergency health response[Z/OL]. (2008-12-16)[2023-06-30]. https://eur-lex.europa.eu/legal-content/EN/TXT/?uri=CELEX%3A32008R1272 &qid = 1701086442250.

[31] BfR Recommendation XXI. Commodities based on natural and synthetic rubber[Z]. (2023-01-02)[2023-06-30]. https://www. bfr.bund.de/cm/343/XXI-Bedarfsgegenstaende-auf-Basis-von-Natur--und-Synthesekautschuk.pdf.

[32] 王璟. 食品接触材料中初级芳香胺要求比较研究[J]. 广东化工, 2021, 48 (16): 69-71.

[33] Food Additive Standards Division, Korea Food and Drug Administration. Korea standards and specifications for utensils, containers and packaging, ministry of food and drug safety[S]. 2020.

[34] 中华人民共和国国家卫生和计划生育委员会. 食品安全国家标准 食品接触材料及制品用添加剂使用标准: GB 9685—2016[S]. 北京: 中国标准出版社, 2017.

[35] European Food Safety Authority. Opinion of the scientifific committee on a request from EFSA related to a harmonized approach for risk assessment of substances which are both genotoxic and carcinogenic[J]. EFSA Journal, 2005, 3 (5): 282.

[36] Skipper P, Kim M, Sun H, et al. Monocyclic aromatic amines as potential human carcinogens: Old is new again[J]. Carcinogenesis, 2010, 31 (1): 50-58.

[37] 胡晓云, 王磊, 甘蓓, 等. 食品接触材料及制品中芳香族伯胺毒性与检测方法研究进展[J]. 包装与食品机械, 2018, 36 (3): 54-58.

[38] 钟金汤. 偶氮染料及其代谢产物的化学结构与毒性关系的回顾与前瞻[J]. 环境与职业医学, 2004, 21 (1): 58-62.

[39] 刘元宝, 王灿楠, 吴永宁, 等. 膳食暴露定量评估模型及其变异性和不确定性研究[J]. 中国卫生统计, 2008, 25 (1): 7-9.

[40] Lintschinger J, Rauter W. Simultaneous determination of bisphenol A-diglycidyl ether, bisphenol F-diglycidyl ether and their hydrolysis and chorohydroxy derivatives in canned foods[J]. European Food Research & Technology, 2000, 211: 211-217.

[41] Rahman M A, Shiddiky M J, Park J S, et al. An impedimetric immunosensor for the label-freedetection of bisphenol A[J]. Biosensors and Bioelectronics, 2007, 22: 2464-2470.

[42] 薛鸣. 食品及其接触包装材料中双酚类环氧衍生物的分析方法比较研究[D]. 杭州: 浙江工商大学, 2010.

[43] European Commission. On the restriction of use of certain epoxy derivatives in materials and articles intended to come into contact with food[Z/OL]. (2005-11-18) [2023-06-30]. https://eur-lex.europa.eu/legal-content/EN/TXT/HTML/?uri = CELEX: 32005R1895&from = EN#d1e40-28-1.

[44] Kanerva L, Estlander T, Keskinen H, et al. Occupational allergic airbone contact dermatitis and delayed bronchial asthma from epoxy resin revealed by bronchial provocation test[J]. European Journal of Dermatology, 2000, 10 (6): 475-477.

[45] Aimaiti A, Wufuer M, Wang Y H, et al. Can bisphenol A diglycidyl ether (BADGE) administration prevent steroid-induced femoral head osteonecrosis in the early stage[J]. Medical Hypotheses, 2011, 77 (2): 282-285.

[46] Gallart H, Moyano E, Galceran M T. Fast liquid chromatography-tandem mass spectrometry for the analysis of bisphenol A-diglycidyl ether, bisphenol F-diglycidyl ether and their derivatives in canned food and beverages[J]. Journal of Chromatography A, 2011, 18 (12): 1603-1610.

[47]　Gallart H，Moyano E，Galceran M T. Multiple-stage mass spectrometry analysis of bisphenol A diglycidyl ether，bisphenol F diglycidyl ether and their derivatives[J]. Rapid Communications in Mass Spectrometry，2010，24（23）：3469-3477.

[48]　Olea N，Pulgar R，Perez P，et al. Estrogenicity of resin-based composites and sealants used in dentistry[J]. Environmental Health Perspectives，1996，104：298-305.

[49]　Council of Europe. Rubber products intended to come into contact with foodstuffs: ResAP（2004）4[Z/OL].（2004-10-06）[2023-06-30]. http://foodcontactscience.com/uploads/20230518/4583f67ee6f67e1100ddbfab260875cb.pdf.

[50]　Commission Directive 93/11/EEC. Concerning the release of the *N*-nitrosamines and *N*-nitrosatable substances from elastomer or rubber teats and soothers[Z/OL].（1993-03-15）[2023-06-30]. https://eur-lex.europa.eu/legal-content/EN/TXT/HTML/?uri = CELEX：31993L0011&from = EN.

[51]　中华人民共和国国家卫生和计划生育委员会. 食品安全国家标准 奶嘴: GB 4806.2—2015[S]. 北京：中国标准出版社，2016.

[52]　Commission Regulation（EU）2021/2030. Amending Annex XVII to Regulation（EC）No.1907/2006 of the European Parliament and of the Council as regards lead and its compounds in PVC[Z/OL].（2023-05-03）[2023-06-30]. https://eur-lex.europa.eu/legal-content/EN/TXT/ HTML/?uri = CELEX:32023R0923.

彩　图

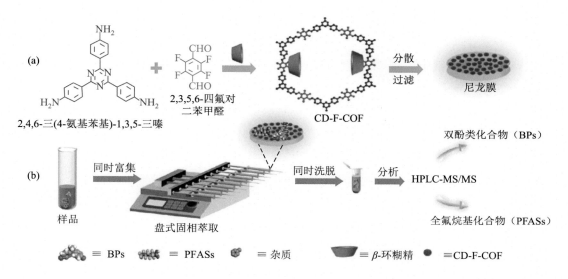

(a) 2,4,6-三(4-氨基苯基)-1,3,5-三嗪 ＋ 2,3,5,6-四氟对二苯甲醛 → CD-F-COF 分散过滤 → 尼龙膜

(b) 样品 —同时富集→ 盘式固相萃取 —同时洗脱→ 分析 HPLC-MS/MS → 双酚类化合物（BPs）／全氟烷基化合物（PFASs）

BPs　≡ PFASs　≡ 杂质　≡ β-环糊精　≡ CD-F-COF

图 2-6　β-环糊精修饰氟化共价有机骨架富集膜和多通道萃取

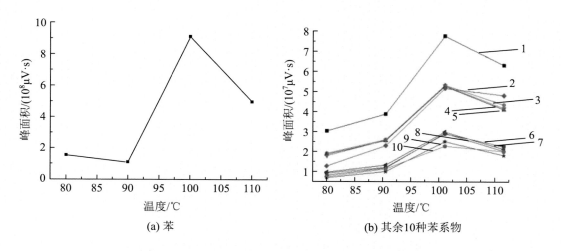

(a) 苯　　　(b) 其余10种苯系物

图 3-28　顶空平衡温度对 11 种苯系化合物峰面积影响

1. 甲苯；2. 乙苯；3. 对二甲苯；4. 邻二甲苯；5. 间二甲苯；6. 苯乙烯；7. 氯苯；8. 1,3,5-三甲基苯；9. 1,2,4 三甲基苯；10.α-甲基苯乙烯

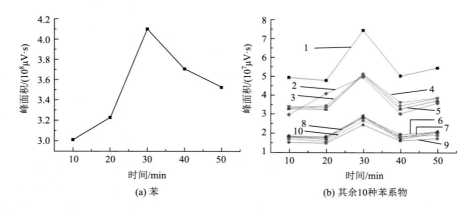

图 3-29 顶空平衡时间对 11 种苯系物峰面积影响

1. 甲苯；2. 乙苯；3. 对二甲苯；4. 邻二甲苯；5. 间二甲苯；6. 苯乙烯；7. 氯苯；8. 1,3,5-三甲基苯；9. 1,2,4 三甲基苯；
10. α-甲基苯乙烯

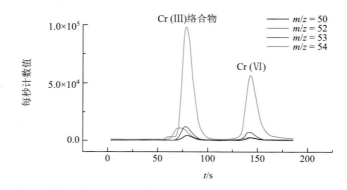

图 4-22 Cr(III)和 Cr(VI)混合标准溶液的色谱图

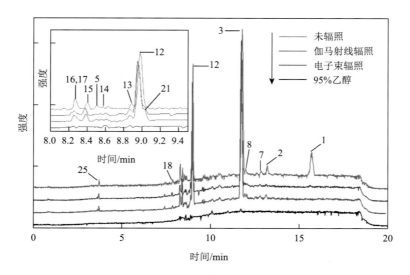

图 5-5 迁移试验 I 中从辐照和未辐照 PET/PE 膜迁移到 95%乙醇中的化合物的色谱图

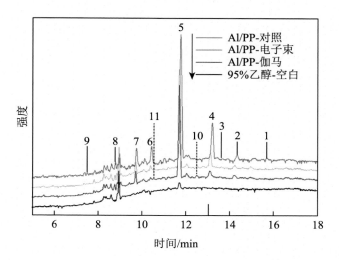

图 5-11　从辐照和未辐照 Al/PP 膜迁移到 95%乙醇中的化合物的色谱图

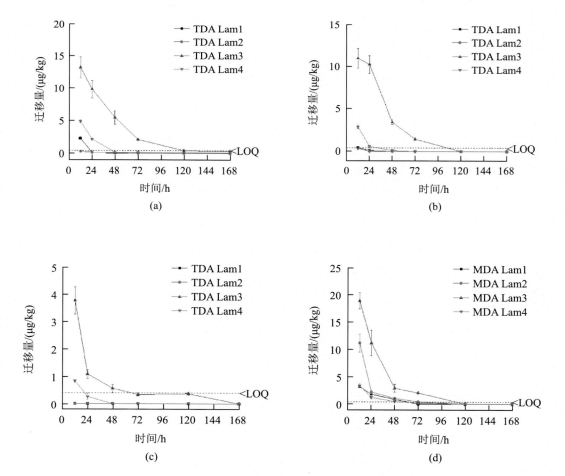

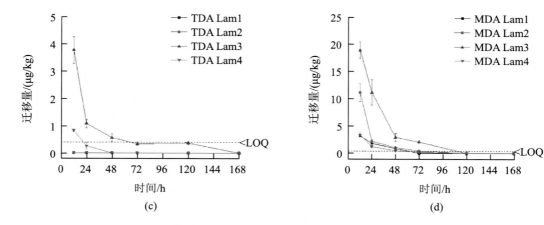

图 6-3　TDA 和 MDA 熟化后的衰变：向 3%乙酸[（a）和（d）]、10%乙醇[（b）和（e）]及 95%乙醇
[（c）和（f）]中的迁移

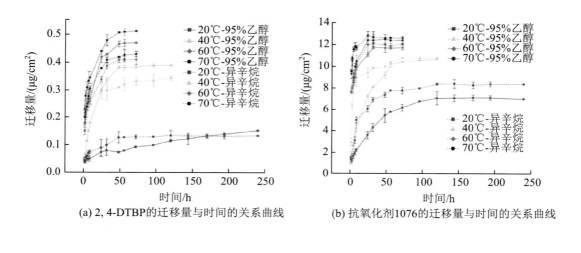

(a) 2, 4-DTBP的迁移量与时间的关系曲线　　　(b) 抗氧化剂1076的迁移量与时间的关系曲线

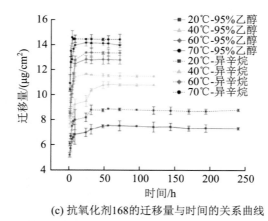

(c) 抗氧化剂168的迁移量与时间的关系曲线

图 6-22　0.5%-PET-LDPE 复合膜中 3 种抗氧化剂在食品模拟物中的迁移量与时间的关系曲线

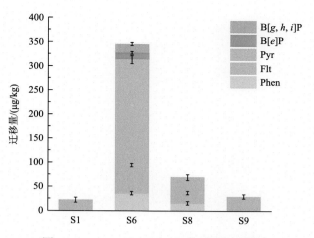

图 6-32 S1、S6、S8 和 S9 的 PAHs 迁移量

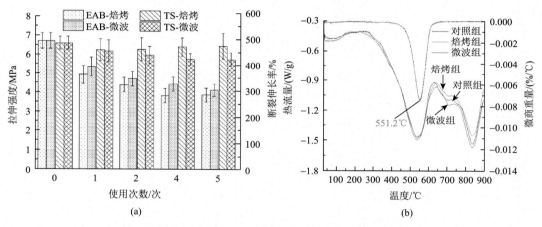

(a)　　　　　　　　　　　　　　(b)

图 6-37 不同处理后的硅橡胶焙烤模具的拉伸强度和断裂伸长率（a）；不同处理后的硅橡胶焙烤模具的
差示扫描（DSC）曲线（b）

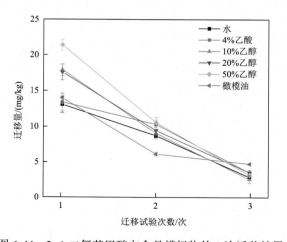

图 6-46 2,4-二氯苯甲酸向食品模拟物的 3 次迁移结果

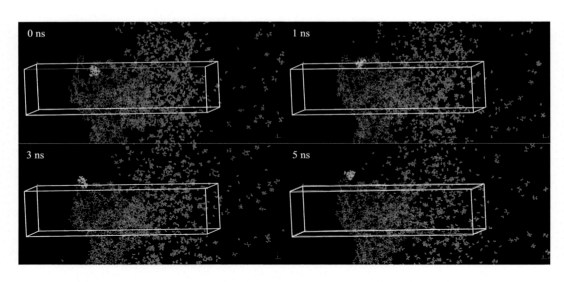

图 7-11　两相模型 P50BHT-50%中 BHT 和 50%乙醇的扩散运动

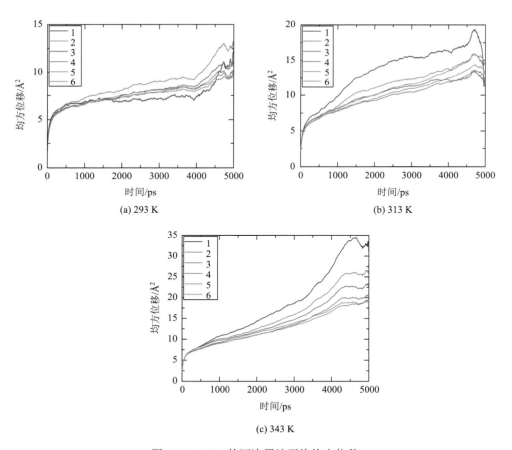

(a) 293 K

(b) 313 K

(c) 343 K

图 7-14　BHT 的逐次累计平均均方位移

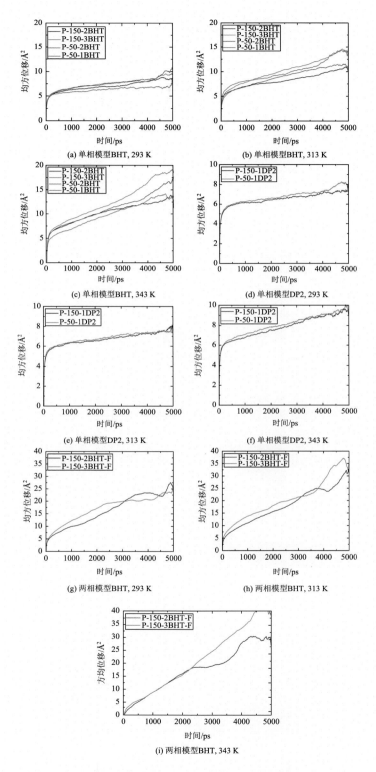

图 7-16　各模型经 6 次建模模拟后 BHT 和 DP2 的平均均方位移曲线

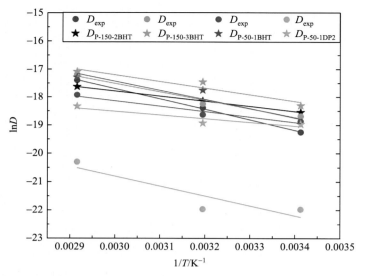

图 7-17　PBAT-PLA 复合膜中 BHT 和 DP2 的 $\ln D$ -1/T 关系

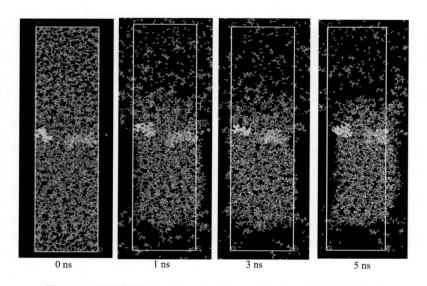

| 0 ns | 1 ns | 3 ns | 5 ns |

图 7-18　两相模型 P-150-3BHT-F 中 BHT 和 50%乙醇的扩散运动

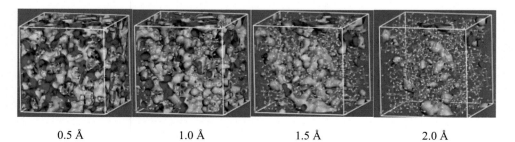

| 0.5 Å | 1.0 Å | 1.5 Å | 2.0 Å |

图 7-20　313 K 下单相模型 N25 中自由体积分布